普通高等教育"十三五"规划教材

高等无机化学简明教程

王明华　李在元　孔垂宇　杨阿敏　编著

U0323154

北　京

冶金工业出版社

2021

内 容 提 要

本书阐述了群论与分子的对称性、配位化合物、原子簇化合物、金属—金属多重键、金属有机化合物、固体的结构和性质、生物无机化学与超分子化学等方面的内容，基本涵盖了无机化学研究和发展的各个领域。

本书可作为化学、材料、冶金等专业的研究生用书，也可供相关领域科研和生产的有关人员参考。

图书在版编目（CIP）数据

高等无机化学简明教程／王明华等编著. —北京：冶金工业出版社，2016.9（2021.1重印）
普通高等教育"十三五"规划教材
ISBN 978-7-5024-7297-9

Ⅰ.①高…　Ⅱ.①王…　Ⅲ.①无机化学—高等学校—教材　Ⅳ.①O61

中国版本图书馆 CIP 数据核字（2016）第 221883 号

出 版 人　苏长永
地　　址　北京市东城区嵩祝院北巷 39 号　邮编　100009　电话　（010）64027926
网　　址　www.cnmip.com.cn　电子信箱　yjcbs@cnmip.com.cn
责任编辑　杨盈园　美术编辑　杨 帆　版式设计　杨 帆
责任校对　石 静　责任印制　禹 蕊
ISBN 978-7-5024-7297-9
冶金工业出版社出版发行；各地新华书店经销；北京虎彩文化传播有限公司印刷
2016 年 9 月第 1 版，2021 年 1 月第 2 次印刷
787mm×1092mm　1/16；17.75 印张；428 千字；274 页
38.00 元
冶金工业出版社　投稿电话　（010）64027932　投稿信箱　tougao@cnmip.com.cn
冶金工业出版社营销中心　电话　（010）64044283　传真　（010）64027893
冶金工业出版社天猫旗舰店　yjgycbs.tmall.com
（本书如有印装质量问题，本社营销中心负责退换）

前　　言

　　无机化学主要研究无机物的结构、组成、性质与反应。无机化学作为一门重要的学科，随着研究的深入和技术的推广，已成为高科技发展的强大支柱之一。早期的无机化学主要研究无机化合物的提取、制备和物理化学性质，随着科技的发展，有机化学、生物化学、材料科学等学科迅速发展，各学科领域交叉日益广泛，无机化学的研究领域得到很大的延伸。无机化学可以结合量子化学、有机化学、生物化学、材料科学形成金属有机化学、原子簇化学、金属多重键、生物无机化学等，进而形成了高等无机化学这门新课程。该课程是硕士研究生的重要学习课程。

　　"高等无机化学"是化学工艺专业研究生的学位课，也是材料、冶金等专业研究生的课程，但这方面的书籍尤其是教材种类很少。为此作者根据多年的教学实践，将相关的知识加以整理和总结，编写了此书，以便为该类教学和科研提供帮助。

　　全书共分7章。第1~4章由王明华编写，第5章由孔垂宇编写，第6章由杨阿敏编写，第7章由李在元编写。全书由王明华统一审稿整理。

　　本书的编写和出版，得到了翟玉春教授的大力支持和帮助，同时也得到了东北大学研究生院的资金支持，在此一并表示感谢。

　　由于编者水平有限，书中不妥之处，恳请读者批评指正。

编　者

2016 年 6 月

目　　录

1 群论与分子的对称性

对称是指物体或图形在某种变换条件下（如绕直线的旋转、对于平面的反映、对于某个点的等距离点等），其相同部分间有规律重复的现象，即在一定变换条件下的不变现象。任何物体大到天体如太阳、月亮、地球，小至分子、原子、核子，大多具有一定的规则形状，存在一定的对称性。对称性是物质形态的重要标志。群论作为代数学的一个分支，可以用来研究对称性。群论是法国数学家伽罗瓦发明的，他用该理论解决了五次方程不可解的问题。使用群论研究对称性可以省略复杂的量子计算过程，是非常方便的研究分子对称性的工具。

1.1 群 论

1.1.1 群的定义

群是一些特定的对象放在一起的集合。集合中的元素具有某种共同性质，如全体整数构成一个集合，称为整数集合，记作 **Z**；全体自然数构成的集合，记作 **N**。类似的，有理数集合记作 **Q**；实数集合记作 **R**；复数集合记作 **C**。

集合 A 中的每个对象 a 称为 A 的元素，表示成 $a \in A$。若 a 不属于 A，则表示成 $a \notin A$。若 A 和 B 为两个集合，如 A 中的每个元素均为 B 中的元素，即 $a \in A \Rightarrow a \in B$，则称 A 是 B 的一个子集，表示成 $A \subseteq B$，或者 $B \supseteq A$。

如果同时 $A \subseteq B$，并且 $B \subseteq A$，即 A 中的元素均是 B 中元素，反过来，B 中的元素也是 A 中的元素，于是称集合 A 和 B 相等，表示成 $A=B$。如果 A 是 B 的子集，并且不等于 B，则称 A 是 B 的真子集，表示成 $A \subset B$ 或者 $B \supset A$。不包含任何元素的集合空集，表示成 $\varnothing$。空集是每个集合的子集。

设非空集合 G，其中的元素记为 $e, a, b, \cdots$，并写为

$$G\{e, \quad a, \quad b, \quad c, \quad d, \quad f, \quad \cdots\}$$

若集合 G 包含有限个元素，则称为有限集，否则称为无限集。

如果在集合 G 中规定了元素之间的一个结合法则，我们把它称为乘法。这个乘法最多可以满足四个性质：封闭性、结合律、单位元和逆元素。

（1）封闭性。G 中任意两个元素的乘积仍是 G 中的一个元素。

$$ab \in G$$

（2）结合律。任取三个元素 $a, b, c \in G$，都有

$$(ab)c = a(bc)$$

多个元素的相乘同样遵循结合律，与括号无关。

积 ab 也称 a 左乘 b，或 b 右乘 a。一般情况下，$ab \neq ba$，即乘法不满足交换律。

（3）单位元。集合 G 的元素中，要存在这样的一个元素，它与 G 的任意元素 a 相乘都等于 a，计为 e。

$$ae = a = ea$$

称 e 为 G 的单位元。

（4）逆元素。对任意元素 $a \in G$，存在元素 $b \in G$，使得 $ab = ba = e$，则 b 称为 a 的逆元素，记为 $b = a^{-1}$，a、b 互为逆元素。

$$(a^{-1})^{-1} = a$$

对于非空集合 G，定义了一个乘法运算，且满足以上四个条件，则 G 称为一个群。若只满足结合律和存在单位元，不存在逆元素，则称为半群。

如果群 G 又满足乘法的交换律，即对任意元素 $a, b \in G$，都有

$$ab = ba$$

那么群 G 称为交换群，或称 Abel 群。

群中所含元素的个数又称为群的阶，一般用 h 表示。

若群含有无限个元素，则该群称为无限群；若群含有有限个元素，则称为有限群。

多个元素积的逆有下列公式

$$(ab \cdots dfg)^{-1} = g^{-1} f^{-1} d^{-1} \cdots b^{-1} a^{-1} \qquad (1.1)$$

等于逆的积。

若证明式（1.1）成立，则只需要证明满足交换律：

$$(g^{-1} f^{-1} d^{-1} \cdots b^{-1} a^{-1})(ab \cdots dfg) = e$$

与

$$(ab \cdots dfg)(g^{-1} f^{-1} d^{-1} \cdots b^{-1} a^{-1}) = e$$

成立，则式（1.1）成立。

有多个元素相乘的结合律可知

$$(g^{-1} f^{-1} d^{-1} \cdots b^{-1} a^{-1})(ab \cdots dfg) = g^{-1} f^{-1} d^{-1} \cdots b^{-1}(a^{-1}a)b \cdots dfg = g^{-1} f^{-1} d^{-1} \cdots (b^{-1} eb) \cdots dfg$$
$$= g^{-1} f^{-1} d^{-1} \cdots (b^{-1} b) \cdots dfg = \cdots = g^{-1} g = e$$

同样可验证另一个等式成立，即

$$(ab \cdots dfg)(g^{-1} f^{-1} d^{-1} \cdots b^{-1} a^{-1}) = ab \cdots df(g^{-1} g) f^{-1} d^{-1} \cdots b^{-1} a^{-1} = ab \cdots d(ff^{-1}) d^{-1} \cdots b^{-1} a^{-1} = e$$

故式（1.1）成立。

1.1.2 群的例子

[例 1-1] 有理数 Q 关于加法构成一个群。

任意两个有理数相加之和仍然是有理数，故加法在群中具有封闭性。对任意三个有理数 $a, b, c \in Q$，都有 $(ab)c = a(bc)$，故加法满足结合律。又 $0 \in Q$，对任意元素 $d \in Q$，都有 $d+0 = 0+d = d$，因此 0 起到了乘法群中的单位元的作用，常称零元素，故 0 是 Q 中的零元素。对于任意元素 $d \in Z$，则有 $(-d) \in Z$；$d + (-d) = (-d) + d = 0$，即 $-d$ 相当于加法群的逆元素。同样，在加法群中，逆元素又称负元素，故 Q 关于加法构成一个群。

[例 1-2] 实数关于加法构成一个群。

元素为全体实数（因此是无限群），群乘法为初等代数加法。（1）任意两实数之和仍是实数；（2）恒等元为 0；（3）实数的代数加法满足结合律；（4）实数的逆元为其相

反值。

[例1-3] 全体实数关于乘法构成群。

元素为除 0 以外的全体实数（因此是无限群），群乘法为初等代数乘法。（1）任意两实数之积仍是实数；（2）恒等元为 1；（3）实数的代数乘法满足结合律；（4）实数的逆元为其倒数。其中的 0 无逆元。

对于例1-1、例1-2，群乘法交换律也成立，称为阿贝尔群或交换群。

[例1-4] 设 $Q = \{E, A, B, C, D, F\}$，其中

$$E = \begin{pmatrix} 1 & 0 & 0 \\ 0 & 1 & 0 \\ 0 & 0 & 1 \end{pmatrix}, \quad A = \begin{pmatrix} 0 & 0 & 1 \\ 0 & 1 & 0 \\ 1 & 0 & 0 \end{pmatrix}, \quad B = \begin{pmatrix} 1 & 0 & 0 \\ 0 & 0 & 1 \\ 0 & 1 & 0 \end{pmatrix}$$

$$C = \begin{pmatrix} 0 & 1 & 0 \\ 1 & 0 & 0 \\ 0 & 0 & 1 \end{pmatrix}, \quad D = \begin{pmatrix} 0 & 1 & 0 \\ 0 & 0 & 1 \\ 1 & 0 & 0 \end{pmatrix}, \quad F = \begin{pmatrix} 0 & 0 & 1 \\ 1 & 0 & 0 \\ 0 & 1 & 0 \end{pmatrix}$$

依照矩阵乘法（封闭性和结合律），则 Q 是群。

E 是 G 中的单位元，并且 $E^{-1} = E$，$A^{-1} = A$，$B^{-1} = B$，$C^{-1} = C$，$D^{-1} = F$，$F^{-1} = D$

（$A = \dfrac{A^*}{|A|}$，A^* 为伴随矩阵，代数余子式的转置阵，123，312，231；132，321，213）

Q 中的每一个元素的逆元素均在 Q 中，故 Q 成群。

[例1-5] 对于某个物体所有对称操作（变换，而不是对称元素）的集合，构成对称操作群。

任何物体经过某种空间变换操作，其结果仍保持物体各点的完全复原，则称此操作为对称操作（或变换）。单位元就是恒等操作即不动的操作；相继进行两次对称操作的结果，一定还是一种对称操作；相继进行多次操作符合结合律；每种对称操作都具有可逆性。

故对一个物体的所有对称操作的集体构成一个群。例如 NH_3 为 C_{3v}，$Q = \{E, C_3, C_3^2 = C_3^{-1}, \sigma_v', \sigma_v'', \sigma_v\}$，$h = 6$。

[例1-6] $Q\{1, -1, i, -i\}$，其中规定 $i = \sqrt{-1}$，则 Q 关于通常乘法构成一个群。

Q 中的某两个元素相乘结果仍然在 Q 中，故满足闭合性，同时也满足结合率。1 是 Q 的单位元，而 $1^{-1} = 1$，$(-1)^{-1} = -1$，$i^{-1} = -i$，$(-i)^{-1} = i$，即 i 与 $-i$ 互为逆元素，故 Q 构成群。

一个非空集合 Q 的元素，可以是矩阵、数字，还可以是对称变换，等等。我们主要关心 Q 中规定的运算，满足的运算率，是否存在单位元，每个元素是否可逆及逆元素等。

[例1-7] 所有偶（奇）数关于加法构成一个群。

就偶数来说，偶数加偶数还是偶数，满足封闭性；偶数 a+偶数 $b = b+a$，满足结合律；0 与任何数相加都等于该数，所以 0 是单位元；a 元素的逆元素为 $-a$，存在逆元素。

[例1-8] n 个复数形式 $\cos\dfrac{2\pi k}{n} + i\sin\dfrac{2\pi k}{n}$，$k = 0, \cdots, n-1$ 关于乘法构成群。

$$\left(\cos\frac{2\pi k}{n} + i\sin\frac{2\pi k}{n}\right)\left(\cos\frac{2\pi x}{n} + i\sin\frac{2\pi x}{n}\right) = \cos a \times \cos b + (\sin a \times \cos b + \cos a \times$$

$\sin b)i - \sin a \times \sin b = \cos(a + b) + i\sin(a + b)$ 存在封闭性。

$a+b=b+a$，存在结合律。$\cos\dfrac{2\pi k}{n} + i\sin\dfrac{2\pi k}{n}$ 的逆元素为 $\cos\dfrac{2\pi k}{n} - i\sin\dfrac{2\pi k}{n}$，二者互为逆元素。

1.1.3 群的性质

1.1.3.1 群表

对于有限群 $Q\{q_1,\ q_2,\ \cdots,\ q_i,\ \cdots,\ q_n\}$，从中任取一个元素 $q_i \in Q$，用 q_i 遍乘 Q 中的每一个元素，由乘法的封闭性可知，$q_iq_1,\ q_iq_2,\ \cdots,\ q_iq_n$ 都是 Q 中的元素，且其中任两个元素 $q_iq_j,\ q_iq_k(i \neq k)$ 都不相等，故 $q_iq_1,\ q_iq_2,\ \cdots,\ q_iq_n$ 是 $q_1,\ q_2,\ q_3,\ \cdots,\ q_n$ 的一个重新排列。

常用表格的形式给出群，将群中所有元素分别列在表格中最左一列和最上一行，将任意两个元素的乘积写在表格相应位置上。常用群中的每一个元素去乘群中的所有元素，并形成表格的形式，这个表称为群的乘法表，简称群表。在表的每一行，每一列中，群的任意元素必定出现一次也只能出现一次。如例 1-4 的群表见表 1.1。

表 1.1　例 1-4 的矩阵群表

	E	A	B	C	D	F
E	E	A	B	C	D	F
A	A	E	D	F	B	C
B	B	F	E	D	A	C
C	C	D	F	E	B	A
D	F	B	C	A	D	E
F	D	C	A	B	E	F

由表 1.1 可以看出，Q 中的各个元素相乘其结果仍是 Q 中的元素，即满足封闭性；E 左乘和右乘 Q 中的各个元素之后它们等于自身，E 为 Q 的单位元；Q 中的各个元素的逆元素是：E，A，B，C 的逆元素为自身，D 与 F 是互为逆元素。

判断一个定义了乘法的非空集合 Q 是否构成群的过程如下：首先作出 Q 的乘法表，通过这个表判断运算的封闭性，各个元素的单位元和逆元素是否存在，以及是否存在结合律。若是，则证明该非空集合 Q 关于该乘法构成群；若否，则该集合不构成群。

1.1.3.2 同态和同构

（在数学中，给定两个群 $(G, *)$ 和 $(H, \cdot)$，从 $(G, *)$ 到 $(H, \cdot)$ 的群同态是函数 $h: G \rightarrow H$ 使得对于所有 G 中的 u 和 v 下述等式成立。

$$h(u * v) = h(u) \cdot h(v)$$

这里等号左侧的群运算是 G 的运算，而右侧的运算是 H 的运算。

从这个性质，推导出 h 映射 G 的单位元 e_G 到 H 的单位元 e_H，并且它还在 $h(u^{-1}) =$

$h(u)^{-1}$ 的意义上映射逆元到逆元。因此可以说 h "兼容于群结构"。)

同态和同构是用来研究不同群之间的关系的。

设 Q 和 Q' 是两个群，如果有一个 Q 到 Q' 的映射

$$\phi(ab) = \phi(a)\phi(b)，\quad a,b \in Q$$

即 Q 中两个元素乘积的映射，等于两个元素映射的乘积，则称 ϕ 为群 Q 到 Q' 的一个同态映射，简称同态，记为 $Q \sim Q'$。映射 ϕ 称为从 Q 到 Q' 的同态映射。如图 1.1 所示。

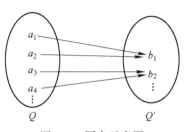

其中　　　　　　$\phi: Q \to Q'$

　　$a_i \to b_j$；　$a_i a_j \to b_j b_k$；　$a_i b_j \to b_j b_k$

这时 ϕ 保持群的乘法规律不变，但并不是满映射。这时的同态是指从群 Q 到群 Q' 上的同态。

图 1.1　同态示意图

若从群 Q 到群 Q' 上，存在一个一一对应的满映射 ϕ，并且 ϕ 保持群的基本运算规律不变，即群 Q 中两个元素乘积的映射，等于两个元素映射的乘积，ϕ 又是双射（既单又满）时，称 ϕ 为群 Q 到群 Q' 的一个同构映射，简称同构，如图 1.2 所示。记为

$$Q \approx Q'$$

映射 ϕ 称为同构映射。

通俗地讲，若群 Q 的元素 $\{g_p\}$ 对应群 Q' 的一个元素 g_p'，$\{g_i\} \to g_i'$，$\{g_j \to g_j'\}$，$\{g_k\} \to \{g_k'\}$。在 Q 中有 $g_i g_j = g_k$，则 Q' 中有 $g_i' g_j' = g_k'$，就说群 Q' 与 Q 同态，把 g_i' 称为 $\{g_i\}$ 在 Q' 中的映像，或者说把 $\{g_i\}$ 映入 g_i'，把 $\{g_i\}$ 称为 g_i' 在 Q 中的原像；若 $\{g_i\}$ 中只有一个元素，Q 和 Q' 就同构了，记作 $Q \approx Q'$。

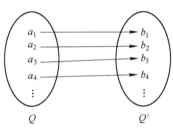

图 1.2　同构示意图

设 $Q = \{e, a, b, \cdots\}$，$Q' = \{e', a', b', \cdots\}$ 是两个群。若 $\phi: x \mapsto e'$，$\forall x \in Q$（所有的），即 $\phi(x) = e'$，e' 为 Q' 的单位元。ϕ 是将 Q 中的每一个元都映射到 Q' 的单位元 e' 的映射，并且对任意元素 $x, y \in Q$，都有

$$\phi(xy) = e' = e'e' = \phi(x)\phi(y)$$

故 Q 与 Q' 同态。这个同态是任意两个群之间都有的，通常称为零同态。

[例 1-9]　设群 $Q = \{1, -1, i, -i\}$，其中 $i = \sqrt{-1}$，群 $Q' = \{1, -1\}$ 的乘法表如下：

Q	1	-1	i	-i
1	1	-1	i	-i
-1	-1	1	-i	i
i	i	-i	-1	1
-i	-i	i	1	-1

Q'	1	-1
1	1	-1
-1	-1	1

若 ϕ：$\{1, -1\} = 1$，$\{i, -i\} = -1$，即 $\phi(\{1,-1\}) = 1$，$\phi(\{i,-i\}) = -1$。这种映射

ϕ 显然是多个元素对应一个元素，不是"一对一"的映射。

下面验证 ϕ 是保持两个群的乘法不变的映射。

$$\phi(\{1,-1\}\{1,-1\})=\phi(\{1,-1\})=1=1\times1=\phi(\{1,-1\})\phi(\{1,-1\})$$
$$\phi(\{i,-i\}\{i,-i\})=\phi(\{-1,-1\})（查表对应）=1=(-1)\times(-1)=\phi(\{i,-i\})\phi(\{i,-i\})$$
$$\phi(\{i,-i\}\{1,-1\})=\phi(\{-1,1\})（查表对应）=-1=(-1)\times1=\phi(\{i,-i\})\phi(\{1,-1\})$$
$$\phi(\{1,-1\}\{i,-i\})=\phi(i,-i)=1\times(-1)=-1=\phi(\{1,-1\})\phi(\{i,-i\})$$

故 Q 与 Q' 同态。

[例 1-10] 证明群 $C_4\{E,\ C_4,\ C_4^2,\ C_4^3\}$ 与群 $Q\{1,\ i,\ -1,\ -i\}$ 同构。

若 $\phi: E\mapsto1,\ C_4\mapsto i,\ C_4^2\mapsto-1,\ C_4^3\mapsto-i$。两个群的元素之间是一一对应的，$\phi$ 是 C_4 到 Q 的一个双射，且保持两个群的运算不变，故 $C_4\approx Q$。

对于两个同构的群，就是具有相同代数结构的群，因此同构的群是不加区分的。应该指出的是，同构群中的元素用什么符号表示是无关紧要的。

[例 1-11] 实数集带有加法的群 $(R,\ +)$ 同构于正实数集带有乘法的群 $(R+,\ \times)$：
$$(R,\ +)\cong(R+,\ \times)$$

通过乘法 $f(x)=e^x$ 同构：
$$F(ab)=f(a+b)=e^{a+b}=e^a\times e^b=f(a)\times f(b)$$

1.1.3.3　循环群与生成元

设 $<G,\ *>$ 为群，若 G 中存在一个元素 a，使得 G 的任意元素都由 a 的幂组成，则称该群为循环群，元素 a 称为循环群 G 的生成元。

[例 1-12] 整数加法群 Z，它中的任意整数 $k\in Z$，都可表示为 1 的倍元，即
$$k=k\cdot1,\quad k\in Z$$

[例 1-13] 四阶群 $Q\{1,\ -1,\ i,\ -i\}$，其中元素 $i=-\sqrt{-1}$，则 Q 中四个元素都可通过元素 i 的方幂表示出来：
$$i^1=i,\ i^2=-1,\ i^3=-i,\ i^4=1$$

[例 1-14] 在群 $\{<0°,\ 60°,\ 120°,\ 180°,\ 240°,\ 300°>,\ \times\}$ 中，$60°$ 即为该群的生成元。

循环群具有以下几个性质：

（1）循环群都是 Abel 群。设任意循环群 $Q=<a>=\{\cdots,\ a^{-2},\ a^{-1},\ e=a^0,\ a,\ a^2,\ \cdots\}$，其中 Q 的单位元素 $e=a^0$。因 Q 中每一个元素都是 a 的方幂，可任取两个元素 a^c 和 a^d 相乘，满足乘法的交换律，即
$$a^c\cdot a^d=a^{c+d}=a^{d+c}=a^d\cdot a^c$$

（2）设 $Q=<a>$ 是一个 k 阶的循环群，即 Q 共有 k 个元素
$$Q=<a>=\{e,\ a,\ a^2,\ \cdots,\ a^{k-1}\}$$

于是就有
$$a^k=e$$

如果有整数 h，$h>k$，且有 $a^h=e$，那么 k 一定能整除 h。可见，k 是使等式 $a^k=e$ 成立的最小正整数，k 也称为生成元的阶。一个有限循环群的阶 k 也是生成元的阶。如果有整数 L，$1\leqslant L<k$，且 L 与 k 互素，$(L,\ k)=1$，那么 a^L 也是 Q 的生成元。

[**例 1-15**] 设 Q 是一个 8 阶的循环群，$(7, 8) = 1$，则 $Q = <a^7>$

因为
$$(a^7)^1 = a^7, \ (a^7)^2 = a^{14} = ea^6 = a^6$$
$$(a^7)^3 = a^{21} = (a^8)^2 a^5 = ea^5 = a^5$$
$$(a^7)^4 = a^{28} = (a^8)^3 a^4 = ea^4 = a^4$$
$$(a^7)^5 = a^{35} = (a^8)^4 a^3 = ea^3 = a^3$$
$$(a^7)^6 = a^{42} = (a^8)^5 a^2 = ea^2 = a^2$$
$$(a^7)^7 = a^{49} = (a^8)^6 a = ea = a$$
$$(a^7)^8 = (a^8)^7 = e^7 = e$$

所以
$$Q = \{a^7, \ a^6, \ a^5, \ a^4, \ a^3, \ a^2, \ a, \ e\}$$

（3）设 $Q = <a>$ 是一个无限循环群，则 Q 的生成元只有两个：a 与 a^{-1}。

于是 $Q = <a> = <a^{-1}> = \{\cdots, \ a^{-2}, \ a^{-1}, \ e = a^0, \ a, \ a^2, \ ..\}$

对于 Q 中有 $k \neq L$，则 $a^k \neq a^L$。否则由 $a^k = a^L$，可推知 $a^{k-L} = e(k > L)$，即存在正整数 $k-L$ 使 $a^{k-L} = e$ 成立，说明元素 a 的阶有限，与由 a 生成的循环群是无限的相矛盾。所以无限阶循环群的任意两个元素，如果幂指数不相等，那么这两个元素就不相等。

如果群 Q 的元素不能完全由某一个元素的乘幂生成，但是能够找到该群元素的一个集合 M，使得该群中的任何元素都可以表示成集合 M 中的元素乘幂的乘积的形式，那么我们就可以说集合 M 是群 Q 生成元系。如果 M 的任何子集合都不是该群的生成元系，即集合 M 是由最少数目的元素组成，则 M 成为群 Q 的不可约生成元系。可以看出群 Q 有多个生成元系。由生成元系得到的群的全部元素的基本关系式称为生成关系。群 Q 中的元素都可以看成由生成元系 M 派生出来的，那么生成元系 M 的性质就决定了群 Q 的性质。只要给定生成元系和生成关系，那么整个群就确定了。如果两个群有相同的生成元系和生成关系，那么这两个群必定是同构的。

整数加群 $(Z, +)$ 构成无限循环群：1 是生成元素，对任意整数 i，$i = 1^i$。这里乘幂是对加法而言的。$i < 0$ 时，1^i 是负数；-1 同样是生成元素，如：$-5 = (-1)^{-5}$。

1.1.3.4 子群

假设 $(G, *)$ 是一个群，若 H 是 G 的一个非空子集且同时 H 与相同的二元运算 $*$ 亦构成一个群，则 $(H, *)$ 称为 $(G, *)$ 的一个子群。更精确地来说，H 为 G 的子群。若运算 $*$ 在 H 的限制也是在 H 上的群运算的话，一个群 G 的纯子群是指一个子群 H，其为 G 的纯子集（即 $H \neq G$）。任一个群的当然群包含单位元的子群 $\{e\}$ 和自身群，通常称这两个子群为平凡子群。若还存在非平凡子群，这种子群就称为真子群。若 H 为 G 的子群，则 G 有时会被称为 H 的"母群"。

（1）陪集与 Lagrange 定理。设 M 是群 Q 的一个子群，即 $M \leqslant Q$。在 Q 中任取一个元素 q，用 q 分别乘以 M 中的每一个元素所得到的集合

$$qM = \{qm \mid m \in M\}$$

则 qM 成为群 Q 关于子群 M 的一个左陪集。显然左陪集有如下性质：

单位元 e 所在的左陪集 $eM = M$。因此，子群 M 也是群 Q 关于 M 的一个左陪集；M 的阶与 qM 的阶相同；$qM = M$，并且仅当 $q \in M$，也就是说，qM 与 M 或者完全相同，或者完全不同。

[**例 1-16**] 设 6 阶矩阵群 $Q = \{E, \ A, \ B, \ C, \ D, \ F\}$，其中

$$E=\begin{pmatrix}1&0&0\\0&1&0\\0&0&1\end{pmatrix},\ B=\begin{pmatrix}1&0&0\\0&0&1\\0&1&0\end{pmatrix},\ C=\begin{pmatrix}0&1&0\\1&0&0\\0&0&1\end{pmatrix}$$

$$D=\begin{pmatrix}0&0&1\\0&1&0\\1&0&0\end{pmatrix},\ F=\begin{pmatrix}0&0&1\\1&0&0\\0&1&0\end{pmatrix},\ A=\begin{pmatrix}0&1&0\\0&0&1\\1&0&0\end{pmatrix}$$

可知，$M=\{E,B\}$ 是 Q 的一个子群。任取 $C\in Q$，则 C 所在的左陪集是

$$CM=\{CE,CA\}=\{C,F\}$$

再取 $D\in Q$，则 D 所在的左陪集是

$$DM=\{DE,DB\}=\{D,A\}$$
$$Q=M\cup CM\cup DM \tag{1.2}$$

即 Q 的 6 个元素被分在三个不同的左陪集 M、CM 和 DM 中，而这三个左陪集的阶都是相同的。由此可以得到 Lagrange 定理：有限群的阶一定被它的子群的阶整除。

该定理也可以描述为：有限群的阶等于子群的阶乘以子群左陪集的个数。因此，有限群的阶也一定能被左陪集的个数整除。

由式（1.2）的两边，计算阶数：

$$6=2\times3$$

式中，6 是群 Q 的阶，2 是子群 M 的阶，3 是左陪集的个数。

式（1.2）也称为群 Q 的一个左陪集分解式。如果再给出群的一个子群，同样又可以得到一个左陪集分解式，所以，一个有限群有多个左陪集的分解式。这些不同的左陪集的分解式是由群的不同子群来确定的，而子群的多少又由群的阶的因数来寻求。如例 1-16 是一个 6 阶子群，6 的因数有：1，2，3，6。其中，1 阶子群就是单位元群 $\{E\}$；6 阶子群是 Q 自身；2 阶子群共有 3 个：$M_1=\{E,B\}$，$M_2=\{C,F\}$，$M_3=\{D,A\}$。3 阶子群共有 1 个：$M_4=\{E,F,A\}$。M_1、M_2、M_3、M_4 是 Q 的 4 个真子群，从任何一个子群出发均可得到群 Q 的左陪集分解。

（2）共轭元素与共轭类。设 a、b 是群 Q 的两个元素，如果存在一个元素 r，$r\in Q$ 使其符合如下关系

$$b=r^{-1}ar$$

即 b 是 a 经过 r 进行相似变换得到，则称 b 与 a 共轭，也称 b 是 a 的共轭元素。

共轭元素的性质：

1）群 Q 的每个元素都与自身共轭，称为自轭性。

对于群 Q 中的任意一个元素 a，则至少存在另外一个元素 s，使得

$$a=s^{-1}as$$

实际上，至少有单位元素 e，此关系式 $a=e^{-1}ae=e^{-1}a=a$ 无疑是成立的。

2）若 a 与 b 共轭，则 b 与 a 共轭，称为对称性。

由 $a=r^{-1}br$，可得 $b=r^{-1}ar$，令 $d=r^{-1}$，$b=d^{-1}ad$，即 b 与 a 共轭。

3）若 a 与 b 共轭，b 与 c 共轭，则 a 与 c 共轭，称为传递性。

由 a 与 b 共轭，b 与 c 共轭，存在 r，$s\in Q$ 使得 $a=r^{-1}br$，$b=s^{-1}cs$，于是

$$a=r^{-1}br=r^{-1}(s^{-1}cs)r=(r^{-1}s^{-1})c(sr)$$

由于 $r^{-1}s^{-1} = (sr)^{-1}$，所以 $a = (sr)^{-1}c(sr)$。另 $h = sr \in Q$，故 $a = h^{-1}ch$，即 a 与 c 共轭。

元素之间的共轭关系，满足以上三个性质，就是一个等价关系。这样就可以对群 G 中的全体元素，按其是否共轭进行分类，群中所有相互共轭的元素构成的集合称为该群的类，即同一类中的元素都是相互共轭的，不同类中的元素不共轭。群中同类的元素具有相似的性质。要确定群中的类，可以从某一元素开始，做出群中所有元素对它的相似变换，就可以找出与它共轭的元素，然后再找出第二个元素的共轭元素，一直到将所有的元素归类。如果所有的共轭变换都只能使其变成本身，表示没有其他的元素与之同类，则该元素自成一类。显然，当群是一个有限群时，则自然能分成一些共轭类的并集。两个不同的类没有公共元素。

（3）共轭类的分法。仍以例 1-16 来说明共轭类的分法。

1）Q 中单位元 E 只能与自身共轭。

因为任意元素 $E \in Q$，恒有 $E = X^{-1}EX$，所以 E 所在的共轭类记为 $M_1 = \{E\}$。

2）存在 F，$A \in Q$，有

$$F^{-1}BF = \begin{pmatrix} 0 & 0 & 1 \\ 1 & 0 & 0 \\ 0 & 1 & 0 \end{pmatrix}^{-1} \begin{pmatrix} 1 & 0 & 0 \\ 0 & 0 & 1 \\ 0 & 1 & 0 \end{pmatrix} \begin{pmatrix} 0 & 0 & 1 \\ 1 & 0 & 0 \\ 0 & 1 & 0 \end{pmatrix}$$

$$(123,\ 312,\ 231,\ 132,\ 321,\ 213)$$

$$= \begin{pmatrix} 0 & 1 & 0 \\ 0 & 0 & 1 \\ 1 & 0 & 0 \end{pmatrix} \begin{pmatrix} 1 & 0 & 0 \\ 0 & 0 & 1 \\ 0 & 1 & 0 \end{pmatrix} \begin{pmatrix} 0 & 0 & 1 \\ 1 & 0 & 0 \\ 0 & 1 & 0 \end{pmatrix}$$

$$= \begin{pmatrix} 0 & 0 & 1 \\ 0 & 1 & 0 \\ 1 & 0 & 0 \end{pmatrix} \begin{pmatrix} 0 & 0 & 1 \\ 1 & 0 & 0 \\ 0 & 1 & 0 \end{pmatrix} = \begin{pmatrix} 0 & 1 & 0 \\ 1 & 0 & 0 \\ 0 & 0 & 1 \end{pmatrix} = A$$

同理：
$$A^{-1}BA = FBA = CA = D$$

B 与 C 共轭，B 与 D 共轭，从而 C 也与 D 共轭，故得到第二个共轭类，记为
$$M_2 = \{B,\ C,\ D\}$$

3）因为 $B^{-1}FB = A$，故 F 与 A 共轭，可以得到第三个共轭类：$M_3 = \{F,\ A\}$。

Q 的共轭类分解式为
$$Q = M_1 \cup M_2 \cup M_3 = \{E\} \cup \{B,\ C,\ D\} \cup \{F,\ A\}$$

其中每一个类中包含的元素数目成为它的阶。有限群 Q 中各个共轭元素类的阶都可以整除群 Q 的阶。

1.1.3.5　群的直积

考虑两个群 G_1 到 G_2。设 $g_{1\alpha} \in G_1$，$g_{2\beta} \in G_2$，定义 G_1 到 G_2 的直积群 G 的元素 $g_{\alpha\beta}$ 为：
$$g_{\alpha\beta} = g_{1\alpha}g_{2\beta} = g_{2\beta}g_{1\alpha}$$

定义直积群的乘法运算为：
$$g_{\alpha\beta}g_{\alpha'\beta'} = (g_{1\alpha}g_{2\beta})(g_{1\alpha'}g_{2\beta'}) = (g_{1\alpha}g_{1\alpha'})(g_{2\beta}g_{2\beta'}) = (g_{2\beta}g_{2\beta'})(g_{1\alpha}g_{1\alpha'})$$

满足群的四个条件，单位元素为 e_1e_2，所有的元素 $g_{\alpha\beta}$ 按上述乘法运算构成群 G_1 和 G_2 的直积群，记为 $G=G_1\otimes G_2$。

设群 G 有两个子群 G_1 和 G_2，如果下列条件满足：

（1）G 中的所有元素都能唯一地表示为

$$g_{\alpha\beta}=g_{1\alpha}g_{2\beta}$$

其中，$g_{1\alpha}\in G_1$，$g_{2\beta}\in G_2$。

（2）G 的乘法满足：

$$g_{1\alpha}g_{2\beta}=g_{2\beta}g_{1\alpha}$$

则 G 可以表示为 G_1 和 G_2 的直积，三个群的乘法规则相同，即 $G=G_1\otimes G_2$。G_1 和 G_2 称为 G 的直积因子。

群的直积是从已知群构造出新群的方法，又如：

设 H_1，H_2，H_3，$\cdots$，H_n 是群 Q 的 n 个子群，则称集合

$$H=H_1\otimes H_2\otimes H_3\otimes\cdots\otimes H_n=\{(a_1,a_2,a_3,\cdots,a_n)\mid a_i\in H_i\}$$

为这个子群的加氏积，并且规定 $(a_1,a_2,a_3,\cdots,a_n)=(b_1,b_2,b_3,\cdots,b_n)$ 当且仅当 $a_i=b_i$（$i=1,2,3,\cdots,n$）时，对乘法运算 $(a_1,a_2,a_3,\cdots,a_n)(b_1,b_2,b_3,\cdots,b_n)=(a_1b_1,a_2b_2,a_3b_3,\cdots,a_nb_n)$，$H$ 构成一个群，则 H 为 H_1，H_2，H_3，$\cdots$，H_n 的直积群，而 H_1，H_2，H_3，$\cdots$，H_n 称为 H 的直因子。

验证 H 构成群时很容易。首先 H 是一个非空集合，因每一个子群 H_i 都含有群 Q 相同的单位元，则

$$(e_1,e_2,e_3,\cdots,e_n)\in H$$

其中，$e_i\in H_i$（实际上 $e_i=e$，e 为 Q 的单位元）。

又对 H 中的任意元素 $(a_1,a_2,a_3,\cdots,a_n)^{-1}=(a_1^{-1},a_2^{-1},a_3^{-1},\cdots,a_n^{-1})$，故 H 构成了一个群。

直积群具有如下性质：各个直因子的共同元素只有单位元素；直积群 Q 的一部分直因子的乘积仍然是它的直因子。

由于直积群的性质很容易由它的直因子的性质导出，如果一个群能分解成直积形式，那么通过每一个局部直积因子来研究群，显然是一个很好的研究群的方法。

在数学中，两个集合 X 和 Y 的笛卡儿积（cartesian product），又称直积，表示为 $X\times Y$，是其第一个对象是 X 的成员而第二个对象是 Y 的一个成员的所有可能的有序对：

$$X\times Y=\{(x,y)\mid x\in X\wedge y\in Y\}\quad（逻辑合取）$$

具体地说，如果集合 X 是 13 个元素的点数集合 $\{A，K，Q，J，10，9，8，7，6，5，4，3，2\}$，而集合 Y 是 4 个元素的花色集合 $\{\spadesuit，\heartsuit，\diamondsuit，\clubsuit\}$，则这两个集合的笛卡儿积是 52 个元素的标准扑克牌的集合 $\{(A，\spadesuit)，(K，\spadesuit)，\cdots，(3，\clubsuit)，(2，\clubsuit)\}$

1.2　对称操作与对称操作群

对称是物质的固有性质。对称性是指物体具有一定的对称元素（点、线、面），而且通过对称操作使得物体能够完全复原的性质。物理学应用对称来确定晶体种类，化学应用

对称研究分子的结构。一个物体的一切对称操作的集合构成对称操作群，也称为对称变换群。分子的对称操作群是化学中最常见的一类群。通过研究对称操作群可以解决化学上一些重要的问题，在分子的结构和性能之间建立联系。

1.2.1 对称操作与对称元素

对称操作是一种动作或变换，通过这种动作（或变换）使得物体复原，即使物体上的每一点与操作之前的物体上的等价点（物理上无法区分的点）完全重合。

对称元素和对称操作的类型见表 1.2。

表 1.2 对称元素和对称操作的类型

对称元素	对 称 操 作
对称面 σ	平面中的反映
对称中心或反演中心 i	所有原子通过中心的反演
旋转轴 C_n	绕轴的一次或多次转动，每次旋转 $360°/n$
映转轴 S_n	转动之后在垂直于转动轴的平面中反映
反轴 I_n	先绕某轴线旋转一定角度后（$360°/n$），再作轴线上一点的反演操作

1.2.1.1 对称轴和旋转操作

对称轴也称为旋转轴或者直轴。旋转操作是指沿着某一轴线旋转一定角度，可以使物体复原的操作。该轴线称为旋转轴，用 C_n 表示。轴次是指一周旋转过程中可使物体复原的次数，用下标 n 表示。基转角是指能使物体复原的最小旋转角度 α，$\alpha = 2\pi/n$。

平面型 BF_3 分子有 4 个旋转轴，其中轴次最高的是 C_3（垂直于分子所在平面），称为主轴；其他 3 个旋转轴为 C_2 轴，称为副轴。如图 1.3 所示。

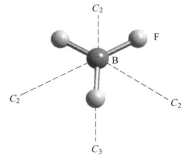

图 1.3 BF_3 平面型分子

1.2.1.2 对称面与反映操作

若一个分子的所有原子被分子中某平面分成完全相同的两部分，这个平面就称为该分子的对称面或镜面，对称面以符号 σ 表示。这种操作就称为反映操作。

对称面分类如下，按照其与主轴和副轴的关系分为 3 类：经过（包含）主轴和某个副轴平分分子的对称面，称为 σ_v（v = vertical）；经过主轴并且平分相邻副轴之间夹角的对称面，称为 σ_d（d = dihedral）；与主轴相互垂直的对称面，称为 σ_h（h = horizontal）。以图 1.3 BF_3 分子为例，见图 1.4。

1.2.1.3 对称中心与反演操作

以物体中的某一点作为直角坐标系的坐标原点，若把物体每个点坐标（x，y，z）变换为（$-x$，$-y$，$-z$），仍能得到该物体的等价构型，则称该物体有对称中心，以符号 i 表示。改变物体坐标点的操作称为反演操作。一个物体只能有一个对称中心。如 BF_3 不具有对称中心，而平面型的 $PtCl_4$ 分子则具有对称中心。

1.2.1.4　映转轴与旋转反映操作

首先绕某一轴线转动一定角度 α 后，再通过垂直于转动轴的平面反映，通过这样使物体复原的操作称为旋转反映操作，该轴线称为映转轴（也称非真轴），记为 S_n，见图 1.5。旋转反映操作中最小的映转角 $\alpha = 2\pi/n$。当 n 为偶数时经过 n 次操作复原，S_n 轴生成一组操作 $\{S_n, S_n^2, \cdots, S_n^n\}$；当 n 为奇数时 S_n 经过 $2n$ 次操作复原，生成另外一种操作 $\{S_n, S_n^2, \cdots, S_n^n, S_n^{n+1}, S_n^{n+2}, \cdots, S_n^{2n}\}$。这是由于进行到 n 次操作时，$S_n^n = \sigma$，物体没有复原，还需要继续进行操作，直到操作到 $2n$ 时，$S_n^{2n} = C_n^{2n}\sigma^{2n} = EE = E$，物体才完全复原。

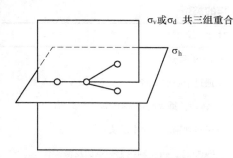

图 1.4　以 BF_3 为例的对称操作示意图

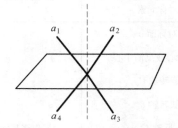

图 1.5　S_n 操作的例子，a_1，a_2，a_3，a_4 为同一原子

1.2.1.5　反轴与旋转反演操作

先绕某一轴线转动一定角度 α 后，再通过转动轴上的某一点反演，通过这种操作使物体复原，称为旋转反演操作，该转动轴称为反轴，记为 I_n，角度 $\alpha = 2\pi/n$。

与映转轴相同，奇次 I_n 轴需要 $2n$ 个操作才能复原，偶次 I_n 轴需要 n 个操作。一个反轴同时也是一个映转轴，两者之间的关系为：$I_1 = S_2$，$I_2 = S_1$，$I_3 = S_6$，$I_4 = S_4 \cdots$，使用时两者取其一即可。包括单位元素 E（恒等操作）在内，共有 5 个对称元素：E，C_n，i，σ，S_n。

1.2.2　对称操作群

操作的乘积是指相继进行两次或多次操作后的结果。对于有限物体的对称性，操作的乘积等于一个使物体复原的对称操作。

对称操作群是指以物体或分子的对称操作作为元素，按照对称操作的乘法规则，这些元素的集合就构成了一个群，称为对称操作群，也称点群。

以平面型分子 AB_3（如 BF_3）为例，研究分子的各种对称操作：它们是 E，C_3，C_3^2，C_2，C_2'，C_2''，σ_v，σ_v'，σ_v''，σ_h，S_3 和 S_3^2。

如图 1.3 所示，把原子编号，可以逐一求出所有的二元乘积，如 $C_3\sigma_v = \sigma_v'$，见图 1.6。

可以看出，将两个对称操作按照其组合次序依次应用，结果仍然是集合中的一个操作，那么这一集合显然满足群的第一个要求——封闭性。结合律对于对称操作的乘积显然是成立的。不动操作 E（单位元）必然是群的单位元素，其他每个元素与之相乘都是原来元素本身。

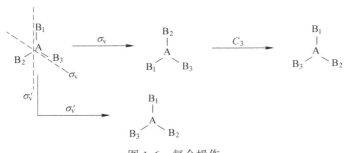

图 1.6　复合操作

最后，每个元素都有逆元素：E、σ 的逆元素就是本身；C_n^m 的逆元素就是 C_n^{n-m}；映转轴 S_n^m 的操作与 n 和 m 的奇偶性有关，当 n 为偶数时，逆操作就是 S_n^{n-m}；当 n 为奇数时，若 m 为偶数，$S_n^m = C_n^m$，逆操作就是 C_n^{n-m}；若 n 和 m 都是奇数，则 S_n^m 可以写为 $C_n^m \sigma$，其逆操作应该是乘积 $C_n^{n-m} \sigma$，因此对称操作的集合组成一个群。

1.2.3　点群的分类及确定

1.2.3.1　点群的分类

每个分子都属于某个分子点群，尽管分子可有千千万万，但是它们所属的点群却是有限的几种类型。下面介绍化学上常见的各种类型的分子点群。这里所采用的符号是"熊夫利"符号。

（1）C_n 群：这种群的对称元素是 n 重旋转轴，共有 n 个旋转操作，标记为 C_n，即

$$C_n = \{E, C_n, C_n^2, \cdots, C_n^{n-1}\}$$

群中共有 n 个元素，群的阶为 n，元素间是可交换的。常见的 C_n 群有 C_1、C_2、C_3 群。C_1 群实际无任何对称元素（E 除外），C_1 作用结果相当不动。例如甲烷中的三个氢分别被三个不同原子如 Cl、Br、F 所取代，则为 C_1 群。C_2 群有二重对称轴，H_2O_2 即是一个例子，分子中两个 O—H 键不在同一平面上，C_2 轴通过 O—O 键中点且平分两个 O—H 键间夹角（参看分子图形图1.7a）。

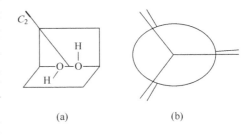

图 1.7　属于 C_2、C_3 群的例子

属于 C_3 群的例子如 CH_3—CCl_3，其中三个 H 和三个 Cl 排列既非交叉式，又非重叠式，C—C 键为 C_3 轴，如图 1.7b 所示。

（2）C_{nv} 群：群中有 C_n 轴，还有通过 C_n 轴的 n 个对称面，因此 C_{nv} 群可记为

$$C_{nv} = \{E, C_n, C_n^2, \cdots, C_n^{n-1}, \sigma_v^{(1)}, \sigma_v^{(2)}, \cdots, \sigma_v^{(n)}\}$$

共有 $2n$ 个元素，其阶为 $2n$。C_{nv} 群实例有 H_2O、H_2S、SO_2、NO_2、HCHO、顺式 2-卤乙烯、$C_{14}H_{10}$ 等。C_{3v} 群实例为 NH_3、$CHCl_3$、CH_3Cl、$(C_6H_6)Cr(CO)_3$ 等。C_∞ 群例子为 CO、NO、HCl 等异核线性分子，其共同特点是含有 C_∞ 轴（键轴）。该点群含有 C_∞ 轴和无数个包含 C_∞ 轴的 σ_v 对称面，但不含有 C_2 轴、σ_h 对称面和对称中心 i。C_{nv} 群的具体实

例见图1.8和图1.9。

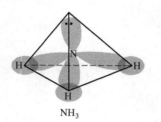

图1.8　属于C_{3v}群的NH_3分子示意图

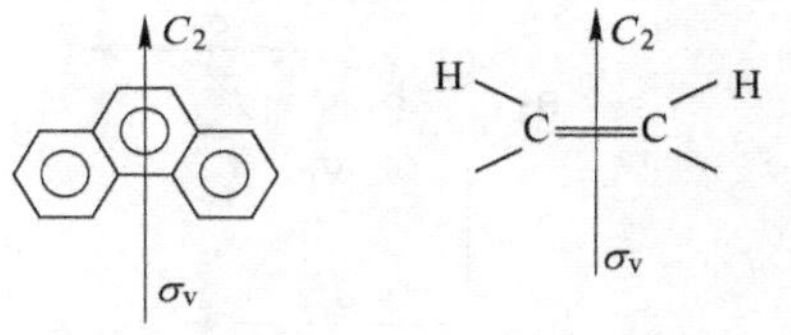

$C_{14}H_{10}(C_{2v})$

顺式2-卤乙烯(C_{2v})

图1.9　属于$C_{\infty v}$群的例子

（3）C_{nh}群：群中含有一个C_n轴，还有一个垂直于C_n轴的镜面σ_h。当n为奇数时，此群相当于C_n和σ_h的乘积，即

$$C_{nh} = C_n \times \sigma_h = \{E,\ C_n,\ C_n^2,\ \cdots,\ C_n^{n-1},\ \sigma_h,\ C_n\sigma_h,\ C_n^2\sigma_h,\ \cdots,\ C_n^{n-1}\sigma_h\}$$

当n为偶数时，此群相当于C_n和i的乘积，即$C_{nh} = C_n \times i$。

因此，群阶为$2n$。C_{1h}群即是C_s群，只有一个镜面，凡是没有其他对称元素的平面分子均属此群，如$HOCl$、C_4H_4ClBr、$NOCl$，见图1.10。

（4）D_n群：在C_n群的基础上，加上n个垂直于主轴C_n的二重轴C_2，且分子中不存在任何对称面，则有

$$D_n = \{E,\ C_n,\ C_n^2,\ \cdots,\ C_n^{n-1},\ C_2^{(1)},\ C_2^{(2)},\ \cdots,\ C_2^{(n)}\}$$

可见该群中共有$2n$个独立的对称操作（群元素）。常见的D_n群是D_3，例如$[Co(NH_2CH_2CH_2NH_2)_3]^{3+}$螯合离子是八面体构型，六个配位点被三个乙二胺占据，存在着C_3轴和三个垂直于C_3轴的C_2轴；还有部分交错式的$H_3C—CH_3$分子亦属D_3群，见图1.11。

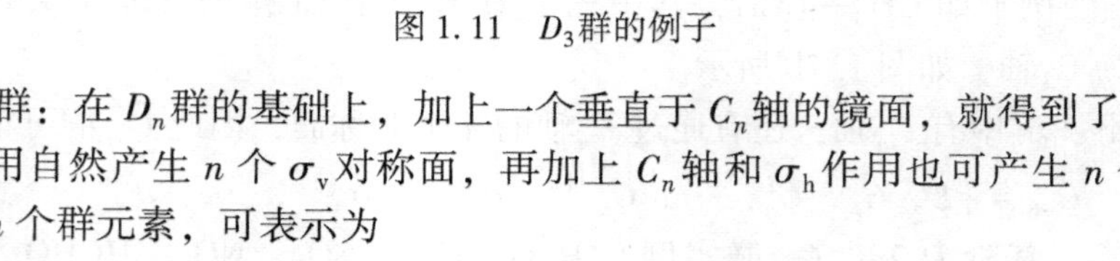

$C_4H_4ClBr(C_s$群$)$

$NOCl(C_s$群$)$

图1.10　C_s群的例子

$[Co(NH_2CH_2CH_2NH_2)_3]^{3+}$　　$(en=NH_2CH_2CH_2NH_2)$

$[Co(NH_2CH_2CH_2NH_2)_3]^{3+}$

图1.11　D_3群的例子

（5）D_{nh}群：在D_n群的基础上，加上一个垂直于C_n轴的镜面，就得到了D_{nh}群。n个C_2轴和σ_h作用自然产生n个σ_v对称面，再加上C_n轴和σ_h作用也可产生n个独立操作，因此D_{nh}有$4n$个群元素，可表示为

$$D_{nh} = D_n'C_{1h} = D_n'\{E,\ \sigma_h\}$$

$$= \{E,\ C_n,\ C_n^2,\ \cdots,\ C_n^{n-1},\ C_2^{(1)},\ C_2^{(2)},\ \cdots,\ C_2^{(n)},\ \sigma_h,\ C_n\sigma_h,$$

$$C_n^2\sigma_h,\ \cdots,\ C_n^{n-1}\sigma_h,\ \sigma_v^{(1)},\ \sigma_v^{(2)},\ \cdots,\ \sigma_v^{(n)}\}$$

D_{nh}群例见图 1.12。

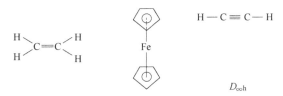

$$D_{\infty h}$$

图 1.12 D_{4h}点群的例子

[$PtCl_4$]$^{2-}$属于 D_{4h} 点群。当 $n = \infty$ 时，成为 $D_{\infty h}$ 群。对于对称的直线型分子，如 CO_2、H_2、C_2H_2 等，含有无数个垂直于 C_∞ 的 C_2 轴及无数个含有 C_∞ 的 σ_v 对称面，此外还含有一个 σ_h 对称面和一个对称中心，所以它们属于 $D_{\infty h}$ 点群。这相当于一支未经过削尖的圆柱型铅笔的对称性。

（6）D_{nd}群：在 D_n 群的基础上加上一个通过 C_n 轴又平分相邻两个 C_2 轴夹角的对称面 σ_d，这就产生了新的 D_{nd} 群。

因为主对称轴是 n 重的，有 n 个旋转操作，所以必然带来 n 个 σ_d 对称面；再加上 n 个 σ_d 和 n 个 C_2 的作用，最后得到 $4n$ 阶群 D_{nd}，记为

$$D_{nd} = \{E, C_n, C_n^2, \cdots, C_n^{n-1}, C_2^{(1)}, C_2^{(2)}, \cdots, C_2^{(n)},$$
$$\sigma_d^{(1)}, \sigma_d^{(2)}, \cdots, \sigma_d^{(n)}, S_{2n}^1, S_{2n}^3, \cdots, S_{2n}^{n-1}\}$$

下面分子属于 D_{nd}群，见图 1.13。

（7）S_n群：有一个 n 重象转轴，这时必须考虑 n 是偶数还是奇数：

当 n 为偶数时，群中含有 n 个元素，即

$$S = \{E, S_n, S_n^2, \cdots, S_n^{n-1}\}$$

当 n 为奇数时，则 S_n 群不独立存在，因为 $S_n = C_{nh}$。属于此点群的分子见图 1.14。

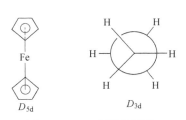

D_{5d} D_{3d}

图 1.13 D_{nd}点群的例子

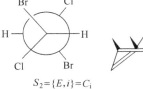

$S_2 = \{E, i\} = C_i$

S_4

4-甲基环辛四烯(S_4)

图 1.14 S_n 群的例子

$S_4N_4F_4$属于 S_4点群。

（8）T_d群：具有正四面体构型的分子如 CH_4、CCl_4、SiH_4、$Ni(CO)_4$ 等均属 T_d 群。属此群的分子图形（见图 1.15）具有 4 个 C_3 轴、3 个 C_2 轴、3 个 S_4 轴（和 3 个 C_2 轴相重合）以及 6 个 σ_d 平面（每个平面都平分相邻两个 C_2 轴间夹角）。

这 13 个对称元素共生成 24 个独立的对称操作，故 T_d 是 24 阶群，记为

$$T_d = \{E, C_2^{(1)}, C_2^{(2)}, C_2^{(3)}, C_3^{(1)}, C_3^{(1)2}, C_3^{(2)}, C_3^{(2)2}, C_3^{(3)}, C_3^{(3)2}, C_3^{(4)}, C_3^{(4)2},$$
$$\sigma_d^{(1)}, \sigma_d^{(2)}, \sigma_d^{(3)}, \sigma_d^{(4)}, \sigma_d^{(5)}, \sigma_d^{(6)}, S_4^{(1)}, S_4^{(1)3}, S_4^{(2)}, S_4^{(2)3}, S_4^{(3)}, S_4^{(3)3}\}$$

（9）O_h群：具有正八面体构型的分子如 SF_6、UF_6、[$PtCl_6$]$^{2-}$、[$Fe(CN)_6$]$^{2-}$、

$[Co(NH_3)_6]^{3+}$均属于O_h群。属此群的分子图形具有 3 个 C_4 轴、4 个 C_3 轴、6 个 C_2 轴、3 个 σ_h 平面、6 个 σ_d 平面、3 个 S_4 轴、4 个 S_6 轴及对称中心 i，共可生成 48 个对称操作，故 O_h 是 48 阶群，简记为 $O_h = \{E,\ 3C_2,\ 3C_4,\ 3C_4^3,\ 4C_3,\ 4C_3^2,\ 6C_2,\ i,\ 3S_4,\ 3S_4^3,\ 3\sigma_h,\ 6\sigma_d,\ 8S_6,\ S_4^{(2)3}\}$，见图 1.16。

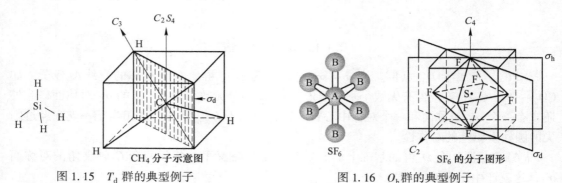

图 1.15　T_d 群的典型例子　　　　　　　图 1.16　O_h 群的典型例子

1.2.3.2　分子点群的确定

每个分子对称操作的完全集合组成一个数学群，它必须是属于某个点群。对于一个简单分子，凭借着经验或应用类比方法就能够判定出该分子是属于哪一个点群；但是，对于一个较复杂的分子说来，若指出它所属的点群颇为困难。因此，有必要给出确定分子点群的系统方法。为了方便，将各种分子点群分成下面五类：

（1）立方群：即四面体群和八面体群：T_d、O_h。

（2）无轴群：除 C_1 轴外没有其他旋转轴及象转轴：C_1、C_s、C_i。

（3）假轴向群：S_n（$n = 1, 2, \cdots, \infty$）（其中 $S_1 = C_s$，$S_2 = C_i$）；若 n 为奇数，则 $S_n = C_{nh}$。

（4）轴向群：仅具有一个 n 重对称轴：C_n、C_{nh}、C_{nv}（$n = 1, 2, \cdots, \infty$）。

（5）二面体群：包含 n 个垂直于主轴的 C_2 轴：D_n、D_{nh}、D_{nd}（$n = 2, \cdots, \infty$）。

确定任意分子所属点群的系统方法，可分以下五个步骤：

第 1 步：确定分子是否属于连续点群——$C_{\infty v}$、$D_{\infty h}$。首先着眼于分子形状是否为直线型的；如果是直线型分子，再看它是否有对称中心；如果有对称中心（如 CO_2），则分子属于 $D_{\infty h}$ 群；如果没有对称中心（如 HCN），则分子属于 $C_{\infty v}$ 群。

第 2 步：确定分子是否具有大于 2 的多重高次旋转轴。若分子具有这种旋转轴（如 4 个三重轴），则属立方群，其中四面体构型的属 T_d 群；八面体构型的属 O_h 群。如果在分子中除恒等元素之外，只有一个对称面的属 C_s 群；只有一对称中心的属 C_i 群；没有对称元素的属 C_1 群。

第 3 步：确定分子是否具有象转轴 S_n（n 为偶数），如果只存在 S_n 轴而无其他对称元素，这时分子属于假轴向群类的 S_n 群。

第 4 步：假如分子均不属于上述各群，而且具有 C_n 旋转轴时可进行第 4 步。当分子不具有垂直于 C_n 轴的 C_2 轴时，则属轴向群类，并有三种可能：（1）若有 n 个 σ_v 对称面则属于 C_{nv} 群；（2）若有 σ_h 对称面则属于 C_{nh} 群；（3）没有对称面的属于 C_n 群。

第5步：当分子具有垂直于 C_n 轴的 C_2 轴时，则属于二面体群类，并有三种可能：（1）若有 σ_d 对称面则属于 D_{nd} 群；（2）若有 σ_h 对称面则属于 D_{nh} 群；（3）没有对称面的属于 D_n 群。示意图见图 1.17。

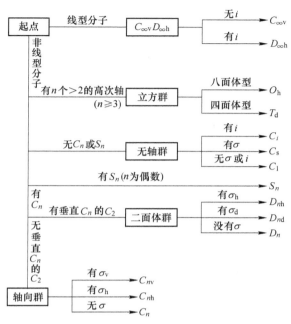

图 1.17　确定分子所属点群的系统方法

1.3　群 的 表 示

1.3.1　矩阵的基本知识

矩阵定义：一些数字的矩形排列。

$$\begin{bmatrix} a_{11} & a_{12} & \cdots & a_{1n} \\ a_{21} & a_{22} & \cdots & a_{2n} \\ \vdots & \vdots & & \vdots \\ a_{m1} & a_{m2} & \cdots & a_{mn} \end{bmatrix} \quad (m \text{ 行} \times n \text{ 列})$$

方阵：若行数 = 列数（$m = n$），称为方阵。

方阵的迹：$\chi = \sum a_{ii}$（方阵的对角元素之和）

单位矩阵（与群的单位元素对照）：对角元素 $a_{ii} = 1$，其他元素均为 0 的方阵（$\boldsymbol{E}$）。

矩阵的乘法：

（1）若 $\boldsymbol{A}$ 的列数等于 $\boldsymbol{B}$ 的行数，则二者可以相乘。

$$c_{ij} = \sum_{k=1}^{h} a_{ik} b_{kj}$$

$$\boldsymbol{A}(n \times h) \boldsymbol{B}(h \times m) = \boldsymbol{C}(n \times m)$$

乘法服从结合律：$(AB)C = A(BC)$；一般不服从交换律：$AB \neq BA$.

示例：二者相乘：

$$\begin{bmatrix} 1 & 0 & 1 \\ 0 & 1 & 0 \\ 0 & 1 & 1 \end{bmatrix} \begin{bmatrix} 2 & 0 \\ 1 & 1 \\ 0 & 1 \end{bmatrix} = \begin{bmatrix} 2 & 1 \\ 1 & 1 \\ 1 & 2 \end{bmatrix}$$

$$3 \times 3 \qquad 3 \times 2 \qquad 3 \times 2$$

示例：不服从交换律：

$$\begin{bmatrix} 1 & 2 \\ 1 & 1 \end{bmatrix} \begin{bmatrix} 1 & 1 \\ 1 & 1 \end{bmatrix} = \begin{bmatrix} 3 & 3 \\ 2 & 2 \end{bmatrix} \neq \begin{bmatrix} 1 & 1 \\ 1 & 1 \end{bmatrix} \begin{bmatrix} 1 & 2 \\ 1 & 1 \end{bmatrix} = \begin{bmatrix} 2 & 3 \\ 2 & 3 \end{bmatrix}$$

示例：与只有一列的矩阵相乘

$$\begin{bmatrix} 1 \\ 0 \\ 0 \end{bmatrix} \begin{bmatrix} 0 \\ 1 \\ 1 \end{bmatrix} \begin{bmatrix} 1 \\ 0 \\ 1 \end{bmatrix} \begin{bmatrix} 1 \\ 2 \\ 3 \end{bmatrix} = \begin{bmatrix} 4 \\ 2 \\ 5 \end{bmatrix}$$

$$\begin{bmatrix} 1 \\ 2 \\ 3 \end{bmatrix} \begin{bmatrix} 1 \\ 0 \\ 0 \end{bmatrix} \begin{bmatrix} 0 \\ 1 \\ 1 \end{bmatrix} \begin{bmatrix} 1 \\ 0 \\ 1 \end{bmatrix} \qquad 无法运算！！！$$

示例：求方阵的迹。

$$\begin{bmatrix} 1 & 0 & 6 \\ 4 & 2 & 2 \\ 3 & 5 & 3 \end{bmatrix} 的迹 = (1+2+3) = 6$$

（2）逆矩阵（与群中逆元素概念对照）。若 $AA^{-1} = A^{-1}A = E$（单位矩阵），则 A^{-1} 为 A 的逆矩阵。只有方阵才有逆矩阵。

若 $|A| = 0$，则 A 为奇异矩阵，其逆矩阵无法确定；

若 $|A| \neq 0$，则 A 为非奇异矩阵，具有唯一的逆矩阵。

（3）共轭矩阵（与群中共轭元素概念对照）。A、B、X 为三个矩阵，若 $A = X^{-1}BX$，则称 A 与 B 为共轭矩阵。

注：共轭矩阵具有相等的迹。

（4）矩阵乘法的一种特例。当处理的矩阵，所有非零元素都在沿对角线的方块中，这时矩阵乘法情况特殊，例：

$$\begin{bmatrix} 1 & 0 & 0 \\ 1 & 2 & 0 \\ 0 & 0 & 3 \end{bmatrix} \begin{bmatrix} 4 & 1 & 0 \\ 2 & 3 & 0 \\ 0 & 0 & 1 \end{bmatrix} = \begin{bmatrix} 4 & 1 & 0 \\ 8 & 7 & 0 \\ 0 & 0 & 3 \end{bmatrix}$$

该积矩阵最明显特征是，按照乘因子矩阵完全相同的形式划分为方块。不难看出，这种类型的结果必定是恒成立的。此外，还可看出积矩阵中给定方块的元素只由乘因子中对应方块的元素所决定。因此，当两个方块形式相同的矩阵相乘时，每个矩阵中的对应方块可独立于其余方块加以考虑。

1.3.2　对称操作的矩阵表示

矩阵代数的一个重要应用是表示一个点或定义物体的点的集合在空间的变换性质。

对称操作对任意点位置坐标 (x,y,z) 的作用如下：

（1）恒等操作。单位矩阵：

$$\begin{bmatrix} 1 & 0 & 0 \\ 0 & 1 & 0 \\ 0 & 0 & 1 \end{bmatrix} \begin{bmatrix} x \\ y \\ z \end{bmatrix} = \begin{bmatrix} x \\ y \\ z \end{bmatrix}$$

（2）反映。$\sigma(xy)$：

$$\begin{bmatrix} 1 & 0 & 0 \\ 0 & 1 & 0 \\ 0 & 0 & -1 \end{bmatrix} \begin{bmatrix} x \\ y \\ z \end{bmatrix} = \begin{bmatrix} x \\ y \\ -z \end{bmatrix}$$

$\sigma(xz)$：

$$\begin{bmatrix} 1 & 0 & 0 \\ 0 & -1 & 0 \\ 0 & 0 & 1 \end{bmatrix} \begin{bmatrix} x \\ y \\ z \end{bmatrix} = \begin{bmatrix} x \\ -y \\ z \end{bmatrix}$$

$\sigma(yz)$：

$$\begin{bmatrix} -1 & 0 & 0 \\ 0 & 1 & 0 \\ 0 & 0 & 1 \end{bmatrix} \begin{bmatrix} x \\ y \\ z \end{bmatrix} = \begin{bmatrix} -x \\ y \\ z \end{bmatrix}$$

（3）反演。负单位矩阵：

$$\begin{bmatrix} -1 & 0 & 0 \\ 0 & -1 & 0 \\ 0 & 0 & -1 \end{bmatrix} \begin{bmatrix} x \\ y \\ z \end{bmatrix} = \begin{bmatrix} -x \\ -y \\ -z \end{bmatrix}$$

（4）真转动。若定义 z 轴为转动轴，绕 z 轴的任何转动都不会改变 z 坐标，因此矩阵的一部分应为：

$$\begin{bmatrix} ? & ? & 0 \\ ? & ? & 0 \\ 0 & 0 & 1 \end{bmatrix} \begin{bmatrix} x \\ y \\ z \end{bmatrix} = \begin{bmatrix} ? \\ ? \\ z \end{bmatrix}$$

将寻找四个空缺元素的问题转变成平面中的二维问题。

笛卡儿坐标系示意图见图 1.18。

利用三角函数：

$x_1 = r\cos\alpha$，$y_1 = r\sin\alpha$

$x_2 = r\cos(\alpha + \theta) = r\cos\alpha\cos\theta - r\sin\alpha\sin\theta$
$\quad = x_1\cos\theta - y_1\sin\theta$

$y_2 = r\sin(\alpha + \theta) = r\sin\alpha\cos\theta + r\cos\alpha\sin\theta$
$\quad = x_1\sin\theta + y_1\cos\theta$

即　$x_2 = x_1\cos\theta - y_1\sin\theta$
$\quad\ \ y_2 = x_1\sin\theta + y_1\cos\theta$

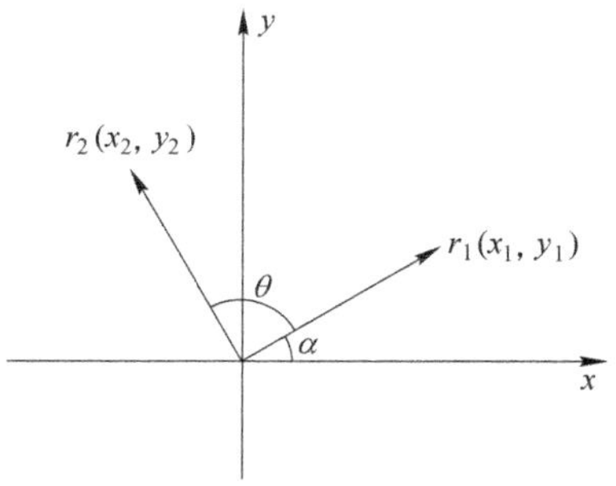

图 1.18　笛卡儿坐标系

写成矩阵形式

$$\begin{bmatrix} \cos\theta & -\sin\theta \\ \sin\theta & \cos\theta \end{bmatrix} \begin{bmatrix} x_1 \\ y_1 \end{bmatrix} = \begin{bmatrix} x_2 \\ y_2 \end{bmatrix}$$

最后总矩阵方程

$$\begin{bmatrix} \cos\theta & -\sin\theta & 0 \\ \sin\theta & \cos\theta & 0 \\ 0 & 0 & 1 \end{bmatrix} \begin{bmatrix} x_1 \\ y_1 \\ z_1 \end{bmatrix} = \begin{bmatrix} x_2 \\ y_2 \\ z_2 \end{bmatrix}$$

（5）非真转动。逆时针转动 θ 角，再依 $\sigma(xy)$ 反映的矩阵为：

$$\begin{bmatrix} \cos\theta & -\sin\theta & 0 \\ \sin\theta & \cos\theta & 0 \\ 0 & 0 & -1 \end{bmatrix} \begin{bmatrix} x_1 \\ y_1 \\ z_1 \end{bmatrix} = \begin{bmatrix} x_2 \\ y_2 \\ z_2 \end{bmatrix}$$

1.3.3　可约表示与不可约表示

（1）可约表示。

定理：设一组矩阵（E，A，B，C，…）构成一个群的表示。若对每个矩阵进行同样的相似变换：

$$E' = X^{-1}EX$$
$$A' = X^{-1}AX$$
$$B' = X^{-1}BX$$
$$\vdots$$

则（E'，A'，B'，…）也是群的一个表示。

可约表示：若能找到矩阵 X 可把（A、B、C、…）变换成（A'、B'、C'、…），而（A'、B'、C'、…）分别为划分为方块因子的矩阵。

$$A' = X^{-1}AX = \begin{bmatrix} A_1' & & & & \\ & A_2' & & & \\ & & A_3' & & \\ & & & \cdots & \\ & & & & \cdots \end{bmatrix}$$

若每个矩阵 A'、B'、C'、… 均按同样的方式划分成方块，则可证明每个矩阵的对应方块可以单独地相乘：

$$A_1'B_1' = C_1'$$
$$A_2'B_2' = C_2'$$
$$A_3'B_3' = C_3'$$
$$\vdots$$

因此各组矩阵
$$E_1', A_1', B_1', C_1', \cdots$$
$$E_2', A_2', B_2', C_2', \cdots$$
$$\vdots$$

本身就是一个群的表示。

因为用矩阵 X 可以把每个矩阵变换为一个新矩阵，所有新的矩阵按照同样的方式给出两个或多个低维表示，因此我们称（E，A，B，C，…）为可约表示。后面要介绍可约表示的特征标等于在该对称操作下的不动原子数乘以该对称操作表示的矩阵元的对角元素之和。

（2）不可约表示。若找不到矩阵 X，按照上述方式约化给定表示的所有矩阵，这种表示称为不可约表示。不可约表示具有特殊的重要性。

广义正交定理（有关构成群的不可约表示矩阵元的基本定理）：

$$\sum_R \left[\Gamma_i(R)_{mn}\right]\left[\Gamma_j(R)_{m'n'}\right]^* = \frac{h}{\sqrt{l_i l_j}}\delta_{ij}\delta_{mm'}\delta_{nn'}$$

$$\delta_{st} = 1 \quad (s = t)$$
$$\delta_{st} = 0 \quad (s \neq t)$$

式中，i、j 表示第 i、j 个不可约表示；$\Gamma_i(R)_{mn}$ 表示算符 R 的第 i 个不可约表示的第 m 行第 n 列的矩阵元；$\left[\Gamma_i(R)_{mn}\right]^*$ 表示矩阵 $\left[\Gamma_i(R)_{mn}\right]$ 共轭转置矩阵；h 为群的阶；l_i 为该群第 i 个不可约表示的维数，也是该表示中矩阵的阶；R 为群中的某个操作。

G	R_1	R_2	R_3
Γ_i	$\begin{bmatrix} a_{11} & a_{12} & a_{13} \\ a_{21} & a_{22} & a_{23} \\ a_{31} & a_{32} & a_{33} \end{bmatrix}$	$\begin{bmatrix} b_{11} & b_{12} & b_{13} \\ b_{21} & b_{22} & b_{23} \\ b_{31} & b_{32} & b_{33} \end{bmatrix}$	$\begin{bmatrix} c_{11} & c_{12} & c_{13} \\ c_{21} & c_{22} & c_{23} \\ c_{31} & c_{32} & c_{33} \end{bmatrix}$
Γ_j	$\begin{bmatrix} x_{11} & x_{12} \\ x_{21} & x_{22} \end{bmatrix}$	$\begin{bmatrix} y_{11} & y_{12} \\ y_{21} & y_{22} \end{bmatrix}$	$\begin{bmatrix} z_{11} & z_{12} \\ z_{21} & z_{22} \end{bmatrix}$

在一组不可约表示矩阵中，若将任意一组来自每个矩阵的对应矩阵元，看作是 h 维空间中的某一向量的分量，则所有这些向量都相互正交，且这些向量长度的平方为 (h/l_i)。

广义正交定理可以简化为三个较简单的情况：

1）若 $i \neq j$，则

$$\sum_R \left[\Gamma_i(R)_{mn}\right]\left[\Gamma_j(R)_{m'n'}\right]^* = 0$$

表明，选自不同不可约表示的向量是正交的。

2）若 $i = j$，且 $m \neq m'$，或 $n \neq n'$，或同时 $m \neq m'$，$n \neq n'$

$$\sum_R \left[\Gamma_i(R)_{mn}\right]\left[\Gamma_i(R)_{m'n'}\right]^* = 0$$

表明，选自同一不可约表示的不同向量也是正交的。

3）若 $i = j$，$m = m'$，$n = n'$，则

$$\sum_R \left[\Gamma_i(R)_{mn}\right]\left[\Gamma_i(R)_{mn}\right]^* = \frac{h}{l_i}$$

（3）等价表示：在点群的表示中，如果有两个表示，它们关于任何同一对称操作的两个表示矩阵 A 和 B 是共轭的，即存在一个方阵 X，使 $X^{-1}AX = B$ 成立，则这两个表示是等价的。

等价表示的都有一个共同点，即特征标相同。

一个表示中各矩阵的迹称为该表示的特征标 χ。

$$\chi(R) = \sum_i \Gamma(R)_{ii}$$

式中，R 指对称操作；$\Gamma(R)_{ii}$ 指元素 R 的第 i 行第 i 列的矩阵元。

（4）不等价不可约表示：如果两个不可约表示，它们每个对称操作的两个特征标不完全相等时，则这两个不可约表示是不等价不可约表示。

群表示的几条重要规则：

1）群的不等价不可约表示的数目，等于群中类的数目。

2）群的不等价不可约表示维数的平方和等于群的阶。

$$\sum_i l_i^2 = l_1^2 + l_2^2 + \cdots = h$$

3）任一不可约表示的特征标的平方和等于群的阶。

$$\sum_R [\chi_i(R)]^2 = h$$

4）以两个不等价不可约表示的特征标作为分量的向量是正交的。

$$\sum_R \chi_i(R)\chi_j(R) = 0 \quad (i \neq j)$$

5）在一个给定表示中，所有属于同一类操作矩阵的特征标相等。

同类元素对应的全部矩阵相互共轭，而共轭矩阵具有相同的特征标。

不可约表示特征标的规则见表 1.3。

表 1.3　不可约表示特征标的规则

1)	不可约表示的数目 = 类的数目
2)	$\sum_i l_i^2 = l_1^2 + l_2^2 + \cdots = h$
3) χ/g_i	$\sum_R [\chi_i(R)]^2 = h$
4) x/g_i	$\sum_R \chi_i(R)\chi_j(R) = 0 \quad (i \neq j)$
5)	同类操作特征标相等
6)	每个群均有一个特征标均为 1 的一维不可约表示，称为完全对称表示

[**例 1-17**]　C_{2v} 群 $\{E, C_2, \sigma_v, \sigma_v'\}$ 每个元素自成一类，见表 1.4。

表 1.4　C_{2v} 不可约表示的特征标表

C_{2v}	E	C_2	σ_v	σ_v'
Γ_1	1	1	1	1
Γ_2	1	X_{22}	X_{23}	X_{24}
Γ_3	1	X_{32}	X_{33}	X_{34}
Γ_4	1	X_{42}	X_{43}	X_{44}

由规则 1）：有四个不等价不可约表示。

由规则 2）：$l_1^2 + l_2^2 + l_3^2 + l_4^2 = h = 4$

由规则 6）：不妨令 $l_1 = 1$，则只有唯一解 $l_1 = l_2 = l_3 = l_4 = 1$

再考虑规则 6），则有下述结果：

由规则 3）： $1^2 + X_{i2}^2 + X_{i3}^2 + X_{i4}^2 = 4$ （$i = 2$，3，4）

只有唯一解：$|X_{i2}| = |X_{i3}| = |X_{i4}| = 1$

由规则 4）：只有如下唯一解

C_{2v}	E	C_2	σ_v	σ_v'
Γ_1	1	1	1	1
Γ_2	1	1	-1	-1
Γ_3	1	-1	1	-1
Γ_4	1	-1	-1	1

[**例 1-18**] C_{3v} 群 $\{E, C_3, C_3^2, \sigma_v, \sigma_v', \sigma_v''\}$，分为三类 $\{E, 2C_3, 3\sigma_v\}$

由规则 1）：有三个不等价不可约表示。

由规则 2）：$l_1^2 + l_2^2 + l_3^2 = 6$

由规则 6）：不妨令 $l_1 = 1$，唯一解 $l_1 = l_2 = 1$，$l_3 = 2$

再考虑规则 6），则有

C_{3v}	E	$2C_3$	$3\sigma_v$
Γ_1	1	1	1
Γ_2	1	X_{22}	X_{23}
Γ_3	2	X_{32}	X_{33}

由规则 3）：$1^2 + 2X_{22}^2 + 3X_{23}^2 = 6$

由规则 4）：$1 \times 1 + 2 \times 1 \times X_{22} + 3 \times 1 \times X_{23} = 0$

由上两式得：$X_{22} = 1$，$X_{23} = -1$

由规则 4）：$1 \times 2 + 2 \times 1 \times X_{32} + 3 \times (-1) \times X_{33} = 0$

$1 \times 2 + 2 \times 1 \times X_{32} + 3 \times 1 \times X_{33} = 0$

由上两式得：$X_{32} = -1$，$X_{33} = 0$

最后结果：

C_{3v}	E	$2C_3$	$3\sigma_v$
Γ_1	1	1	1
Γ_2	1	1	-1
Γ_3	2	-1	0

特征标表：将点群的各不等价不可约表示的特征标连同不可约表示的基列在同一表中，则称此表为点群的特征标表。

示例（表 1.5）：

表 1.5 C_{3v} 不可约表示的特征标表

C_{3v}	E	$2C_3$	$3\sigma_v$		
A_1	1	1	1	z	x^2+y^2, z^2
A_2	1	1	-1		
E	2	-1	0	(x, y)	$(x^2-y^2, xy)(xz, yz)$
Ⅰ		Ⅱ			Ⅲ

1）左上角为群的熊夫利（Schonflies）符号。

2）横线下面以马利肯（Mulliken）符号表示出各不等价不可约表示，其意义如下：

①A、B 代表一维表示；E 代表二维表示；T 代表三维表示。

②对于绕主轴 C_n 转动 $2\pi/n$ 时，对称的一维表示 $[\chi(C_n)=1]$ 用 A 表示，反对称的 $[\chi(C_n)=-1]$ 用 B 表示。

③A 和 B 的下标 1 和 2 分别表示它们对于垂直于主轴 C_n 的 C_2 轴是对称或反对称的；若没有这种 C_2 轴，则用来区别对于某一个 σ_v 镜面是对称的还是反对称的，下标"1"表示是对称的，下标"2"表示是反对称的。

④上标一撇或两撇，如 A'、A'' 等，用来区别对于 σ_h 镜面是对称还是反对称的，" $'$ "表示是对称的，" $''$ "表示是反对称的。

⑤下标"g"或"u"，如用 A_{1g}、A_{1u} 等，用来区分对于对称中心是对称还是反对称，"g"表示对称，"u"表示反对称。

3）区域 Ⅱ 横线上面是点群的各类，每个类由一个符号表示，前面的数字表示该类元素的数目。横线下面表示出各类的各不可约表示的特征标。

4）在区域 Ⅲ 中，给出了各不可约表示的基。例如，属于不可约表示 A_1 的基有 z、x^2+y^2 及 z^2。x、y、z 三个变量可以和偶极矩的三个分量相联系，也可以和原子的三个 p 轨道相联系；表 1.4 中还给出了二元乘积基函数，如 xy、xz、yz、x^2-y^2、z^2 等，可以和原子的 5 个 d 轨道相联系；在有些特征标表里还列出了三元乘积基函数，可以和原子的 7 个 f 轨道相联系。原子轨道在分子的对称操作群中所属的不可约表示，可方便地直接由特征标表查得。表中还列出了 R_x、R_y、R_z 三个基函数，它们和分子的转动运动有关。

对于任何可约表示，可找到某个相似变换，它可把每个矩阵都约化为由沿对角线的一些方块所组成的矩阵。每个方块都属于群的不可约表示。

我们还知道，对于任何相似变换，矩阵的特征标是不变的，因此一个可约表示的特征标必等于由它约化得到的各不可约表示特征标之和，即

$$\chi(R)=\sum_j a_j\chi_j(R)$$

$$A'=X^{-1}AX=\begin{bmatrix} A'_1 & & & & \\ & A'_2 & & & \\ & & A'_3 & & \\ & & & \cdots & \\ & & & & \cdots \end{bmatrix}$$

式中，$\chi(R)$ 是与操作 R 相对应的可约表示矩阵的特征标；a_j 表示可约表示被必要的相似变换完全约化时，组成第 j 个不可约表示的方块沿对角线出现的次数。

用 $\chi_i(R)$ 去乘两边，然后对操作求和。

$$\sum_R \chi(R)\chi_i(R)=\sum_R \sum_j a_j\chi_j(R)\chi_i(R)=\sum_j \sum_R a_j\chi_j(R)\chi_i(R)$$

$$=\sum_j a_j\sum_R \chi_j(R)\chi_i(R)=\sum_j a_j h\delta_{ij}=a_j h$$

$$a_i=\frac{1}{h}\sum_R \chi(R)\chi_i(R)$$

因此只要知道每个表示的特征标，就可知道第 i 个不可约表示在可约表示中出现的次数。

示例：

C_{3v}	E	$2C_3$	$3\sigma_v$
Γ_1	1	1	1
Γ_2	1	1	-1
Γ_3	2	-1	0
Γ_a	5	2	-1
Γ_b	7	1	-3

求 $\Gamma_a = ?$

$$a_1 = 1/6 \times [1 \times 5 + 2 \times 1 \times 2 + 3 \times 1 \times (-1)] = 1$$
$$a_2 = 1/6 \times [1 \times 5 + 2 \times 1 \times 2 + 3 \times (-1) \times (-1)] = 2$$
$$a_3 = 1/6 \times [2 \times 5 + 2 \times (-1) \times 2 + 3 \times 0 \times (-1)] = 1$$
$$\Gamma_a = \Gamma_1 + 2\Gamma_2 + \Gamma_3$$

求 $\Gamma_b = ?$

$$a_1 = 1/6 \times [1 \times 7 + 2 \times 1 \times 1 + 3 \times 1 \times (-3)] = 0$$
$$a_2 = 1/6 \times [1 \times 7 + 2 \times 1 \times 1 + 3 \times (-1) \times (-3)] = 3$$
$$a_3 = 1/6 \times [2 \times 7 + 2 \times (-1) \times 1 + 3 \times 0 \times (-3)] = 2$$
$$\Gamma_b = 3\Gamma_2 + 2\Gamma_3$$

可约表示的分解公式也可表达为

$$n(\Gamma^v) = \frac{1}{h} \sum_i g_i \chi_i^{v*} \chi_i$$

式中，$n(\Gamma^v)$ 为第 v 个不可约表示在可约表示中出现的次数；h 为群的阶；g_i 为第 i 类对称操作的数目；χ_i^{v*} 为 χ_i^v 的共轭复数，χ_i^v 为第 v 个不可约表示对应于第 i 类对称操作的特征标；χ_i 为可约表示对应于第 i 类操作的特征标。上式对 i 的求和遍及所有的对称操作类。利用该式可以直接由可约表示的特征标求出群中各不可约表示在该群中是否出现以及出现的次数，见表 1.6。

表 1.6 $\Gamma_{(x,y,z)}$ 分解为组成它的不可约表示

C_{2v}	E	C_2	σ_{xz}	σ_{yz}	
A_1	1	1	1	0	Z
A_2	1	1	-1	-1	R_z
B_1	1	-1	1	-1	x, R_y
B_2	1	-1	-1	1	y, R_x
$\Gamma_{(x,y,z)}$	3	-1	1	1	

$$n_{A_1} = 1 \times (1 \times 1 \times 3 + 1 \times 1 \times (-1) + 1 \times 1 \times 1 + 1 \times 1 \times 1)/4 = 1$$
$$n_{A_2} = 1 \times (1 \times 1 \times 3 + 1 \times 1 \times (-1) + 1 \times (-1) \times 1 + 1 \times (-1) \times 1)/4 = 0$$
$$n_{B_1} = 1 \times (1 \times 1 \times 3 + 1 \times (-1) \times (-1) + 1 \times 1 \times 1 + 1 \times (-1) \times 1)/4 = 1$$

$$n_{B_2} = 1 \times (11 \times 1 \times 3 + 1 \times (-1) \times (-1) + 1 \times (-1) \times 1 + 1 \times 1 \times 1)/4 = 1$$

所以 $$\Gamma_{(x, y, z)} = A_1(z) + B_1(x) + B_2(y)$$

（5）直积。

1）函数的直积。

若 $\{F_1, F_2, \cdots, F_m\}$ 及 $\{G_1, G_2, \cdots, G_n\}$ 是两个函数集合，则函数集合 $\{F_i G_k\}$（$m \times n$ 个）称为前两个函数集合的直积。

2）表示的直积。

以函数集合 $\{F_i G_k\}$ 为基的表示 Γ_{FG} 称为以函数集合 $\{F_1, F_2, \cdots, F_m\}$ 为基的表示 Γ_F 与以函数集合 $\{G_1, G_2, \cdots, G_n\}$ 为基的表示 Γ_G 的直积。记为：

$$\Gamma_{FG} = \Gamma_F \times \Gamma_G$$

（6）定理：操作 R 对应的矩阵中，以直积为基表示的特征标等于以单个函数为基表示的特征标的乘积。

$$\chi_{FG}(R) = \chi_F(R) \times \chi_G(R)$$

（7）群表示间的关系小结：

1）群表示间的关系。群表示 Γ_a 的矩阵群为 $\{A_1, A_2, A_3, \cdots\}$，$\Gamma_b$ 的矩阵群为 $\{B_1, B_2, B_3, \cdots\}$ 其中，A_i、B_i 分别为 Γ_a 与 Γ_b 中对应于第 i 个操作的矩阵。

①等价：若对每一个操作 R 均能找到矩阵 X，使 $B(R) = X^{-1}A(R)X$，则表示 Γ_a 与 Γ_b 是等价的，记为：

$$\Gamma_a = \Gamma_b$$

②约化：若能找到矩阵 X，使表示 Γ 的任一矩阵 $C(R)$，可通过相似变换 $X^{-1}C(R)X = C'(R)$ 变为对角方阵 $C'(R)$。$C'(R)$ 中每一组对应的小方阵构成一个群的低维表示 Γ_i，则称表示 Γ 是可约化的。记为：

$$\Gamma = \sum_i a_i \Gamma_i = a_1 \Gamma_1 + a_2 \Gamma_2 + \cdots$$

③直积：若 ψ_a 和 ψ_b 分别为 Γ_a 及 Γ_b 表示的基，则以 $(\psi_a \psi_b)$ 为基的表示 Γ_{ab} 称为 Γ_a 与 Γ_b 的直积。记为：

$$\Gamma_{ab} = \Gamma_a \times \Gamma_b$$

2）群表示的特征标间的关系。若将上述关系中群表示符号 Γ 换为群表示中与某一对称操作对应的矩阵的特征标，则与上述群表示间关系相对应的特征标间的代数运算依然成立。

①等价：$\qquad\qquad \Gamma_a = \Gamma_b \rightarrow \chi_a(R) = \chi_b(R)$

因为 $A(R)$ 与 $B(R)$ 为共轭矩阵，因此特征标应相等。

②约化：$\qquad\qquad \Gamma = \sum_i a_i \Gamma_i \rightarrow \chi(R) = \sum_i a_i \chi_i(R)$

这是显然的，因为与 Γ_i 对应的矩阵在 $C'(R)$ 里是沿对角线排列的，因此

$$\chi'(R) = \sum_i a_i \chi_i(R)$$

又因为 $C(R)$ 与 $C'(R)$ 共轭，因此 $\chi(R) = \chi'(R)$。

③直积：$\qquad\qquad \Gamma_{ab} = \Gamma_a \times \Gamma_b \rightarrow \chi_{ab}(R) = \chi_a(R) \times \chi_b(R)$

1.4 对称性与群论在无机化学中的应用

分子中的化学键和空间结构可以通过对称性来描述，分子的许多性质与分子的对称性紧密相关。可以通过对分子的对称性来预言化合物的偶极矩、旋光性和异构体等。原子和分子轨道也具有特定的对称性，这样就把分子的有关性质研究转移到数学上群论的有关研究上来。应用群论方法研究原子和分子轨道的对称性，可以深入了解化学键的形成、分子光谱的选率以及化学反应机理的规律。

1.4.1 分子的对称性与偶极矩

分子偶极矩公式：

$$\boldsymbol{\mu} = q \cdot d$$

式中，q 代表正电荷或负电荷；d 为正负电荷中心之间的距离。单位是 C·m，D（德拜），$1D = 3.366 \times 10^{-30} C \cdot m$。当分子的正负电荷中心重合，$d = 0$，就表示分子的偶极矩等于零，分子无极性。分子有偶极矩，这种分子就是极性分子。偶极矩不仅有大小，而且有方向，即由正电荷指向负电荷，是一个向量。偶极矩是一个静态的物理量，分子的一个静态物理量在任何对称操作下都不会发生变化。通过对称性判断有无偶极矩的依据是凡具有对称中心或具有对称元素公共交点的分子便没有偶极矩。如果仅有一个 C_n 轴，或只有一个 σ 对称面，或者一个 C_n 轴包含在一个对称面内，都可能有偶极矩。如 NH_3 和 H_2O 分子就有偶极矩，均为极性分子。NH_3 分子有一个 C_3 轴，但它是 3 个 σ_v 对称面的交线而非交点；H_2O 分子有一个 C_2 轴，但它与两个 σ_v 对称面不相交；CO_2 有对称中心 i，所以是无极性分子；CCl_4 虽无对称中心，但它的 4 个 C_3 轴与 3 个 C_2 轴在碳原子处相交于一点，所以永久性偶极矩为零，分子无极性。总之，如果分子属于下列点群中的任何一种，就不可能是极性分子：

（1）含有反演中心的群。

（2）立方体群（T，O）、二十面体群（I）。

（3）任何 D 群（包括 D_n，D_{nh} 和 D_{nd}）。

1.4.2 分子的对称性与旋光性

分子的旋光性最早由 19 世纪的 Pasteur 发现。他发现酒石酸的结晶有两种相对的结晶型，成溶液时会使光向相反的方向旋转，因而定出分子有左旋与右旋的不同结构。当普通光通过一个偏振的透镜或尼科尔棱镜时，一部分光就被挡住了，只有振动方向与棱镜晶轴平行的光才能通过。这种只在一个平面上振动的光称为平面偏振光，简称偏振光。偏振光的振动面在化学上习惯称为偏振面。当平面偏振光通过手性化合物溶液后，偏振面的方向就被旋转了一个角度，这种能使偏振面旋转的性能称为旋光性。手性分子中，内消旋体不具备旋光性，外消旋体分离单体后具备旋光性。右旋（顺时针）以"d"或"+"表示；左旋（逆时针）以"L"或"−"表示。

分子的对称性决定着分子是否有旋光性。从另外一个角度判断分子有无旋光性就看它是否与其镜像重合，如果二者能重合，则该分子无旋光性；反之，则有旋光性，也称为手性。从对称性角度看，分子具有旋光性的条件是分子没有任意次旋转-反映轴 S_n，因为不具备 S_n 轴的分子与其镜像在空间不能经任何旋转和平移操作使其重合。一般不具有 S_n 轴的分子为不对称分子，所有不对称分子都具有旋光性。例如：不对称分子 CuClBrFI（图 1.19a）和顺式 $[Co(en)_2Cl_2]^+$（图 1.19b）具有旋光性，而反式 $[Co(en)_2Cl_2]^+$（图 1.19c）无旋光性，因为反式存在着反映面和对称中心。但是，不具有 σ 也不具有 i 的分子并不一定具有旋光性。分子有无旋光性的严格判据是看它是否具有 S_n 轴。

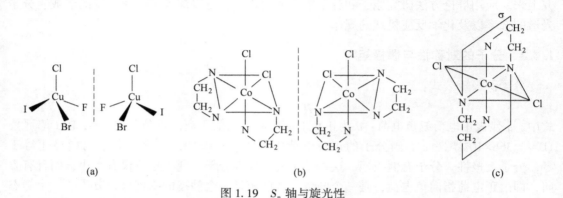

图 1.19　S_n 轴与旋光性

（a）CuClBrFI；（b）cis—$[Co(en)_2Cl_2]^+$离子及其对映体；（c）trans—$[Co(en)_2Cl_2]^+$离子

1.4.3　在 AB_n 型分子中中心原子 A 的 s、p 和 d 轨道的对称性

讨论 AB_n 型分子中，A 原子在成键时所提供的轨道属于什么对称类型，就是讨论中心原子的价轨道在所属分子点群中属于哪些不可约表示，构成哪些不可约表示的基函数。根据 C_{2v} 特征标表，可将 H_2S 分子中 S 原子的 $3p_x$、$3p_y$、$3p_z$ 和 $3d_{xy}$ 轨道进行如表 1.7 所示的分类。

表 1.7　H_2S 分子的轨道分类

C_{2v}	原子轨道	变　量
A_1	$3p_x$	z, x^2, y^2, z^2
A_2	$3d_{xy}$	xy
B_1	$3p_x$	x, xz
B_2	$3p_y$	y, yz

根据特征标表，如果轨道的角度下标与坐标变量相同，则该轨道的对称性也与该坐标相同，即属于同一个不可约表示。因此根据轨道的角度下标，就可以找出中心原子的 s、p、d 轨道的对称类型，因为这些轨道就是按下标相同的坐标变换的。各点群的特征标表的右边的两个区域内，列出了 x, y, z 的一次和二次函数，它们所在的位置即指出它们属于哪个不可约表示，所以只要查分子所属点群的特征标表，就可知该分子中心原子任意轨道的对称类型。例如在 AB_6 型分子 $Cr(CO)_6$ 中（O_h 场），Cr 原子价轨道的对称性为：

$$3d_{xy}, \ 3d_{xz}, \ 3d_{yz} \rightarrow T_{2g}$$

$$3d_{z^2}, \ 3d_{x^2-y^2} \rightarrow E_{2g}$$

$$3p_x,\ 3p_y,\ 3p_z \rightarrow T_{1u}$$
$$4s \rightarrow A_{1g}$$

在 T_d 场中，如在 AB_4 型分子 $CoCl_4^{2-}$ 中，Co 原子价轨道的对称性为：

$$3d_{xy},\ 3d_{xz},\ 3d_{yz} \rightarrow T_2$$
$$3d_{z^2},\ 3d_{x^2-y^2} \rightarrow E$$
$$3p_x,\ 3p_y,\ 3p_z \rightarrow T_2$$
$$4s \rightarrow A_1$$

在 $C_{\infty v}$ 或 $D_{\infty h}$ 点群中，直线分子如 HCl、N_2 中，键轴 C_∞ 轴取作 z 轴，根据 $C_{\infty v}$ 或 $D_{\infty h}$ 的特征标表可知，相邻原子的 s 和 p_z 轨道同属于 σ 对称性，而 p_z、p_y（垂直于 C_∞ 轴）轨道均为 π 对称性。

1.4.4 分子轨道的构建

按分子轨道的要求，分子轨道（分子波函数）应该是分子所属点群的不可约表示的基函数。分子轨道可由对称性相匹配的原子轨道线性组合（symmetry adapted linear combinations）而获得，这些原子轨道的线性组合也属于分子点群的不可约表示。对称性相匹配是指参与成键的原子轨道属于相同的对称类型，即属于分子点群的同一不可约表示。这个分子轨道的构建方法为对称性匹配的线性组合（symmetry adapted linear combinations），简称 SALC 法。分子轨道理论还有两点需要遵循：一是轨道守恒定则，即有几个原子轨道参与组合，便可得到几个分子轨道；二是泡利原理，即每个分子轨道最多能容纳 2 个电子。线性组合就是原子轨道按一定权重叠加起来。在最基础的分子轨道中，只将价层原子轨道组合成分子轨道。下面以几个典型的无机分子为例说明分子轨道的构建过程。

（1）H_2 分子。H_2 分子是同核双原子分子，属于 $D_{\infty h}$ 点群。相对于 H—H 键轴，两个 H_{1s} 原子轨道都属于 σ 对称性，故可用于组合成分子轨道。

$$\Psi = c_A \phi_A + c_B \phi_B$$

对于 H_2 分子的能量最低线性组合：

$$c_A^2 = c_B^2 \quad (c_A = c_B = 1)$$

即得：

$$\Psi_+ = \phi_A + \phi_B$$

对于下一个较高能量的分子轨道

$$c_A^2 = c_B^2 \quad (c_A = 1,\ c_B = -1)$$

$$\Psi_- = \phi_A - \phi_B$$

（2）HF 分子。对于第二周期元素，价轨道为 2s、$2p_x$、$2p_y$、$2p_z$ 4 个原子轨道，HF 是异核双原子分子，共有 H_{1s}、F_{2s}、F_{2p_x}、F_{2p_y}、F_{2p_z} 5 个价轨道，因此可以预测由 H 原子 F 原子生成的 HF 分子应有 5 个分子轨道，共有 1+7 = 8 个价电子用于填充分子轨道。对于直线型分子，绕分子旋转任一角度而不发生变化的轨道具有 σ 对称性，而绕键轴旋转 180° 时改变符号者为 π 的对称性。对于非直线型分子，σ 和 π 对称性可用于描述某一特定键的局部对称性，如用于描述苯分子中的键。相对于 H—F 键轴，H_{1s}，F_{2s}，F_{2p_z} 都具有 σ 对称性，故这三个原子轨道可以组合成 3 个 σ 轨道 $\Psi = C_1 \phi_{H_{1s}} + C_2 \phi_{F2s} + C_3 \phi_{F2pz}$，分别用 1σ、2σ、3σ 表示。图 1.20a 为 HF 分子的轨道能级图。

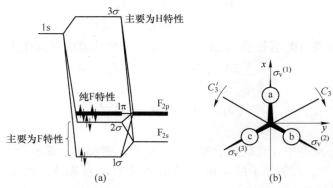

图 1.20　HF 分子轨道能级图（a）及 NH₃分子的坐标编号（b）

由图 1.20a 可见，1σ 为成键轨道，能量最低，主要呈现 F_{2s} 特性（因为 F 的电负性高）；2σ 轨道非常接近 F_{2p} 原子轨道的能量，主要呈现非键轨道的性质；3σ 轨道为反键轨道，主要呈现 H 原子性质。由于 $2p_x$，$2p_y$ 具有对称性，而 H 原子无 π 对称性轨道，故 $2p_x$、$2p_z$ 在 HF 分子中成为非键轨道。因此在 HF 分子中，存在一个 σ 成键轨道（1σ）、一个非键轨道（2σ）、2 个 π 非键轨道（1π）和 1 个 σ 反键轨道（3σ），8 个电子填满成键轨道和非键轨道，键级为 $b = \dfrac{n - n^*}{2} = 1$。

（3）NH₃中的化学成键。NH₃分子属非直线型多原子分子，NH₃分子的化学成键要比同核和异核双原子分子复杂，但仍然可用群论的方法使问题得以简化。NH₃属于 C_{3v} 点群，NH₃分子坐标系和原子编号如图 1.20b 所示。

对于氮原子，价轨道包括 2s、$2p_x$、$2p_y$、$2p_z$。依据 C_{3v} 点群特征标表，2s、$2p_z$ 属于 A_1 对称类型，$2p_x$、$2p_y$ 属于 E 对称类型，3 个氢原子的 1s 轨道为一个基组合在 C_{3v} 点群的对称操作作用下的可约表示。C_{3v} 点群的特征标表见表 1.5。

E	C_3^1	C_3^{-1}	$\sigma_v^{(1)}$	$\sigma_v^{(2)}$	$\sigma_v^{(3)}$
3	0	0	1	1	1

利用可约表示的分解公式：$n(\Gamma^v) = \dfrac{1}{h} \sum_i g_i \chi_i^{v*} \chi_i$

$$n_{A_1} = 1 \times (3 \times 1 \times 1 + 2 \times 0 \times 1 + 3 \times 1 \times 1)/6 = 1$$
$$n_E = 1 \times (2 \times 3 \times 1 + 2 \times 0 \times (-1) + 3 \times 0 \times 1)/6 = 1$$

利用群分解公式可以将该可约表示约化为不可约表示 A_1 和 E 的和，这表明由 3 个氢原子的 1s 轨道可以组合得到 A_1 和 E 对称性匹配的群轨道。下面利用投影算符技术求出这三个对称性匹配的原子轨道的线型组合 LCAO。

投影算符作用到一个基组上（这里指 3 个 1s 轨道）会消除这一基组中对某一指定不可约表示没有贡献的任何元素，也就排除了其参与组合分子轨道的可能性。通常用算符 $\hat{P}$ 一次作用于一个原子轨道（或它们的线性组合）：

$$\hat{P}(j) \sim \sum_R \chi_R^j \hat{R}$$

式中，j 代表点群中的某个不可约表示；$\hat{R}$ 为对称操作作用于某个原子的结果；χ_R^j 为 j 不可约表示的对称操作 R 的特征标；$\sum$ 表示对该点群中所有对称操作求和。

用 A_1 不可约表示投影氢原子 a 得：

	E	C_3^1	C_3^{-1}	$\sigma_v^{(1)}$	$\sigma_v^{(2)}$	$\sigma_v^{(3)}$
$\hat{R}$	a	b	c	a	b	c
χ_R^j	1	1	1	1	1	1
$\chi_R^j \hat{R}$	a	b	c	a	b	c
$\sum\limits_R$	$2a + 2b + 2c$					

即 $\hat{P}(A_1) \sim 2a + 2b + 2c$，归一化后得到群轨道 $\psi(A_1) = \dfrac{1}{\sqrt{3}}(a + b + c)$。依据同样的

方法和步骤，对 E 不可约表示投影氢原子 a，得到：

	E	C_3^1	C_3^{-1}	$\sigma_v^{(1)}$	$\sigma_v^{(2)}$	$\sigma_v^{(3)}$
$\hat{R}$	a	b	c	a	b	c
χ_R^j	2	−1	−1	0	0	0
$\chi_R^j \hat{R}$	a	b	c	0	0	0
$\sum\limits_R$	$2a - b - c$					

可以得到属于 E 对称性的第一个群轨道：

$$\psi'(E) = \frac{1}{\sqrt{6}}(2a - b - c)$$

（归一化 $\quad \mathrm{d}w = k \mid \psi(x, y, z) \mid^2 \mathrm{d}\tau$，$\displaystyle\int_\infty \mathrm{d}w = k\int_\tau \mid \psi(x, y, z) \mid^2 \mathrm{d}\tau = 1$，

$K = \dfrac{1}{\displaystyle\int_\tau \mid \psi(x, y, z) \mid^2}\mathrm{d}\tau$ ）

但要得到属于 E 的第二个群轨道并不容易，因为如果投影氢原子 b，便得到：

$$\psi^b(E) = \frac{1}{\sqrt{6}}(2b - c - a)$$

如果投影氢原子 c，便得到：

$$\psi^c(E) = \frac{1}{\sqrt{6}}(2c - a - b)$$

然而，E 为不可约表示，不可能存在 3 个 $\psi(E)$，已经选定氢原子 a 位于 x 坐标轴上，那么投影氢原子 a 得到的属于 E 对称性的第一个群轨道：

$$\psi'(E) = \frac{1}{\sqrt{6}}(2a - b - c)$$

就是与氮原子 p_x 轨道（x 轴）对称性匹配合用的群轨道。但 $\psi^b(E)$ 和 $\psi^c(E)$ 则不然，它们的对称性既不与 p_y 也不与 p_x 匹配（氢原子 b 和氢原子 c 既不在 x 轴也不在 y 轴），而是两者的混合体，故 $\psi^b(E)$ 和 $\psi^c(E)$ 都不是合适的有关 E 对称性的第二个群轨道。

下面通过一个简单的方法来寻找 E 的第二个群轨道：

据对称性匹配的原理可知：

群轨道 $\psi(A_1) = \dfrac{1}{\sqrt{3}}(a + b + c)$ 与氮原子的 $2s$，$2p_z$ 轨道同属 A_1 对称类型，合用的 $\psi^1(E)$ 和 $\psi^2(E)$ 群轨道应属于 E 对称类型，并分别对应于 N 原子的 p_x、p_y 轨道的对称性。如前所述，群轨道：$\psi^1(E) = \dfrac{1}{\sqrt{6}}(2a - b - c)$ 与 N 原子的 $2p_x$ 轨道对称性匹配，剩下的 $\psi^2(E)$ 群轨道就应该与氮原子的 $2p_y$ 轨道对称性匹配，于是取前面得到的 $\psi^b(E)$ 和 $\psi^c(E)$ 合适的线性组合就可获得 $\psi^2(E)$ 群轨道。合适的组合应该是 $\psi^b(E) - \psi^c(E)$，即：

$$\psi^2(E) = \frac{1}{\sqrt{6}}(2b - c - a - 2c + a + b)$$

$$= \frac{1}{\sqrt{6}}(3b - 3c)$$

经归一化得：
$$\psi^2(E) = \frac{1}{\sqrt{2}}(b - c)$$

至此，得到 3 个 H_{1s} 轨道组成的群轨道，再根据对称性匹配的要求，分别与氮原子的价轨道组成 NH_3 分子的分子轨道，其详细过程示于图 1.21 中。其分子轨道的能级分布特别是 A 组和 E 组的相对位置，只能靠详细的量子化学计算或通过光电子能谱实验结果来确定。

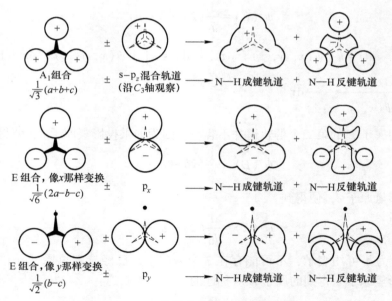

图 1.21　NH_3 分子中分子轨道的构建过程

以上是应用群论方法推论 NH_3 分子的三个氢原子所构成的群轨道，也可以通过查阅指定点群 AB_n 型分子中周边原子原子轨道的线性组合直接得到。

美国化学家 Pauling 经过计算，将原子轨道分为七个能级组。

第一组：1s；第二组：2s2p；第三组：3s3p；第四组：4s3d4p；第五组：5s4d5p；第六组：6s4f5d6p；第七组：7s5f6d7p。

特点：1）能级能量由低到高；2）组与组之间能量差大，组内各轨道间能量差小，随 n 逐渐增大，这两种能量差逐渐减小；3）第一能级组只有 1s 一个轨道，其余均有两个或两个以上，且以 ns 开始 np 结束；4）能级组与元素周期相对应。

1.4.4.1 σ轨道和π轨道

如果分子轨道的电子云关于原子核的连线呈轴对称，就称为 σ 轨道。如果分子轨道的电子云关于通过原子核连线的平面呈镜面对称，就称为 π 轨道。

如果分子轨道关于键轴中点的反演操作下不变，此分子轨道则是中心对称的，以下角标 g 表示。若分子轨道关于键轴中点的反演操作下改变符号，此分子轨道则是中心反对称的，以下角标 u 表示。反键轨道在分子轨道符号的右上角打 * 号，成键轨道不打 * 号。

例如氢分子的 ψ1 轨道和 ψ2 轨道都是关于原子核的连线呈轴对称的，ψ1 轨道在反演操作下不变，是中心对称的；ψ2 轨道在反演操作下改变符号，是中心反对称的。再者，ψ1 轨道和 ψ2 轨道都是由氢原子的 1s 轨道生成的，因此，氢分子的 ψ1 轨道以 σ_g1s 表示，ψ2 轨道以 σ_u^*1s 表示。同核双原子分子具有对称中心，异核双原子分子没有对称中心，因此，异核双原子分子不标 g 和 u。在 σ 轨道上的电子称为 σ 电子，在 π 轨道上的电子称为 π 电子，在成键轨道上的电子称为成键电子，在反键轨道上的电子称为反键电子。

1.4.4.2 分子轨道和原子轨道的能级相关图

将分子轨道以短线表示按能级高低顺序排列，并将其与相关的原子轨道联系起来就构成了分子轨道和原子轨道的相关图。分子轨道的能量与组合的原子轨道的能量及它们的重叠程度有关。原子轨道的能量越低，由它们组合成的分子轨道能量也越低。原子轨道的能级线性组合也就得到分子轨道的能级图。因形成 σ 轨道的重叠积分比形成 π 轨道的重叠积分大，所以同一主壳层的原子轨道组合成的 σ 成键轨道比 π 成键轨道能量低，σ 反键轨道比 π 反键轨道能量高。

光电子能谱是利用光电效应的原理测量单色辐射从样品上打出来的光电子的动能（并由此测定其结合能）、光电子强度和这些电子的角分布，并应用这些信息来研究原子、分子、凝聚相，尤其是固体表面的电子结构的技术。对固体而言，光电子能谱是一项表面灵敏的技术。虽然入射光子能穿入固体的深部，但只有固体表面下 20～30Å（1Å = 0.1nm）的一薄层中的光电子能逃逸出来（光子的非弹性散射平均自由程比电子的大 10～10 倍），因此光电子反映的是固体表面的信息。

光电子能谱所用到的基本原理是爱因斯坦的光电效应定律。材料暴露在波长足够短（高光子能量）的电磁波下，可以观察到电子的发射。这是由于材料内电子被束缚在不同的量子化了的能级上，当用一定波长的光量子照射样品时，原子中的价电子或芯电子吸收一个光子后，从初态做偶极跃迁到高激发态而离开原子。最初，这个现象因为存在可观测的光电流而称为光电效应；现在，比较常用的术语是光电离作用或者光致发射。若样品用单色的，即固定频率的光子照射，这个过程的能量可用 Einstein 关系式：

$$h\nu = E_k + E_b$$

式中，$h\nu$ 为入射光子能量；E_k 为被入射光子所击出的电子能量；E_b 为该电子的电离能，或称为结合能。光电离作用要求一个确定的最小光子能量，称为临阈光子能量 $h\nu_0$。对固体样品，又常用功函数这个术语，记做 ϕ。

对能量 $h\nu$ 显著超过临阈光子能量 $h\nu_0$ 的光子，它具有电离不同电离能（只要 $E_b < h\nu$）的各种电子的能力。一个光子对一个电子的电离活动是分别进行的。一个光子，也许击出一个束缚很松的电子并将高动能传递给它；而另一个同样能量的光子，也许电离一个束缚的较紧密的电子并产生一个动能较低的光电子。因此，光电离作用，即使使用固定频率的激发源，也会产生多色的，即多能量的光致发射。因为被电子占有的能级是量子化的，所以光电子有一个动能分布 $n(E)$，由一系列分离的能带组成。这个事实，实质上反映了样品的电子结构是"壳层"式的结构。用分析光电子动能的方法，从实验上测定 $n(E)$ 就是光电子能谱（PES）。将 $n(E)$ 对 $E(E_k)$ 作图，成为光电子能谱图。那样简单的光电子谱图，对电子结构的轨道模型提供了最直接的，因而也是最令人信服的证据。根据光源的不同，光电子能谱可分为：（1）紫外光电子能谱 UPS（ultroviolet photoelectron spectrometer）；（2）X 射线光电子能谱 XPS（X-Ray photoelectron spectrometer）；（3）俄歇电子能谱 AES（Auger electron spectrometer）。

X 射线光电子能谱法：用来（定性）分析原子在化合物中的价态和化合形态。仪器简单，光谱解析简单。

紫外光电子能谱法：分析价层轨道里电子的能量和作用，可以获得很多关于分子的稳定性、反应性等信息。但是由于电子的跃迁和振动能级有关系，与分子对称性相关极为紧密。图谱解析复杂，对仪器性能要求较高。

Auger 电子能谱法：属于二次电子能谱法，多用于对固体或凝聚态物质进行元素和价态的分析。图谱简单，对仪器要求较高。常用来和 X 射线光电子能谱、荧光光谱，互补联合使用。

1905 年，Einstein 在他的论文中解释了光电效应，而 P. Auger 在 1923 年发现了 Auger 效应，这两个效应构成了现在的化学分析电子能谱学的基础。分析电子动能的仪器也已经很早就出现了，甚至早在第一次世界大战前，就已经有了利用磁场分析 β 射线的实验。但是，化学研究中所需要分析的电子的能量普遍较低，所以在高分辨的测量低能电子的技术出现以后，才有可能在化学研究中充分利用电子能谱方法。20 世纪 60 年代的技术成就满足了这种高分辨率的要求。1981 年，西格班（Kai M. Siegbahn，1918 ~）因发展高分辨率电子能谱仪并用以研究光电子能谱和做化学元素的定量分析，与布洛姆伯根（Nicolaas Bloembergen，1920 ~）和肖洛（Arthur L. Schawlow，1921 ~ 1999 年）共同分享了该年度诺贝尔物理学奖。在化学分析电子能谱学中，最重要的是光电子能谱法。

历史上，光电子能谱最初是由瑞典 Uppsala 大学的 K. Siegbahn 及其合作者经过约 20 年的努力而建立起来的。由于它在化学领域的广泛应用，常被称为化学分析用电子能谱（ESCA）。但是，由于最初的光源采用了铝、镁等的特性软 X 射线，此方法逐渐被普遍称为 X 射线光电子能谱（XPS）取代。另外，伦敦帝国学院的 D. W. Turner 等人在 1962 年创制了使用 He I 共振线作为真空紫外光源的光电子能谱仪，在分析分子内价电子的状态方面获得了巨大成功，在固体价带的研究中，此方法的应用领域正逐步扩大。与 X 射线光电子能谱相对照，此方法称为紫外光电子能谱（UPS），以示区别。

光电子能谱的应用主要有以下两方面：

（1）测定在各个被占据轨道上电子电离所需要的能量，为分子轨道理论提供实验依据。

（2）研究固体表面组成和结构：1）表面的化学状态，包括元素的种类和含量，化学价态和化学键的形成等；2）表面结构，包括宏观和表面的形貌、物相分布、元素分布及微观的原子表面排列等；3）表面电子态，涉及表面的电子云分布和能级结构。示例如图1.22所示。

图1.23所示为根据光电子能谱实验结果得到的 NH_3 分子轨道能级图。由图1.23可见，8个价电子在不违反泡利原理的前提下按由低到高的能级次序依次填入分子轨道。首先，两个填入 $1e_1$，其次4个填入二重简并的 $1e$，最后两个填入 HOMO $2a_1$。$2a_1$ 轨道几乎为定域在氢原子上的非键轨道，轨道上两个电子对成键作用贡献很小，因此习惯上将这一对电子看作是氮原子上的孤对电子。由于 NH_3 分子的基态电子组态为 $1e_1^2 1e^4 2a_1^2$，分子中的反键轨道未填入电子，故 NH_3 分子是较稳定的。

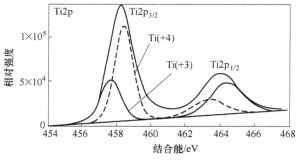

图1.22 二氧化钛涂层玻璃
表面 Ti2p 的 XPS 谱图

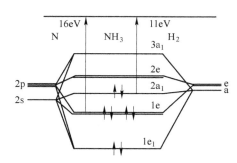

图1.23 据光电子能谱实验结果
得到的 NH_3 分子轨道能级图

1.4.5 杂化轨道的构建

1.4.5.1 σ-杂化轨道

在分子中如果形成 σ 键的各原子是用杂化轨道构成的，就是 σ-杂化轨道。

例如 AB_3 型分子，若其几何构型是平面三角形的，形成这种构型的关键是中心原子 A 用何种杂化轨道与 B 原子形成化学键，这种杂化轨道有哪些可能性。

A　AB_3 型分子（平面三角形）

平面三角形的 AB_3 型分子，如 BF_3、NO_3^-、SO_3 等分子和离子，它们的中心原子 A 是以三个等价杂化轨道与 B 原子形成 σ 键，所以是 σ-杂化轨道。下面讨论 AB_3 型分子中中心原子 A 的杂化轨道是属于分子点群的哪些不可约表示。

AB_3 型分子的对称性如图1.24所示。

它有一个 C_3 轴，还有垂直于 C_3 轴的 C_2 轴和对称面 σ_h，所以这个分子属于 D_{3h} 群，其对称元素为 $\{E, 2C_3, 3C_2, \sigma_h, 2S_3, 3\sigma_v\}$，共12个元素，分为6类，所以有6个不可约表示。其特征标见表1.8。

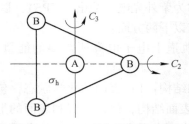

图 1.24 AB_3 型分子的对称性

表 1.8 D_{3h} 群的特征标

D_{3h}	E	$2C_3$	$3C_2$	σ_h	$2S_3$	$3\sigma_v$	基 函 数
A_1'	1	1	1	1	1	1	s, d_{z^2}
A_2'	1	1	−1	1	1	−1	
E'	2	−1	0	2	−1	0	p_x, p_y, $d_{x^2-y^2}$, d_{xy}
A_1''	1	1	1	−1	−1	−1	
A_2''	1	1	−1	−1	−1	1	p_z
E''	2	−1	0	−2	1	0	d_{xz}, d_{yz}
$\Gamma_{\sigma,\Delta}$	3	0	1	3	0	1	σ-杂化轨道

现以 A 原子的三个杂化轨道（σ_1，σ_2，σ_3）作为基向量，将群元素作用于它，就可以得到矩阵表示。由这些矩阵即可得到特征标，是可约表示的特征标。

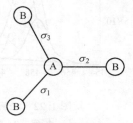

图 1.25 AB_3 型分子的 σ 轨道示意图

运用"特征标等于在该操作下不动原子数"这一简单规则，很快写出相当于所给操作的矩阵表示的特征标。当用群的对称操作分别作用于 σ_1、σ_2、σ_3 后，就可以得到与这些操作相对应的可约表示 $\Gamma_{\sigma,\Delta}$ 的特征标，具体见图 1.25。将该可约表示约化为不可约表示，可得到：$\Gamma_{\sigma,\Delta} = A_1' + E'$，即中心原子 A 的杂化轨道所属的可约表示包含一个一维的不可约表示 A_1' 和一个二维的不可约表示 E'。A_1' 和 E' 所对应的基向量或原子轨道如下：

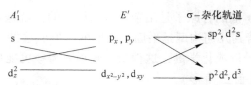

所以 AB_3 型分子的杂化轨道有四种，即 sp^2、d^2s、p^2d^2、d^3 四种杂化的可能性。由这些原子轨道线性组合而得到的适合 D_{3h} 点群的杂化轨道都具有平面三角形的几何构型，但对于每个具体分子，其中 A 原子到底采用哪些原子轨道组合成杂化轨道，则要根据各原子轨道的能量高低，以及组成的杂化轨道与 B 原子轨道的能量高低来分析，只有那些能量相近的轨道形成的化学键才是稳定的。对 B、C、N 等原子来说，是由 2s 和 2p 组成 sp^2 杂化轨道，而对某些过渡元素，则可能是以 $(n-1)d$ 和 ns 轨道组成 d^2s 杂化轨道或由 $(n-1)d$ 轨道组成 d^3 杂化轨道。

B 正四面体形分子

正四面体形分子的结构如图 1.26 所示，属于 T_d 群，共有 24 个元素。T_d：$\{E, 8C_3, 3C_2, 6S_4, 6\sigma_d\}$，可以分成 5 个共轭类，所以有 5 个不可约表示，其特征标见表 1.9。

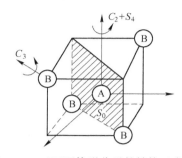

图 1.26 正四面体形分子的结构示意图

表 1.9 T_d 群的特征标

T_d	E	$8C_3$	$3C_2$	$6S_4$	$6\sigma_6$	基 函 数
A_1	1	1	1	1	1	s
A_2	1	1	1	-1	-1	
E	2	-1	2	0	0	$d_{x^2-y^2}$, d_{z^2}
T_1	3	0	-1	1	-1	
T_2	3	0	-1	-1	1	p_x, p_y, p_z, d_{xy}, d_{xz}, d_{yz}
$\Gamma_{\sigma,\text{四面体}}$	4	1	0	0	2	σ-杂化轨道

仿 AB_3 型分子的处理方法，将 T_d 点群的各元素作用于分子，可以得到 σ-杂化轨道的可约表示特征标于表的最后一行。由可约表示与不可约表示的关系，可以得到

$$\Gamma_{\sigma,\text{四面体}} = A_1 + T_2$$

A_1 和 T_2 所对应的基向量或原子轨道为：

A_1	T_2	σ-杂化轨道
s	p_x, p_y, p_z	sp^3
	d_{xy}, d_{xz}, d_{yz}	d^3s

所以，AB_4 型正四面体分子的中心原子 A，可以用 ns 和 np 价轨道组成四个等价的 sp^3 杂化轨道，与 B 原子的价轨道形成四个 σ 键，其方向指向正四面体的四个顶点，如 CH_4。也可以用 $(n-1)d$ 轨道和 ns 原子轨道组成 d^3s 杂化轨道，如 MnO_4^- 和 MnO_4^{2-} 离子中的中心离子 Mn^{7+}。对于具体分子，到底组合成哪种杂化轨道，可根据各原子轨道的能量高低来确定。

C 平面正方形

平面正方形分子的结构如图 1.27 所示，属于 D_{4h} 群，共有 16 个元素。D_{4h}：$\{E, 2C_4, C_2, 2C_2', 2C_2'', i, 2S_4, \sigma_h, 2\sigma_v, 2\sigma_d\}$，可以分成 10 类，所以正方形有十个不可约表示，其特征标见表 1.10。

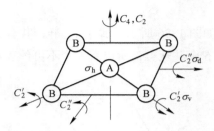

图 1.27　平面正方形分子结构图

表 1.10　D_{4h} 群的特征标

D_{4h}	E	$2C_4$	C_2	$2C_2'$	$2C_2''$	i	$2S_4$	σ_h	$2\sigma_v$	$2\sigma_d$	基 函 数
A_{1g}	1	1	1	1	1	1	1	1	1	1	s, d_{z^2}
A_{2g}	1	1	1	-1	-1	1	1	1	-1	-1	
B_{1g}	1	-1	1	1	-1	1	-1	1	1	-1	$d_{x^2-y^2}$
B_{2g}	1	-1	1	-1	1	1	-1	1	-1	1	$d_{xy'}$
E_g	2	0	-2	0	0	2	0	-2	0	0	d_{xz}, d_{yz}
A_{1u}	1	1	1	1	1	-1	-1	-1	-1	-1	
A_{2u}	1	1	1	-1	-1	1	-1	-1	1	1	p_z
B_{1u}	1	-1	1	1	-1	1	1	-1	1	1	
B_{2u}	1	-1	1	1	1	-1	1	-1	1	-1	
E_u	2	0	-2	0	0	-2	0	2	0	0	p_x, p_y
$\Gamma_{\sigma,正方形}$	4	0	0	2	0	0	0	4	2	0	σ-杂化轨道

以 σ-杂化轨道为基向量，点群 D_{4h} 的各元素作用于它可得到可约表示 $\Gamma_{\sigma,正方形}$，其特征标列于表 1.10 的最后一行。由约化公式得到：

$$\Gamma_{\sigma,正方形} = A_{1g} + B_{1g} + E_u$$

这些不可约表示对应的原子轨道如下：

$$
\begin{array}{cccc}
A_{1g} & B_{1g} & E_u & \sigma\text{-杂化轨道}\\
s & & p_x,\ p_y & \longrightarrow \ \mathrm{dsp}^2\\
\searrow & d_{x^2-y^2} & \searrow & \\
d_{z^2} & & & \mathrm{p}^2\mathrm{d}^2
\end{array}
$$

于是，AB_4 型平面方形分子的中心原子 A，可以用 $(n-1)d$、ns 和 np 原子轨道组合成 dsp^2 杂化轨道，或者是 np 和 nd 组合成 $\mathrm{p}^2\mathrm{d}^2$ 杂化轨道。

D　AB_5 型分子

这类分子的几何构型有正五角形、三角双锥和四方锥等。下面以三角双锥为例讨论 AB_5 型分子的杂化方式。

例如 PCl_5，属 D_{3h} 群，其对称元素为：

$$D_{3h}:\ \{E,\ 2C_3,\ 3C_2,\ \sigma_h,\ 2S_3,\ 3\sigma_v\}$$

PCl_5 的分子结构如图 1.28 所示。其所属 D_{3h} 群的特征标见表 1.11。用上述类似的方法可得出该点群作用于这种 σ-杂化轨道得到的可约表示的特征标列于表 1.11 最后一行。

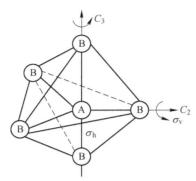

图 1.28　PCl₅的分子结构示意图

表 1.11　D_{3h} 群的特征标

D_{3h}	E	$2C_3$	$3C_2$	σ_h	$2S_3$	$3\sigma_v$	基 函 数
A_1'	1	1	1	1	1	1	s，d_{z^2}
A_2'	1	1	−1	1	1	−1	
E'	2	−1	0	2	−1	0	p_x，p_y，$d_{x^2-y^2}$，d_{xy}
A_1''	1	1	1	−1	−1	−1	
A_2''	1	1	−1	−1	−1	1	p_z
E''	2	−1	0	−2	1	0	d_{xz}，d_z
$\Gamma_{\sigma,三角双锥}$	5	2	1	3	0	3	σ-杂化轨道

用约化公式得到：

$$\Gamma_{\sigma,\ 三角双锥} = 2A_1' + A_2'' + E'$$

这些不可约表示所对应的原子轨道如下：

A_1'	A_2''	E'	σ-杂化轨道
s	p_z	p_x, p_y	⟶ dsp³ 或 sp³d
d_{z^2}		$d_{xy}, d_{x^2-y^2}$	⟶ d³sp

中心原子 A 可能的杂化方式是 ns、np 和 nd 组合的 sp³d 杂化轨道，$(n-1)d$、ns、np 组合的 d³sp 或 dsp³。前者一般是 p 区元素的化合物，后者一般是轻过渡元素（Sc、Ti、V、Cr，d³sp）和重过渡元素（Mn、Fe、Co、Ni，dsp³）。

现将 AB_n 型分子的 σ-杂化轨道所属的对称性及所有可能的杂化轨道总结在表 1.12 中。

表 1.12　AB_n 型分子的对称性及杂化轨道

分 子	点 群	杂化轨道	分子实例
AB_2	$D_{\infty h}$	sp、d²	$HgCl_2$
AB_3	D_{3h}	sp²、d²s、dp²、d³	BF_3、NO_3^-
	T_d	sp³、d³s	CH_4、MnO_4^-
AB_4	D_{4h}	dsp²、p²、d²	$[AuCl_4]^-$、$[Cu(NH_3)_4]^{2+}$
AB_5	D_{3h}	dsp³、sp³d、d³sp	PCl_5、$[V(H_2O)_5]^{3+}$、$Fe(CO)_5$
AB_6	O_h	d²sp³、sp³d²	SF_6、$[Fe(CN)_6]^{3-}$

1.4.5.2 π–杂化轨道

如上所述，分子的中心原子有一部分原子轨道组合成 σ–杂化轨道，但还有一些原子轨道（不同原子的），如果在对称性匹配的情况下，还可以组合成 π–杂化轨道，由于 π 键的生成，增强了分子的稳定性。下面讨论 π–杂化轨道。

例如 AB_3 分子，其中 A 原子已用 s 和 p_x、p_y 原子轨道组成了 sp^2 杂化轨道，或者是用 $(n-1)d$ 与 ns 轨道组成 d^2s 杂化轨道等。此外，还有一些原子轨道或者与分子平面垂直，或者与分子平面平行，如 B 原子的 p 轨道除了与 A 原子的 sp^2 杂化轨道形成 A–B σ 键外，也还有与 A–B σ 键垂直或平行的两个 p 轨道。用向上的 3 个箭头表示与 A–B σ 键垂直的 B 原子上的 p 轨道，另外 3 个箭头表示与 A–B σ 键平行的 p 轨道。这样在 A 和 B 原子之间除了形成 σ键外，还可能形成 π 键，这种 π 键可能是垂直于分子平面的，记作 π(⊥)，也可能是平行于分子平面的，记作 π(∥)，见图 1.29。A 和 B 原子到底形成哪种 π 键，要根据 B 原子对 A 原子的要求。下面用群论方法讨论 A 原子能组成哪些 π–杂化轨道。

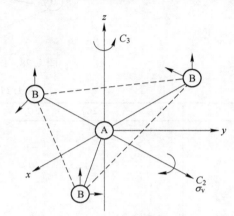

图 1.29 AB_3 分子的 π 轨道标记

我们取 3 个 B 原子的 6 个 p 轨道的集合作为群的基向量。这个分子属 D_{3h} 点群，用群元素作用于这个向量集合所构成的基。应用简单规则，任何被对称操作移位的向量特征标的贡献为零，不动则为+1，不动但改变方向的为−1，按这种方法得到的 σ_π，如表 1.13 和表 1.14 所示。

表 1.13 D_{3h} 群的特征标

D_{3h}	E	$2C_3$	$3C_2$	σ_h	$2S_3$	$3\sigma_v$		
A_1'	1	1	1	1	1	1		s
A_2'	1	1	−1	1	1	−1	R_z	
E'	2	−1	0	2	−1	0		$x,\ y,\ x^2-y^2,\ xy$
A_1''	1	1	1	−1	−1	−1		
A_2''	1	1	−1	−1	−1	1		p_z
E''	2	−1	0	−2	1	0	$(R_x,\ R_y)$	$d_x,\ d_{yz}$

表 1.14 D_{3h} 群分子的 π–杂化轨道的特征标

D_{3h}	E	$2C_3$	$3C_2$	σ_h	$2S_3$	$3\sigma_d$
$\Gamma_\pi(\perp)$	3	0	−1	−3	0	1
$\Gamma_\pi(\parallel)$	3	0	−1	3	0	−1
Γ_π	6	0	−2	0	0	0

于是有 $\Gamma_\pi = \Gamma_\pi(\perp) + \Gamma(\parallel)$ 及 $\Gamma_\pi(\perp) = A_2'' + E''$、$\Gamma(\parallel) = A_2' + E'$。

这些不可约表示所对应的基向量见表 1.15。

表 1.15　不可约表示所对应的基向量

A_2'	A_2''	E'	E''	Γ_π（$\perp$）Γ_π（$/\!/$）
		p_z，p_x，p_y		d^2p，pd^2，p^2
	$d_{x^2-y^2}$，d_{xy}	d_{xz}，d_{yz}		d^2

因此，为了使 A 原子与每个 B 原子形成一个 π（$\perp$）键，它必须用由一个按 A_2'' 变换的原子轨道（p_z）和按 E 变换的一组简并轨道（d_{xz}，d_{yz}）所组成的 3 个等价的 d^2p 或 pd^2 型 π-杂化轨道。对于 π（$/\!/$）杂化轨道，由于没有 A_2 对应的原子轨道，所有不可能组合成 3 个等价的 π（$/\!/$）杂化轨道，因而不能形成 3 个平行于分子平面的 π 键，但这并不表示不能形成 π（$/\!/$）键，也不表示只形成 2 个 π（$/\!/$）键，它仅仅表示只能有 2 个 π（$/\!/$）键平均分配在 3 个 B 原子间。

1.4.6　杂化轨道理论与分子的几何结构

当用价键理论来讨论一些多原子分子的立体构型时，仅凭简单的电子配对方式已不能解释实验事实。

H_2O 分子　　∠H–O–H=104°

O $1s^2 2s^2 2p^2$　　H $1s^1$

NH_3 分子　　　∠H–N–H=107°　　N $1s^2 2s^2 2p^3$　　H $1s^1$

CH_4 分子的四个化学键都是相同的：

∠H–C–H=109° 28　　C $2s^2 2p^3$　　H $1s^1$

1931 年，Pauling 首先提出了轨道杂化理论。

能量不同的原子轨道可以杂化，且 n 个能级相近的原子轨道可以杂化成 n 个新的轨道

$$\psi_k = \sum_{i=1}^{n} C_{ki}\phi_1$$

在一原子中，s 轨道的能量比主量子数相同的 p 轨道的能量稍低，所以在孤立的原子中，s 轨道是不可能和 p 轨道混合成新轨道的。杂化后的原子轨道的成键能力增强。

杂化轨道通常用类氢波函数 ϕ_i 作为其组合基函

$$\phi_i = R_i(r)Y_i(\theta, \phi)$$

$$\int \phi_i \phi_j d\tau = \delta_{ij}$$

在实际讨论中，往往取角度波函数代替原子轨道，把径向波函数视为常数。

例如在讨论 s-p 杂化时，s 和 p 轨道近似写为

$$\phi_s = \Theta_{0,0}\Phi_0 = \frac{1}{\sqrt{4\pi}}$$

$$\phi_{p_z} = \Theta_{1,0}\Phi_0 = \sqrt{\frac{3}{4\pi}}\cos\theta$$

$$\phi_{p_x} = \sqrt{\frac{3}{4\pi}}\sin\theta\cos\varphi$$

$$\phi_{p_y} = \sqrt{\frac{3}{4\pi}}\sin\theta\cos\varphi$$

原子轨道的重叠程度取决于角度部分的极大值。

Pauling 将类氢波函数 ϕ_i 的角度部分在球极坐标中的极大值定义为该轨道 ϕ_i 的成键能力,记为 f_i。如以 s 轨道的成键能力作为基准,定义为 1,则 p 轨道的成键能力为 $\sqrt{3}$,即 $f_s = 1$、$f_p = \sqrt{3}$。

杂化轨道理论要求每一个杂化轨道 Ψ_k 必须满足归一化条件:

$$\int \psi_k \psi_k \mathrm{d}\tau = 1$$

$$\int \sum_{i=1}^{n} C_{ki}\phi_i \sum_{j=1}^{n} C_{kj}\phi_j \mathrm{d}\tau = \sum_{i,j=1}^{n} C_{ki}C_{kj}\int \phi_i\phi_j \mathrm{d}\tau = \sum_{i,j=1}^{n} C_{ki}^2 = 1$$

C_{ki}^2 可理解为 ϕ_i 对杂化轨道 ϕ_k 的贡献百分数。

对于 s-p 杂化轨道,其一般形式可表示为

$$\psi_{s-p} = c_s\phi_s + c_p\phi_p$$

其中

$$\phi_p = a_1\phi_{p_x} + a_2\phi_{p_y} + a_3\phi_{p_z}$$

$$\int |\psi_{s-p}|^2 \mathrm{d}\tau = \int (c_s\phi_s + c_p\phi_p)^2 \mathrm{d}\tau$$

$$= c_s^2 \int \phi_s^2 \mathrm{d}\tau + 2c_sc_p \int \phi_s\phi_p \mathrm{d}\tau + c_p^2 \int \phi_p^2 \mathrm{d}\tau$$

$$= c_s^2 + c_p^2 = 1$$

c_s^2 称为杂化轨道 ψ_{s-p} 中的 s 成分,$c_s^2 = \alpha$

c_p^2 称为杂化轨道 ψ_{s-p} 中的 p 成分,$c_p^2 = \beta$

$$\alpha + \beta = 1$$

$$\psi_{s-p} = \sqrt{\alpha}\phi_s + \sqrt{1-\alpha}\phi_p$$

杂化轨道

$$f_{s-p} = \sqrt{\alpha}f_s + \sqrt{1-\alpha}f_p$$
$$= \sqrt{\alpha} + \sqrt{1-\alpha} \times \sqrt{3}$$

不同 α 时的轨道成键能力见表 1.16。

表 1.16   不同 α 时的轨道成键能力

s 轨道成分 α	0	1/4	1/3	1/2	1
杂化形式 sp$''$	p^3	sp^3	sp^2	sp	s
成键能力 f	1.732	2	1.991	1.933	1

设有两个 s-p 杂化轨道:

$$\psi_k = \sqrt{\alpha_k}\phi_s + \sqrt{1-\alpha_k}\phi_{pk}$$

$$\psi_l = \sqrt{\alpha_l}\phi_s + \sqrt{1 - \alpha_l}\phi_{pl}$$

由正交条件

$$\int \psi_k \psi_l d\tau = \int (\sqrt{\alpha_k}\phi_s + \sqrt{1 - \alpha_k}\phi_{pk})(\sqrt{\alpha_l}\phi_s + \sqrt{1 - \alpha_l}\phi pl) d\tau$$

$$= \sqrt{\alpha_k \alpha_l} + \sqrt{(1 - \alpha_k)(1 - \alpha_l)}\int \phi_{pk}\phi_{pl} d\tau = 0$$

由于 s 轨道是球对称的，而任何一个 p 轨道都是轴对称的，所以 ϕ_{pk} 和 ϕ_{pl} 方向之间的夹角 θ_{kl} 也就是杂化轨道 ψ_k 和 ψ_l 之间的夹角，见图 1.30。p 轨道可以表示为一空间矢量，其矢量大小可取单位长度，故积分 $\int \phi_{pk}\phi_{pl} d\tau$ 可看作是单位向量的内积，即

$$\int \phi_{pk}\phi_{pl} d\tau = \cos\theta_{kl}$$

$$\sqrt{\alpha_k \alpha_l} + \sqrt{(1 - \alpha_k)(1 - \alpha_l)}\cos\theta_{kl} = 0$$

$$\cos\theta_{kl} = -\frac{\sqrt{\alpha_k \alpha_l}}{\sqrt{(1 - \alpha_k)(1 - \alpha_l)}}$$

在 s-p 杂化轨道 ψ_k 和 ψ_l 中，如果 $\alpha_k = \alpha_l$，即等性杂化。

$$\cos\theta_{kl} = -\frac{\alpha}{1 - \alpha}$$

图 1.30 杂化轨道夹角示意图

sp 杂化，$\alpha = \frac{1}{2}$，$\theta_{kl} = 180°$；sp² 杂化，$\alpha = \frac{1}{3}$，$\theta_{kl} = 120°$；

sp³ 杂化，$\alpha = \frac{1}{4}$，$\theta_{kl} = 109°29'$。

含有 s、p、d、f 轨道两个杂化轨道最大值的夹角 θ_{kl}：

$$\sqrt{\alpha_k \alpha_l} + \sqrt{\beta_k \beta_l}\cos\theta_{kl} + \sqrt{\gamma_k \gamma_l}\left(\frac{3}{2}\cos^2\theta_{kl} - \frac{1}{2}\right) + \sqrt{\delta_k \delta_l}\left(\frac{5}{2}\cos^3\theta_{kl} - \frac{3}{2}\cos\theta_{kl}\right) = 0$$

式中，α、β、γ、δ 分别为杂化轨道中 s、p、d、f 轨道所占的百分数。由 n 个原子轨道 ϕ_i 构成的杂化轨道 Ψ_k（$k = 1, 2, \cdots, n$）：

$$\psi_1 = c_{11}\phi_1 + c_{12}\phi_2 + \cdots + c_{1i}\phi_i + \cdots + c_{1n}\phi_n$$
$$\psi_2 = c_{21}\phi_1 + c_{22}\phi_2 + \cdots + c_{2i}\phi_i + \cdots + c_{2n}\phi_n$$
$$\vdots$$
$$\psi_k = c_{k1}\phi_1 + c_{k2}\phi_2 + \cdots + c_{ki}\phi_i + \cdots + c_{kn}\phi_n$$
$$\vdots$$
$$\psi_n = c_{n1}\phi_1 + c_{n2}\phi_2 + \cdots + c_{ni}\phi_i + \cdots + c_{nn}\phi_n$$

杂化系数 c_{ki} 构成系数矩阵，矩阵表达式为：

$$\begin{pmatrix} \psi_1 \\ \psi_2 \\ \cdots \\ \psi_k \\ \cdots \\ \psi_n \end{pmatrix} = \begin{pmatrix} c_{11} & c_{12} & \cdots & c_{1i} & \cdots & c_{1n} \\ c_{21} & c_{22} & \cdots & c_{2i} & \cdots & c_{2n} \\ \vdots & \vdots & & \vdots & & \vdots \\ c_{k1} & c_{k2} & \cdots & c_{ki} & \cdots & c_{kn} \\ \vdots & \vdots & & \vdots & & \vdots \\ c_{n1} & c_{n2} & \cdots & c_{ni} & \cdots & c_{nn} \end{pmatrix} \begin{pmatrix} \phi_1 \\ \phi_2 \\ \vdots \\ \phi_k \\ \vdots \\ \phi_n \end{pmatrix}$$

原子轨道的杂化过程实质上是由一组正交归一的原子轨道集合到另一组正交归一的原子轨函集合的变换。

由线性代数理论，这样的变换只有通过标准正交矩阵来实现。而由标准正交矩阵的性质，则有：

矩阵的每一行所构成的向量都是单位向量（归一化的）：

$$\sum_{i=1}^{n} c_{ki}^2 = c_{k1}^2 + c_{k2}^2 + \cdots + c_{kn}^2 = 1$$

不同行向量之间是相互正交的。

$$\sum_{i=1}^{n} c_{ki}c_{li} = c_{k1}c_{l1} + c_{k2}c_{l2} + \cdots + c_{kn}c_{ln} = 0$$

行向量的正交归一性可写为：

$$\sum_{i=1}^{n} c_{ki}c_{li} = \delta_{kl} \qquad (k,\ l = 1,\ 2,\ \cdots,\ n)$$

矩阵的每一列所构成的向量都是单位向量：

$$\sum_{k=1}^{n} c_{ki}^2 = c_{1i}^2 + c_{2i}^2 + \cdots + c_{ni}^2 = 1$$

这一结果通常称为单位轨道贡献原则。

矩阵的不同列向量之间也是相互正交：

$$\sum_{k=1}^{n} c_{ki}c_{kj} = c_{1i}c_{1j} + c_{2i}c_{2j} + \cdots + c_{ni}c_{nj} = 0 \quad (i \neq j)$$

$$\sum_{k=1}^{n} c_{ki}c_{kj} = \delta_{ij} \qquad (i,\ j = 1,\ 2,\ \cdots,\ n)$$

常见的杂化轨道和分子的几何构型：

以 sp^2 等性杂化为例进行讨论。

设参加杂化轨道为 s、p_x、p_y，取杂化轨道 ψ_1 的最大值方向为 x 轴的正方向，三个杂化轨道与 xy 共面，见图 1.31。

$$\psi_1 = c_{11}s + c_{12}p_x + c_{13}p_y$$

$$\psi_2 = c_{21}s + c_{22}p_x + c_{23}p_y$$

$$\psi_3 = c_{31}s + c_{32}p_x + c_{33}p_y$$

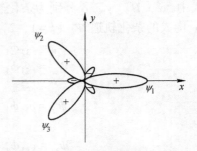

图 1.31　等性杂化轨道示意图

由等性杂化的概念可知，每一杂化轨道 s 成分占 1/3，其余 2/3 成分全由 p 轨道组成。

$$c_{11} = c_{21} = c_{31} = \sqrt{\frac{1}{3}}$$

因 ψ_1 与 x 轴平行，p_y 没有贡献，$c_{13} = 0$，$c_{12} = \sqrt{\frac{2}{3}}$。

$$\psi_1 = c_{11}s + c_{12}p_x + c_{13}p_y$$

$$\psi_1 = \sqrt{\frac{1}{3}}\phi_s + \sqrt{\frac{2}{3}}\phi_{p_x}$$

杂化轨道 ψ_2 和 ψ_3 在 x 轴上的投影相等，均为负值；在 y 轴上投影相等，ψ_2 为正值，ψ_3 为负值，故 $c_{22} = c_{32}$，$c_{23} = -c_{33}$。再根据单位贡献原则

$$c_{12}^2 + c_{22}^2 + c_{32}^2 = 1$$

由于 $c_{22}^2 = c_{32}^2$，所以有

$$c_{22} = \pm\sqrt{\frac{1}{2}(1 - c_{12}^2)} = \pm\sqrt{\frac{1}{2}\left[1 - \left(\sqrt{\frac{2}{3}}\right)^2\right]} = \pm\sqrt{\frac{1}{6}} = c_{32}$$

c_{22} 和 c_{32} 均为负号，即 $c_{22} = c_{32} = -\sqrt{\frac{1}{6}}$。

再根据 $c_{23}^2 + c_{33}^2 = 1$ 及 $c_{33} = -c_{23}$，则 $c_{23} = \sqrt{\frac{1}{2}}$，$c_{33} = -\sqrt{\frac{1}{2}}$，最后得到另两个杂化轨道是

$$\psi_2 = \sqrt{\frac{1}{3}}\phi_s - \sqrt{\frac{1}{6}}\phi_{p_x} + \sqrt{\frac{1}{2}}\phi_{p_y}$$

$$\psi_3 = \sqrt{\frac{1}{3}}\phi_s - \sqrt{\frac{1}{6}}\phi_{p_x} - \sqrt{\frac{1}{2}}\phi_{p_y}$$

例如 H_2O，两个成 σ 键的杂化轨道的 s 成分，见图 1.32。

$$\cos 104.5° = -\frac{\alpha}{1 - \alpha} \quad (\alpha = 0.20, \quad \beta = 1 - \alpha = 0.80)$$

$$\psi_{键} = \sqrt{0.2}\,s + \sqrt{0.8}\,p, \quad \psi_{孤} = \sqrt{0.8}\,s + \sqrt{0.2}\,p$$

对于 NH_3（见图 1.33），形成 σ 键的每个杂化轨道中，s 轨道成分占 0.23，p 轨道占 0.77。而孤对电子占据的杂化轨道 s 占 0.77，p 轨道占 0.23。

图 1.32 H_2O 分子杂化轨道示意图

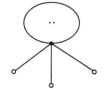

图 1.33 NH_3 分子孤对电子对和
成键电子对分布示意图

孤对电子对占据的杂化轨道含有较多的 s 成分，而成键电子对占据的轨道含有较高的 p 成分。

价电子对互斥原理：

$$孤对 \leftrightarrow 孤对 > 孤对 \leftrightarrow 键对 > 键对 \leftrightarrow 键对$$

根据此原理，可定性地推测许多分子的几何构型。例如 XeF_2 分子，采取 dsp^3 不等性杂化键的排布方式可能有下面三种情况：

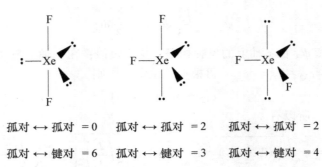

孤对 ↔ 孤对 = 0	孤对 ↔ 孤对 = 2	孤对 ↔ 孤对 = 2
孤对 ↔ 键对 = 6	孤对 ↔ 键对 = 3	孤对 ↔ 键对 = 4
键对 ↔ 键对 = 0	键对 ↔ 键对 = 1	键对 ↔ 键对 = 0

VB 法认为，如果 A 原子和 B 原子可各提供一个合适的成键轴对称的原子轨道（atomic orbitals，AO），它们便能形成 σ 键，而当 A 原子和 B 原子各有一个带节面（包含键轴）的 AO，它们之间便可形成 π 键。应用群论，不仅可以知道中心原子应提供什么 AO 去构成合乎对称性要求的杂化轨道，而且还可进一步求出杂化轨道的数学表达式。例如，应用群论可讨论 T_d 型分子 AB_4 中 σ 成键的杂化方式。

属于 T_d 点群的 AB_4 型分子（离子）有 CH_4、MnO_4^-、CrO_4^{2-} 和 SO_4^{2-} 等。若以 MnO_4^- 为例（图 1.34），可用 4 个向量 v_1、v_2、v_3、v_4 代表 Mn 原子的 4 个 σ 杂化轨道为基组的一个 Γ_4 表示的特征标（用投影算符得出）如下：

T_d	E	$8C_3$	$3C_2$	$6S_4$	$6\sigma_d$
$\Gamma_4(\chi_R)$	4	1	0	0	2

结合 T_d 特征标表，运用群分解公式，约化 Γ_4 为不可约表示的和：

$$\Gamma_4 = A_1 + T_2$$

这意味着组成杂化轨道的 Mn 原子的 4 个 AO，一个必须属于 A_1 不可约表示，另外 3 个合在一起属于 T_2 不可约表示。

根据 T_d 群的特征标表可知，属于 A_1 和 T_2 表示的 AO 应为：

$$S \to A_1$$

$$(p_x, p_y, p_z)(d_{xy}, d_{xz}, d_{yz}) \to T_2$$

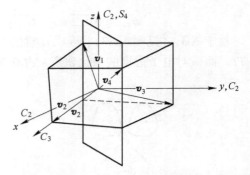

图 1.34　MnO_4^- 中的 4 个 σ 杂化轨道
（用 v_1, v_2, v_3, v_4 表示）

是这两种可能杂化方式的线性组合，即：$\psi = a(sp^3) + b(sd^3)$，系数 a、b 代表着两种可能的杂化方式贡献的大小。已知在中心原子 Mn 的 AO 中，用于构成 sd^3 杂化轨道的是 3d，而用于构成 sp^3 杂化轨道的合适的 p 轨道是 4p。因为在能量上，3d 比 4p 更接近于 4s，所以上式中，$b \gg a$，即基本上是取 sd^3 杂化。与此不同，对于 CH_4，基本上是取 sp^3 杂化，即 $a \gg b$。

化学反应中的轨道对称性效应。化学键的形成与否取决于参与成键的轨道的对称性，许多化学反应都要破坏一些原有的键并形成一些新的键。一般涉及具有相似对称性的分子轨道的相互作用的反应一定是更有利于发生的，也即是允许的，否则将是被禁阻的。

在 1967 年以前，人们认为 $H_2 + I_2$ 的反应就是简单的一个 H_2 分子与 I_2 分子，通过侧向碰撞形成一个活化配合物，然后 I—I 键、H—H 键同时断裂，H—I 键随之形成的过程，即一个典型的双分子反应。直到 1967 年以后，化学家们才逐渐认识到，H_2 与 I_2 的反应并不是按上述简单的双分子机理进行的，而是一个三分子的自由基反应。

分子轨道的对称性对于反应速率和反应机理起着决定性的作用。一般来说，一个双分子反应，最重要的轨道就是一个分子的最高占有分子轨道（HOMO）和另一个分子的最低未占据分子轨道（LUMO），这些轨道有时被称作前线轨道。在反应过程中，电子从 HOMO 流向 LUMO，但只有在满足下列条件时，上述的电子流动过程才能发生：

（1）当反应物彼此接近时，HOMO 和 LUMO 必须有一定的重叠。

（2）LUMO 轨道的能量必须低于或最多不超过 HOMO 的能量 6eV。

（3）HOMO 必须要么是一个即将断裂的成键 MO（电子从此处流出），要么是一个将要形成的键的反键 MO（电子流向此处）。

下面应用这些规则讨论 I_2 与 H_2 的反应。

如果 H_2 分子与 I_2 分子侧向碰撞，则它们的分子轨道有两种相互作用的方式，其一为 H_2 分子的 HOMO 即 $s\sigma MO$ 和 I_2 分子的 LUMO 即 $p\sigma^* MO$ 相互作用，如图 1.35a 所示。

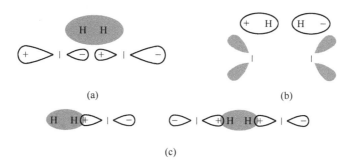

图 1.35　H_2 与 I_2 的禁阻的双分子反应和允许的自由基反应分子轨道的相互作用

很明显，H_2 分子的 $1s\sigma MO$ 为镜面对称的，而 I_2 分子的 $5p\sigma^* MO$ 为镜面反对称的，这些轨道的净重叠为零，所以反应是禁阻的。如果轨道按另一种方式相互作用，如图 1.35b 所示，I_2 分子的 HOMO 即 $p\sigma^* MO$ 与 H_2 分子的 LUMO 即 $s\sigma MO$ 相互作用，虽然这些轨道的对称性相匹配，轨道重叠不为零，但从能量观点来看，电子的流动是无法实现的。这主要有两个原因：一是如果电子从 I_2 分子的 HOMO 即 $p\pi^* MO$ 流向 H_2 分子的 LUMO 即 $s\sigma^* MO$，I—I 键是增强了，而不是削弱了；二是电子从电负性高的原子流向电负性低的原子也是不合理的，实际上 H_2 与 I_2 的反应是一个三分子的自由基反应，也就是说，I_2 分子离解为 I 原子，一个 I 原子或两个 I 原子作为自由基再跟一个 H_2 分子反应，即：$I_2 \rightarrow 2I$。反应 $2I + H_2 \rightarrow 2HI$，轨道之间的相互作用如图 1.35c 所示。

1.4.7　分子的振动

在任何温度下，包括绝对零度在内，分子都在不停地振动着。由于分子的振动，分子内部原子间的距离和角度发生周期性的变化，但综合的效果是既不发生分子质心的转移，也不产生净的角动量。当然，除了振动以外，分子还有平动和转动运动。

1.4.7.1 简正振动的数目和对称类型

表面上看来是杂乱无章的分子振动，实际上是多种简单振动的叠加，这种简单振动通常称为分子的简正振动（normal vibrations）或简正振动模式（normal modes of vibration）。每种简正振动都有各自的频率。

在讨论分子的振动时，首先要考虑的是分子的简正振动数目。由于每个原子有三个运动的自由度，因此，由 n 个原子所组成的分子，总共有 $3n$ 个自由度。在这 $3n$ 个自由度中，有 3 个自由度属于分子在三度空间的三个方向，如以笛卡儿坐标表示，则为 x、y 和 z 方向作平移运动。因而，在 $3n$ 个运动自由度中，仅剩下 $3n-6$ 个振动自由度，对于线型分子，由于分子只能绕垂直于键轴的方向的两根轴中的任一根转动，而不能绕键轴本身转动，因此，线型分子具有 $3n-5$ 个简正振动方式。

现在来考察一个具体的简正振动模式，以 AB_2 型的 SO_2 分子为例，按照 $3n-6$ 规则，它共有 $3\times3-6$ 个简正振动。

图 1.36 表示了 SO_2 分子的这三种简正振动模式，它们分别以 V_1、V_2 和 V_3 表示，显然 V_1 和 V_3 为伸缩振动（stretching vibration），V_2 为弯曲振动（bending vibration），图中的箭头表示原子间的距离或角度的相对变化，表示原子瞬间位移的每一个向量，可以看成是一组三个向量合成的结果，可以在构成分子的每个原子上附加一个独立的笛卡儿坐标系，它以该原子为原点，同时所有的 x、y、z 轴相互平行，而且在每一个小坐标中，沿着 x、y 和 z 轴各取一个单位向量，如图 1.37 所示。

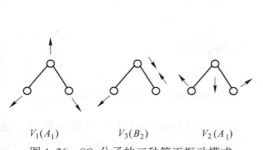

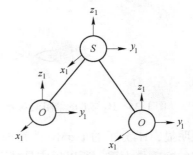

$V_1(A_1)$ $V_3(B_2)$ $V_2(A_1)$

图 1.36 SO_2 分子的三种简正振动模式

图 1.37 SO_2 分子中原子瞬间唯一的每一个向量

这样，便可用沿着向 x_i、y_i 和 z_i 方向的向量之和来表示第 i 个原子的位移向量。每一种简正振动模式都有一定的对称性质，或者说属于一定的对称类型，它们可以用不可约表示的符号加以标记。

图 1.36 的括号内注明了 SO_2 三种简正振动模式所属的不可约表示。显然，表示 V_1 和 V_2 的一组向量，在 C_{2v} 点群全部对称操作的作用下是不变的，因此属于 A_1 表示；表示 V_3 的一组向量，对 E 和 σ_v 对称操作是不变的，但对 C_2 和 σ_v 对称操作却发生了方向倒转的变化，即：$\chi(C_2)=-1$，$\chi(\sigma_v)=-1$，因此属于 B_2 表示。

根据分子结构，容易确定对应于各类操作的特征标，从而确定可能存在的简正振动的数目和对称类型。以 SO_2 分子为例，在对称操作 E 和 σ_{yz} 的作用下，SO_2 分子中所有原子均保持不变，在 C_2 和 σ_{xz} 的作用下，只有硫原子保持不变，两个氧原子则互相交换了位置。

根据一个简单的规则，即：可约表示的特征标等于在该对称操作的作用下不动的原子数乘以各对称操作对特征标的贡献。所谓对特征标的贡献，就是对称操作表示的矩阵的对角元素之和。表 1.17 列出了若干对称操作对特征标的贡献。

表 1.17　对称操作对特征标的贡献

对称操作	对特征标的贡献	对称操作	对特征标的贡献
E	3	i	-3
C_2	-1	σ	1
C_3	0	S_3	-2
C_4	1	S_4	-1

按照上述规则处理 SO_2 分子，得出 SO_2 分子的可约表示特征标（表 1.18）。

表 1.18　SO_2 分子的可约表示特征标

C_{2v}	E	C_2	$\sigma_v(xz)$	$\sigma'_v(yz)$
不动原子数	3	1	1	3
对特征标的贡献	3	-1	1	1
$\Gamma_{所有运动}$	9	-1	1	3

将所有运动的可约表示按分解公式分解后，便可得到：

$$\Gamma_{所有运动} = \Gamma_{平动} + \Gamma_{振动} + \Gamma_{转动} = 3A_1 + A_2 + 2B_1 + 3B_2$$

在 SO_2 的所有运动的 9 个自由度中，包括 3 个平动和 3 个转动自由度必须从中减去。查阅相应所属点群特征标表（该处为 C_{2v} 特征标表）得知：3 个平动自由度对应于基函数 x、y、z 的不可约表示，即 B_1、B_2 和 A_1；3 个转动自由度对应于基函数 R_x、R_y 和 R_z 的不可约表示，即 B_2、B_1 和 A_2，减去后便得到振动自由度：

$$\Gamma_{振动} = 2A_1 + B_2$$

可见，SO_2 的简正振动数为 3，它们对应于 A_1 和 B_2 不可约表示的对称性。这与图 1.36 分析结果是一致的。

1.4.7.2　简正振动的红外（IR）和拉曼（Raman）活性

红外活性：物质分子吸收红外光发生振动和转动能级跃迁，必须满足两个条件：

（1）红外辐射光量子具有的能量等于分子振动能级能量差 ΔE。

（2）分子振动时必须伴随偶极矩的变化，具有偶极矩的变化的分子振动是红外活性振动，否则是非红外活性振动。

光的散射：光在传播过程中，遇到两种均匀媒质的分界面时，会产生反射和折射现象。但当光在不均匀媒质中传播时，由于一部分光线不能直线前进，就会向四面八方散射开来，形成光的散射现象。

拉曼光谱的实验原理：光照射介质时，除被介质吸收、反射和透射外，总有一部分被散射。1928 年，印度拉曼（Raman）在液体苯中观察到光照射媒质时，散射光频率与入射光频率存在大于 3×10^{10} Hz 的频移，这类散射称为拉曼散射。其频移量多数在 $10^2 \sim 10^3 \text{cm}^{-1}$ 之间，这是因为拉曼散射是由于分子振动能态间的跃迁造成的，这种跃迁相应的

能量大都在 $10^2 \sim 10^3$ cm^{-1} 之间。但是光照射媒质时，散射光按频率分为三类：除拉曼散射外，还有瑞利（Rayleigh）散射、布里渊（Brillouin）散射。大部分媒质的拉曼散射强度都小于入射光强度的 10^{-6} 倍和瑞利散射光强度的 10^{-3} 倍，因而设计拉曼光谱仪时，除了应考虑的光谱仪的一般要求外，特别重视增强入射至样品的光功率和提高拉曼散射光对一切非拉曼散射光的相对强度。红外光谱和拉曼光谱的区别：

（1）这两者都是振动光谱，原理是一样的，但是红外光谱是吸收光谱而拉曼光谱是散射光谱。

（2）对于波长来说，拉曼光谱采用的是激光源，波长范围从紫外—可见—红外，最常见的是可见光和 NIR 的。而红外光谱只能选择红外光作为光源，包括从远红外到近红外，平时最常见的为中红外，$4000 \sim 400$ cm^{-1}。

（3）如前所述，红外活性（也就是可以被红外光检测到的振动）必须是分子偶极矩发生变化，而拉曼活性的振动必须是分子的极化性发生改变才能被检测到。

（4）信号强度来说，拉曼的信号很弱，通常 $10^6 \sim 10^{-8}$ 才有一个拉曼散射的光子。而相对来说，红外的信号要强，所以在实际应用中，红外应用得更广泛一些。

两者的光谱可以作为互补来确定分子的结构。通常利用 IR 和 Raman 光谱来研究分子的振动跃迁，而谱带的强度则由分子在两个能态间的跃迁几率来决定。对于 IR 光谱，必须考虑偶极矩的变化，因为只有使分子的偶极矩发生变化的振动才能吸收红外辐射，发生从振动基态到激发态的跃迁，偶极矩矢量的分量可用笛卡儿坐标的 x、y、z 来表示。因此，若分子的简正振动模式和 x、y、z 中的任何一个或几个有相同的不可约表示，则为红外活性的（infrared active），这也就是说，才能在红外光谱中出现吸收带。

对于 Raman 光谱，必须考虑极化率（两个不同的原子，因为原子核对电子的吸引力不同，当它们结合在一起的时候，整个分子的电子云会偏向一边，形成极化，极化率就是对极化程度的衡量）的变化，只有那些使分子的极化率发生变化的振动，才是允许的跃迁。按照选律，只有当分子的简正振动方式和 xy、xz、yz、x^2、y^2、z^2、$x^2 - y^2$ 等中的一个或几个属于相同的不可约表示，才是拉曼活性的（Raman active），也即能在拉曼光谱中出现谱带。

由于 IR 和 Raman 光谱的旋律不同，因此，某些在 IR 中选律禁阻的跃迁，在 Raman 中确是允许的，反之亦然。因此在研究分子振动的光谱时，这两种波谱技术是可以互相补充的。当然，倘若某一简正振动既是 IR 又是 Raman 活性的，则它们的频率数值必定是相同或相近的。

从对称性考虑，对照特征标表，可以预示在 IR 或 Raman 光谱中可能出现的对应于简正振动模式的谱带数。仍以 SO_2 分子为例，对照 C_{2v} 点群的特征标表，可以发现 A_1 和 x^2、y^2、z^2 的不可约表示相同，B_2 和 y、yz 的不可约表示相同，因此，它们就既是 IR 又是 Raman 活性的。这种情况可以表示如下：

$$\Gamma_{振动} = 2A_1 + B_2$$
$$\text{（IR）（IR）}$$
$$\text{（R）　（R）}$$

可得出结论，SO_2 的三种简正振动都能通过激发跃迁在 IR 和 Raman 谱图中产生相应的谱带。

实际情况正是如此，表 1.19 列出了 SO_2 的 IR 吸收频率数值，其中 V_1、V_2 和 V_3 分别表示三种简正振动从基态到第一激发态的跃迁频率，简称基频；$V_i + V_j$ 表示两种简正振动的激发同时发生的频率，称为和频；$V_i - V_j$ 表示从一种简正振动的第一激发态到另一种简正振动的第一激发态的跃迁频率，称为差频；nV 则为由基态到第 n 激发态的跃迁频率，称为倍频。和简正振动的基频跃迁相比，后三种情况的跃迁几率是很小的，因而吸收带的强度一般较弱或很弱，因此，从强度上仍可和选律允许的基频吸收带加以区分。

表 1.19　SO_2 分子的 IR 峰位置

频率/cm^{-1}	强　度	振动模式
519	强	V_2
606	弱	$V_1 - V_2$
1151	很强	V_1
1361	很强	V_3
1871	很弱	$V_2 + V_3$
2305	弱	$2V_1$
2499	中等	$V_1 + V_3$

以上分析表明，SO_2 的三种简正振动模式同是 IR 和 Raman 活性的，但是这种情况并不具有普遍的意义。事实上，对于有些分子，某些简正振动并不是 Raman 或 IR 活性的。

借助分子的对称性，用群论的方法来得到所有伸缩和弯曲简正振动的数目，以及预示在 IR 和 Raman 光谱中可能出现的谱带的数目的方法，归纳起来可分为以下几个步骤进行：

（1）确定分子所属点群。

（2）确定可约表示 $\Gamma_{\text{所有运动}}$ 的特征标，即在对称操作的作用下，不动原子数乘以该对称操作对特征标的贡献。

（3）将可约表示分解为不可约表示。

（4）从不可约表示中，减去三个平动和三个转动自由度对应的表示，得到简正振动的不可约表示。

（5）根据特征标表确定 IR 和 Raman 活性的简正振动。

若仅欲得到有关分子伸缩（简正）振动的信息，而把弯曲（简正）振动排除在外，则步骤还可大大简化，因为在这种情况下，伸缩振动可约表示的特征标，可按类似于 AB_n 型分子的 σ 杂化轨道组分的办法求得，即特征标等于在对称操作的作用下不动的化学键的数目。

考察 SO_2 分子的伸缩振动，则：

C_{2v}	E	C_2	σ_v	σ_v'
$\Gamma_{\text{S-O}}$（伸缩）	2	0	0	2

$$\Gamma_{\text{S-O}} = A_1 + A_2$$
$$\quad\quad\quad (\text{IR}) \quad (\text{IR})$$
$$\quad\quad\quad (\text{R}) \quad\quad (\text{R})$$

于是，可得到与前面相同的结论，即 SO_2 有两种伸缩简正振动，对应于图 1.36 中的 $V_1(A_1)$ 和 $V_3(B_2)$，而且都是 IR 和 Raman 活性的。

1.4.8　分子的结构

要获悉分子的结构最直接的方法是运用 X 射线或电子衍射等实验技术来测定。但是通过很多波谱法的研究，也可以得到有关分子结构的信息，下面介绍一个用红外光谱研究 SF_4 结构的例子。

SF_4 分子有三种可能的结构：正四面体、变形四面体或马鞍形，它们分属 T_d（图 1.38a）、C_{3v}（图 1.38b）、C_{2v}（图 1.38c）点群。对应各种不同的点群，按 1.4.7.2 节所归纳的步骤，求出简正振动的数目和在 IR 中可能出现的吸收带，并和实验结果进行对照分析，便可确定 SF_4 分子的结构类型。

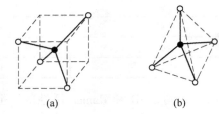

(a)　　　　　　(b)　　　　　　(c)

图 1.38　SF_4 分子有三种可能的结构
(a) 正四面体；(b) 变形四面体；(c) 马鞍形

（1）T_d 点群。

T_d	E	$8C_3$	$3C_2$	$6S_4$	$6\sigma_d$
不动原子数	5	2	1	1	3
对特征标的贡献	3	0	−1	−1	1
$\Gamma_{所有运动}$	15	0	−1	−1	3

$$\Gamma_{所有运动} = A_1 + E + T_1 + 3T_2$$
$$\Gamma_{振动} = A_1 + E + 2T_2$$
$$(IR)$$

（2）C_{3v} 点群。

C_{3v}	E	$2C_3$	$3\sigma_v$
不动原子数	5	2	3
对特征标的贡献	3	0	1
$\Gamma_{所有运动}$	15	0	3

$$\Gamma_{所有运动} = 4A_1 + A_2 + 5E$$
$$\Gamma_{振动} = 3A_1 + 3E$$
$$(IR)\ (IR)$$

（3）C_{2v} 点群。

C_{2v}	E	C_2	σ_v	σ_v'
不动原子数	5	2	3	3
对特征标的贡献	3	−1	1	1
$\Gamma_{所有运动}$	15	−1	3	3

$$\Gamma_{所有运动} = 5A_1 + 2A_2 + 4B_1 + 4B_2$$
$$\Gamma_{振动} = 4A_1 + A_2 + 2B_1 + 2B_2$$
$$\text{(IR)} \qquad \text{(IR)} \quad \text{(IR)}$$

由此可见，SF_4分子若为正四面体构型，则在 IR 谱图上仅出现两个简正振动的基频吸收带（$2T_2$）；若为变形四面体，则出现六个简正振动基频吸收带（$3A_1$ 和 $3E$）；若为马鞍形，则出现八个简正振动的基频吸收带（$4A_1$、$2B_1$ 和 $2B_2$）。实验结果表明，SF_4 的 IR 谱图上至少有五个强度在中等以上的简正振动的基频吸收带（表 1.20），因此，排除了正四面体构型的可能性，至于 SF_4 究竟是变形四面体还是马鞍形的构型，无法单从 IR 数据上加以区分，还需要进一步配合吸收带形状的分析，才能做出最终的判断。

表 1.20 SF_4红外光谱的简正振动频率和方式

频率/cm⁻¹	强度	简正振动方式
463	很弱	V_9
532	强	V
557	中等	V_3
715	中等	V_2
728	很强	V_8
867	很强	V_6
889	很强	V_1

气体小分子的振动光谱，常伴随着微小的转动能态的改变，因而可得到精细结构的振动光谱，这时，IR 吸收带呈现出不同的形状，典型的有四种，分别以符号 PQR、PQ′R、PR、PQQ′R 来表示它们的分叉情况，见图 1.39。

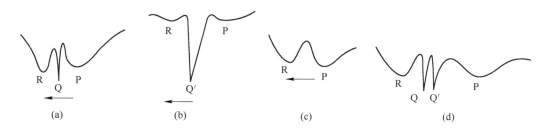

图 1.39 典型的四种 IR 吸收带

（a）PQR；（b）PQR′（c）PR；（d）PQQ′R

不同几何构型的分子，具有不同形状的 IR 吸收带。SF_4分子的气相 IR 谱图中，主要的吸收带之一（V_8：$728\mathrm{cm}^{-1}$）具有 $PQQ'R$ 的形状（图 1.40），只有 C_{2v} 对称性结构才可能有这种形状的吸收带，从而做出判断：SF_4 分子属于 C_{2v} 点群，具有马鞍形的几何构型，核磁共振谱和微波谱的研究也证实了 SF_4 分子属于 C_{2v} 点群。

通过以上讨论可以清楚地看到，运用群论的方法同时考虑分子结构的对称性，可以使得解决某些化学问题的途径变得容易和简单，因而群论在化学中的作用越来越受到重视。

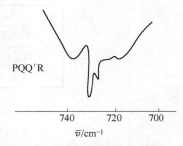

图 1.40　SF_4 分子气相 IR 谱图
$PQQ'R$ 形的吸收带

1.5　通过群论方法推求杂化轨道

1.5.1　方法理论

设 Ψ_a 是一已知的杂化轨道，其形式为：

$$\Psi_a = a_1\phi_1 + a_2\phi_2 + \cdots + a_n\phi_n \tag{1.3}$$

式中，ϕ_n 是参与杂化的原子轨道，系数 a_1，a_2，$\cdots$，a_n 是已知的。在分子所属点群的某一对称操作 $\hat{R}$ 作用下，将 Ψ_a 变为 Ψ_b，即：

$$\hat{R}\Psi_a = \Psi_b \tag{1.4}$$

Ψ_b 是另一杂化轨道，其形式为：

$$\Psi_b = b_1\phi_1 + b_2\phi_2 + \cdots + b_n\phi_n \tag{1.5}$$

系数 b_1，b_2，$\cdots$，b_n 是未知的。将式（1.3）、式（1.5）代入式（1.4）中，得到：

$$\hat{R}(a_1\phi_1 + a_2\phi_2 + \cdots + a_n\phi_n) = b_1\phi_1 + b_2\phi_2 + \cdots + b_n\phi_n$$

以 $\int\phi_1\mathrm{d}\tau$，$\int\phi_2\mathrm{d}\tau$，$\cdots$，$\int\phi_n\mathrm{d}\tau$ 分别左乘等式两边，并考虑到原子轨道的正交归一化性质，就会得到：

$$a_1\int\phi_1\hat{R}\phi_1\mathrm{d}\tau + a_2\int\phi_1\hat{R}\phi_2\mathrm{d}\tau + \cdots + a_n\int\phi_1\hat{R}\phi_n\mathrm{d}\tau = b_1$$

$$a_1\int\phi_2\hat{R}\phi_1\mathrm{d}\tau + a_2\int\phi_2\hat{R}\phi_2\mathrm{d}\tau + \cdots + a_n\int\phi_2\hat{R}\phi_n\mathrm{d}\tau = b_2$$

$$\vdots$$

$$a_1\int\phi_n\hat{R}\phi_1\mathrm{d}\tau + a_2\int\phi_n\hat{R}\phi_2\mathrm{d}\tau + \cdots + a_n\int\phi_n\hat{R}\phi_n\mathrm{d}\tau = b_n$$

设 $\Omega_{ij} = \int\phi_i\hat{R}\phi_j\mathrm{d}\tau$，则此式即变为：

$$\Omega_{11}a_1 + \Omega_{12}a_2 + \cdots + \Omega_{1n}a_n = b_1$$

$$\Omega_{21}a_1 + \Omega_{22}a_2 + \cdots + \Omega_{2n}a_n = b_2$$

$$\vdots$$

$$\Omega_{n1}a_1 + \Omega_{n2}a_2 + \cdots + \Omega_{nn}a_n = b_n$$

写成矩阵形式，即为：

$$\begin{pmatrix} \Omega_{11} & \Omega_{12} & \cdots & \Omega_{1n} \\ \Omega_{21} & \Omega_{22} & \cdots & \Omega_{2n} \\ \vdots & \vdots & & \vdots \\ \Omega_{n1} & \Omega_{n2} & \cdots & \Omega_{nn} \end{pmatrix} \begin{pmatrix} a_1 \\ a_2 \\ \vdots \\ a_n \end{pmatrix} = \begin{pmatrix} b_1 \\ b_2 \\ \vdots \\ b_n \end{pmatrix} \tag{1.6}$$

由于 a_1, a_2, $\cdots$, a_n 是已知的, 所以, 只要求出矩阵元 Ω_{ij} 就可以得到 Ψ_b 的系数 b_1, b_2, $\cdots$, b_n。因此, 在一组等性的杂化轨道中, 只要知道一个杂化轨道的具体形式, 就可以用这种方法求出其他各杂化轨道的具体形式。不等性杂化轨道中的每一组杂化轨道都是等性的, 所以, 这种方法也适用于推求不等性杂化轨道的具体形式。现在的问题是, 如何求得一组杂化轨道及某一个杂化轨道的具体形式。根据群的表示理论, 可以得到下述重要公式, 即:

等性杂化 $$N^{(j)} g^{(j)} = S \sum_{n=1}^{k^{(j)}} [a_n^{(j)}]^2 \tag{1.7}$$

不等性杂化 $$N^{(j)} g^{(j)} = S_1 \sum_{n=1}^{k^{(j)}} [a_n^{(j)}]^2 + S_2 \sum_{n=1}^{k^{(j)}} [b_n^{(j)}]^2 \tag{1.8}$$

式中, $N^{(j)}$ 为在以杂化轨道为基得到的可约表示中不可约表示 j 出现的个数; $g^{(j)}$ 为不可约表示 j 的维数; S 为一组等性杂化轨道的个数; S_1 和 S_2 为不等性杂化中, 第一组和第二组等性杂化轨道的个数; $k^{(j)}$ 为 j 个不可约表示的基 (参与杂化的原子轨道) 在一个杂化轨道中的个数。

上述式 (1.7) 和式 (1.8) 将不可约表示 j 的维数与其在可约表示中出现的个数的乘积和参与杂化的原子轨道的系数平方和联系起来了。因此, 可以用于求出一组杂化轨道中一个杂化轨道的具体形式。当然, 利用其他方法, 也可以求出一组杂化轨道中, 某一个杂化轨道的具体形式。

1.5.2 推求事例

[例 1-19] 群论分析表明, 等性 sp^2 杂化是具有平面三角形对称性的分子中, 中心原子所可能具有的杂化轨道类型之一。参与杂化的原子轨道是 s、p_x、p_y。所形成的三个杂化轨道 Ψ_1、Ψ_2、Ψ_3 在空间的取向如图 1.40 所示。此种构形的分子属 D_{3h} 点群。s 属 A_1^1; p_x、p_y 属 E', 且在以杂化轨道为基时得到的可约表示中各出现一次。这样, 根据式 (1.7) 和图 1.41 就可以得到 Ψ_1 的具体形式为:

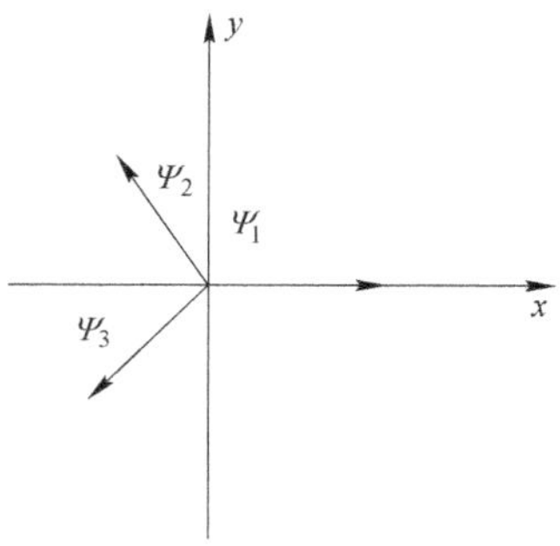

图 1.41 平面坐标图

$$\Psi_1 = \frac{1}{\sqrt{3}} s + \sqrt{\frac{2}{3}} p_x$$

$\hat{C}_3$ 是 D_{3h} 的一个对称操作, 利用 $\hat{C}_3$ 可以得到:

$$\hat{C}_3 \Psi_1 = \Psi_2 = b_1 s + b_2 p_x + b_3 p_y \tag{1.9}$$

以 x、y 为基时, $\hat{C}_3$ 的表示矩阵为:

$$\hat{C}_3 = \begin{pmatrix} -\dfrac{1}{2} & -\dfrac{\sqrt{3}}{2} \\ \dfrac{\sqrt{3}}{2} & -\dfrac{1}{2} \end{pmatrix} \tag{1.10}$$

这就可以得到：

$$\Omega_{11} = \int s\,\hat{C}_3 s\,d\tau = 1 \,, \quad \Omega_{12} = \int s\,\hat{C}_3 p_x\,d\tau = 0 \,, \quad \Omega_{13} = \int s\,\hat{C}_3 p_y\,d\tau = 0$$

$$\Omega_{21} = \int p_x\,\hat{C}_3 s\,d\tau = 0 \,, \quad \Omega_{22} = \int p_x\,\hat{C}_3 p_x\,\hat{C}_3 p_x\,d\tau = -\dfrac{1}{2} \,, \quad \Omega_{23} = \int p_x\,\hat{C}_3 p_y\,d\tau = \dfrac{\sqrt{3}}{2}$$

$$\Omega_{31} = \int p_y\,\hat{C}_3 s\,d\tau = 0 \,, \quad \Omega_{32} = \int p_y\,\hat{C}p_x\,d\tau = -\dfrac{\sqrt{3}}{2} \,, \quad \Omega_{33} = \int p_y\,\hat{C}p_y\,d\tau = -\dfrac{1}{2}$$

将上述结果代入式（1.6）中得到：

$$\begin{pmatrix} 1 & 0 & 0 \\ 0 & -\dfrac{1}{2} & \dfrac{\sqrt{3}}{2} \\ 0 & -\dfrac{\sqrt{3}}{2} & -\dfrac{1}{2} \end{pmatrix} \begin{pmatrix} \dfrac{1}{\sqrt{3}} \\ \sqrt{\dfrac{2}{3}} \\ 0 \end{pmatrix} = \begin{pmatrix} b_1 \\ b_2 \\ b_3 \end{pmatrix}$$

这就得到：$\qquad b_1 = -\dfrac{1}{\sqrt{3}} \,, \quad b_2 = -\dfrac{1}{2}\sqrt{\dfrac{2}{3}} = -\sqrt{\dfrac{1}{6}} \,, \quad b_3 = -\dfrac{\sqrt{3}}{2}\sqrt{\dfrac{2}{3}} = -\dfrac{1}{\sqrt{2}}$

由图 1.41 可知：

$$\hat{C}_3 \boldsymbol{\Psi}_2 = \boldsymbol{\Psi}_3 = b_1' s + b_2' p_x + b_3' p_y \tag{1.11}$$

这就可以得到：

$$\begin{pmatrix} 1 & 0 & 0 \\ 0 & -\dfrac{1}{2} & \dfrac{\sqrt{3}}{2} \\ 0 & -\dfrac{\sqrt{3}}{2} & -\dfrac{1}{2} \end{pmatrix} \begin{pmatrix} \dfrac{1}{\sqrt{3}} \\ -\sqrt{\dfrac{1}{6}} \\ -\dfrac{1}{\sqrt{2}} \end{pmatrix} = \begin{pmatrix} b_1' \\ b_2' \\ b_3' \end{pmatrix}$$

$$b_1' = \dfrac{1}{\sqrt{3}} \,, \quad b_2' = \dfrac{1}{2}\sqrt{\dfrac{1}{6}} - \dfrac{\sqrt{3}}{2}\sqrt{\dfrac{1}{2}} = \dfrac{1}{2}\sqrt{\dfrac{1}{6}} - \dfrac{3}{2}\sqrt{\dfrac{1}{6}} = -\sqrt{\dfrac{1}{6}}$$

$$b_3' = \dfrac{\sqrt{3}}{2}\sqrt{\dfrac{1}{6}} + \dfrac{1}{2}\sqrt{\dfrac{1}{2}} = \dfrac{1}{2}\sqrt{\dfrac{1}{2}} + \dfrac{1}{2}\sqrt{\dfrac{1}{2}} = \sqrt{\dfrac{1}{2}}$$

这就得到了三个杂化轨道的具体形式为：

$$\boldsymbol{\Psi}_1 = \dfrac{1}{\sqrt{3}} s + \sqrt{\dfrac{2}{3}} p_x \,, \quad \boldsymbol{\Psi}_2 = \dfrac{1}{\sqrt{3}} s - \sqrt{\dfrac{1}{6}} p_x - \sqrt{\dfrac{1}{2}} p_y \,, \quad \boldsymbol{\Psi}_3 = \dfrac{1}{\sqrt{3}} s - \sqrt{\dfrac{1}{6}} p_x + \sqrt{\dfrac{1}{2}} p_y$$

$$\tag{1.12}$$

[例 1-20]　群论分析表明，具有平面正方形结构的分子，其中心原子所可能具有的杂化轨道类型之一是等性杂化 dsp^2。参与杂化的原子轨道为 s、$d_{x^2-y^2}$、p_x、p_y，所形成的

四个杂化轨道 Ψ_1、Ψ_2、Ψ_3、Ψ_4 在空间的取向如图 1.42 所示。此种构型的分子属 D_{4h} 点群。s 属 A_{1g}；$d_{x^2-y^2}$ 属 B_{1g}；p_x、p_y 属 E'_u，且在以杂化轨道为基所得到的可约表示中各出现一次。这样，根据式（1.7）和图 1.42 可以得到 Ψ_1 的具体形式如下：

$$\Psi_1 = \frac{1}{2}s + \frac{1}{2}d_{x^2-y^2} + \frac{1}{\sqrt{2}}p_x$$

$\hat{C}_4$ 是 D_{4h} 的一个对称操作，利用 $\hat{C}_4$ 可以得到：

$$\hat{C}_4\Psi_1 = \Psi_4 = b_1 s + b_2 d_{x^2-y^2} + b_3 p_x + b_4 p_y \tag{1.13}$$

以 x、y 为基时，$\hat{C}_4$ 的表示矩阵为：

$$C_4 = \begin{pmatrix} \hat{0} & -1 \\ 1 & 0 \end{pmatrix} \tag{1.14}$$

这就可以得到：

$$\Omega_{11} = \int s\hat{C}_4 s\,d\tau = 1 \,,\ \Omega_{12} = \int s\hat{C}_4 d_{x^2-y^2}s\,d\tau = 0$$

$$\Omega_{13} = \int s\hat{C}_4 p_x\,d\tau = 0 \,,\ \Omega_{14} = \int s\hat{C}_4 p_y\,d\tau = 0$$

$$\Omega_{21} = \int d_{x^2-y^2}\hat{C}s\,d\tau = 0 \,,\ \Omega_{22} = \int d_{x^2-y^2}\hat{C}_4 d_{x^2-y^2}\,d\tau = 1$$

$$\Omega_{23} = \int d_{x^2-y^2}\hat{C}_4 p_x\,d\tau = 0 \,,\ \Omega_{24} = \int d_{x^2-y^2}\hat{C}_4 p_y\,d\tau = 0$$

$$\Omega_{31} = \int p_x\hat{C}_4 s\,d\tau = 0 \,,\ \Omega_{32} = \int p_x\hat{C}_4 d_{x^2-y^2}\,d\tau = 0$$

$$\Omega_{33} = \int p_x\hat{C}_4 p_x\,d\tau = 0 \,,\ \Omega_{34} = \int p_x\hat{C}_4 p_y\,d\tau = 1$$

$$\Omega_{41} = \int p_y\hat{C}_4 s\,d\tau = 0 \,,\ \Omega_{42} = \int p_y\hat{C}_4 d_{x^2-y^2}\,d\tau = 0$$

$$\Omega_{43} = \int p_y\hat{C}_4 p_x\,d\tau = -1 \,,\ \Omega_{44} = \int p_y\hat{C}_4 p_y\,d\tau = 0$$

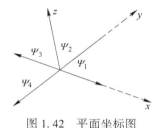

图 1.42 平面坐标图

将上述结果代入式（1.6）得到：

$$\begin{pmatrix} 1 & 0 & 0 & 0 \\ 0 & -1 & 0 & 0 \\ 0 & 0 & 0 & 1 \\ 0 & 0 & -1 & 0 \end{pmatrix} \begin{pmatrix} \dfrac{1}{2} \\ \dfrac{1}{2} \\ \dfrac{1}{\sqrt{2}} \\ 0 \end{pmatrix} = \begin{pmatrix} b_1 \\ b_2 \\ b_3 \\ b_4 \end{pmatrix}$$

这就得到：

$$b_1 = \frac{1}{2} \,,\quad b_2 = -\frac{1}{2} \,,\quad b_3 = 0 \,,\quad b_4 = -\frac{1}{\sqrt{2}}$$

这就可以得到：

$$
\begin{pmatrix} 1 & 0 & 0 & 0 \\ 0 & -1 & 0 & 0 \\ 0 & 0 & 0 & 1 \\ 0 & 0 & -1 & 0 \end{pmatrix} \begin{pmatrix} \dfrac{1}{2} \\ -\dfrac{1}{2} \\ 0 \\ -\dfrac{1}{\sqrt{2}} \end{pmatrix} = \begin{pmatrix} b_1' \\ b_2' \\ b_3' \\ b_4' \end{pmatrix}
$$

$$
b_1' = \frac{1}{2} \ , \ b_2' = \frac{1}{2} \ , \ b_3' = -\frac{1}{\sqrt{2}} \ , \ b_4' = 0
$$

$$
\hat{C}_4 \Psi_3 = \Psi_2 = b_1'' s + b_2'' d_{x^2-y^2} + b_3'' p_x + b_4'' p_y
$$

同样可得到：

$$
\begin{pmatrix} 1 & 0 & 0 & 0 \\ 0 & -1 & 0 & 0 \\ 0 & 0 & 0 & 1 \\ 0 & 0 & -1 & 0 \end{pmatrix} \begin{pmatrix} \dfrac{1}{2} \\ \dfrac{1}{2} \\ -\dfrac{1}{\sqrt{2}} \\ 0 \end{pmatrix} = \begin{pmatrix} b_1'' \\ b_2'' \\ b_3'' \\ b_4'' \end{pmatrix}
$$

$$
b_1'' = \frac{1}{2} \ , \ b_2'' = -\frac{1}{2} \ , \ b_3'' = 0 \ , \ b_4'' = \frac{1}{\sqrt{2}}
$$

这样得到的四个杂化轨道的具体形式为：

$$
\Psi_1 = \frac{1}{2} s + \frac{1}{2} d_{x^2-y^2} + \frac{1}{\sqrt{2}} p_x
$$

$$
\Psi_2 = \frac{1}{2} s - \frac{1}{2} d_{x^2-y^2} + \frac{1}{\sqrt{2}} p_y
$$

$$
\Psi_3 = \frac{1}{2} s + \frac{1}{2} d_{x^2-y^2} - \frac{1}{\sqrt{2}} p_x
$$

$$
\Psi_4 = \frac{1}{2} s - \frac{1}{2} d_{x^2-y^2} - \frac{1}{\sqrt{2}} p_y
$$

1.6 红外光谱的群论表示

红外光谱是由分子的振动所形成。红外光谱的主要谱带——基本谱带，完全由分子的简正振动所决定，因而深入地了解分子振动问题是十分重要的。分子的振动是分子中的各原子围绕其平衡位置做有规则的位移运动。就任一原子来讲，其运动类似于一维势阱中的粒子运动，由量子力学可知，这种粒子的能量必然是量子化的，故振动问题是一个量子力学问题，但它也是经典力学问题，因为它的带有边界条件的运动方程本身就具有本征值的特点。如果要从经典力学或量子力学求得简正振动和对应各原子的位移向量，要碰到求解高阶久期行列式和本征值的高次方程式的问题，这是复杂而困难的问题，而且还必须知道势能函数的具体形式。如果运用群论的方法，就能避免上述困难而获得振动问题的一些重要结果，如简正振动的对称性分类、简正振动位移图形的决定、选择定则的群论表述等。本书全面系统地通过具体例子介绍群论处理振动问题的方法。

1.6.1　分子的简正振动及其分类

一个表面上看来复杂的分子振动问题，经过分析，其实是由一些简单的基本振动按一定规则组合而成，这种简单的基本振动称为简正振动。这种简正振动是在振动位移很小的情况下的简谐振动的近似结果，满足方程

$$f = -kx \tag{1.15}$$

其运动如图 1.43 所示，两端固定的弹簧连接的粒子（小球）强迫其离开平衡位置后，受弹力作用便沿着连线做往复运动，此即小球的振动模型。由经典力学可知，该粒子的势能为 $E(x) = \frac{1}{2}kx^2$，如果考虑了它的动能项，列出它的拉格朗日方程并求解，则振动位移函数如下式所示：

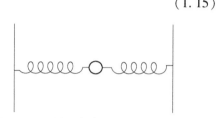

图 1.43　两端固定中间连接小球的装置

$$y = A\sin(2\pi\nu t + \alpha) \tag{1.16}$$

此即简谐振动的数学表达式。式中 ν 为振动频率，它由下式决定

$$\nu = \frac{1}{2\pi}\sqrt{\frac{k}{\mu}}$$

因 ν 仅与力常数 k 和折合质量 μ 有关，故又称为特征频率。

凡等价于简谐振动的分子振动，称为简正振动。但必须明确，这是一种近似结果。当原子位移并非很小时，这种近似就失去了意义。

用群论解决分子振动问题的主要内容就是用给定分子所属点群的不可约表示对该分子的简正振动进行对称性分类。由于一点群 G 的操作元素 $R'(G)$ 对一平衡骨架的分子进行操作时（如旋转、反映等），该分子的能量因其构型不变而不变。但作为坐标的函数如波函数，简正振动要做相应的变换，故产生了相应子操作的矩阵表示。这样就可用群的表示理论来进行对称性分类，下式即表示这种分类原理。

$$T^{<SN>} = \sum_{\beta} m_{\alpha} T^{<\alpha>} \tag{1.17}$$

式（1.17）为群的可约表示与不可约表示的关系式。式中 $T^{<SN>}$、$T^{<\alpha>}$ 分别代表可约表示和不可约表示，上标代表表示的维数。根据上式就可将简正振动划分为所属不可约表示的各种类型。式中 m_{α} 代表同一不可约表示在约化中出现的次数，但却代表着不同的频率。不可约表示的维数 α 代表对应于该表示的振动频率的简并度，即对应于该频率的简正振动个数。群论方法的特点是在不涉及势能的具体形式以及解高次方程的情况下，可以获得分子振动的许多重要结果。当然它也不可能获得势能及简正振动的具体数学形式。再者，在此方法中，仅需用到群论的不可约表示及其特征标表，以及所论分子所属点群的知识就

足够了，而这些在一般文献上是容易得到的。下面以 H_2O 分子为例来加以阐明。

1.6.2　分子的简正振动数目

原子的位置要由三个坐标（自由度）来确定，所以 n 个原子的分子位置要由 $3n$ 个坐标确定。分子运动包括它的整体平移运动和整体旋转运动以及分子质心不动而各原子间的相对位置改变的振动运动，这三项运动的自由度总和应等于 $3n$。因此振动自由度等于 $3n$ 减去平移和旋转的自由度，而平移只需 3 个自由度，旋转对于线性分子需要 2 个，对非线性的分子需要 3 个，故分子的振动自由度对线性分子和对非线性分子分别为 $3n-5$ 和 $3n-6$ 个。简正振动可称为简正坐标，故分子的简正振动数等于分子的振动自由度，即 $3n-5$ 或 $3n-6$。

1.6.3　简正振动的对称性分类

分子的简正振动可用分子所属点群的不可约表示来分类。具体进行时，须先求出给定分子振动的可约特征 $\chi_{振动}$（可约），再对照该分子所属点群的特征标表将其约化以得到简正振动分类。$\chi_{振动}$（可约）的求法如下：

$$\chi_{振动} = 3n - \chi_{平动} - \chi_{转动} \tag{1.18}$$

通过对分子平动的特征标 $\chi_{平动}$ 和转动的特征标 $\chi_{转动}$ 的计算，上式可化为如下形式：

$$\chi(R)_{振动} = (N_R - 2)(2\cos\theta + 1) \tag{1.19}$$

$$\chi(S)_{振动} = N_S(2\cos\theta - 1) \tag{1.20}$$

式中，$\chi(R)_{振动}$ 为真转动的振动特征标；$\chi(S)_{振动}$ 为非真转动的振动特征标；N_R、N_S 分别代表在真转动和非真转动时，分子中的不动原子数。

根据特征标的定义，在此种转动下，若分子中的原子被移动，则其表示矩阵不在可约表示的矩阵的主对角线上，对特征标无贡献，故此等原子不需计入，只需计入不动的原子。（$2\cos\theta + 1$）转动时，一个原子的三个坐标变换矩阵的特征标，即是式中矩阵的特征标：

$$R = \begin{pmatrix} \cos\theta & -\sin\theta & 0 \\ \sin\theta & \cos\theta & 0 \\ 0 & 0 & 1 \end{pmatrix} \tag{1.21}$$

非真旋转时，有一垂直于主轴的平面的反映，只改变 z 的方向不改变其大小，故一个原子的特征标为 $2\cos\theta-1$。现根据式（1.19）和式（1.20）以 H_2O 分子为例说明分类的过程：H_2O 分子的几何构型如图 1.43 所示，属于 C_{2v} 点群，共有四个元素，即 $C_{2v} = \{E, C_2, \sigma_v, \sigma_v'\}$。现根据式（1.19）、式（1.20）两式求出它的 $\chi_{振动}$：

E（真转动，$\theta=0$，$N_E=3$，H，H，O），$\chi(E) = 3$

C_2（真转动，$\theta=180°$，$N_{C_2}=1$，O），$\chi(C_2) = 1$

σ_v（非真旋转，$\theta=0$，$N_{\sigma_v}=1$，O），$\chi(\sigma_v) = 1$

σ_v'（非真旋转，$\theta=0$，$N_{\sigma_v'}=3$，H，H，O），$\chi(\sigma_v') = 3$

将其附在 C_{2v} 的特征标表内，见表 1.21。

表 1.21　C_{2v} 的特征标表（附 $\chi_{振动}$）

C_{2v}	E	C_2	σ_v	σ_v'
A_1	1	1	1	1
A_2	1	1	−1	−1
B_1	1	−1	1	−1
B_2	1	−1	−1	1
$\chi_{振动}$	3	1	1	3

对比 $\chi_{振动}$ 与特征标表可得约化结果如下：

$$\chi_{振动} = 2\chi_{A_1} + \chi_{B_2} \tag{1.22}$$

又知 H_2O 分子的振动自由度 $f_{振动}$：

$$f_{振动} = (3 \times 3) - 6 \tag{1.23}$$

故它的简正振动数为 3。根据式（1.22），其中两个属 A_1 表示，一个属 B_2 表示，即它们分别按 A_1 和 B_2 不可约表示变换。两个简正振动虽然同属于 A_1 表示，但根据式（1.16），它们是对应着两种不同频率的两种简正振动。

1.6.4　简正振动位移图形的决定

位移图形表示简正振动中各原子的位移方向及其大小的示意图，如图 1.44、图 1.45 所示。

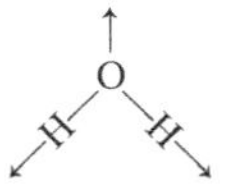

图 1.44　H_2O 分子的对称伸缩振动示意图

←O—C—O→

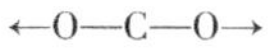

图 1.45　CO_2 的对称伸缩振动示意图

通过这些图形不仅能直观形象地了解简正振动中各原子位移的具体情况，而且还能说明简正振动的红外活性。例如 CO_2 的对称伸缩振动，因碳原子固定，两个 O 原子同时伸长或缩短，偶极矩都为零，故无红外光谱。而 H_2O 分子，因氧原子和氢原子的质量不同，故振幅不同，因而分子的合偶极矩不为零，故可预测是红外活性的。下面说明构成这种图形的方法。

若确定了给定分子在所属点群的元素操作下的对称原子组和组中某一原子的位移及所属表示，则该组中其余原子的位移及所属表示也就随之确定了。以下以 H_2O 分子为例说明。分子中各原子的振动可概括为伸缩和弯曲振动两大类。首先考虑图 1.46a，若其中 H_1 的伸缩位移向量属于 A_1 表示，则在 C_{2v} 元素的操作下，特征标均为 1；在 C_2 操作下，变换为图 1.46b 所示的 H_2 上的新向量时，其大小不变，方向如图 1.46b 所示。为保持分子质心不变，则氧原子的位移大小和方向必如图 1.46c 所示。显然，它也是全对称的，属 A_1 表示，这样就得到了一个如图 1.46c 所示的属于 A_1 的简正振动位移图形。若图 1.46a 的 H_1 的位移向量属于 B_2 表示，则在 C_2 操作下，特征标为−1，即它变为图 1.46d 所示的 H_2 上的新向量时，大小相等而方向相反。为保持分子质心不变，氧原子的位移向量必如图

1.46e 所示，它在 C_2 操作下，特征标也为 -1，属于 B_2 表示，这样我们又得到了一个如图 1.46e 所示的属于 B_2 表示的简正振动的位移图形。同理可得出属于 A_1 表示的另一位移图形。这就得到了 H_2O 分子的全部位移图形，与前面根据表示理论约化所得的结果完全一致。这种理论的定性分析方法，是行之有效的。

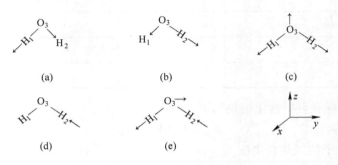

图 1.46　H_2O 运动形式示意图

1.6.5　红外光谱选择定则的群论表述

在描述红外光谱时，必须考虑分子的电偶极矩的变化，用它表述的选择定则可用下式表示：

$$\mu_{oj} = e\left[\Psi^0 x \Psi^j d\tau + \int \Psi^0 y \Psi^j d\tau + \int \Psi^0 z \Psi^j d\tau \right] \tag{1.24}$$

式中，μ_{oj} 表示跃迁矩，右边每一加和项为其分量的跃迁矩，可用 μ_{oj}^x、μ_{oj}^y、μ_{oj}^z 表示，如

$$\mu_{oj}^x = e\left[\Psi^0 x \Psi^j d\tau \right] \tag{1.25}$$

式（1.25）表示偶极矩的 x 分量对 $\Psi^0 \rightarrow \Psi^j$ 状态间跃迁的矩阵元。若 μ_{oj}^x、μ_{oj}^y、μ_{oj}^z 中任一项不为零，则有光谱产生。若全为零，则无光谱。使等式右边不为零的条件是被积函数为偶函数。Ψ^0 代表分子的基态，经论证得知其为偶函数，而 x、y、z 皆为奇函数，故推知欲使积分不为零，则 Ψ 必须是奇函数才行。这种论证很容易转变为群论的论证，即欲使跃迁矩不为零，则被积函数必须为全对称。已知 Ψ^0 为全对称，则 Ψ 与 x、y、z 中任一个必须属于同一不可约表示。因 Ψ^j 与形成基本谱带的简正振动属于相同的不可约表示，可导出群论表述的选择定则，即若一简正振动与直角坐标（x, y, z）之一属于相同的不可约表示，则此振动为红外活性的。已知 H_2O 分子的三个简正振动属于两个 A_1 和一个 B_2 不可约表示。根据它所属 C_{2v} 的特征标表可知，z 坐标属于 A_1 表示，y 属于 B_2 表示，H_2O 分子的弯曲和对称伸缩简正振动与 z 同属于 A_1 表示，因而被积函数 $\Psi^0 z \Psi^j$ 的对称性为 $A_1 \cdot A_1 \cdot A_1 = A_1$，为全对称，故此两振动皆为红外活性的，应有光谱产生。对于 B_2，被积函数 $\Psi^0 y \Psi^j$ 具有 $A_1 \cdot B_2 \cdot B_2 = A$ 的全对称，故相应的反对称伸缩振动亦应有光谱产生，故水分子的红外光谱应有三个基本谱带，这已为实验完全证实。H_2O 分子的红外吸收光谱示意于图 1.47。

由上述可知，根据给定分子的简正振动的对称性就可决定其是否产生光谱，而不需要计算跃迁矩的矩阵元，这就是群论表述的选择定则。

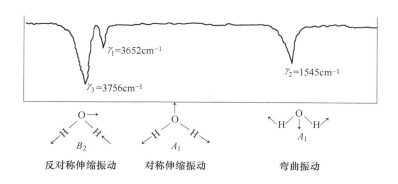

图 1.47 水蒸气的红外光谱图

1.7 群论在无机化学中的应用实例

群论是数学的一个分支，群论符号早已成为一种特殊的化学语言，经常出现在无机化学文献及教科书中。现在不仅可以用点群符号表征分子的对称性，还可以用分子所属点群的各个不可约表示的符号分别表征分子各种性质的对称性，因为只要一种性质能用图形或函数表示，就有办法弄清它们的不可约表示。分子可用不同点群描述其主体构型的对称性，原子轨道可作为分子所属点群各个不可约表示的基，如 NH_3 分子属于 C_{3v} 点群，N 原子 s 和 p_z 轨道是不可表示 A_1 的基，p_x 和 p_y 轨道是不可约表示 E 的基，它们在 C_{3v} 点群的各对称操作作用下，有不全同的特征标，即有不同的变换性质，因此，我们可以说 s、p_z 轨道与 p_x、p_y 轨道有不同的对称性质。分子的其他性质也可以从对称性角度来进行描述，群论在无机化学中的应用日益广泛和普遍，下面介绍两个具体实例。

1.7.1 AB_n 型分子的 σ 杂化轨道

对 AB_n 型分子或离子，如 BF_3、SO_2、CH_4、SF_4、PF_5 以及大量的单核配合物或配离子，中心原子 A 以哪些原子轨道组成等价的 σ 杂化轨道的集合，是价键理论的一个重要问题。解决这类问题的一般步骤是：以原子 A 的 σ 杂化轨道的集合为基，在分子所属点群的各对称操作的作用下，构成分子所属点群的一个可约表示 Γ_n，然后将其约化为该点群的不可约表示的直和，这时杂化轨道亦分解为这些不可约表示的基，因此从特征表中查出这些不可约表示的基，就可以确定杂化轨道由哪些原子轨道组成。在构成可约表示 Γ_n 时，一般只需要知道该表示的特征标，而无需写出它们矩阵形式。此时可采用一种等价而简便的方法，即点群对称操作使某个基离开了原位（即换位），则对特征标的贡献为 0；若没换位，且方向（即基的位相）也没有改变的，对特征标贡献为 1；若没有换位，但使基变为相反方向，则对特征标的贡献为−1。整个基集合在各操作下的特征标就是各个基特征标的代数和。以正四面体构型的配合物 ML_4 为例具体说明如下（为简洁起见，省略电荷）。ML_4 的构型如图 1.48 所示。图中 σ_1、σ_2、σ_3 和 σ_4 为 M 的杂化轨道。

方向是由 M 指向各配体，ML_4 属 T_d 点群，它有五类对称操作：E、$8C_3$、$3C_2$、$6S_4$、$6\sigma_d$，对称元素也在图中标出。从图中可以看出，在恒等操作下，四个杂化轨道都在原

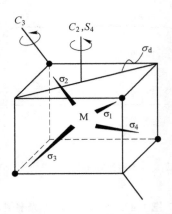

图 1.48　正四面体构型的 ML_4 的对称元素和杂化轨道

位；C_3 操作下只有一个杂化轨道在原位，其余三个都换了位；在 σ_d 的操作下，有两个杂化轨道保持不动，其余两个换了位；在 C_4 和 S_4 操作下，所有杂化轨道都换了位。因此，以四个杂化轨道为基的 T_d 点群一个可约表示的特征标见表 1.22。

表 1.22　T_d 点群一个可约表示的特征标

	E	$8C_3$	$3C_2$	$6S_4$	$6\sigma_d$
Γ_4	4	1	0	0	0

应用可约表示的约化公式和 T_d 点群的特征标表得出：$\Gamma_4 = A_1 \otimes T_2$。属于 A_1 和 T_2 表示的原子轨道，可从 T_d 群的特征标表中查得，即 $A_1 : s$；$T_2 : (p_x、p_y、p_z)(d_{xy}、d_{yz}、d_{xz})$，所以组成正四面体取向的杂化轨道可以有两种组合方式，即可以用一个 s 轨道和三个 p 轨道组成 sp³ 杂化轨道；也可以用一个 s 轨道和三个 d 轨道（d_{xy}、d_{yz}、d_{xz}）组成 sd³ 杂化轨道。中心原子（或离子）究竟采用哪一种杂化，视该原子（或离子）的这些轨道的能级高低而定。

1.7.2　正八面体配合物的分子轨道

根据分子轨道近似方法（LCAO-MO），组成分子轨道的原子轨道必须满足一定的条件，即能量相近、轨道最大重叠和对称性匹配三个条件。按照群论的说法，对称性匹配就是要求组成 MO 的原子轨道在分子点群的对称操作作用下有相同的变换性质，即属于同一个不可约表示的基。然而，对于多原子多分子，配体原子（可以变换位置的原子）的轨道不能单独构成不可约表示的基，而必须将它们进行适当的线性相合才能构成不可约表示的基。配体原子轨道线性组合后得到的波函数称为配体群轨道（LGO），因此，在多原子分子组成分子轨道时，要求中心原子（即不动原子）的原子轨道与配体群轨道对称性必须匹配。以正面配合物 MX_6（X 为卤素原子，为简洁起见，省略电荷）为例，建立分子轨道的一般步骤是：

第 1 步：将配体原子的轨道分组（sσ 和 pσ、pπ 组）分别构成配体群轨道，即以配体轨道的集合为基确定它们在 O_h 点群中所属的不可约表示，再用适当的方法求出配体群轨道的波函数。

第2步：查 O_h 点群的特征标表，确定中心原子（或离子）的价轨道所属的不可约表示，将对称性相同的中心原子价轨道与配体群轨道组合成分子轨道——在键轨道和反键轨道对称性不相匹配的轨道组成非键分子轨道。

第3步：画出定性的分子轨道能级图，计算配合物的价电子总数，根据构造原理将价电子填入分子轨道。

为了分析配体原子轨道的对称性，首先要建立坐标系。一般规定中心离子（或原子）的坐标为右手系，配体坐标为左手系，而配体群轨道又分成 σ 群轨道和 π 群轨道两类，卤素配体的 ns 轨道和沿键轴方向的 np_z 轨道可以组成配体 σ 群轨道；卤素离子的 np_x 和 np_y 轨道，位于垂直键轴的平面内，它们与中心离子（或原子）的轨道重叠产生具有一个节面的 π 分子轨道。根据 σ 群轨道的波函数和 π 群轨道的波函数可知，中心离子（或原子）的价轨道 p_x、p_y、p_z 既能与 t_{1u} 配体 σ 群轨道组合成 σ 分子轨道，又能与 t_{1u} 配体 π 群轨道组合成 π 分子轨道。考虑到 σ 成键作用较强，因此一般只考虑前者，而 $t_{1u}\pi$ 群配体轨道只是对 σ 成键分子轨道和反键分子轨道的能量略有影响，它基本上是非键的，一般只讨论中心离子（或原子）的 t_{2g} 轨道（d_{xy}、d_{xz}、d_{yz}）与 t_{2g} 配体 π 群轨道的组合。假定正八面体配合物的中心离子（或原子）是过渡金属，其中轨道有五个 $(n-1)d$ 轨道，一个 ns 轨道，三个 np 轨道，配体是 F^- 离子，则 F^- 离子价轨道的能级比中心离子（或原子）的 $(n-1)d$ 轨道能级低，因此，MF_6 配合物的分子轨道能级示意如图 1.49 所示。

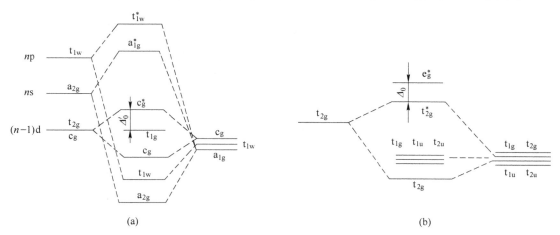

图 1.49　正八面体配合物 MF_6 的分子轨道能级示意图
(a) σ 键合部分；(b) π 键合部分

图 1.49 中，成键分子轨道 $a_{1g}(\sigma)$、$t_{1u}(\sigma)$、$e_g(\sigma)$ 和 $t_{2g}(\sigma)$ 能量接近于配体轨道能量，具有较多的配体特征。反键分子轨道 $t_{2g}^*(\pi)$，$e_g^*(\sigma)$，$a_{1g}^*(\sigma)$ a 和 $t_{1u}^*(\sigma)$ 能量与中心离子（或原子）轨道能量接近，具有较多中心离子（或原子）的特征。非键分子轨道 $t_{1u}(\pi)$、$t_{2u}(\pi)$ 和 $t_{1g}(\pi)$ 由配体相应的 π 群轨道组成。在分子轨道中按照构造原理填充电子时，a 轨道中最多容纳 2 个电子，e 轨道（二重简并）最多容纳 4 个电子，t 轨道（三重简并）最多容纳 6 个电子。图 1.49 成键分子轨道 $\sigma+\pi$ 可容纳 18 个电子，全部非键分子轨道中亦可容纳 18 个电子，因为这些轨道具有较多（或全部是）配体轨道成分，可认为这 36 个电子全部来自配体，每个 F^- 离子可提供 6 个 np 电子，6 个 F^- 离子恰好总共

提供 36 个电子。至于 F^- 离子的 ns 电子（即 $s\sigma$ 组配体群轨道），由于能量太低，参与键的成分很少，这样一来，填入反键分子轨道的电子可认为是中心离子（或原子）提供的电子。例如对于配体 F^-，中心离子为 d^3 的配合物，它的 3 个 d 电子应填入 t_{2g}^* 轨道，根据洪特规则，这 3 个电子应自旋平行分占 3 个简并轨道。若中心离子 d 电子数超过 3，如 d^6 时，6 个 d 电子的分布情况将取决于 t_{2g}^* 和 e_g^* 的能量差（称为分裂能，用符号 Δ_0 表示）与电子成对能 P 相对大小，若 Δ_0 大于 P 时，形成低自旋排列，Δ_0 小于 P 时形成高自旋的排列，如图 1.50 所示。

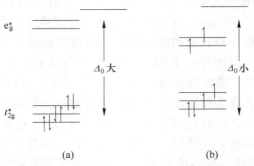

图 1.50　d^6 电子在 e_g^* 和 t_{2g}^* 轨道的排列

（a）低自旋；（b）高自旋

因此，根据群论的观点能够很好解释正八面体配合物的分子轨道的建立和形成。利用分子的对称性群论原理可以解决化学键和分子结构的许多问题，还可以应用它解决谱项在配体场作用下的能级分裂问题，也可以简化量子化学计算，分析分子振动，在这些方面的具体应用还有待我们进一步分析和研究。

1.8　应用群论分析甲烷的红外和拉曼光谱特征

群论是关于对称的数学％群论的重要性之一，体现在能根据分子的对称性确定哪种振动跃迁是允许或禁阻的，且对确定某一给定体系的红外光谱带和拉曼光谱带应该存在与否具有重要的作用。下面我们应用群论来分析 CH_4 红外和拉曼光谱特征。

1.8.1　构造简正坐标分量

CH_4 结构如图 1.51 所示。

CH_4 分子为四面体结构，属于 T_d 群，总共有 9 个振动模式，可约化为：

$$\Gamma = \Gamma^{A_1} \oplus \Gamma^E \oplus 2\Gamma^{F_2} \tag{1.26}$$

其中一个振动具有 A_1 不可约表示的对称性，两个振动具有 E 不可约表示的对称性，六个振动具有 F_2 不可约表示的对称性。

由 CH_4 的投影算符

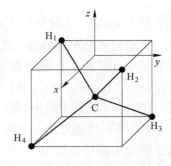

图 1.51　CH_4 分子结构示意图

$$P_{A_1} = \frac{1}{24}\left[T_{(E)} + 4T_{(C_3)} + 4T_{(C_3^2)} + 3T_{(C_2)} + 3T_{(S_4)} + 3T_{S_4^3} + 6T_{(\sigma_d)} \right] \tag{1.27}$$

$$P_E = \frac{1}{6}\left[T_{(E)} - 2T_{(C_3)} - 2T_{(C_3^2)} + 3T_{(C_2)} \right] \tag{1.28}$$

$$P_{F_2} = \frac{3}{8}\left[T_{(E)} - T_{(C_2)} - T_{(S_4)} - T_{(S_4^3)} + 2T_{(\sigma_d)} \right] \tag{1.29}$$

作用于各原子的坐标分量构造简正坐标分量（其中角标 1、2、3、4 为氢原子，5 为碳原子）。对应 A_1 不可约表示简正坐标分量为

$$P_{A_1}x_1 = \frac{1}{24}(2x_1 - 2x_2 + 2x_3 - 2x_4 + 2y_1 -$$
$$y_2 - y_3 + y_4 - 2z_1 - 2z_2 + z_3 + 3z_4) \tag{1.30}$$
$$P_{A_1}x_5 = 0 \tag{1.31}$$

$$P_{A_1}y_1 = \frac{1}{24}(2x_1 - 2x_2 + x_3 - x_4 + 2y_1 - 2y_2 -$$
$$2y_3 + 2y_4 - 2z_1 - 2z_2 + 3z_3 + z_4) \tag{1.32}$$
$$P_{A_1}x_5 = 0 \tag{1.33}$$

$$P_{A_1}z_1 = \frac{1}{24}(-2x_1 - 2x_2 - x_3 + x_4 - 2y_1 + 2y_2 +$$
$$y_3 - y_4 + 2z_1 + 2z_2 - 2z_3 - 2z_4) \tag{1.34}$$
$$P_{A_1}x_5 = 0 \tag{1.35}$$

同理，可得由 E 和 F_2 不可约表示构造的投影算符作用坐标分量。

1.8.2 组合 CH$_4$ 分子的 9 个简正振动模式

用投影算符作用求得的简正坐标分量在同一不可约表示内部进行线性组合得到各个简正模式的简正坐标。

属于不可约表示 A_1 的 1 个简正振动模式：

$$Q_{A_1} = P_{A_1}\left[\frac{1}{m_H}(x_1 + y_2 + z_1)\right]$$
$$= \frac{1}{12}(x_1 - x_2 + x_3 - x_4 + y_1 - y_2 - y_3 + y_4 - z_2 + z_3 + z_4)$$

属于不可约表示 E 的两个简正振动模式：

$$Q_{1E} = P_E\left[\frac{1}{m_H}(x_1 - y_1 - z_1)\right]$$
$$= \frac{1}{6}(x_1 - x_2 + x_3 - x_4 - 2y_1 + 2y_2 + y_3 - y_4 - z_1 - z_2)$$

$$Q_{2E} = P_E\left[\frac{1}{m_H}(x_1 + y_1 + z_1)\right]$$
$$= \frac{1}{6}(x_1 - x_2 + x_3 - x_4 + y_1 - y_2 - y_3 + y_4 + 2z_1 + 2z_2 - 2z_3 - 2z_4)$$

属于不可约表示的 F_2 的 6 个简正振动模式

$$Q_{1F_2} = P_{F_2}\left[(x_1 + y_1 + z_1) - \frac{4m_H}{m_e}(x_5 + y_5 + z_5)\right]$$

$$= \frac{1}{4}(2x_1 + 2x_4 + 2y_1 + 2y_3 + z_1 + z_2 + z_3 + z_4) - \frac{1}{3}(x_5 + y_5 + z_5)$$

同理可得到其他 5 个简正振动模式。

1.8.3 利用群论分析 CH_4 的光谱特征

由光谱选择定则可知，如果受激的简正振动与直角坐标 x、y、z 中的一个或几个具有相同的不可约表示，则此简正振动是红外活性的。如果受激的简正振动与直角坐标的二次函数 x^2、y^2、z^2、xy、xz、yz 中的一个或几个具有相同的不可约表示，则此简正振动是拉曼活性的。

由此可知，CH_4 的 9 个简正振动模式分属于 3 个不等价不可约表示：

（1）A_1 拉曼活化，红外禁戒；

（2）E 拉曼活化，红外禁戒；

（3）F_2 拉曼活化，红外活化。

习 题

1-1 举例说明群的定义。

1-2 如何判断分子所属点群。

1-3 说明各对称操作的矩阵表示。

1-4 举例说明将可约表示分解为不可约表示的方法。

1-5 如何通过分子的对称性来判断分子的极性，如何通过分子的对称性判断分子有无旋光性？

1-6 说明通过投影算符构建 NH_3 分子群轨道的过程。

1-7 计算 O_h 点群表中各种对称操作下可约表示的特征标。

2 配位化合物

配位化学是在无机化学基础上发展起来的学科。无机配位化学是无机化学的重要组成部分，它所研究的对象是配位化合物。由中心原子（或离子）和几个配体分子（或离子）以配位键相结合而形成的复杂分子或离子，通常称为配位单元。凡是含有配位单元的化合物都称为配位化合物，简称配合物，也称络合物（complex）。其中，中心原子（或离子）具有空的价轨道，可以接受电子，配体分子（或离子）可以提供电子对。自从 1893 年 Werner 创立配位化学以来，配位化学在合成、结构、性质和理论研究等方面取得了一系列的进展。配位化学与有机化学、物理化学、生物化学、固体化学、材料化学和环境化学相互渗透，已经成为众多学科的交叉点。配位物作为催化剂、萃取剂等应用于化工、元素分析和分离、信息材料、光电技术、激光能源和生物技术等领域。本章只着重讨论过渡金属配位化合物的电子光谱和反应机理，并简单介绍几种主要的配合物类型，包括 Schiff 键配合物、大环配合物和一些新型的功能配合物及其应用。

2.1 配合物电子光谱

过渡金属元素的配合物能表现出丰富多彩的颜色。过渡金属配合物的电子光谱属于分子光谱，它是分子中电子在不同能级的分子轨道间跃迁而产生的光谱。根据电子跃迁的机理，可将过渡金属配合物的电子光谱分为三种：

（1）d 轨道能级之间的跃迁光谱，即配位场光谱。

（2）配位体至金属离子或金属离子至配位体之间的电荷迁移光谱。

（3）配位内部的电子转移光谱。

前两种光谱是过渡金属元素配合物生色的主要原因，而配合物内部的电子光谱实际是有机化合物的吸收光谱。

电子光谱有两个显著的特点：

（1）电子吸收光谱通常不是线状光谱，而是带状光谱。这和原子光谱不同，原子光谱是线状光谱，因为在配合物中，电子在由基态电子能级向激发态电子能级跃迁时，常常伴随振动能级的改变，结果使电子吸收光谱含有振动光谱的精细结构，即在电子跃迁的主峰中含有振动吸收峰的精细结构，这些精细结构连续起来就表现为带状吸收峰。

（2）过渡金属配合物在可见光区多数有吸收，但吸收强度很小，通常 $\varepsilon < 100$，然而在近紫外和紫外区，常有强度很大的配体内部吸收带或电荷迁移吸收带，$\varepsilon = 10^4 \sim 10^5$。

过渡金属配合物电子运动所吸收的辐射能量一般处于可见区或紫外区，所以这种电子光谱通常也称为可见光谱及紫外光谱。当吸收的辐射落在可见区时，物质就显示出颜色。物质所显示的颜色是它吸收最少一部分可见光的颜色，或是说它是吸收色的补色。

2.1.1　原子和自由电子的微观态和光谱项

电子组态（electron configuration）是由 n、l 所决定的一种原子（或离子）中的电子排布方式，又称电子构型，是每个轨道上的电子数目的符号，如 p^2、d^2 和 f^4 等。原子中的电子排布组成一定的壳层，例如，硅原子的电子组态是 1s2 2s2 2p6 3s2 3p2，表示其 14 个电子中 2 个排布在 1s 态，2 个排布在 2s 态，6 个排布在 2p 态，2 个排布在 3s 态和最后 2 个电子排布在 3p 态，有时可简示为〔Ne〕3s2 3p2。如果一个电子激发到 4s 态，则相应的电子组态为 1s2 2s2 2p6 3s2 3p 4s，或简示为〔He〕3s2 3p 4s（一个电子不写电子个数）。电子组态清楚地显示出核外电子的排布状况。将分子体系中电子按 Pauli 不相容原理填充在轨道中，分子轨道按能量顺序排列，也可以得到分子的电子组态，例如氢氧分子的电子组态：

H_2（σ1s）2

O_2 KK（σ2s）2（σ2s*）2（σ2p）2（π2p）4（π2p*）1

某一特定组态中，电子在轨道中的各种占据方式称作该组态的微观态。例如，$2p^2$ 组态的一组微观态就是：

$$m_l = +1，m_s = +\frac{1}{2} \quad 和 \quad m_l = +1，m_s = -\frac{1}{2}$$

另一种微观态是：

$$m_l = -1，m_s = +\frac{1}{2} \quad 和 \quad m_l = 0，m_s = +\frac{1}{2}$$

p^2 组态一共有（6×5）/2＝15 种电子微观态，d^2 有 45 种电子微观态。d^1 有 10 种微观态，在 5 个 d 轨道中只有一个电子，不存在电子间的相互作用，若没有外加电场或磁场，这 10 种微观态在能量上是相同的，是十重简并的。配位体场中 d 电子之间的静电作用，自旋-轨道耦合作用导致能级分裂。此外，d 电子之间的静电作用会导致能级进一步分裂，大体上处于同一数量级，两者必须同时考虑。

不同电子组态自由离子的能级状态，一组能量相同的微观态（不考虑自旋-轨道耦合作用）可用光谱项表示。首先考虑最简单的 d^1 组态的金属离子，由于 d 轨道的角量子数 $L=2$，这决定了角动量在磁场方向的分量只能有 $2l+1=5$ 个取向，即磁量子数 $m_l=0，\pm1，\pm2$。又由于电子自旋量子数 $s=1/2$，决定了自旋角动量在磁场方向的分量只能有两个取向，即自旋磁量子数为 $m_s=\pm\frac{1}{2}$。以"↑"表示 $m_s=+\frac{1}{2}$，"↓"表示 $m_s=-\frac{1}{2}$，则 d^1 组态离子中的这一个 d 电子可按 10 种方式排布，进入 5 个 d 轨道，如表 2.1 所示。

表 2.1　d^1 组态离子中的一个 d 电子的 10 种排布方式

编　号	m_l				
	2	1	0	−1	−2
1	↑				
2		↑			
3			↑		
4				↑	
5					↑
6	↓				
7		↓			
8			↓		
9				↓	
10					↓

这每一种排布方式称为一种"微态"（microstate），故 10 种排布方式代表 10 种微态。当不存在外电场和外磁场的情况下，这 10 种微态的能量是简并的，可将它们归并为一组，构成一个光谱项（term）（不考虑自旋-轨道耦合时），用符号 ^2D 表示。

光谱项的一般表现形式为 ^{2S+1}L，$L = 0(S)$，$1(P)$，$2(D)$，$3(F)$，$4(G)$ … 为总角量子数，$L = \sum l_i$。

光谱项左上角的 $2S+1$ 为自旋多重态（spin multiplicities），$S = \sum S_i$。

$2S+1 = 1$，单重态（singlet），无未成对电子；

$2S+1 = 2$，二重态（doublet），一个未成对电子；

$2S+1 = 3$，三重态（triplet），两个未成对电子。

^2D 表示了 $(2L + 1)(2S + 1) = (2 \times 2 + 1)(2 \times 1/2 + 1) = 10$ 重简并度，有一个未成对电子。d^2 组态的自由离子，虽然只比 d^1 组态多一个电子，但能级分裂的状况要复杂得多，因为电子间存在静电排斥作用和自旋-轨道耦合作用。在不违背 Pauli 不相容原理的条件下，d^2 共有 45 种可能的排布方式，即有 45 种微态。当两个电子同占一个 d 轨道时，自旋相反，$M_S = \sum m_s = 0$；当两个电子分占两个不同的 d 轨道时，如果两个电子自旋同向时，$M_S = \sum m_s = \pm 1$；如果自旋反向时，$M_S = \sum m_s = 0$，这 45 种排布方式列在表 2.2 中。

表 2.2　d^2 组态的自由离子的 45 种排布方式

编号	m_l					$M_L = \sum m_l$	$M_S = \sum m_s$
	2	1	0	−1	−2		
1	↑↓					4	0
2		↑↓				2	0
3			↑↓			0	0
4				↑↓		−2	0
5					↑↓	−4	0
6	∣	∣				3	1, 0, 0, −1
7	∣		∣			2	1, 0, 0, −1
8	∣			∣		1	1, 0, 0, −1
9	∣				∣	0	1, 0, 0, −1
10		∣	∣			1	1, 0, 0, −1
11		∣		∣		0	1, 0, 0, −1
12		∣			∣	−1	1, 0, 0, −1
13			∣	∣		−1	1, 0, 0, −1
14			∣		∣	−2	1, 0, 0, −1
15				∣	∣	−3	1, 0, 0, −1

注："∣"表示电子，未标明方向。

这所有可能的 45 种排布方式，重新整理以后，按每组 M_L 和 M_S 所包含的微态列出表格，可得到相应的光谱项。

当 $M_L = \pm 4$，± 3，± 2，± 1，0 和 $M_S = 0$ 时，即 $L = 4$，$S = 0$ 的微态，用光谱项 ^1G 表示，有 9 种。

当 $M_L=\pm3$，±2，±1，0 和 $M_S=\pm1$，0 时，即 $L=3$，$S=1$ 的微态，用光谱项 ^3F 表示，有 21 种。

当 $M_L=\pm2$，±1，0 和 $M_S=0$ 时，即 $L=2$，$S=0$ 的微态，用光谱项 ^1D 表示，有 5 种。

当 $M_L=\pm1$，0 和 $M_S=\pm1$，0 时，即 $L=1$，$S=1$ 的微态，用光谱项 ^3P 表示。

当 $M_L=0$ 和 $M_S=0$ 时，即 $L=0$，$S=0$ 的微态，用光谱相 ^1S 表示，有 1 种。

如此，在不考虑自旋-轨道耦合作用的前提下，d^2 电子组态的自由电子的能级状态可用光谱项 ^3F、^3P、^1G、^1D 和 ^1S 表示。

按 $(2L+1)(2S+1)$ 计算的各光谱项的简并度为：21，9，9，5，1，将这所有的简并度加起来正好是 45 种。d^2 组态的电子数也可用下式求其微观数：

$$\frac{n(n-1)}{2!}=\frac{10\times9}{2\times1}=45$$

d^3 组态的电子的微观数为：

$$\frac{m(n-1)(n-2)}{3!}=\frac{10\times9\times8}{3\times2\times1}=120$$

其余可类推。

由于电子间的静电作用所引起的 d^2 组态的自由离子的能级分裂为 5 种状态，若进一步考虑自旋-轨道耦合，以及外磁场的作用，能级还会进一步分裂，简并度下降，甚至会完全分裂成非简并态。对第一过渡系的元素，由自旋-轨道耦合作用所引起的能级分裂在数值上比由电子间的静电作用所引起的能量分裂小很多，所以一般不用考虑。

从 d^1 到 d^9 组态的自由离子的光谱项列在表 2.3 中，可以看出，d^1 和 d^9，d^2 和 d^8，d^3 和 d^7，d^4 和 d^6 的光谱项相同。

表 2.3　从 d^1 到 d^9 组态的自由离子的光谱项

电子组态	光 谱 项
d^1 和 d^9	^2D
d^2 和 d^8	^3F，^3P，^1G，^1D，^1S
d^3 和 d^7	^4F，^4P，^2H，^2G，^2F，$2\,^2D$，^2P
d^4 和 d^6	^5D，^3H，^3G，$2\,^3F$，^3D，$2\,^3P$，^1I，$2\,^1G$，^1F，$2\,^1D$，$2\,^1S$
d^5	^6S，^4G，^4F，^4D，^4P，^1I，$2\,^2G$，$2\,^2F$，$3\,^2D$，^2P，^2S

在这个电子组态的光谱项中，最为重要的是基态的光谱项，即光谱基项。能量最低的光谱项称为基谱项。原子的基谱项可由洪特规则确定，以下是求基谱项的简单方法：

（1）在不违反 Pauli 原理前提下，将电子填入轨道，首先使每个电子 m_s 尽可能大，其次使 m 也尽可能大。

（2）求出所有电子的 m_s 之和作为 S，m 之和作为 L。

（3）对少于半充满者，取 $J=L-S$；对多于半充满者，取 $J=L+S$。

如 S 原子，外层 16 个电子，电子排布为 1s2　2s2　2p6　3s2　3p4，其中 1s2　2s2　2p6　3s2 全充满，不计入光谱项。对于 3p4 四个电子，如下状态 m_s、m 尽可能大：

$n=3$，$l=1$，$m=1$，$m_s=1/2$；

$n=3$，$l=1$，$m=1$，$m_s=-1/2$；

$n=3$，$l=1$，$m=0$，$m_s=1/2$；

$n=3$，$l=1$，$m=-1$，$m_s=1/2$。

则 $S=1/2-1/2+1/2+1/2=1$，$L=1+1+0-1=1$，则基谱项为 3P（3 为左上角标）。

表 2.4 列出了 d^1 到 d^9 组态自由离子的基态光谱项，表明了基态光谱项的推求细节，注意 L 和 S 项都是加和项。

表 2.4　d^1 到 d^9 组态自由离子的基态光谱项

编号	m_l					$L=\sum l_i$	$S=\sum S_i$	光谱基项
	2	1	0	−1	−2			
d^1	↑					2	1/2	^2D
d^2	↑	↑				3	1	^3F
d^3	↑	↑	↑			3	$1\frac{1}{2}$	^4F
d^4	↑	↑	↑	↑		2	2	^5D
d^5	↑	↑	↑	↑	↑	0	$2\frac{1}{2}$	^6S
d^6	↑↓	↑	↑	↑	↑	2	2	^5D
d^7	↑↓	↑↓	↑	↑	↑	3	$1\frac{1}{2}$	^4F
d^8	↑↓	↑↓	↑↓	↑	↑	3	1	^3F
d^9	↑↓	↑↓	↑↓	↑↓	↑	2	$\frac{1}{2}$	^2D

2.1.2　光谱项图

离子被配位体配位后同自由离子相比能级有了很大的变化，可从两个极端情况即弱场极限、强场极限出发去理解配位体场的影响。根据配位体场作用的强弱，在讨论配合物的电子吸收光谱时通常使用两种方法，即强场和弱场方法，中间场使用的方法基本与弱场方法相同。

2.1.2.1　弱场与强场极限

在弱场极限中，配位体场非常弱，以至于只有电子-电子间的排斥作用才是最重要的，而配位体的影响可以忽略不计。中心金属原子的能级可以用光谱项表示。在强场极限中则相反，配位体场很强，电子-电子之间的排斥作用可以忽略不计，中心金属原子的能级可以仅用分裂能项 Δ 表示。中间场可看作强场极限与弱场极限的过渡。一般用弱场方法讨论配合物光谱：

（1）研究自由金属离子的电子之间的相互作用，这种作用通过自由粒子的光谱项表达出来。

（2）配位体场的影响看作是对光谱项的微扰作用，即将光谱项分裂为配位体场中的能级。

2.1.2.2　简单能级图

图 2.1 示出 d^1、d^4、d^6、d^9组态在八面体场和四面体场中简单谱项的能级分裂。可以

把 d^1、d^4、d^6、d^9 组态放在一张图中，是因为 d^0、d^5、d^{10} 在八面体弱场和四面体场中都是球形对称的，其静止行为相同，稳定化能均为 0；d^6 可认为是 d^5 上增加一个电子，犹如从 d^0 上增加一个电子成 d^1 一样，因而 d^1 和 d^6 的静止行为应该相同；d^4 和 d^9 可认为是在 d^5 和 d^{10} 状态上出现了一个空穴，因而 d^4 和 d^9 的静止行为应该相同。一个空穴相当于一个正电子，其静止行为正好与一个电子的静止行为相反，电子最不稳定的地方，正电子就最稳定。因此，可以预期 d^4 与 d^6、d^1 与 d^9、d^1 与 d^4、d^6 与 d^9 的经典行为都应该相反（图 2.2）。

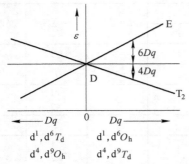

图 2.1　d^1、d^4、d^6、d^9 组态在八面体场和四面体场中简单谱项分裂能级图

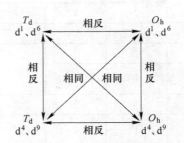

图 2.2　d^n 与 d^{10-n} 能级相反图（$n<10$）

根据上面简单的能级图，就可以分析 $M(H_2O)_6^{n+}$ 配离子的谱带是如何产生的，它们是由哪一个基谱项跃迁至哪一个配位场谱项。图 2.3 为 $M(H_2O)_6^{n+}$ 的电子光谱。

其他组态的能级图要比 d^1 组态复杂，这是因为除配场影响外，还有电子之间的排斥作用。

如 d^1 与 d^9、d^4 与 d^6 可用同一张 Orgel 图来定性描述它们的能级分布情况一样，d^2 与 d^8、d^3 与 d^7 也可用同一张 Orgel 图来定性描述它们的能级分布情况。d^2 与 d^8、d^3 与 d^7 在图像上也表现为倒反关系，即 d^2 与弱场 d^7 在八面体场中的分裂方式同于 d^8 和 d^3 在四面体场中的分裂方式；d^2 与弱场 d^7 四面体场 T_d 中的分裂方式同于 d^3 和 d^8 在八面体场中的分裂方式，如图 2.4 所示。其中，d^2、d^8、d^3、d^7 的基谱项均为 F，与 F 有相同自旋多

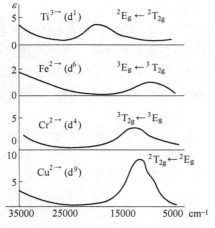

图 2.3　$M(H_2O)_6^{n+}$ 的电子光谱

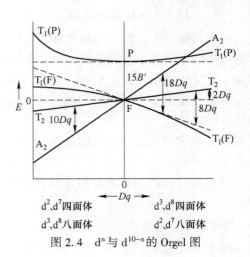

图 2.4　d^n 与 d^{10-n} 的 Orgel 图

重态的谱项为 p，两者之间的能量差为 $15B'$。观察图 2.4 的左半部分可以发现 $T_1(F)$ 线的能量随着 Dq 的增加而增加，而 $T_1(P)$ 线不随 Dq 变化。这样，两线外延必定相交，然而相同对称类型的线由于构型相互作用是禁止相交的，因此它们就彼此变弯曲，相互远离。图 2.5 所示为 $M(H_2O)_6^{3+}$ 的电子光谱。

2.1.2.3　Orgel 图

在讨论光谱项时，Orgel 图非常有用。Orgel 图与简单能级图基本相同，纵坐标和横坐标是一样的，只是它将自由离子所有的光谱项和互不相同的配位体场谱项的能量都放在一张图上，并规定自由离子的基谱项的能量为零，以便于比较。与基谱项相同多重度的配位体场用实线表示，其余用虚线表示，见图 2.6。

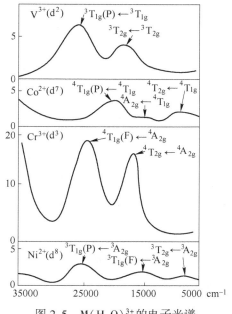

图 2.5　$M(H_2O)_6^{3+}$ 的电子光谱

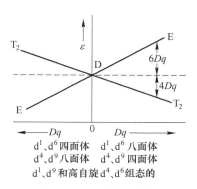

图 2.6　Orgel 谱项分裂图

单电子或拟单电子组态的 Orgel 图中 d^1 组态只有一个光谱项 ^2D，当配位体场强度等于零，即 $Dq = 0$ 时（D_q 是配位体的稳定化能 $LFSE(Dq)$，即分裂能 Δ 的大小。一般说，Dq 值越大配体配位能力越强，吸收越强），金属离子处于自由离子状态，^2D 不发生分裂，5 个 d 轨道能量简并。

如果金属离子置于八面体场中，5 个 d 轨道开始分裂成 e_g 和 t_{2g} 两组轨道，与之相似，^2D 谱项也开始分裂为 ^2E_g 和 $^2T_{2g}$ 两个能级。随着配位体场强度的逐渐增大，这种分裂也随之增大，当达到一个无限强的场作用时，d^1 组态可表示成两个分立的构型 t_g^1 和 e_g^1。t_g^1 含有 6 个微观状态，相当于 $^2T_{2g}$ 谱项，e_g^1 含有 4 个微状态，相当于 ^2E_g 谱项，^2E_g 和 $^2T_{2g}$ 两个能级便是轨道分裂能 $\Delta_0(10Dq)$。

如 d^1 组态的配合物 $Ti(H_2O)_6^{3+}$ 吸收能量为 20～300cm^{-1} 的可见光时，即发生从 $^2T_{2g} \rightarrow {}^2E_g$ 的电子跃迁。d^1 和 d^9 组态具有相同的一个谱项 ^2D，然而 d^9 组态的配合物，配位体场光谱跃迁方式与 d^1 组态相反，这是由于 d^9 组态相当于完全充满的 d^{10} 组态上存在一个正电性的空穴，一个空穴的静电行为正好与一个电子的静电行为相反。因此 d^9 组态八面体配合物的能级分裂图正好是 d^1 组态八面体配合物能级分裂图的倒反图，即图 2.6 的左半部分。电子跃迁是 $^2E_g \rightarrow ^2T_{2g}$。

　　由群论可证明，在八面体和四面体中，谱项的分裂方式是相同的，即在八面体场和四面体场中，同一个光谱项分裂为相同的能级，如表 2.5 所示。但是它们的轨道能级高低次序却正好相反，由于四面体中不存在对称中心，所以四面体场中的能级状态符号没有 g、u 之分。由此可知，d^1 组态在四面体场中的能级分布正好与它在八面体场中相反，也是图 2.6 的左半部分，而 d^9 组态的四面体配合物的能级分裂正好是图 2.6 的右半部分。

表 2.5　自由离子谱项在配位体场中的分裂

自由电子光谱项	O_h	T_d	D_{4h}
S	A_{1g}	A_1	A_{1g}
P	T_{1g}	T_1	$A_{2g}+E_g$
D	E_g+T_{2g}	$E+T_2$	$A_{1g}+B_{1g}+B_{2g}+E_g$
F	$A_{2g}+T_{1g}+T_{2g}$	$A_2+T_1+T_2$	$A_{2g}+B_{1g}+B_{2g}+2E_g$
G	$A_{1g}+E_g+T_{1g}+T_{2g}$	$A_1+E+T_1+T_2$	$2A_{1g}+A_{2g}+B_{1g}+B_{2g}+2E_g$
H	$E_g+2T_{1g}+T_{2g}$	$E+2T_1+T_2$	$A_{1g}+2A_{2g}+B_{1g}+B_{2g}+3E_g$
I	$A_{1g}+A_{2g}+E_g+T_{1g}+2T_{2g}$	$A_1+A_2+E+T_1+2T_2$	$2A_{1g}+A_{2g}+2B_{1g}+2B_{2g}+3E_g$

　　d^5 组态的金属离子在弱场中是高自旋的，每个 d 轨道含有一个电子，金属离子的电子结构类似于 d^0 和 d^{10}，具有球形对称性。从这样一个金属离子中移走一个 d 电子，形成一个弱场 d^4 配合物，类似于从 d^{10} 组态的金属离子中移走一个电子形成 d^9 配合物。另外，向 d^5 组态中增加一个电子，形成一个弱场 d^6 配合物，类似于往 d^0 组态中增加一个电子形成一个 d^1 配合物。因此，d^6 组态的弱场八面体配合物发生 $^5T_{2g} \rightarrow ^5E_g$ 跃迁，类似于 d^1 组态的八面体配合物的 $^2T_{2g} \rightarrow ^2E_g$ 跃迁，故 d^1 与弱场 d^6，d^4 与弱场 d^9 配合物可用同一张 Orgel 图来定性描述它们的能级分布情况。

　　在单电子或拟单电子组态的体系中，只有一种合理的配位体场跃迁，因此在其吸收光谱中只能观察到一个配位体场吸收带。对于多于一个电子的组态，配位体场能级跃迁要复杂得多，因为电子除了受配位体场的影响外，电子相互间还存在排斥作用，而且对于弱场来说电子间的作用大于配位体场的影响。由于电子不同的占据方式，引起电子间的不同相互作用，从而产生不同的能量状态，也即产生不同的光谱项。

　　例如：在 d^2 组态的配合物，d^2 组态一共有 ^3F、^3P、^1D、^1G、^1S 五个光谱项，由于选率的原因，只需讨论自旋多重度为 3($S=1$) 的相关谱项 (^3F、^3P) 在八面体场中的分裂情况。根据表 2.5，^3F 将分裂成 $^3T_{1g}$、$^3T_{2g}$、$^3A_{2g}$ 三个能级，^3P 不分裂，转化为 $^3T_{1g}(P)$ 能级，其分裂方式和能级变化趋势如图 2.7~图 2.9 所示（注意：必须是左上角角标相同的才能分裂）。

　　注意：Orgel 图简单方便，但是 Orgel 图有它的局限：

　　（1）不能适用于强场低配合物，它只适用于弱场、高自旋的情况，而在强场的情况下的谱项能级的变化在图上未能反映。

　　（2）Orgel 图缺乏定量准确性，哪怕是同一组态的离子，不同的配体就要用不同的

Orgel 图，因而特别不方便。这是因为它的谱项能量和分裂能都是以绝对单位表示的，不同的中心离子和不同的配体有不同的谱项能量和分裂能。

（3）在 Orgel 图中，基谱项的能量随分裂能的增加而下降，用起来不方便。

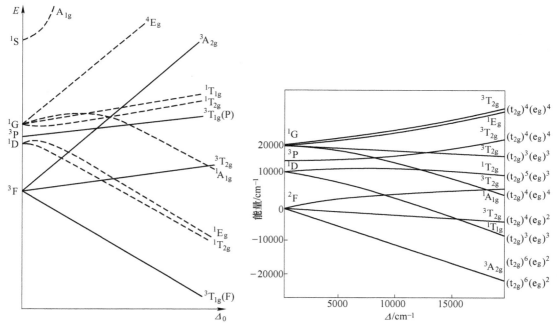

图 2.7　d² 离子 V(Ⅱ) 在八面体场中的 Orgel 图　　　　图 2.8　d⁸（Ni²⁺）离子 Orgel 图

2.1.2.4　Tanabe-Sugano 图

为了克服 Orgel 图的缺点，Tanabe 和 Sugano 提出了 T-S 图，见图 2.10。

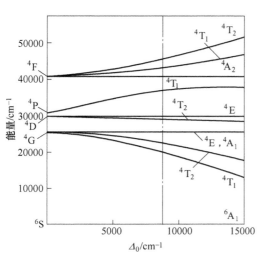

图 2.9　Mn²⁺（d⁵）的能级图

（取基态 ⁶S 的能量为零）

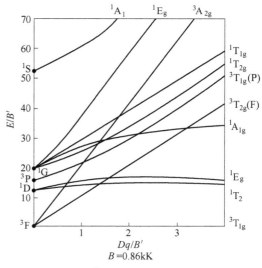

图 2.10　d² 组态在 O_h 场中的 T-S 图

Tanabe-Sugano 图（T-S 图）是将状态能量 E 和 Δ_0 表示成以 Racah 参数 B' 为单位的值，T-S 图与 Orgel 图的区别主要有三点：将所有的基态能量取作 Dq/B' 值均为零的基线（横坐标），其他各线相对于基线的斜率反映出它们的 Δ_0 随场强的变化情况，这就克服了 Orgel 图因参考态或基态的能量随着场强的增加而降低，而不能通用于同一电子组态的不同离子和不同配体构成的体系的缺点。每一个 T-S 图对应于一个特定的 d^n 组态，图中的各条线分别代表一个激发态，每条能量线所处的位置仅代表相对能量的变化，故可适用于相同电子组态的 d^n 的不同离子所形成的各种配合物体系，一张 T-S 图左边代表高自旋，右边代表低自旋，中间的竖直线代表高低构型的转变点。T-S 图的结构也反映了从自由离子的光谱项到在配位场下谱项的分裂方式，因此要结合表 2.3 和表 2.5 来理解。T-S 图中给出了所有的配位场能级，再利用选择定则可方便讨论自旋允许的或自旋禁阻跃迁。图 2.11 为 d^3 组态的 T-S 图。

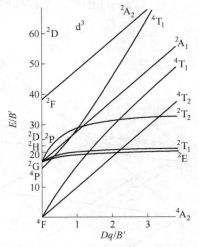

图 2.11　d^3 组态的 T-S 图

在解释配合物光谱时，T-S 图特别有用，如 $Cr(H_2O)_6^{3+}$ 在高氯酸水溶液中的中心离子谱带见图 2.12。以 24600 处吸收带为参考带。$Cr(H_2O)_6^{3+}$（d^3）的 $Dq/B' = 2.4$，由晶体场参数计算可得 $B = 765\,cm^{-1}$，$Dq = 1720\,cm^{-1}$。由 d^3 组态的 T-S 图可作如下指认：

Ⅰ　18000cm^{-1}　　$4A_{2g} \rightarrow 4T_{2g}(F)$

Ⅱ　24600cm^{-1}　　$4A_{2g} \rightarrow 4A_{1g}$

Ⅲ　38200cm^{-1}　　$4A_{2g} \rightarrow 4A_{2g}(P)$

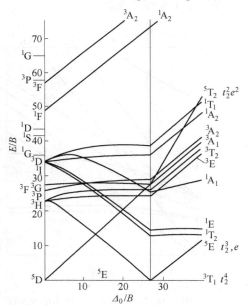

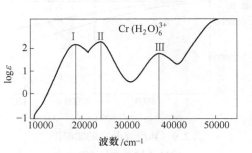

图 2.12　$Cr(H_2O)_6^{3+}$ 在高氯酸水溶液中的中心离子谱带

图 2.13 为 d^6 组态的 T-S 图，d^6 钴(III) 的六配位化合物大多数为强场低自旋化合物，因此，它的基态为 $^1A_{1g}$。根据图 2.13，凡是到单重态的激发都是自旋允许的，但由于 ^1E_g 和 $^1A_{1g}$ 的能量太高，故主要的吸收峰对应于 $^1A_{1g} \rightarrow {}^1T_{1g}$ 和 $^1A_{1g} \rightarrow {}^1T_{2g}$ 的跃迁。

以 $[Co(en)_3]^{3+}$ 离子的电子吸收光谱图为例（图 2.14），尽管整个离子具有 D_3 对称性，但 Co-N 部分仍具有 O_h 对称性，故相应的跃迁为：$^1A_{1g} \rightarrow {}^1T_{1g}$ 21400cm^{-1} 和 $^1A_{1g} \rightarrow {}^1T_{2g}$ 29600cm^{-1}。此外，谱图上还有一个很宽的、自旋禁阻的吸收峰，位于 14000cm^{-1} 附近，在相应于 $^1A_{1g} \rightarrow {}^3T_{1g}$ 的跃迁图中未标出。

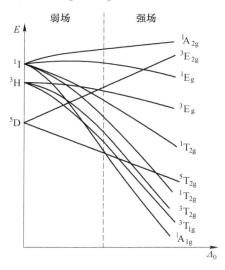

图 2.13　d^6 组态的 T-S 图

图 2.14　$[Co(en)_3]^{3+}$ 离子的电子吸收光谱（可见光区）

图 2.15 为 d^3、d^6 电子组态的 T-S 图。为了表示清晰，在 d^6 电子组态的 T-S 图中只画

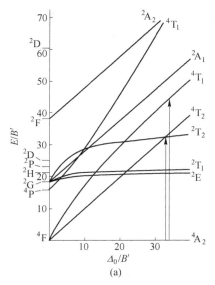
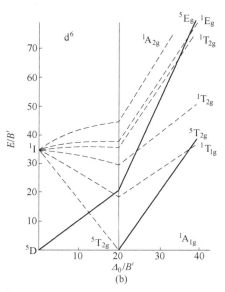

图 2.15　d^3、d^6 组态的 T-S 图

（a）d^3 组态的 Tanabe-Sugano 图；（b）d^6 组态的 Tanabs-Sugano 图（图中只画出了 ^5D 和 ^6I 离子谱项的分裂）

出了^5D 和^1I 离子谱项的分裂。将这两个图与 Orgel 图比较可以看出 Orgel 图的优点。由于 d^3、d^8 不存在高低自旋之分，所以它的 T-S 图只由一个象限组成；而 d^6 电子组态有高、低自旋的差别，所以它的 T-S 图由两部分组成，左边为高自旋的能级次序，右边是低自旋的能级次序，高低自旋的转变出现在 $\Delta_0/B' = 20$ 处。

2.1.3 电子跃迁

从 Orgel 图来看，似乎在各组态的配合物的电子光谱中应该可以观测到许多吸收带。例如，在 d^2 组态的 $[V(H_2O)_6]^{3+}$ 配离子中，从基态 $^3T_{1g}$ 往上的各种可能的能态跃迁都应该对应于一个吸收带，然而实际上在可见光区只能观测到两个较强的吸收带，这是因为电偶极跃迁要遵守某些规则，这些规则称作定则或选律。

电子跃迁选律：

（1）自旋选律（spin selection rule），自旋多重态（$2S+1$）相同的能级之间的跃迁为允许跃迁，不同自旋多重度状态之间的跃迁是禁阻的，即 $\Delta S \neq 0$ 的跃迁是禁阻的，$\Delta S = 0$ 的跃迁是允许的，这就是说允许的跃迁必须是未成对电子数不变化的跃迁。虽然 $V(H_2O)_6^{3+}$ 离子存在的能级很多，但从基态 $^3T_{1g}$ 跃迁能满足 $\Delta S = 0$ 的条件只有三例：

$$^3T_{1g}(F) \longrightarrow {}^3T_{2g} \qquad v_1 = 17800 \text{cm}^{-1}$$
$$^3T_{1g}(F) \longrightarrow {}^3T_{1g}(P) \qquad v_2 = 25700 \text{cm}^{-1}$$
$$^3T_{1g}(F) \longrightarrow {}^3A_{2g} \qquad v_3 = 34500 \text{cm}^{-1}$$

（2）不同自旋多重态之间的跃迁是禁阻的。例如八面体场中的 d^2 组态离子由于基态是三重态，因而凡是到单重态的激发都是自旋禁阻的，只有到三重态的激发才是自旋允许的。

（3）同时激发一个以上的电子发生跃迁是禁阻的。例：d^2 组态离子从基态 $(t_{2g})^2 d$ 的 $^3T_{1g}(F)$ 到激发态 $(e_g)^2$ 的 $^3A_{2g}$ 的跃迁是禁阻的。

（4）若 Ψ_i 及 Ψ_f 分别表示始态和终态波函数，M_x、M_y 和 M_z 分别表示偶极矩矢量在 x、y、z 方向上的分量，则只有 $\Psi_i M_x \Psi_f$、$\Psi_i M_y \Psi_f$ 和 $\Psi_i M_z \Psi_f$ 的乘积中，包括完全对称的成分（例如 A_1 或 A_{1g}），才是对称性允许的跃迁，否则就是禁阻的。例如四面体（T_d）分子中 $A_2 \rightarrow T_1$；$A_2 \rightarrow T_2$ 的跃迁——T_d 点群的特征标表中（表 2.6），x、y、z 均对应于不可约表示 T_2，因此 $A_2 \rightarrow T_1$ 跃迁的强度积为 $A_2 \times T_2 \times T_1$，$A_2 \rightarrow T_2$ 跃迁的强度积为 $A_2 \times T_2 \times T_2$。

表 2.6 T_d 点群的特征标表

T_d	E	$8C_2$	$3C_2$	$6S_4$	$6\sigma_d$
$\Gamma_{A_2 \times T_2 \times T_1}$	(1) (3) (3)	(1) (0) (0)	(1) (−1) (−1)	(−1) (−1) (1)	(−1) (1) (−1)
	9	0	1	1	1
$\Gamma_{A_2 \times T_2 \times T_1}$	(1) (3) (3)	(1) (0) (0)	(1) (−1) (−1)	(−1) (−1) (−1)	(−1) (1) (1)
	9	0	1	−1	−1

分解为相应的不可约表示：

$$A_2 \times T_2 \times T_1 = A_1 + E + T_1 + T_2$$
$$A_2 \times T_2 \times T_2 = A_2 + E + T_1 + T_2$$

由于 $A_2 \times T_2 \times T_1$ 包括完全对称的 A_1，而 $A_2 \times T_2 \times T_2$ 不包括 A_1，因此 $A_2 \rightarrow T_1$ 跃迁是对称性允许的，而 $A_2 \rightarrow T_2$ 的跃迁是对称性禁阻的。

规则（3）推论——宇称选律（奇偶论）。宇称选律（laporte selection rule）又称奇偶论，对于具有对称中心的分子，允许的状态（谱项）跃迁是 g（奇）→u（偶）或 u→g，而 g→g 和 u→u 的跃迁是宇称禁阻的，见表 2.7。在 O_h 场中，s、d 轨道为 g 对称，p、f 轨道为 u 对称，因此，$\Delta l \neq 0$ 或两轨道间的跃迁是禁阻的，而 $\Delta l = 1$ 的跃迁是允许的，即 s-s、p-p、s-d、d-d 等跃迁是宇称禁阻的，而 s-p、p-d、d-f 等跃迁是宇称允许的。

表 2.7　宇称选律

对称类型	允许的跃迁形式
有对称中心的分子	g→u 或 u→g
O_h 场	$\Delta l = 1$

[例 2-1]　d^1 钛（Ⅲ）。$Ti(H_2O)_6^{3-}$ 离子在可见光的 $20300 cm^{-1}$ 处有一吸收峰，因而该离子呈现紫色。解释：由 ^2D 光谱项在八面体场中分裂而来的 $^2T_{2g} \rightarrow ^2E_g$ 的跃迁属于 g→g 跃近，它是对称性禁阻的；$Ti(H_2O)_6^{3-}$ 离子的吸收峰不对称，它在低能的一侧出现凸缘，这无疑是 John-Teller 效应对激发态 ^2E_g 影响的结果，致使 ^2E_g 进一步分裂为 $^2A_{1g}$ 和 $^2B_{1g}$ 能态。见图 2.16。

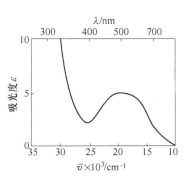

图 2.16　$Ti(H_2O)_6^{3-}$ 离子的电子吸收光谱

[例 2-2]　d^2 钒（Ⅲ）。钒（Ⅲ）的六配位化合物一般显绿色，它们的两个主要吸收峰，相应于 $^3T_{1g}(F) \rightarrow ^3T_{2g}$ 和 $^3T_{1g}(F) \rightarrow ^2T_{1g}(P)$ 的 d→d 跃迁。若干钒（Ⅲ）配合物的电子吸收光谱数据列于表 2.8 中。

表 2.8　若干钒（Ⅲ）配合物的电子吸收光谱数据

配离子	$^3T_{1g}(F) \rightarrow ^3T_{2g}/cm^{-1}$	$^3T_{1g}(F) \rightarrow ^2T_{2g}(P)/cm^{-1}$
VCl^{3-}	11000	13020
VF_6^{3-}	14800	23000
$V(NCS)_6^{3-}$	16700	24000
$V(H_2O)_6^{3+}$	17800	26700
$V(CN)_6^{3-}$	22200	28600

[例 2-3]　d^6 钴（Ⅲ）。钴（Ⅲ）的六配合物大多数为强场低自旋化合物，基态为 $^1A_{1g}$（图 2.17）。凡是到单重态的激发都是自旋允许的，但由于 ^1E_g 和 $^1A_{2g}$ 的能量太高，故主要的吸收峰对应 $^1A_{1g} \rightarrow ^1T_{1g}$、$^1A_{1g} \rightarrow ^1T_{1g}$。

对于 CoA_4B_2 型配合物，反式的 CoA_4B_2 属于 D_{4h} 点群，仍具有对称中心，而顺势 CoA_4B_2 属于 C_{2v} 点群，不再具有对称中心。如前所述，g→g 跃迁是对称性禁阻的，因此，反式的吸收峰强度明显低于顺式配合物（图 2.18），可见，通过电子吸收光谱可鉴别顺反异构体。图中对应的 $^1A_{1g} \rightarrow ^1T_{1g}$ 跃迁的吸收峰出现凸缘，成为不对称峰，是由于对称性降低，激发态能级进一步降低的结果。

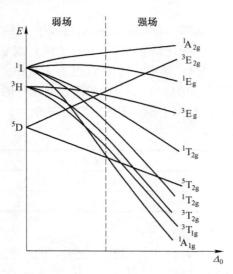

图 2.17 d^6 组态离子在八面体场中的
部分定性能级图

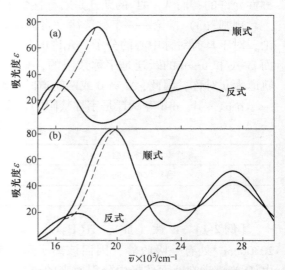

图 2.18 CoA_4B_2 型配合物的电子吸收光谱

(a) $[Co(en)_2Cl_2]Cl$；(b) $[Co(en)_2F_2]NO_3$

在八面体和四面体配合物中，同样也存在吸收峰强度的差别，因为八面体有对称中心，而四面体没有，因此前者的吸收峰比后者弱。当将浓盐酸加入到 Co（Ⅱ）盐的水溶液中时，溶液的颜色由 $[Co(H_2O)_6]^{2+}$ 离子的粉红色变为 $CoCl_4^{2-}$ 离子的深蓝色。在可见光区只能观测到两个吸收带。

[例 2-4] d^5 锰（Ⅱ）。图 2.19 为 $Mn(H_2O)_6^{2+}(O_h)$ 和 $MnBr_4^{2-}(T_d)$ 离子的电子吸收光谱；d^5 组态的锰（Ⅱ）离子，无论在八面体场还是在四面体场中的吸收峰均很弱，尤其在八面体场中，它的强度比在四面体场中还要弱两个数量级。因此，$Mn(H_2O)_6^{2+}$ 离子的颜色很浅，为浅红色，$MnBr_4^{2-}$ 离子的颜色稍深，为黄绿色。

锰（Ⅱ）的情况下，更重要的是由基态激发态的电子跃迁是自旋禁阻的锰（Ⅱ）的八面体配合物；竖的虚线位于 $Mn(H_2O)_6^{2+}$ 离子的分裂能 Δ_0 值处（8600cm^{-1}）；$Mn(H_2O)_6^{2+}$ 的基态是六重态（$^6A_{1g}$），有五个未成对的电子；所有的激发态均为四重态或二重态。按照选律，高自旋的锰（Ⅱ）从基态到任一激发态的跃迁都是自旋禁阻的，可见锰（Ⅱ）

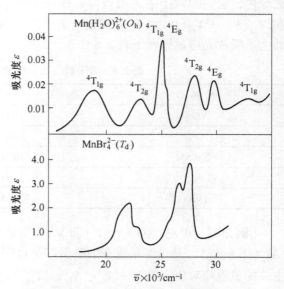

图 2.19 $Mn(H_2O)_6^{2+}(O_h)$ 和 $MnBr_4^{2-}(T_d)$
的电子吸收光谱图

的八面体配合物的吸收峰极弱，是出于双重禁阻的缘故。

从对称性来看，八面体配合物有对称中心，四面体配合物则没有，所以四面体配合物颜色较深；然而对 Mn(Ⅱ) 来说，更重要的是基态到激发态的电子跃迁是自旋禁阻的。以八面体配合物为 $[Mn(H_2O)_6]^{2+}$ 为例，图 2.20 为 $[Mn(H_2O)_6]^{2+}$ 六重态和四重态的能级图。

从图 2.20 中可以看出，Mn(Ⅱ) 基态为六重态，$(^6A_{1g})$ 有五个未成对电子，但是所有的激发态为四重态或二重态（参见表 2.3）。按照选律，高自旋的 Mn(Ⅱ) 从基态到任一激发态的跃迁都是禁阻的；Mn(Ⅱ) 的八面体配合物的吸收峰极弱，是由于双重禁阻的缘故。

另外，d^5 组态锰(Ⅱ) 配合物的吸收峰较为尖锐，因此，可比较准确地测得电子跃迁能的数值。例如 MnF_2。MnF_2 电子吸收光谱如图 2.21 所示（短箭头指示跃迁能的数值及相应的激发态）。

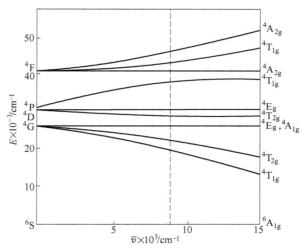

图 2.20 $[Mn(H_2O)_6]^{2+}$ 六重态和四重态的能级图

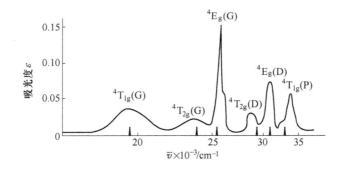

图 2.21 MnF_2 在室温下的电子吸收光谱

选律的松动有两种情况：

（1）宇称选律松动：

1）配位场畸变，或配体结构的不对称性。

2）配合物发生不对称振动。

3）T_d 点群的配合物比相同金属离子的 O_h 点群有更大的吸收系数。

（2）自旋旋律松动。通常是自旋角动量和轨道角动量耦合。实际上选律禁阻的跃迁有时仍能发生，因为真实的分子不可能完全处在理想的状态。譬如，具有畸变的几何构型的分子，自旋-轨道耦合能使 d 轨道进一步分裂，不对称的振动也能降低分子的对称性等，这些因素都可使选律禁阻的跃迁在一定程度上发生；但选律允许和禁阻的跃迁在强度上有很大的差别，仍可以加以区分。

（1）d-p 混合。四面体配合物的颜色一般深于相应的八面体配合物，这是由于所谓的 d-p 混合造成的。因为在四面体配合物中不存在对称中心，因而不存在宇称选律的基础，即 g→u 对称性不复存在；同时，在 T_d 点群中中心金属离子价轨道中有 3 个 p 轨道和 3 个 d 轨道同属于 T_2 不可约表示，因此，d→p 有一定程度的混合，故配合物中的 d→d 跃迁不再是纯的 d→d 跃迁，而是含有部分 d→p 跃迁，所以对宇称选律可以不严格遵守。例如 $[CoCl_4]^{2-}$ 的电子吸收光谱分别具有位于 $20000cm^{-1}$ 和 $60000cm^{-1}$ 的 d-d 吸收带，它们分别属于 $A_2→T_1$ 和 $A_2→T_2$ 跃迁，其摩尔吸光系数分别为 600 和 50，前者吸收强度的增大就是因为选律松动造成的。

（2）电子-振动耦合（vibronic coupling）。分子是在不停地振动着的，分子振动的模式多种多样，不同时刻的分子，其对称性不同。例如，八面体配合物的 u 对称振动模式就会消除掉分子的对称中心，如图 2.22 所示。由于对称中心不再存在，这时宇称选律也会发生松动，使原来禁阻的跃迁仍有小的概率发生。

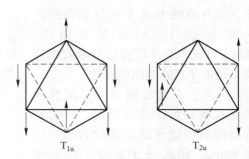

图 2.22　八面体配合物的对称振动模式

（3）自旋-轨道耦合。根据选律，由单重态 $S=0$ 至三重态 $S=1$ 的跃迁应该是禁阻的，但是如果存在自旋-轨道耦合，则单重态和三重态可以具有相同的总角动量（量子数），因而这两个状态可以相互作用，结果使自旋多重度发生了混合。Ψ^{gr} 表示基态时的混合，Ψ^{ex} 表示激发态的混合：

$$\Psi^{gr} = a^1\Psi + b^3\Psi \qquad \Psi^{ex} = b^1\Psi + a^3\Psi$$

式中，$^1\Psi$ 和 $^3\Psi$ 分别表示纯单重态和纯三重态；a、b 为各重态的相对贡献系数。若 $a \gg b$，则基态基本上是单重态，但含有少量三重态的特性；激发态基本上是三重态，也含有少量的单重态的特性。这样，原来自旋禁阻的跃迁就不再是完全禁阻的。

根据以上关于选律的讨论，对各种跃迁的强度作出如下归类：

（1）自旋允许，宇称允许的电偶极跃迁，强度为：$\varepsilon \approx 10^4 \sim 10^5 L/(cm \cdot mol)$。

（2）自旋允许，但宇称禁阻的跃迁：$\varepsilon \approx 10 \sim 10^2 L/(cm \cdot mol)$。

（3）自旋禁阻的跃迁：$\varepsilon \approx 1 \sim 10L/(cm \cdot mol)$。

（4）自旋允许，d-p 混合的跃迁：$\varepsilon \approx 5 \times 10^2 L/(cm \cdot mol)$。

2.1.4　电荷迁移光谱

电荷迁移光谱：配体轨道和金属轨道之间的电子迁移产生的吸收在可见光区和紫外光区有较强的吸收（$\varepsilon > 10^3 L/(cm \cdot mol)$）。

已知主要有两种形式的电荷迁移，一种是配体向金属的电荷迁移；另一种是金属向配体的电荷迁移。此外，还有一种金属向金属的电荷迁移。

2.1.4.1　配体向金属的电荷迁移（LMCT）

电子从配体（ligand）向金属（metal）转移，效果相当于金属离子被配体还原，在配体有能量较高的孤对电子或者金属有能量较低的空轨道时发生，使电荷迁移光谱出现在可见光区，从而使配合物产生明显颜色。

LMCT 跃迁是被局限在分子片上发生的局部过程，不像通常发生在半导体离域轨道之间的那种跃迁。

含有 p 或 π 给予电子的配体如 Cl^-、Br^-、I^- 等形式的配合物通常有很强的吸收带。这种跃迁是由于填充的配体轨道向空的金属轨道（配体→金属）的跃迁造成的。

[**例 2-5**]　MnO_4^- 离子。$Mn(Ⅶ)$ 为 d^0 组态，电子可从配体的弱成键 σ 轨道和 Π 轨道分别向 $Mn(Ⅶ)$ 的 t_{2g} 轨道跃迁，在可见光区有很强的吸收。

[**例 2-6**]　$[CrCl(NH_3)_5]^{2+}$ 配离子的光谱（图 2.23）。

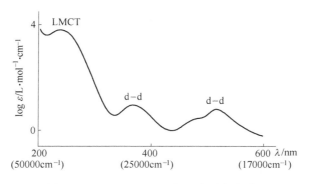

图 2.23　$[CrCl(NH_3)_5]^{2+}$ 配离子的光谱

思考：当 Cl^- 改变为 Br^-、I^- 时，LMCT 位置如何变化？

[**例 2-7**]　Fe^{3+} 的颜色。

现象：$pH < 0$ 时，$Fe(H_2O)_6^{3+}$ 为淡紫色，但 $Fe(Ⅲ)$ 化合物（$FeCl_3$、$FeBr_3$、$Fe(OH)_3$ 等）显示棕色或黄褐色，在 pH 值比较高时，Fe^{3+} 水溶液是黄褐色的（发生了部分水解）。

原因：Cl^-、Br^-、OH^- 等带有的负电荷有一定的比例分布在 Fe^{3+} 上，发生了由阴离子到 Fe^{3+} 的部分电荷转移，产生了电荷迁移吸收。

[**例 2-8**]　CdS 为黄色，HgS 为红色。

配体原子有能量较高的孤对电子（如 S、Se 等原子），金属有能量较低的空轨道，电荷迁移引起颜色可能出现在可见光区且有很深的颜色：

$$Cd^{2+}(5S) \longleftarrow S^{2-}(\pi)$$
$$Hg^{2+}(6S) \longleftarrow S^{2-}(\pi)$$

2.1.4.2　金属向配体的电荷迁移（MLCT）

这种迁移发生在金属离子具有充满的或接近充满的 t_{2g} 轨道，而配体具有最低空 π 轨道的配合物中。

配体吡啶、联吡啶、1，10-菲啰啉、CN^-、CO 和 NO 等常含有空的 π^* 轨道。

中心离子是一些富 d 电子的金属离子，例如 $Fe(phen)_3^{2+}$ 具有很深的红色，发生了 M→L 的电荷迁移跃迁，d 电子从 Fe^{2+} 离子部分转移到菲啰啉的共轭 π^* 轨道中。

2.1.4.3　金属向金属的电荷迁移（MMCT）

这种迁移发生在混合价态的配合物中，电子是在同一元素的不同氧化态之间的迁移，吸收强度很大，颜色很深。过渡元素和 p 区重元素易变价态，故易形成混合价态化合物，

如 Cu^I、Cu^{II}、Sn^{II}、Sn^{IV} 等形成的混合价态化合物都可观测 MMCT 光谱。例如，$Cs_2Au^IAu^{III}Cl_6$（黑色）、$KFe[Fe(CN)_6]$（深蓝色）等。特别是在 $KFe[Fe(CN)_6]$ 中，由于有桥基 CN^- 把 Fe^{2+} 和 Fe^{3+} 连接起来，桥基中 CN^- 软碱 C 原子与软酸 Fe^{2+} 配位，硬碱 N 原子与硬酸 Fe^{3+} 配位，CN^- 成了 Fe^{2+} 和 Fe^{3+} 之间的导电桥梁。

2.2 配合物反应机理和反应动力学

2.2.1 反应机理和研究目的

研究任何一个化学反应需要注意两个重要方面，首先是化学反应的可能性、方向及限度；另一方面是反应所经历过程的细节，发生这个过程所需的时间以及影响这个过程的条件，也就是需要研究化学反应速率的规律。前者属于化学热力学的范畴，后者则属于化学动力学的范畴。化学热力学只是从静态的角度（相对静止的观点）来研究反应，讨论体系的平衡态仅涉及其始终态，因而不考虑时间因素和过程细节，而化学动力学则是从动态的角度（绝对运动的观点）来研究化学反应，考察反应过程涉及的速率和机理。因此从动态角度由宏观唯象到微观分子水平探索化学反应的全过程是化学反应动力学这门学科所要讨论的主要课题，其主要任务是研究化学反应过程的速率、化学反应过程中诸内因（结构、性质等）和外因（浓度、温度、催化剂、辐射等）对反应速率（包括方向变化）的影响以及探讨能够解释这种反应速率规律的可能机理，为最优化提供理论依据，以满足生产和科学技术的要求。在化学反应中，通常发生旧键的断裂和新键的形成。从反应物到生成物的过程中，要发生反应物分子的靠近、分子间碰撞、原子改变位置、电子转移直到生成新的化合物，这种历程的完整和详细说明称为反应机理。因此，在化学反应动力学中，反应机理的研究还包括每一反应步骤的细节，诸如反应物分子如何被活化，分子从何处断裂，化学键怎么被打开，可能的过渡态或中间体是什么，它们的立体化学特征和活化参数又如何，反应过程中所产生的新物种的结合或转移方式等。反应机理（历程）中的每一个具体反应步骤称为基元反应。一般的化学反应方程式虽然都具有热力学含义，但却不一定具有动力学含义（代表反应进行的真实过程），只有基元反应才具有动力学含义。由于在化学变化过程中所产生的分子、原子、离子或自由基等物种通常不能直接从实验上进行观察，因此要对反应机理做出完整的描述是很困难的。在大多数情况下，机理的研究是基于对反应物和产物的性质和结构方面的知识，由实验得到的反应速率方程的实验数据，甚至参考热力学平衡数据进行合理的推测。通过反应机理的研究可使我们了解在反应的一步或多步过程中这些物种是怎样结合在一起及其随后的变化和最终结果，了解反应中断了哪些旧键，形成了哪些新键，以及它们的先后次序，从而得到一个反应的定性概念。因此，反应机理的研究在说明新化学反应的变化过程、预测化合物的反应性和立体化学、指导新化合物的合成方面有着重要的理论和实际意义。反应机理是在广泛的实验基础上概括出的化学反应微观变化时所服从的客观规律，它不是一成不变的。一个合理提出的反应机理应能回答下列两个问题：首先，它是否与被研究体系中所有已知的实验事实相一致？其次，能否用此机理来预测该体系中尚未进行研究的一些性质，例如，反应产物的立体化学特征？随着新事实被发现或当新概念在新科学领域得到发展时，曾经提出的似乎合理的反应机理可能出现新的问题或不能自圆其说的漏洞，原来的反应机理就必须以新实验事实为科学依据来加以合理地修正甚至被完全推翻。自 1920 年到 1950 年，有机化学获得空前迅猛的发展，主要得益于许多有机反应机理被阐明。有机反应机理研究发展契机在于当时被合成出来并被结构表征的种类繁多的有机化合物成为其主要研究对象，它们的反应中心（碳）都是相同的，具有稳定的氧化态，而且大多数有机反应相对较慢，产物受动力学控制，可以采用经典的取样方法对其分析，从中获得机理信息。与之形成鲜明对比的是，大多数无机反应机理（包括配合物反应机理）的知识都是在 1950 年以后取得的。因为相对于有机化学，早期对无机反应机理的研究面临着诸多困难，首先遇到的是研究对象的问题，周期表中绝大多数为无机元素，如何取舍？接下来的问题是：许多无机元素可以具有不同的氧化态，每个氧化态对应着相当宽频的配位数，而在每个配位数下又可能对应着不止一种的几何构型，很难用一个简单的体系将所有无机反应都包括进去。这些都给强调简化所设计体系的反应机理研究带来了棘手的复杂性。因此在各种现代仪器分析方法和快速反应测试技术发展之前，只能要求所研究的无机反应速率必须足够慢，被研究化合物氧化态和配位数相对确定，以便于用传统的常规方法进行产物分析，故在反应机理的早期研究中，取代惰性的经典 Co（Ⅲ）、Cr（Ⅲ）和 Pt（Ⅳ）八面体配合物，以及平面四方形 Pt（Ⅱ）配合物成为首选的研究对象。一直到 1950 年之后，这种状况才有了改观，从而大大加速了对无机反应机理的研究和拓展了无机反应机理的研究疆域。迄今，有关无机反应机理的知识已经涵盖周期表的所有领域，遍及宽泛的反应类型、几何构型和共配体，包括了从经典到配合物到金属有机化合物和生物无机化学的相关研究。无机反应机理是一个活跃的研究领域，对无机化学学科的发展曾经发挥着重要的作用。现代的无机反应机理研究已经深入到生物、材料等交叉和边缘学科中，但仍以这些早期研究所确立的经典反应机理为基础，因此本章主要介绍过渡金属配合物的反应机理和所涉及的一些基本概念。

2.2.2　配合物的反应类型

配合物在溶液中能发生一系列的化学反应，如配体取代反应、电子转移反应、分子重排反应、配合物的加成与消除反应以及配体上进行的化学反应等。对各种反应动力学和机理的研究正在逐渐深入，本节就简要介绍配体取代反应和电子转移反应的机理。

A　配体取代反应

配体取代反应（ligand substitution reactions）是一类非常普遍的反应，如 $[Co(NH_3)_3(H_2O)Cl_2]Cl$ 的水溶液为绿色，放置在室温下很快就变成了蓝色，继而转变为紫色，这是因为发生了配体的取代反应。

$$[Co(NH_3)_3(H_2O)Cl_2]Cl + H_2O \longrightarrow [Co(NH_3)_3(H_2O)_2Cl]Cl_2$$
绿色　　　　　　　　　　　　　　　　　　蓝色

$$[Co(NH_3)_3(H_2O)_2Cl]Cl_2 + H_2O \longrightarrow [Co(NH_3)_3(H_2O)_3]Cl_3$$
蓝色　　　　　　　　　　　　　　　　　　紫色

配离子发生配体交换的难易程度，用动力学上的"活性"与"惰性"概念来描述。配体交换反应进行得很快的配合物称为"活性"配合物，而那些交换反应进行得很慢的或实际上观察不到交换发生的配合物，则称为"惰性"配合物。

这两类配合物之间并不存在明显的界限，配合物的活性与惰性是动力学上的概念，与特定的反应有关。它与热力学上的稳定性概念不同，配合物的热力学稳定性取决于反应物和产物的能量差 ΔH（反应能），而配合物的动力学稳定性（活性）则依赖于该反应物与活化配合物之间的能量差 ΔE_a（活化能）。例如：$[Co(NH_3)_6]^{3+}$ 在室温下的酸性溶液中，数日内无变化，说明配合物是惰性的，但在热力学上，反应为：

$$4[Co(NH_3)_6]^{3+} + 20H_3O^+ + 6H_2O \longrightarrow 4[Co(H_2O)_6]^{2+} + 24NH_4^+ + O_2$$

向右进行的平衡常数高达 10^{25}。

反应速率的大小与反应机理有关，配合物的反应机理是指反应全过程中所经历的各分步反应的详细过程。机理只是一种理论设想，到目前为止，真正弄清楚的反应机理并不多。

a　配合物的取代反应机理

对于配合物的取代反应，可以用以下通式表示：

$$[ML_nX] + Y \longrightarrow [ML_nY] + X$$

式中　Y——亲核试剂，又称取代反应中进入基团；

X——取代反应中的离去基团；

L——取代反应中的共配体。

取代反应是迄今在配合物反应机理中研究得最为广泛的一类反应。配合物的取代反应包括两类：一类是配合物内界的配体被另一种配体取代，称为亲核取代反应（nucleophilic substitution reaction），标记为 S_N 反应（S 表示取代，N 表示亲核）；另一类是配合物内界的中心原子被另一中心原子所取代，称为亲电取代反应（electrophilic substitution reaction），标记为 S_E 反应（S 表示取代，E 表示亲电）。实际上，配合物的亲电取代反应较少见，而且对其机理的研究更加不成熟，亲核取代反应则极为普遍，且有着广泛的应用，所以这里仅讨论亲核取代反应。例如：在硫酸铜溶液中加入过量氨水，瞬间溶液呈深蓝色；或将紫色的 Cr^{3+} 水溶液放置数日，溶液渐渐从紫色变为绿色；两个反应都是配位内界的水分子为外界配体所取代。由于取代反应前后配位内界的配体场强度（d-d 跃迁）或其他电子跃迁（包括荷移跃迁）特征一般会发生变化，因此，产物的颜色不同于反应物的颜色通常是可能发生取代反应的重要特征之一。

在亲核取代反应中，中心金属原子的氧化态与配位数都不改变，只是配体发生交换。亲核取代的反应机理主要有解离机理（dissociative mechanism）、缔合机理（associative mechanism）和交换机理（interchange mechanism）。

（1）解离机理。解离机理用 D（dissociative mechanism）表示，见图 2.24a。亲核取代反应如下：

$$[ML_nX] + Y \longrightarrow [ML_nY] + X$$

可设想解离机理分两步进行：第一步是 M—X 键的断裂，原来的配合物 $[ML_nX]$ 离解而失去一个配体 X，形成配位数比原配合物少 1 个的中间配合物 $[ML_n]$，这一步是吸热反应，活化能高，反应慢。第二步是在中间配合物 $[ML_n]$ 所空出的位置上，很快与新的配体 Y 结合，形成新的 M—Y 键，这一步放热，反应快，所以总反应速率取决于第一步。

$$[ML_nX] \longrightarrow [ML_n] + X$$
$$[ML_n] + Y \longrightarrow [ML_nY]$$

速率方程式可表示为：

$$\frac{d\left[ML_{n-1}Y\right]}{dt} = k\left[ML_n\right]$$

反应速率与 $\left[ML_nX\right]$ 的浓度成正比，而与 Y 浓度无关，是对 $\left[ML_nX\right]$ 的一级反应。这是一种单分子亲核取代反应，简写成 S_N1（亲核一级取代反应），其速率常数 k 的大小与 M—X 键的断裂难易程度有关，即与离去的配体性质有关，而与亲核试剂 Y 的种类和浓度无关。

（2）缔合机理。缔合机理用 A（associative mechanism）表示，可设想其机理按两步进行：

$$\left[ML_nX\right] + Y \longrightarrow \left[ML_nXY\right]$$

$$\left[ML_nXY\right] \longrightarrow \left[ML_nY\right] + X$$

第一步是配合物 $\left[ML_nX\right]$ 与亲核配体 Y 结合，形成配位数为比原配合物 $\left[ML_nX\right]$ 的配位数多 1 个的 $n+1$ 的活性中间配合物 $\left[ML_nXY\right]$（labile intermediate）或过渡态（transition state），这一步反应较慢，是限速步骤。

第二步是中间配合物 $\left[ML_nXY\right]$ 离解成 ML_nY 和 X 的步骤（如图 2.24b 所示）。总反应速率方程为：

$$\frac{d\left[ML_{n-1}Y\right]}{dt} = k\left[ML_n\right]\left[Y\right]$$

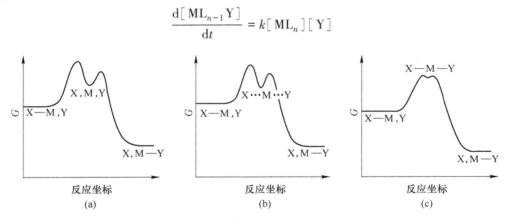

图 2.24 配合物取代反应的三种机理

（a）解离（D）机理；（b）缔合（A）机理；（c）交换（Ⅰ）机理的反应位能图

反应速率取决于 $\left[ML_nX\right]$ 与亲核配体 $\left[Y\right]$ 的乘积，属于二级反应，这类反应是双分子亲核取代反应，简称为 S_N2（亲核二级取代反应），其速率常数 k 主要取决于 M—Y 键形成的难易程度，与亲核配体 Y 的性质有很大关系。

（3）交换机理（I 机理，interchange mechanism）。以上讨论的 $A(S_N1)$ 和 $D(S_N2)$ 机理都是极限机理，在 S_N1 机理中，只有当 L 解离后 Y 才进入成键，所以 S_N1 机理中 M—X 键的断裂是主要特征，而在 S_N2 机理中 M—Y 键的形成是主要特征。但是大多数反应却是按照这两种极限的中间机理进行的，这种中间机理称为交换机理或称为 I 机理，如图 2.24c 所示。

离去配体和进入配体在同一步中形成活化配合物并发生交换，但不形成真正的中间体，而是形成了 X···M···Y 过渡态。交换机理反应是一步反应，反应速率与进入配体 Y 和离去配体 X 的性质都有关系。如进入配体 Y 对反应速率的影响大于离去配体 X，则这种反应机理又称缔合交换机理（associative interchange mechanism），用 Ia 表示；反之，若离去配体 X 对反应速率的影响大于进入配体 Y 的作用，则这种反应机理又称为解离交换机理（dissociative interchange mechanism），用 Id 表示。

在配合物取代反应机理中，对平面正方形配合物和八面体配合物研究得较多，下面着重讨论这两种结构的配合物的配位取代反应机理。

b   平面正方形配合物的取代反应机理及影响其反应速率的因素

（1）平面正方形配合物的取代反应机理。形成平面正方形配合物的过渡金属离子大多具有 d^8 电子组态，如 Rh（Ⅰ）、Ir（Ⅰ）、Ni（Ⅱ）、Pt（Ⅱ）和 Au（Ⅲ）等。其中，对 Pt（Ⅱ）配合物的反应动力学研究最多，主要有以下几个原因：

1）Pt（Ⅱ）配合物一般具有氧化还原稳定性，不像 Rh（Ⅰ）和 Ir（Ⅰ）那样容易发生氧化加成反应。

2）Pt（Ⅱ）的四位配合物总是平面正方形的，不像其他中心离子，例如 Ni（Ⅱ），尽管在多数情况下可以形成平面正方形配合物，但在一定条件下也可能为四面体构型。

3）对 Pt（Ⅱ）化合物的研究进行得比较透彻，而且 Pt（Ⅱ）配合物的取代反应速率比较适合早期实验室的研究。因为，对于同一类 d^8 电子组态的同族 M（Ⅱ）配合物，反应速率的顺序是：

$$\text{Ni（Ⅱ）} > \text{Pd（Ⅱ）} \gg \text{Pt（Ⅱ）}$$

平面正方形配合物的配体取代反应可用下列公式表示：

$$[ML_4] + Y \longrightarrow [ML_3Y] + L$$

如反应对配合物 ML_4 为一级而与 Y 无关，则反应速率等于 $k_1[ML_4]$；如果反应为二级（对配合物 ML_4 和进入配体 Y 均为一级），则反应速率等于 $k_2[ML_4][Y]$；如果两种途径的速率接近，则速率方程的形式为：

$$v = k_1[ML_4] + k_2[ML_4][Y]$$

动力学研究支持这种形式的反应速率方程。方程式中的第一项表示的是配合物的溶剂化过程（solvolytic path），k_1 是溶剂化过程的速率常数；第二项表示的是配合物的双分子取代反应（bimolecular substitution path），k_2 是双分子取代过程的速率常数。

第一项溶剂化过程包括两步，首先是原有配合物的某一配体 X 被溶剂分子 S 所取代，然后溶剂分子 S 再被取代基 Y 所取代。第一步反应是限速步骤，反应速率与取代基 Y 的浓度无关，又因为溶剂分子是大量的，所以此反应是一级反应，k_1 是一级反应速率常数。第二步反应是快反应。这种溶剂过程实际上属于缔合机理，其过程如图 2.25 所示。

双分子取代反应的过程也属于缔合机理，可用图 2.25 表示。X 是离去配体，Y 表示取代配体，反应过程中，亲核试剂 Y 从一侧接近配合物，反应经过一个五配位的过渡态或中间体，可能是四方锥或三角双锥结构。注意到假想的三角双锥过渡态中，离去配体 X、反应配体 T 与取代配体 Y 处在三角平面位置上。与多数八面体配合物的取代反应不同的是，按 A 机理进行取代反应的平面正方形配合物的产物是完全立体定向的，即顺式和反式的反应物分别得到顺式和反式的产物。推测其中的中间体可能是四方锥或三角双锥结构，因为配合物有一个空的价层轨道，可形成第五个 M—Y 键。

大量的实验事实表明，平面正方形配合物取代反应的缔合机理同时包括上述两种过程。

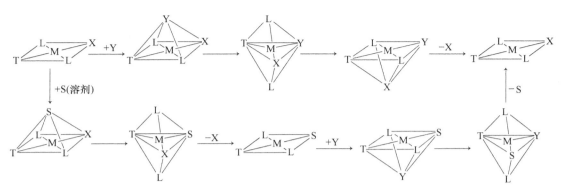

图 2.25 平面正方形配合物取代反应的假想 A 机理

（2）影响平面正方形配合物取代反应速率的因素。影响平面正方形配合物取代反应速率的因素很多，但是因为平面正方形配合物取代反应主要按 A 机理进行，因此对机理的研究主要围绕以下几个方面展开，如考察进入基团 Y（取代基或亲核试剂）的性质、配位界内其他配体（共配体）的影响、被取代配体 X 的性质、中心金属离子的性质、配位的空间效应以及溶剂的影响等。

1）取代基的影响。一些研究结果表明，进入基团的性质对按 A 机理进行的反应速率有很大的影响，由此得到一些配体平均反应的顺序：

$$CO \sim CN^- \sim R_2C=CR_2 \sim PR_3 > SC(NH_2)_2 \sim SeCN^- > SO_3^{2-} \sim SCN^- \sim I^- >$$
$$Br^- \sim N_3^- \sim NO_2^- \sim py \sim NH_3 \sim Cl^- \sim OR^-$$

数据说明，卤素和拟卤素离子亲核性依次增加的顺序为：

$$F^- < Cl^- < Br^- < I^- < SCN^- < CN^-$$

V_A 族的三苯基配体的亲核性次序为：

$$P(C_6H_5)_3 < As(C_6H_5)_3 < Sb(C_6H_5)_3$$

2）反位效应（trans-effect）。$[PtCl_4]^{2-}$ 与 $[PdCl_4]^{2-}$ 两种配离子可以和一系列的配体如 Br^-、I^-、CN^-、PR_3、NH_3、SR_3 等发生取代反应，形成各种各样的配合物，但当取代试剂加入的顺序不同时，得到的产物不同（不同异构体），其规律由反位效应来决定。

反位效应是平面四边形配合物进行取代反应的一个重要特征。1962 年苏联化学家 Chemyaev 在研究 Pt（Ⅱ）配合物的实验基础上，首先提出反位效应的概念。

反位效应是一种动力学现象，它是指与被取代配体处于反位上的配位对取代反应速率产生影响的效应。例如，$[PtCl_4]^{2-}$ 与 NH_3 及 NO_2^- 发生二次取代反应，由于加入试剂顺序的不同，可以分别得到 cis-$[PtCl_2(NO_2)(NH_3)]^-$ 和 trans-$[PtCl_2(NO_2)(NH_3)]^-$ 的异构体，其反应过程如图 2.26 所示。

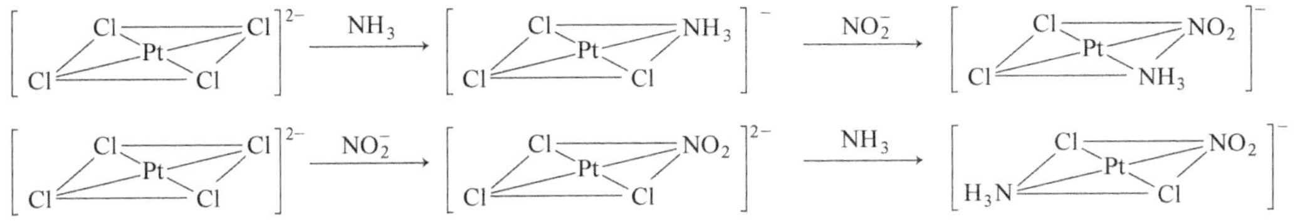

图 2.26 反位效应示意图

可以看出，不管哪一个过程在第一步取代时，由于四个 Cl⁻ 在［PtCl₄］²⁻中处于等同地位，因此在任一位置上取代 Cl⁻ 都可以；但是第二步取代时，由于中间产物配体改变，其反位效应就有所不同。在第一个反应中，Cl⁻ 比 NH₃ 对处于其反位的配体的反位效应强，所以与 Cl⁻ 处于反位的另一个 Cl⁻ 被取代，生成顺式配合物；在第二个反应中，NO₂⁻ 比 Cl⁻ 对处于其反位的配体的反位效应强，所以与 NO₂⁻ 处于反位的 Cl⁻ 被取代，生成反式配合物。从上述实验结果得出配体反位效应的大小顺序是 NO₂⁻ > Cl⁻ > NH₃。

如图 2.27 所示，通过对 Pt(Ⅱ) 配合物取代反应的一系列研究，得出了反位效应从大到小的顺序：

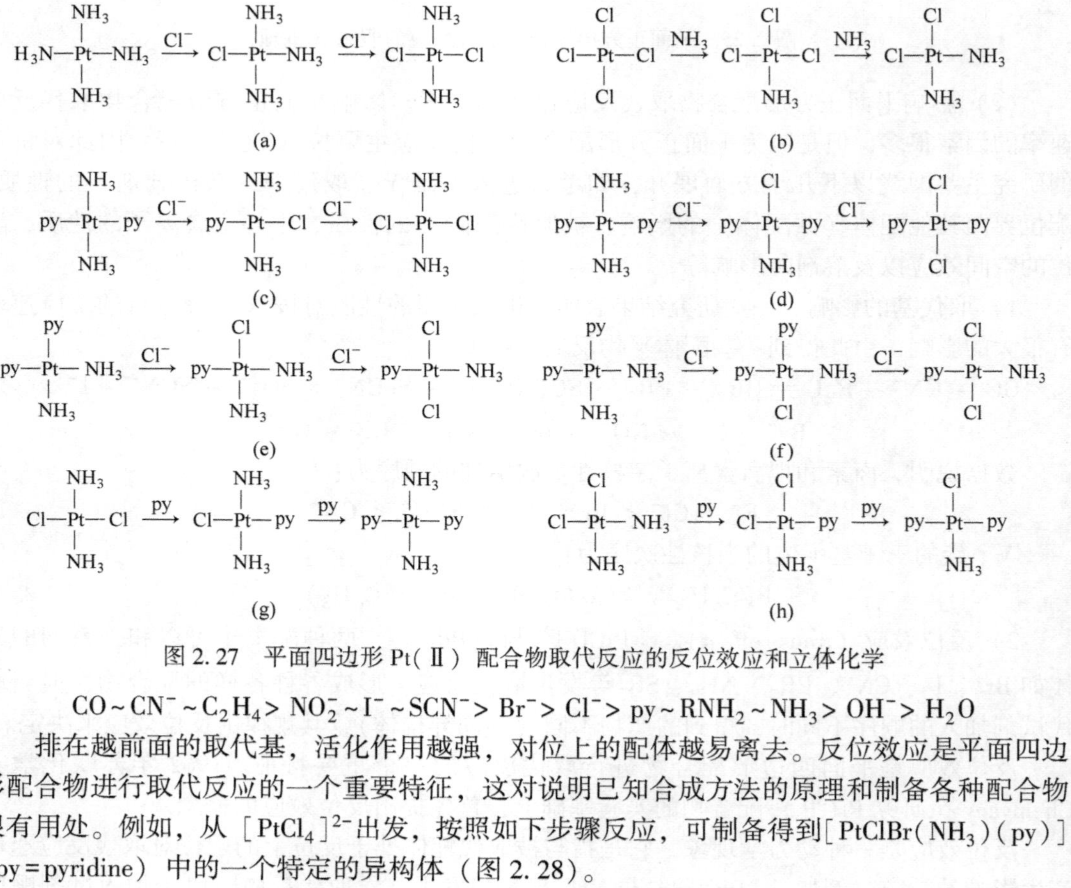

图 2.27　平面四边形 Pt(Ⅱ) 配合物取代反应的反位效应和立体化学

$$CO \sim CN^- \sim C_2H_4 > NO_2^- \sim I^- \sim SCN^- > Br^- > Cl^- > py \sim RNH_2 \sim NH_3 > OH^- > H_2O$$

排在越前面的取代基，活化作用越强，对位上的配体越易离去。反位效应是平面四边形配合物进行取代反应的一个重要特征，这对说明已知合成方法的原理和制备各种配合物很有用处。例如，从［PtCl₄］²⁻出发，按照如下步骤反应，可制备得到［PtClBr(NH₃)(py)］（py = pyridine）中的一个特定的异构体（图 2.28）。

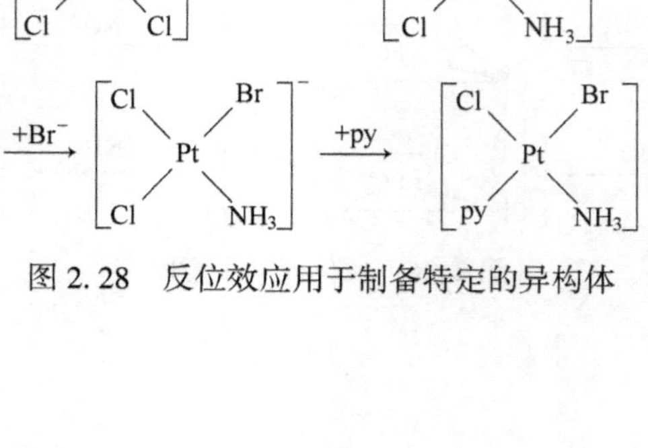

图 2.28　反位效应用于制备特定的异构体

必须指出，反位效应的次序只是一个经验次序，它是在研究大量的 Pt(Ⅱ) 配合物基础上得到的。至今尚未找到一个对一切金属配合物都适用的反位效应次序，而且，这个次序即使对 Pt(Ⅱ) 配合物也常有例外。

对于反位效应的解释，已经提出了很多种理论。极化理论认为，在完全对称的平面正方形配合物中，键的极性相互抵消了，四个配体是完全相同的，一旦引入一个极化性较强的配体 L 后，中心金属离子的正电荷能使配体 L 产生一诱导偶极。同样，这个配体也会诱导中心金属离子产生偶极化，金属离子的偶极与配体 L 反位上配体的负电荷相斥，结果促进了反位上的配体被取代，如图 2.29 所示。

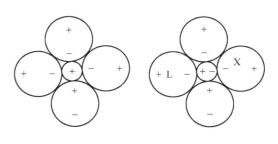

图 2.29 反位效应的极化理论示意图

以下实验事实可支持极化理论：

①中心金属离子越大，可极化性越强，则反位效应越强：

$$Pt(Ⅱ) > Pd(Ⅱ) > Ni(Ⅱ)$$

②可极化性越强的取代基团，反位效应越强，如对卤素离子，其可极化性和反位效应次序一致。

$$F^- < Cl^- < Br^- < I^-$$

从以上顺序可见，具有 π 键的强配体，如 C_2H_4、CN^- 和 CO 等，它们的反位效应都很强。一般认为这是因为它们具有空的 π 轨道，能与中心离子间形成 $π^*$ 轨道。在假想的三角双锥过渡态中，由于反位配体 T 与中心原子形成反馈 π 键，降低了在 T 反位处的中心离子的 dπ 电子密度，也使得离去基团 X 与 M 之间的键削弱，另外也使得进入配体 Y 容易发生亲核取代与中心金属成键（图 2.30）。

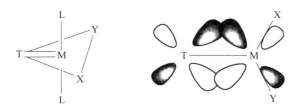

图 2.30 平面正方形配合物取代反应 A 机理的假想三角双锥过渡态

这种作用使过渡态能量降低，反应速率加快，故认为生成 π 键的作用主要是稳定配位数为五的中间体，即在形成五配位的三角双锥活性中间体的过程中，那些具有能量较低的、空的反键 $π^*$ 轨道的配体，由于反馈键的形成，一部分电荷中心金属离子离域到配体 L 上，致使 M—L 和 M—X 方向上的电子密度降低，增强了中间体或过渡态的相对稳定性，加快了取代反应速率。

3）被取代配体的影响。取代反应的速率与被取代配体性质也有很大关系，如反应：

$$[Pt(dien)X^{n+}] + py \rightarrow [Pt(dien)py]^{2+} + X^{n-2}$$

当 X 为不同的配体时，取代反应的速率不同。表 2.9 中列出了在 25℃ 的水溶液中，该反应被不同的配体取代时反应的二级速率常数。

表 2.9　X 为不同的配体时，[Pt(dien)X]$^{n+}$+py→[Pt(dien)py]$^{2+}$+X^{n-2}反应的二级速率常数

X	Cl$^-$	Br$^-$	I$^-$	N$_3^-$	SCN$^-$	NO$_2^-$	CN$^-$
k（25℃，dm^3·mol^{-1}·s^{-1}）	3.48×10^{-5}	2.30×10^{-5}	1.0×10^{-5}	8.33×10^{-7}	3.2×10^{-7}	5.0×10^{-8}	1.67×10^{-8}

注：dien 为二亚乙基三胺。

从表中可以看出，当被取代配体不同时，取代反应速率的变化常数是：
$$Cl^- > Br^- > I^- > N_3^- > SCN^- > NO_2^- > CN^-$$
但对于卤素离子差别不大，因此认为这种情况下新键的形成是反应的限速步骤；相反，如果反应速率强烈依赖于被取代基团的活性时，认为限速步骤是旧键的断裂。

4）空间效应。通常认为反应中心金属离子的周围空间拥挤程度较高时，会抑制缔合反应，有利于解离反应。大体积的基团能阻塞亲核试剂进攻的途径，而解离反应中配位数的减少则能减小活性中间体的拥挤程度。如在 25℃ 的水溶液中，当顺-[PtClL(Pet$_3$)$_2$]配合物中 L 为以下三种基团时，反应的水解速率常数 k（Cl$^-$ 被 H$_2$O 取代）分别为：

吡啶：8×10^{-2}s^{-1}

2-甲基吡啶：2.0×10^{-4}s^{-1}

2，6-二甲基吡啶：1.0×10^{-6}s^{-1}

2-甲基吡啶配合物平面上方或下方的空间被芳基配体上的邻位甲基所阻塞，而 2，6-二甲基吡啶配合物平面的上方和下方都被阻塞（图 2.31a），从而不同程度地阻止了 H$_2$O 的进攻。当 2，6-二甲基吡啶配体处于 Cl$^-$ 的反位时，这种影响较小，因为可认为 2，6-二甲基吡啶配体处在活性中间体的三角双锥的赤道平面上时，进入配体 H$_2$O 和离去配体 Cl$^-$ 都离开甲基较远，如图 2.31b 所示。

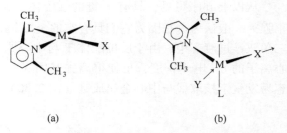

图 2.31　2，6-二甲基吡啶配合物及其中间体
(a) 2，6-二甲基吡啶配合物；
(b) 2，6-二甲基吡啶配合物中间体

c　八面体配合物的取代反应机理及影响其反应速率的因素

（1）八面体配合物的取代反应机理。八面体配合物的取代反应以解离机理为主，但也存在缔合机理和交换机理。

1）解离机理。按解离机理，八面体配合物 ML$_6$ 首先失去一个配体，形成五配位的活性中间体，它可能有四方锥和三角双锥两种结构。然后，五配位的中间体再捕捉一个取代基 Y，形成六配位的 ML$_5$Y，如图 2.32a 所示。

形成活性中间体的一步反应较慢，是限速步骤。反应过程可用下式表达：

$$ML_6 \underset{k_{-1}}{\overset{k_1}{\longleftrightarrow}} ML_5 + L$$

$$ML_5 + Y \overset{k_2}{\longrightarrow} ML_5Y$$

若对 ML$_5$ 采取稳定态近似，可得到如下的速率方程：

$$k_1[\mathrm{ML_6}] - k_{-1}[\mathrm{ML_5}][\mathrm{L}] = k_2[\mathrm{ML_5}][\mathrm{Y}]$$

$$[\mathrm{ML_5}] = \frac{k_1[\mathrm{ML_6}]}{k_{-1}[\mathrm{L}] + k_2[\mathrm{Y}]}$$

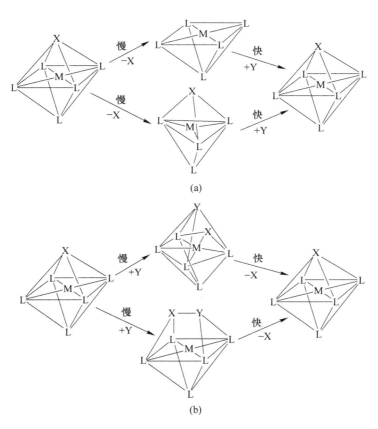

图 2.32　八面体配合物取代反应的解离和缔合机理

（a）八面体配合物取代反应的假想 D 机理；（b）八面体配合物取代反应的假想 A 机理

若为大量 L 的溶液，$[\mathrm{L}] = 1$，则：

$$v = k_2[\mathrm{ML_5}][\mathrm{Y}] = \frac{k_1 k_2[\mathrm{ML_6}][\mathrm{Y}]}{k_{-1} + k_2[\mathrm{Y}]}$$

$$v = \frac{k_1 k_2[\mathrm{ML_6}][\mathrm{Y}]}{k_{-1} + k_2[\mathrm{Y}]}$$

反应速率依赖于 $\mathrm{ML_6}$ 和 Y 的浓度，若 Y 浓度很大，k^{-1} 可忽略时，便得到了一级反应速率方程：

$$\nu = k_1[\mathrm{ML_6}]$$

2）缔合机理。八面体配合物首先和取代基团 Y 形成七配位的活性中间体，然后再失去一个配体，形成六配位的配合物，完成取代反应（图 2.32b）。反应过程可用下式表达：

$$\mathrm{ML_6} + \mathrm{Y} \xleftarrow{\;k\;} \mathrm{ML_6Y} \longrightarrow \mathrm{ML_5Y} + \mathrm{L}$$

3）交换机理。八面体配合物取代反应的交换机理见图 2.33。六配位的八面体配合物

ML_6和取代基团 Y 形成一种 $L\cdots ML_5\cdots Y$ 的过渡态，即中心离子同时和被取代基团以及取代基团形成弱的 $M\cdots L$ 键和 $M\cdots Y$ 键。

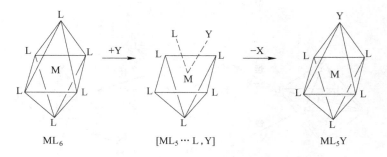

图 2.33　八面体配合物取代反应的交换机理示意图

（2）影响八面体配合物的取代反应速率的因素。

1）从静电观点考虑的影响因素。如果从静电观点考虑，中心原子种类、进入配体和离去配体的电荷、半径等因素对取代反应起着重要的作用。在更深入地讨论影响各取代反应速率的因素之前，只要从纯静电作用观点就可以预测一些常见因素的影响。见表 2.10。

表 2.10　影响取代反应的常见因素

影响因素	D 机理	A 机理
增大中心离子的正电荷	减慢	加快
增大中心离子的半径	加快	加快
增大进入配体的负电荷	无影响	加快
增大进入配体的半径	无影响	减慢
增大离去配体的负电荷	减慢	减慢
增大离去配体的半径	加快	减慢
增大其他不参与反应配体的负电荷	加快	减慢
增大其他不参与反应配体的半径	加快	减慢

注：表中列出的结果近似地适用于半满或全满 d 壳层的情况，但不适用于具有共价键或 π 键的配合物。

2）详细讨论。

①D 机理。如果中心离子 M 或离去配体 X 的半径越小，电荷越大，则 M—X 键越不容易断开，不利于按 D 机理进行反应，反应速率就越小。如果中心离子 M 或离去配体 X 的半径越大，电荷越小，则 M—X 键越不牢固，M—X 键容易断开，按 D 机理进行取代反应的速率就越大。

②A 机理。如果 M—Y 键很强，M—X 键不容易断开，则有利于按 A 机理进行反应。进入配体 Y 的半径越小，所带负电荷越高，越有利于反应进行，反应速率就越大。在按 A 机理进行的反应中，中心离子电荷数对反应的影响有两方面：一方面使 M—X 键不容易断开，另一方面使 M—Y 键更容易形成，究竟电荷数增加对反应速率有何影响，要视以上两个因素的相对大小而定。往往中心离子电荷数的增加使得按 A 机理进行反应的可能性增加。

③空间效应的影响。以两种形式的配合物 $[CoCl_2(bn)_2]^+$（bn：2,3-丁二胺）中的第一个 Cl^- 的水解速率为例：

$$[CoCl_2(bn)_2]^+ Cl^- \longrightarrow [CoCl(bn)_2(H_2O)]^{2+} + Cl^-$$

当配体 bn（2，3-丁二胺）为手性和非手性两种不同结构时（图 2.34a、b），手性配体配合物的水解速率为非手性配体的配合物的 $\dfrac{1}{30}$。两种配体的电子效应非常相近，但是手性配体中两个甲基处于螯合环的（上、下）两侧，而非手性配体中两个甲基相邻且较为拥挤，后者反应更快是因为活化配合物通过解离使配位数降低，减小了应力。

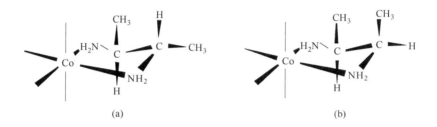

图 2.34 $[CoCl_2(bn)_2]^+$ 配离子（bn：2，3-丁二胺）中的两种结构

（a）手性；（b）非手性

d 八面体配合物的水解反应

可以将水解反应分为两类进行讨论。在酸性溶液中水解反应称为酸性水解（acid hydrolysis）或水合反应（aquation），可表示如下：

$$ML_5X^{n+} + H_2O \longrightarrow ML_5(H_2O)^{n+1} + X^- \qquad （酸性水解）$$

$$ML_5X^{n+} + OH^- \longrightarrow ML_5(OH)^{n+} + X^- \qquad （碱性水解）$$

按上述两种方法进行水解反应将得到水合和羟基配合物的混合物。究竟水解以何种方式为主，取决于水解的 pH 值，通常 pH<5 的酸性溶液以酸性水解为主；在碱性溶液中，则主要为碱性水解。因此水解反应的速率方程可用以下形式表示：

$$R = k_A[ML_5X]^{n+} + k_B[ML_5X]^{n+}[OH^-]$$

第一项（k_A）指酸性水解，第二项（k_B）指碱性水解。表 2.11 给出了部分水合反应和碱式水解反应的速率常数。

表 2.11 水合反应和碱式水解反应的速率常数比较

X	$k_B/L \cdot (mol \cdot)s^{-1}$	k_A/s^{-1}	X	$k_B/L \cdot (mol \cdot)s^{-1}$	k_A/s^{-1}
NH_3	7.1×10^{-7}	5.8×10^{-12}	Br^-	1.4	3.9×10^{-6}
$O_2CCH_2CO_2^-$	1.0×10^{-3}	9.8×10^{-5}	Me_2SO	5.4	2.2×10^{-5}
N_3^-	3.0×10^{-4}	2.1×10^{-5}	NO_2^-	5.5	2.7×10^{-5}
$MeCO_3^-$	9.6×10^{-4}	2.1×10^{-6}	$CH_2SO_3^-$	5.5×10^1	2.0×10^{-4}
SO_3^{2-}	4.9×10^{-2}	2.1×10^{-7}	$4-NO_2C_6H_4SO_3^-$	5.5×10^2	6.3×10^{-4}
Cl^-	2.3×10^{-1}	2.1×10^{-6}	$CF_3SO_2^-$	$>10^4$	2.7×10^{-2}

（1）酸性水解。

pH<3 时，$[Co(NH_3)_5X]^{2+}$可发生酸性水解：

$$[Co(NH_3)_5X]^{2+} + H_2O \longrightarrow [Co(NH_3)_5(H_2O)]^{2+} + X^-$$

反应速率方程式：

$$v = k_A[Co(NH_3)_5X^{2+}]$$

酸性水解的反应机理目前一般认为是解离机理，即反应过程为：

$$[Co(NH_3)_5X]^{2+} \longrightarrow [Co(NH_3)_5]^{3+} + X^- \qquad （慢）$$

$$[Co(NH_3)_5]^{3+} + H_2O \longrightarrow [Co(NH_3)_5(H_2O)]^{3+} \qquad （快）$$

（2）碱性水解。

$[Co(NH_3)_5X]^{2+}$的碱性水解可用下式表达：

$$[Co(NH_3)_5X]^{2+} + OH^- \longrightarrow [Co(NH_3)_5OH]^{2+} + X^-$$

相应的速率方程：

$$v = k_a[Co(NH_3)_5X^{2+}] + k_h[Co(NH_3)_5X^{2+}][OH^-]$$

碱性水解的速率包括两项，反映两种不同的途径。当溶液的 pH<3 时，第一项占主要地位；当溶液的 pH 值增大时，后一项占主要地位。目前一般认为，碱性水解具有 SN1 解离共轭键机理，其反应过程表示如下：

$$[Co(NH_3)_5X]^{2+} \overset{k}{\rightleftharpoons} [Co(NH_3)_4(NH_2)X]^+ + H^+ \qquad （快）$$
$$\text{（共轭键）}$$

$$[Co(NH_3)_4(NH_2)X]^+ \xrightarrow{k_b'} [Co(NH_3)_4(NH_2)]^{2+} + X^- \qquad （限速步骤）$$
$$\text{（中间体）}$$

$$[Co(NH_3)_4(NH_2)]^{2+} + H_2O \longrightarrow [Co(NH_3)_5(OH)]^{2+} \qquad （快）$$

速率方程式：

$$v = \frac{k_b'K}{K_w}[Co(NH_3)_5X^{2+}][OH^-]$$
$$= k_b[Co(NH_3)_5X^{2+}][OH^-]$$

e　配位体本身参与取代过程的反应

以上讨论的都是配位体被取代，离开中心离子的取代反应。如果配合物中配位体本身的原子直接参与取代反应，则反应机理变得更加复杂。例如，下面的反应中涉及酰基中间体：

$$[CH_3Mn(CO)_5] + PPh_3 \longrightarrow [CH_3Mn(CO)_4PPh_3] + CO$$

在该反应中，首先甲基进攻相邻位置上的 CO 配体（图 2.35a），M—CH$_3$ 键发生断裂，以 CH$_3$CO—取代被进攻的 CO 位置，同时溶剂分子占据—CH$_3$ 位置，形成一酰基中间体，结构如图 2.35b 所示。接着溶剂分子被一个结合力更强的配体置换并在失去 CO 的同时重新形成 CH$_3$—M 键，从而完成取代反应。

形成酰基中间体在机理上最特别之处是甲基的迁移，这种迁移过程中发生了甲基在相邻的 CO 配体碳原子上的亲核进攻，活化参数（$\Delta S_{(活化)} = -88.2 \text{J}/(\text{K}\cdot\text{mol})$）支持这种机理解释，$\Delta S$ 为负值说明活化配合物中结合了一个额外的配体，而且 CH$_3$ 中引入了吸电子取代基使反应速率急剧下降，只有 CH$_3$ 起亲核试剂的作用时才能有这样的结果。例如

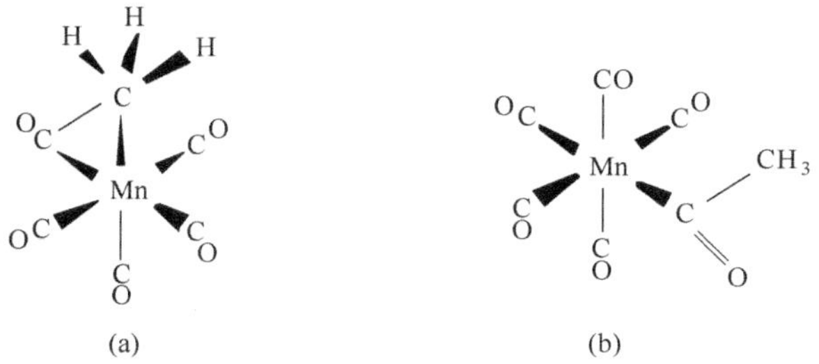

图 2.35 甲基迁移 (a) 与酰基中间体 (b)

$[(CH_3CO)Mn(CO)_4(^{13}CO)]$ 的烷基取代反应比 $[Mn(CH_3)(CO)_5]$ 的相应反应慢得多。

通过逆反应的研究可以证明此甲基迁移的反应机理：

$$[(CH_3CO)Mn(CO)_4(^{13}CO)] \longrightarrow [(CH_3)Mn(CO)_4(^{13}CO)] + CO$$

由于逆反应的活化配合物与正反应相同，那么得到的 CH_3 处在 ^{13}CO 顺位或反位的产物则可以证明正反应中甲基迁移的位置。在此反应中：

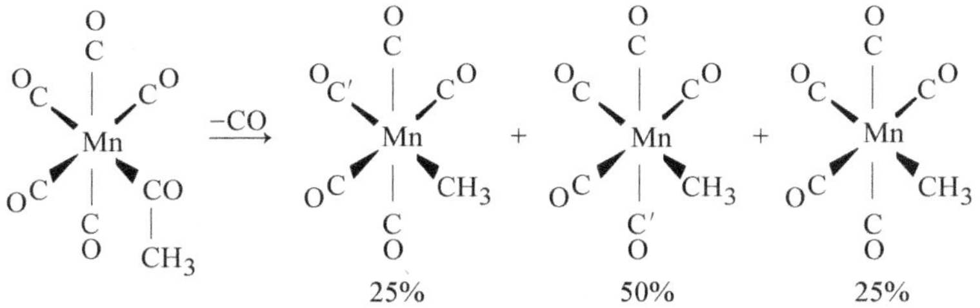

与 CH_3CO 相邻的四个 CO 配体离开的机会相同，如果反位于 ^{13}CO 的 CO 配体先离开，则 CH_3 迁移导致形成 ^{13}CO 和 CH_3 互为反位的配合物；如果顺位于 ^{13}CO 和 CH_3CO 的配体先离开，则 CH_3 迁移导致形成 ^{13}CO 和 CH_3 顺位的配合物；如果 ^{13}CO 配体先离开，则形成无 ^{13}CO 配体的产物。根据以上分析，可推断如果甲基发生迁移，则各类产物的分配比应为 $1:2:1$，这和实际的实验结果一致，从而证实了甲基迁移的反应机理。

B 电子转移反应机理

电子转移反应的类型和机理远比取代反应复杂和多样化。在有机化学中，氧化和还原反应是两类最基本、应用极其广泛的重要反应。在无机化学和配位化学，甚至在生物学等领域中，氧化还原（电子迁移）反应也有同等重要的地位，因此对配合物氧化还原（电子迁移）反应的机理的研究同样受到极大的关注。在配合物氧化还原（电子迁移）反应过程中，中心金属的氧化态发生变化但配位数一般保持不变，配合物的内界可能保持完整或发生改变。以下给出配合物氧化还原（电子迁移）反应的实例。

$$[Cr(H_2O)_6]^{2+} + [CoCl(NH_3)_5]^{2+} + 5H_3O^+ \longrightarrow [CrCl(H_2O)_5]^{2+} + [Co(H_2O)_6]^{2+} + 5NH_4^+$$

和外界反应机理不同，按内界机理进行的电子转移反应，金属原子原来的配位层发生了变化，氧化剂和还原剂通过一个桥联基团连接起来形成桥式活化配合物（bridged activated complex），通过桥式配体把两个中心金属离子连接起来，电子通过该桥联基团迁移。例如下述反应：

$$[CoX(NH_3)_5]^{2+}+[Cr(H_2O)_6]^{2+}+5H_3O^+\longrightarrow[Co(H_2O)_6]^{2+}+[CrX(H_2O)_5]^{2+}+5NH_4^+$$

X 为 SCN^-、N_3^-、PO_4^{3-}、CH_3COO^-、Cl^-、Br^-、SO_3^{2-}、SO_4^{2-} 等。

以 Cl^- 为例,在这个氧化还原反应中,Co^{3+} 被还原成 Co^{2+},Cr^{2+} 被氧化成 Cr^{3+},这里的反应机理认为氧化剂和还原剂通过 Cl^- 相连,形成一个双核活化配合物,Cl^- 在 Co^{3+} 和 Cr^{2+} 之间架起了一座电子通过的桥梁,犹如在 Co 电极和 Cr 电极之间连接了一根导线,使电子顺利地通过。Cr^{2+} 顺利被氧化,由于 Cr^{3+} 吸引 Cl^- 比 Co^{2+} 强很多,结果 Cl^- 进入 Cr^{3+} 配离子内界,由于电子转移是在配合物内界中进行的,称为内界机理。

该反应是内界机理的第一个实例,是由 Henry Taube 及其合作者在 20 世纪 50 年代提出来的。

由于他们在电子转移反应,尤其是在过渡金属配合物电子转移反应机理方面的卓越贡献,Taube 获得了 1983 年的 Nobel 化学奖。

在该反应中,低自旋的 Co^{III} 是惰性的,$[Co^{III}Cl(NH_3)_5]^{2+}$ 配离子在酸性环境中存在数小时也很少有 NH_3 从中解离,只有少量 Cl^- 释放出来。由于 John-Teller 效应的影响,高自旋的 Cr^{II} 是活性的,d^3 组态的 Co^{III} 是惰性的,$[Cr(H_2O)_6]^{2+}$ 的水交换反应速率比 $[Cr(H_2O)_6]^{3+}$ 快 10^{15} 数量级,因此,Tanbe 认为 Cr—Cl 之间的化学键是当 Cr 为 +2 价时形成的,而不是在被氧化到 +3 价以后形成的。

一个实验事实也可证明此反应机理,在 HCl 中用金属锌还原 $CrCl_3$ 制备得到 $CrCl_2$,将以 ^{36}Cl 标记的配离子 $[Co^{36}Cl(NH_3)_5]^{2+}$ 溶解在上述 $CrCl_2$ 盐酸溶液中,$[Co^{36}Cl(NH_3)_5]^{2+}$ 经过还原后产物为 $[Cr^{36}Cl(H_2O)_5]^{2+}$ 和 $[Co(H_2O)_6]^{2+}$,而且 $[CrCl(H_2O)_5]^{2+}$ 中只含有 $^{36}Cl^-$,不含 $^{35}Cl^-$,说明 $[CrCl(H_2O)_5]^{2+}$ 中的 Cl^- 来自 $[Co^{36}Cl(NH_3)_5]^{2+}$。

一系列的反应事实直接或间接地证实了内界机理。如在 $Cr(H_2O)_6^{2+}$-$IrCl_6^{2-}$ 的反应体系中,反应明显分为两个阶段:第一阶段 $IrCl_6^{2-}$ 的红棕色消失,有绿色中间产物形成;第二阶段是绿色消失和最终产物的形成,溶液呈橄榄棕色。电子光谱的实验结果表明,反应过程中形成了一双核的配合物 $(H_2O)_5Cr^{III}ClIr^{III}Cl_5$,是电子转移以后的桥式配合物。

进一步的研究还发现该反应平行地通过外界机理和内界机理发生电子转移反应,在 0℃ 时,71% 通过外界机理,29% 通过内界机理。电子转移以后的桥式配合物 39% 通过 Cr—Cl 键的断裂,61% 通过 Ir—Cl 键的断裂发生解离。

$$Cr(H_2O)_6^{2+} + IrCl_6^{2-} \longrightarrow \begin{array}{l} \text{外界机理71\%} \quad Cr(H_2O)_6^{3+} + IrCl_6^{3-} \\ \text{内界机理29\%} \quad (H_2O)_5CrClIrCl_5 \end{array}$$

$$(H_2O)_5CrClIrCl_5 \longrightarrow \begin{array}{l} Cr-Cl\text{键断裂39\%} \quad Cr(H_2O)_6^{3+} + IrCl_6^{3-} \\ Ir-Cl\text{键断裂61\%} \quad Cr(H_2O)_5Cl^{2+} + IrCl_5(H_2O)^{2-} \end{array}$$

在 反 应 $[Cr^{II}(H_2O)_6]^{2+} + [cis\text{-}Ru^{III}(NH_3)_4Cl_2]^+ \rightarrow [Cr^{III}(H_2O)_6]^{2+} + [cis\text{-}Ru^{II}(NH_3)_4Cl(H_2O)]^+$ 中，中间体双核配合物 $[(H_2O)_5CrClRu(NH_3)_4Cl]^{3+}$ 的存在已经被光谱实验所证实。

2.3 几种类型的配合物及其应用

2.3.1 Schiff 碱配合物

Schiff 首次报道了伯胺与羰基化合物发生的缩合反应，生成具有甲亚胺基的产物 $R^1-\overset{R^2}{\underset{|}{C}}=NR^3$ （R^1、R^2、R^3 分别为烷基、H、环烷基、芳香基或杂环），后人称之为 Schiff 碱。迄今国内外学者仍在不断开展此领域的工作，推陈出新，方兴未艾。特别是在其合成、结构与应用等方面均有引人注目的进展。

Schiff 碱是一类非常重要的配体，其合成相对容易，能灵活地选择各种胺类及带有羰基的不同醛或酮反应物进行反应。它在配位化学反应过程中起着重要作用，尤其是随着功能配合物和生物无机化学的发展，更促进了 Schiff 碱配合物的发展。从结构看，R^1、R^2、R^3 均可被多种基团所取代，氮原子上有孤对电子，基团左右又可以引入各种功能基团使其衍生化，在应用上独具特色。改变连接的取代基，变化给予体原子特征和位置，可制备许多从链状到环状，从单齿到多齿，性能迥异、结构多变的 Schiff 碱配体，与周期表中大部分金属离子形成配合物。

Schiff 碱主要是以含有氮原子为特点的配体，实际上还含有高电负性的氧及硫原子，也可设计引入具有功能性的给予体原子，所以其齿数是多变的，主要可分为以下三类：

（1）醛类。Schiff 醛类活性较大，主要有水杨酸、香草酸以及吡啶醛等，都可作为 Schiff 碱前体。最早和最多被使用的是水杨酸，特别是它与乙二胺缩合生成的水杨醛乙二胺（salen），作为配体可以有多种形式，如可作二齿或四齿配体，可以采用平面型或非平面型配位等，它们可以和过渡或非过渡金属离子形成配合物，如镧系双水杨醛缩乙二胺配合物 $[Ln_2(salen)_3]$、双水杨醛缩丙二胺配合物 $[H_2L]$ 等，这些配合物显示很强的分子内氢键，并与醛氧配位。3-醛基水杨酸-1,3-丙二胺（TS）Schiff 碱过渡金属异核配合物 $CuM(TS) \cdot 2H_2O$（M 为 Zn、Co、Fe、Mn、Mg）等具有抗病毒的活性。几种有代表性的水杨醛类 Schiff 碱见图 2.36。

双吡啶醛缩乙二胺是一种含有 4 个氮的四齿配体（图 2.37），它与镧系元素可以形成 LnX_3L（X 为 Cl^-）配合物。

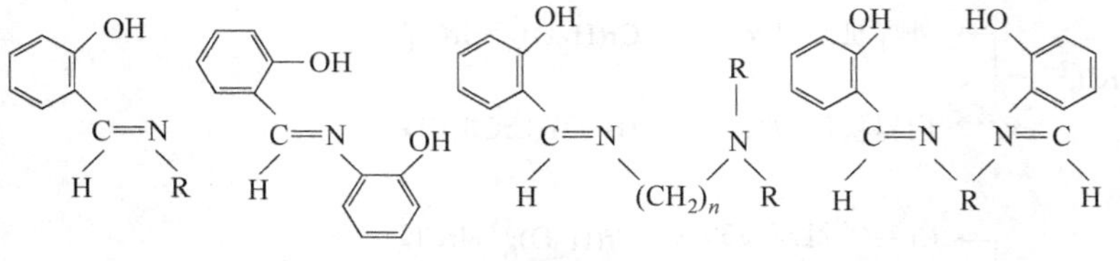

图 2.36　几种有代表性的水杨醛类 Schiff 碱

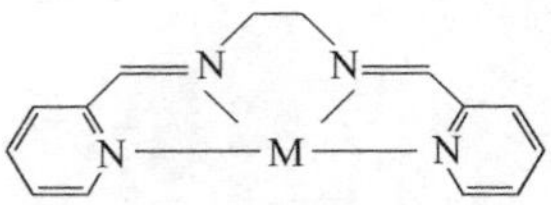

图 2.37　双吡啶醛缩乙二胺配合物

（2）酮类 Schiff 碱配合物。空间位阻较小的，配位原子较多的 β-二酮亚胺 Schiff 碱有利于形成配合物。由于 β-二酮随着 pH 值不同存在着烯醇式和二酮式两种不同的比例平衡，所以不同的溶剂和反应 pH 值，产物不同。二酮式有利于生成双 Schiff 碱，烯醇-酮式有利于生成单 Schiff 碱。双乙酰丙酮缩乙二胺为四齿配体，可与 Cu、Ni、Co、Pd、Pt 等形成配合物，且有不少异构体。苯酰丙酮与乙二胺、丙二胺、丁二胺、己二胺等缩合生成的 Schiff 碱（BZAC）可与镧系离子形成配合物：Ln（BZAC）$_2$ · （NO$_3$）$_3$、Ln$_2$（BZAC）$_3$（NO$_3$）$_6$ · nH$_2$O、Ln$_3$（BZAC）$_5$（NO$_3$）$_6$ · nH$_2$O。实验表明，配体体积大时，空间位阻起主导作用，轻重镧系元素都生成相同的双核配合物；二胺甲胺甲基链越长，反应越容易进行，产率越高。配体体积较小时，镧系离子半径和二胺中亚甲基链长度是决定生成单核或双核配合物的主要因素，离子半径大者生成单核配合物；离子半径小者生成双核配合物。二胺中亚甲基链越长，越易形成多核配合物。

（3）大环类 Schiff 碱配合物。碱土金属离子容易形成大环 Schiff 碱，可利用镧系离子作为模板试剂，形成（1+1）、（2+2）、（3+3）等不同类型的配合物。

例如以镧系离子作为模板试剂，可制成下列 Ln（1+1）大环 Schiff 碱配合物：

［La（L^a）］（NO$_3$）$_3$ · nH$_2$O、［La（L^b）］（NO$_3$）$_3$ · nH$_2$O、［La（L^c）］（NO$_3$）$_2$OH · nH$_2$O 和 ［La（L^d）］（NO$_3$）$_2$OH · nH$_2$O（图 2.38）。

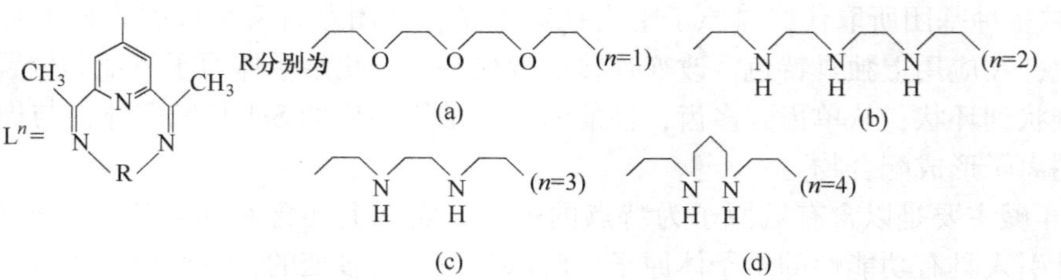

图 2.38　Ln（1+1）大环 Schiff 碱配体

以双 2，6-二甲基吡啶作为母体，可得到除钷以外的所有镧系的（2+2）大环配合物（图 2.39a～c）。

利用二乙醛吡啶、1，3-二胺-2-羟基丙烷与 La（NO$_3$）$_3$ 在醇中发生模板反应得到三核的 Ln$_3$（d）（NO$_3$）$_6$ 配合物（见图 2.39d），它是 3 个 Ln^{3+} 的（3+3）大环物种。

开环、直链醚-氨基酸类 Schiff 碱配合物。图 2.40 给出的是两种不同类型的开环 Schiff 碱配体，边开环配体（图 2.40a）可以与镧系离子和锕系离子形成同核或异核配合物，但末端开环（图 2.40b）的却不适宜，因为配位几何形状和离子半径不同于过渡金属离子。

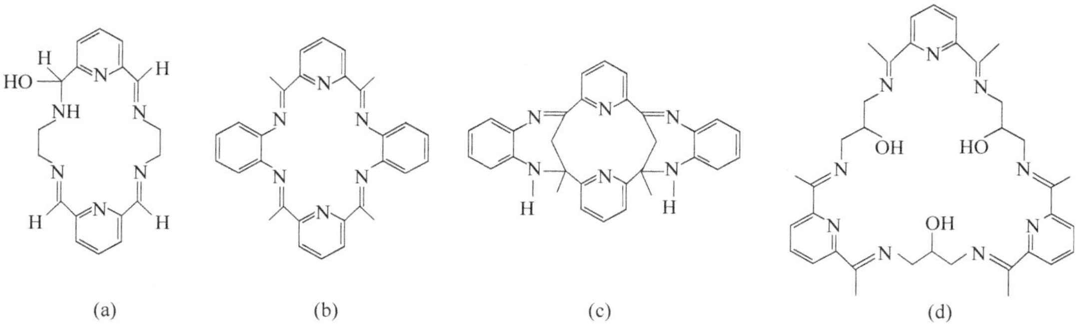

图中的结构式

图 2.39 Ln（2+2）、（3+3）类大环 Schiff 碱配体

图 2.40 所示配体可看成大环的半单元，可用于制备 Ln(X)$_2$·H$_2$O 型的配合物（X：图 2.41 所示配体），因为配位不饱和，所以考虑有溶剂分子存在。

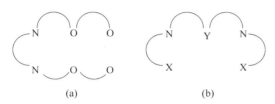

图 2.40 两种不同类型的开环 Schiff 碱配体
（a）边开环型 Schiff 碱配体；（b）末端开环型 Schiff 碱配体

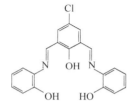

图 2.41 大环配体的半单元

开环的直链醚在形成 Schiff 碱后往往成为多齿配体。四甘醇醛缩双赖氨酸（H$_2$TALY）是由直链醚 Schiff 碱与氨基酸 Schiff 碱组合成的一种既具有直链醚化合物的特点，又具有氨基酸仿生综合性能的 Schiff 碱配体，它所形成的［LnCu$_2$（H$_2$TALY）（NO$_3$）$_5$］（NO$_3$）$_2$·nH$_2$O(n = 4 或 3)具有很高的催化活性。Schiff 碱配合物由于其所含基团的功能性等因素而具有非常重要的应用价值。在药物抗菌、催化剂、稳定剂、螯合剂、聚合物改性等方面有着非常广泛的应用价值。Cu(Sal-Ala)（Sal：水杨酸，Ala：丙氨酸）配合物对大肠杆菌有较强的抗菌活性。三唑水杨醛 Schiff 碱铜配合物对 B 细胞增殖有抑制作用，对人体白血病有强抑制作用。Cu(Ⅱ)、Zn(Ⅱ)、Ni(Ⅱ) 与 2, 4-二羟基苯甲醛硫脲配合物对 O$_2^-$ 有抑制作用。芳香族 Schiff 碱配合物作催化剂，可定量聚合乙烯。直链醚-氨基酸 Schiff 碱配合物与 Ln(Ⅲ)-Cu(Ⅱ) 异核配合物能单独用作催化剂，使 N-羟甲基丙烯酸胺的转化率达到 100%。芳香甲亚胺化合物能延缓汽油烯键的变质作用。

在 Schiff 碱的合适位置引入功能基团，可以使之成为高选择性化合物，与许多金属离子形成螯合物，在冶金、稀土提取中有重要应用。Schiff 碱结合在一些聚合物中可对产物产生如抗热、抗光、抗氧化、荧光增强、可塑性等性能。Schiff 碱配合物还可用作光致变色化合物，具有良好的热稳定性。如水杨醛缩苯胺，在紫外光照射下，质子由氧原子转移到氮原子上，由烯醇式转变为酮式或两性离子结构，化合物由黄色变为红色。

Schiff 碱的应用较多，主要源自它们所含基团的功能性、可能发生的反应、中心离子的作用、成键以及电子效应等因素。多种研究表明，碳氮双键基团具有重要的生物学意义，如其中正三角形杂化轨道的 N 原子具有孤对电子，连同杂化轨道角度的易变性等使之与其形成的分子具有各类生命现象所需的物理化学性质。

Hodnett 等试验了结构为 RC_6H_4CH＝NC_6H_4R' 的 24 种 Schiff 碱用于抵抗老鼠白血病及肉瘤。活体研究认为 R ＝2—Me 及 R ＝2—OH 基的 Schiff 碱最具活性，可减慢肿瘤生长。4，5-二溴基水杨酰苯胺具有抗痨活性，对其还有止痛、抗炎、抗菌及灭菌、抗病毒活性的报道。有些 Schiff 碱可作有效除草剂，像甲亚胺为杀虫剂中的组成部分，芳香亚甲胺用于稳定杀虫剂及协调毒性。

国内对 Schiff 碱金属配合物在生物活性及药物抗菌方面作了不少工作，大多也集中在醛类，尤其是对水杨醛类 Schiff 碱与过渡金属 Cu 配合物的研究得到不少有益的结果。总的来看，结构不同，Schiff 碱金属配合物与细胞作用效果与抑制作用也不同。芳香族 Schiff 碱及相应配合物对许多化学反应，如聚合、氧化及分解反应具有催化作用。如在镍的 Schiff 碱配合物存在情况下，可定量聚合乙烯。水杨醛与二胺组成的化合物对甲醛聚合成热塑聚甲醛有显著的催化影响。有些 Schiff 碱配合物对抗坏血酸及半胱氨酸氧化可起催化作用。

Schiff 碱若要成为高选择性化合物，必须有碳氮双键外，还应有合适位置的功能基团，如在碳氮双键附近存在—OH、—SH 基就可以成为螯合剂，并能和许多金属离子反应，形成五元或六元螯合环。

对 Schiff 碱物理性质的利用，如 Schiff 碱光致变色化合物具有良好的化学稳定性，光照下不易降解，其光致变色过程属于光诱导质子转移反应。多金属耦合体系顺磁离子间相互作用对了解金属蛋白、金属酶活性中心的电子几何构型以及生物功能与结构间关系和磁性分子材料设计与合成具有重要意义。这些基本性质的研究将会对开发新领域的应用起到积极开拓的作用。Schiff 碱及其配合物的应用还远远不止这些，其中有些还是处于试验性或实验室阶段，更多的实用性及新用途还有待开发。

2.3.2　大环配合物

大环配合物是指环的骨架上含有 O、N、P、As、S、Se 等多个配位原子的多齿配体所形成的环状配合物。大环配合物在自然界早就存在，如卟啉铁、卟啉镁和环状离子载体缬氨酶素等。大环配合物因其易变的空间构型和电子结构，导致了一系列特殊性质，在合成、分离、污染处理、医药卫生及生物模型化合物等方面有着广泛的应用。某些大环配合物能进行能量转移，对光、电、热敏感具有识别、选择性传输和催化等功能。几类主要的大环配合物有：冠醚配合物、杂原子配合物、卟啉配合物。

2.3.2.1　冠醚配合物

自从 1967 年 Pedersen 首先合成了一系列冠醚化合物以来，各国化学家对于冠醚的合成、性质和应用做了许多工作。这类配位体广泛地应用于碱金属、碱土金属和镧系元素金属的配位化学基础研究。目前已合成的冠醚有几百种，最常见的几种冠醚，见图 2.42。

　　A　冠醚的配位性质

冠醚具有疏水的外部骨架，又具有亲水的可以和金属离子成键的内腔。冠醚化合物具有确定的大环结构，可以和许多金属离子形成较稳定的配合物。

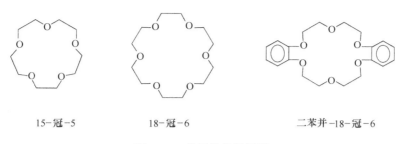

15-冠-5　　　　　18-冠-6　　　　　二苯并-18-冠-6

图 2.42　常见的几种冠醚

B　冠醚配合物的结构

近年来, 对冠醚配合物的结构做了大量研究工作, 按照配合物中配体与阳离子的位置关系可分为如下五类:

(1) 第一类是阳离子恰好适合配体的孔穴, 如 18-冠-6 与 KSCN 的配合物 [K(18-冠-6)(SCN)]K$^+$ 与 SCN$^-$ 间的作用力较弱。

(2) 第二类是阳离子稍大于配体的孔穴, 而稍位于孔穴之上, 如 18-冠-6 与 CsSCN 及 RbSCN 的配合物 Rb$^+$ 和 Cs$^+$ 离子分别离开平面 0.12nm 和 0.144nm。同时两个 SCN$^-$ 的氮原子也与金属离子间微弱结合, 并将两个配合物桥联在一起。

(3) 当阳离子比配体的孔穴小时, 配体可同时将两个金属离子包于其中, 形成第三类结构, 如二苯并-24-冠-8 与 K$^+$ 离子的配合物: 配体中的 8 个氧原子中, 每 4 个与 1 个 K$^+$ 配位。

(4) 第四类配合物是配体的配位原子的一部分不与金属离子配位, 如 PdCl$_2$ 与 1, 10-二硫杂-18-冠-6 的配合物 Pd^{2+} 与配体的 2 个硫原子和 2 个 Cl$^-$ 配位, 而配体中的氧原子则不参与配位。

(5) 第五类是夹心结构, 如苯并-15-冠-5 与 K$^+$ 的配合物: [K$^+$-(苯并-15-冠-5)$_2$] 的结构。

C　冠醚配合物的应用

以冠醚为活性物质研制的离子选择电极, 大多是以冠醚作中性载体制得的碱金属离子选择电极, 而对采用冠醚配合物为活性物质制取阴离子选择电极的报道较少, 采用 4, 13-二葵基-1, 6, 10, 16-四氮 4, 13-二氮环十八烷与高氯酸铅形成配合物作为活性物质, 以邻苯二甲酸二丁酯为增塑剂, 研制了对 ClO$_4^-$ 呈 Nernest 响应的阴离子选择性电极。

大环配合物尤其是氮杂原子大环配合物, 由于其独特的光谱、结构、光电磁化学性质以及热力学和动力学稳定性, 已得到人们广泛的关注和研究, 目前它已渗透到有机合成化学、高分子合成化学、分析分离化学、生物化学、配位化学、物理化学、放射化学、生物物理医药学、金属工业化学、环境化学、农业化学、医药学等多门学科, 并在生物酶模拟, 金属离子、分子的识别和运输, 光化学, 医药合成, 生物电子学, 晶体工程, 超分子催化剂等多领域取得应用。

对大环配合物的研究促成了新领域超分子化学和主客体化学的形成和发展, 如化学家和生物学家把冠醚类物质作为人类模拟天然配合物特性及酶功能的主要的途径; 化学家和原子能工作者利用冠醚类物质从海水中提取金和铀; 化学家和医学家用棉酚冠醚与竹红甲素冠醚治疗癌症。在航空工业及国防建设中用它配制成的醇酸树脂涂料，可以防止铝、镁及钢材表面腐蚀；在卫星拍照方面用冠醚可以延长感光时间，明显提高拍照效果；在工业上可作为封闭半导体管正常工作的稳定剂及表面滑洗剂，以防半导体转化为导体；在高分子合成上它可作为优良的橡胶硫化促进剂，作为制得热稳定纤维的催化剂；在农业上既可用冠醚作高效除草剂，又可用它促进小麦幼苗和水稻幼苗对 KZa 的吸收，从而提高农作物产量；在环境医学上冠醚可作为动物体内放射性铬中毒的解毒剂和人体内汞中毒的解毒剂；在环境化学方面它可配合废液中的有害金属离子，起到消除环境污染和回收资源的作用。

2.3.2.2　杂原子配合物

杂原子大环配合物是一种环状多齿配体，其中的配位原子既可以结合又可以附着在环骨架上。配体至少含有三个配原子，除氧以外可以是氮、硫、磷、砷等杂原子，环内原子数不少于 9 个。

人们早就认识到一些基本生物体系中含有杂原子大环配合物，如天然植物中的光合作用、哺乳动物和其他生物呼吸系统的携氧作用等。含铁离子的血红蛋白中的卟啉环、叶绿素中的含镁二氢卟（bu）酚复合物、维生素 B_{12} 卟啉环（图 2.43a）等，图 2.43b 所示的维生素可选择性地结合 K^+，作为该离子的载体通过细胞膜和人工脂质屏障。

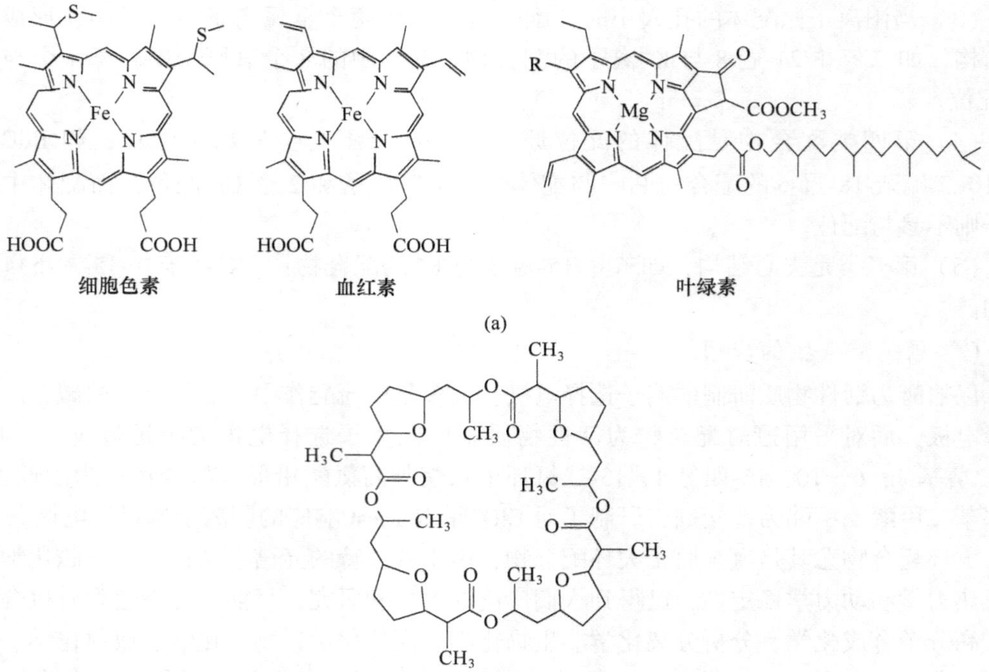

細胞色素　　　　　　　血紅素　　　　　　　叶绿素

(a)

维生素 B_{12} 卟啉环

(b)

图 2.43　几种杂原子大环配合物

杂原子大环主要是含氮、硫的饱和大环，如多氮杂环（图 2.44a）、硫杂环（图 2.44b）、Schiff 碱大环（图 2.44c）、三环配合物（图 2.44d）、空穴大环（图 2.44e）、内锁环（图2.44f）等。

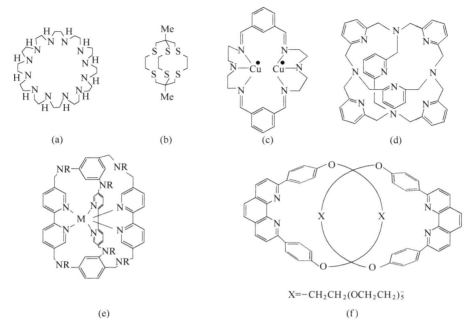

图 2.44 几种不同结构类型的杂原子大环配体

杂原子大环配合物在生物酶模拟，金属离子、分子识别和运输，光化学以及医药等方面都具有重要的应用，如双核的金属大环配合物作为金属酶的模型化合物一直受到关注。大环配体由于有能给键合金属离子提供特定的配位环境并影响金属离子的物理化学性质，其配合物一直广泛用作模型来模拟金属蛋白的结构和功能，如 Schiff 碱双核大环金属配合物具有仿酶活性，已经成为配位化学的一个重要研究方向。

大环配合物可以选择性地结合不同的离子和分子。含氮的穴状配体原子质子化以后可以成为阴离子受体，如配体质子化以后可以识别氯原子，对溴原子的识别能力很弱，因为配体的空穴大小不同，可用于离子分离。

Fe^{3+} 在细胞的氧化还原过程中有重要作用。Fe^{3+} 在生理 pH 值下溶解度低，不能被生物体系直接利用，当它与铁载体（大环配合物）形成配合物时，变成易溶解可转移的形式，能被细胞表面的膜受体吸附。大环配合物起到了传输 Fe^{3+} 离子的作用。

镧系离子在紫外-可见光范围内吸收因子很小，可以通过形成的配合物的配体中心和电荷转移光谱的光吸收来改善，但是由于溶剂分子与之配位一起淬灭，所以简单的镧系配合物的水溶液并不发光。大环穴状物具有球形空穴，能与 Eu^{3+} 形成稳定的配合物，能屏蔽金属离子不与水分子作用来改善其发光性质。大环配合物对酸催化降解不敏感，在低pH 值下具有动力学稳定性等性质，在医药方面也有重要作用，多用在同位素诊断、抗癌药物等方面。

2.3.2.3 卟啉配合物

卟啉配合物也是一类重要的大环配合物，它的结构、性质和应用参见"生物无机化学和超分子化学"章节。

卟啉环与 Mg^{2+} 离子的配位是通过 4 个环氮原子实现的，见图 2.45。

血红素是铁卟啉化合物，是血红蛋白的组成部分，见图 2.46。

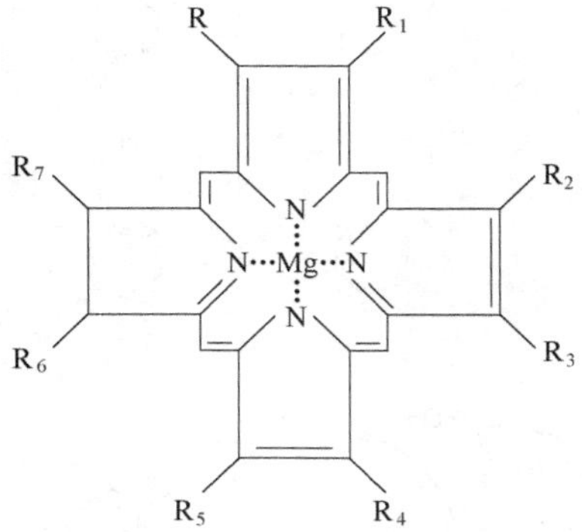

图 2.45　卟啉环的配位情况 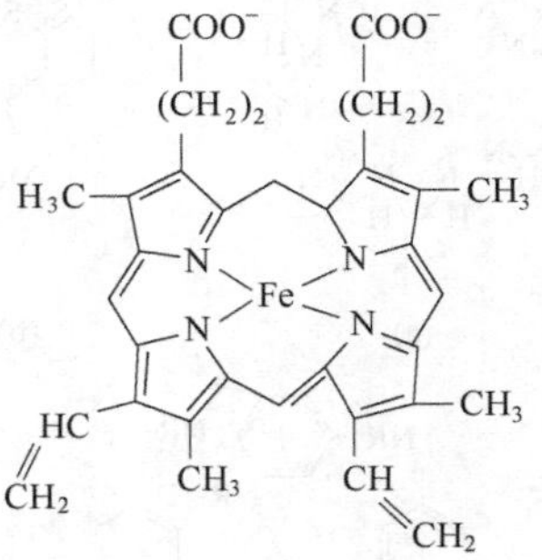　　　　　图 2.46　血红素的结构图

2.4　功能配合物

随着空间、激光、能量、计算机和电子等科学技术的发展，配合物材料的应用日益引人注目，一系列光、电、热、磁等功能配合物正在迅猛发展。

2.4.1　导电配合物

有机化合物和配合物由于不存在强的分子间作用力，一般都是绝缘体，但是一些特殊结构的配合物却具有导电性质。1973 年，美国科学家发现了一种具有金属性质的有机电荷转移复合物 TTF‑TCNQ（TTF：四硫代富瓦烯，TCNQ：四氰基对苯醌二甲烷），如图 2.47 所示。

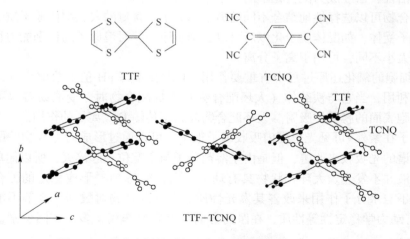

图 2.47　具有金属性质的有机电荷转移复合物 TTF-TCNQ

1986 年，法国合成了第一个分子无机超导体 $[TTF][NI(dmit)_2]_2$（dmit：1，3‑二硫‑2‑硫酮‑4，5‑二硫醇盐）。自此，导电配合物的研究受到了高度重视。分子导体对金属及

无机氧化物有其独特的优点，它们的密度小（约为 $1.5\sim2.0\mathrm{g/cm^3}$），易于调节和改造，如果将它们制成分子电子器件，可以满足分子电子学的要求，目前有机超导体的最高临界温度为 45K。导电配合物（分子金属或合成金属）已经发展成为物理学、化学、材料学等多种学科相互交叉渗透，具有潜在应用前景的研究领域。导电配合物可以粗略地分为两大类：

（1）低维配位聚合物，基于大环平面如酞菁、卟啉等堆砌成柱的导电材料。

（2）电荷转移复合盐，包括富勒烯金属盐等。

2.4.1.1　低维配位聚合物

具有导电功能的低维配位聚合物是基于分子间近距离相互作用而形成的一维或准二维结构的分子导体等，其导电性的特点是具有很强的各向异性，并且低温时会出现 Peierls 畸变（和电荷密度波相关的周期性晶格遭受破坏并导致一维导体转变为绝缘体的现象）。

低维配位聚合物包括以下三种类型：M-M 型导电配合物、π-π 型导电配合物、M-π 型导电配合物。

A　M-M 型

如 $\mathrm{K_2[Pt(CN)_4]Br_{0.3}\cdot3H_2O(KCP)}$，它依靠邻近中心离子延展的 $\mathrm{d_{z^2}}$ 轨道的重叠，而形成一维的类似金属的导电通道（图 2.48），电子可以在这样的堆积柱之间传输。

酞菁（Pc）是一种 18π 电子体系的大环共轭平面配体，酞菁配合物通过掺杂碘而部分氧化后，能隙变小，导带和价带变宽，致使电导率明显升高。对于 Pt、Fe、Ru、Mn 等配位聚合物则是由于金属原子 $\mathrm{d_{z^2}}$ 轨道的重叠而导电，其导电载流子是电子而不是空穴。

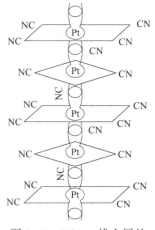

图 2.48　KCP 一维金属的导电通道

B　π-π 型

如 PcCuI、PcNiI 和 PcH2I 酞菁配合物的室温电导率可达到 $500\sim2000\mathrm{s/cm}$，电导呈现明显的各向异性。它们是通过平面酞菁分子配体的 π 轨道的重叠所形成的一维导电柱而发挥电子（空穴）传递作用的。在这类配合物中，导电性和金属无关，只受大环配体 π-π 重叠影响。一维酞菁聚合物 $[\mathrm{PcMO}]_\infty$（M 为 Si、Ge、Sn）是以氧为桥联配体的。在这些聚合物中掺杂碘时，其电导率可提高到 10^9 数量级。分子链中酞菁环的面间距越近，π 轨道的重叠越大，其电导率越高。

C　M-π 型

以共轭分子为桥联配体的一维酞菁金属配合物，只有当金属 $\mathrm{d_{xz}}$ 和 $\mathrm{d_{yz}}$ 轨道和大环配位基的 π 轨道重叠时，禁带宽度变小，M-π 型才能显示导电性，即通过桥联配体的传导而产生导电性。以氰基为桥联配体的聚酞菁金属配合物中，$[\mathrm{PcMO}]$（M 为 Cr、Mn、Fe、Co 和 Rh 等）在无掺杂时电导率为 $10^{-4}\sim10^{-2}\mathrm{s/cm}$。

2.4.1.2　电荷转移复合物

电荷转移复合物发生在缺电子的电子接受体和富电子的电子供给体之间，当这两种分子相结合时，电子将在电子供给体和电子接受体之间形成电荷转移复合物，这种复合物的实质是分子间的偶极-偶极相互作用。电子供给体通常是富电子的会吸电子取代基的烯烃、炔烃或芳环，或含有弱酸性质子的化合物。某些杂环化合物分子由于电子云密度分布不均匀，有些原子附近的电子云密度较高，有些较低，这些分子既是电子供给体，又是电子接受体。具有导电功能的供给体或接受体分子的分子结构及其堆积具有如下特点：

（1）分子具有平面型的几何构型，电子高度离域，分子易于沿一个方向堆积而成能带结构。

（2）进行堆积的分子具有非偶数电子并且在垂直分子平面具有扩展的未充满轨道，使得邻近位置间电子有良好的重叠，而且在分子堆积中易于接近，通过金属-金属成键或轨道重叠而增加带宽。

（3）非整数的氧化态，通过电荷转移或部分氧化还原作用使导带部分填充是形成导体的重要因素。

（4）规则的堆积，分子应该有规则均匀地排列以防止导带的分裂。

（5）对于电荷转移盐来说，只有适当的给体和受体之间才能发生部分电荷转移，DA 之间的氧化还原电位差值约为 $0.1 \sim 0.4V$。

2.4.2　自旋交叉磁性配合物

2.4.2.1　自旋交叉配合物研究的回顾和现状

随着微电子的迅速发展，对分子水平的电子器件材料的研究越来越受到人们的关注。分子双稳性与分子水平上的新型信息存储、光开关、热开关等分子电子器件材料密切相关，因而成为当前化学、物理和材料科学的研究热点之一。著名的磁化学家 Kahn 曾对分子双稳性给出如下定义：分子双稳性是指在一定的外界条件下，分子存在两种稳定或介稳的电子状态。过渡金属配合物的自旋交叉现象是目前研究最为广泛而深入的分子双稳现象之一。

配合物的自旋交叉效应可以通过穆斯堡尔谱进行研究，还可以通过磁化率、红外光谱、紫外可见光谱、X 射线粉末和四圆晶体结构测定法进行研究，其中磁化率的方法较为常用。自旋交叉现象的发现可追溯到 70 多年前。1931~1932 年 Cambi 在研究一类 Fe（Ⅲ）配合物时，发现其中一些配合物的磁矩随着温度的变化而发生强烈的变化，这种奇特的现象意味着，在温度的变化过程中，这些配合物中心的金属离子，即 Fe（Ⅲ）离子的电子构型发生了变化。20 世纪 80 年代以前，配合物的自旋交叉现象仅仅作为一种独特的磁现象被人们所认识。随着科学技术的发展，特别是许多新的测试技术的诞生，使得人们对物质世界的了解能够深入到分子和原子水平上，也使得人们更广泛而深入地认识自旋交叉现象。更为重要的是，信息科学、计算机科学的迅猛发展，刺激了新材料领域的研究工作。到了 80 年代中期，人们逐渐地认识到配合物的自旋交叉现象可能在未来的分子电子器件材料，如分子开关、信息存储介质材料方面有着应用前景，于是，其研究得到了迅速发展。迄今为止，自旋交叉配合物体系已从最初的 Fe（Ⅲ）体系扩展到目前的 Cr（Ⅲ）、Mn（Ⅲ）、Fe（Ⅱ）、Co（Ⅱ）、Co（Ⅲ）和 Ni（Ⅱ）等过渡金属配合物体系；早期的研究仅限于单核自旋交叉配合物体系，如今向着多核配合物和配位聚合物方向发展；为应用方面的考虑，对自旋交叉配合物的 LB 膜方面的研究也正在开展。1999 年，Fujita 等报道了一种具有准一维堆积结构特征的 S、N 自由基分子体系在室温左右显示分子双稳性，这一重大发现揭示了低维磁学体系是潜在的具有分子双稳性的体系。最近，孟庆金等也发现了一类在结构上具有准一维性质的过渡金属配合物，显示出分子水平上的热开关特征。与自由基分子体系相比，过渡金属配合物具有许多优点，化学稳定性好，易于制备；可以通过改变配合物的中心离子、配体等以获得更广泛的分子双稳性体系。在新的具有分子双稳性的体系不断发现的同时，自旋交叉现象也呈现出多样性。为使这类材料满足实用化的要求，科学工作者充分地发挥他们的聪明才智，巧妙地进行分子设计，不断地开发出新的呈现双稳性分子体系，同时也不断地改进这类材料的一些性能，比如调节高、低自旋态之间转变的温度，使 T_c 值接近室温，增大热滞后效应等。Kahn 小组在这方面的研究成绩尤为卓越。他们在理论上提出，增大分子间的协同作用将有利于提高自旋交叉配合物的 T_c 值和增大热滞后效应，并已制备了多种具有自旋交叉性质的配位聚合物，而且，一些配位聚合物的 T_c 值已接近室温，相应的热滞环的 $T_c \leftarrow - T_c \uparrow > 50K$。在此类材料的应用方面，尤其是在利用这类材料作为电子显示元件、热开关、光开关等分子电子器件方面，一些研究小组也提出了种种奇妙的设想。迄今为止，这一领域的研究差不多每隔两年就有一篇综述性的文章发表，其研究的活跃程度可见。虽然国内在此方面的研究工作起步较晚，但是，近年来游效曾、孟庆金以及廖代正等分别在铁系自旋交叉配合物、低维分子间自旋交叉配合物的制备和自旋交叉性质研究方面都开展了卓有成效的工作。

2.4.2.2 自旋交叉配合物在高、低自旋状态时的电子排布

在正八面体配位场中，具有电子构型 $d^4 \sim d^7$ 的过渡金属离子可能有两种电子排布方式，即高自旋状态和低自旋状态。当配位场分裂能 Δ 和电子成对能 P 相近时，则电子排布方式就由外界条件，如温度变化、压力变化、光辐射等来决定。因此，外界条件的变化可能引起中心金属离子 d 轨道上的电子重新排布，从而导致配合物中心离子的自旋状态转变，即产生自旋交叉现象。图 2.49 是正八面体配位场中 d^6 电子组态的金属离子两种不同电子排布及其相互转换示意图。低自旋状态的电子组态是 $(t_{2g})^6 (e_g)^0$（对应谱项 $^1A_{1g}$），高自旋状态的电子组态为 $(t_{2g})^4 (e_g)^2$（对应谱项 $^5T_{2g}$）。

图 2.49　在八面体配位场中 d^6 电子组态的金属离子高、低自旋状态相互转换示意图

随着化学、物理以及材料科学工作者们对具有分子双稳性的化学体系的深入研究，人们逐渐认识到，分子双稳性现象的研究工作，不仅在基础研究方面具有重要的意义，而且在开发新一代的分子电子器件材料方面也具有广阔的应用前景。一些热诱导的自旋交叉配合物在 T_c 附近很窄的温度范围内，其磁化率发生突变，利用这种性质可开发成快速热敏开关。特别是在 1984 年，Gütalich 等发现的光诱导自旋交叉效应（LIESST）后，这种可通过不同的光照射来开关不同自旋状态的特性，清楚地表明了光诱导自旋交叉效应在作为新型的光开关材料方面的应用价值。20 世纪 90 年代末，Kahn 等发现了常温区具有较大热滞后效应的自旋交叉聚合物体系后，这类配合物作为信息储存功能材料的应用前景越来越受到广大科学工作者的关注。有些自旋交叉配合物的颜色随着自旋状态的转变而不同，

比如低自旋状态时为紫色，高自旋状态则为白色。他们已提出设想，利用这一现象开发新一代分子显示器件。

2.4.3　光致和电致发光配合物

当外界光照射到某些物质时，这些物质会发射出各种波长和强度不同的可见光，而当外界光停止照射时，这种发射光也随之消失，这种发光现象被称为光致发光（PL）。当物质在一定的电场下，被相应的电能所激发产生发光的现象，称为电致发光（EL）。

有机光致发光是在对大量有机物的光致发光的研究基础上发展起来的，满足光致发光材料的基本条件之一就是要具有高的光致发光效率，因此，光致发光和电致发光具有共同的研究点。由于金属配合物具有特殊的分子结构，一方面因其分子的刚性结构，使得分子的辐射跃迁概率大大增强；另一方面因其分子的稳定性，为其作为功能材料的应用提供了保证。特别是稀土配合物的光致发光效率和高色纯度等特性，使金属配合物作为光致和电致发光器件具有广泛的应用前景。大多数无机盐类金属离子与溶剂之间的相互作用很强烈，使得激发态的分子或离子的能量因为分子碰撞去活化作用，多以无辐射方式返回基态或发生光化学作用，因而能发光者为数甚少。然而将无机离子与有机光敏集团的有机物形成配合物，则可观察到明显的辐射跃迁。金属离子与有机配体所形成的配合物的发光能力与金属离子和有机配体的结构特性有很大的关系。

2.4.3.1　光致发光

光致发光配合物分为配体发光配合物和主体发光配合物两种。

A　配体发光配合物

金属配合物作为一个分子整体，由配体的光敏官能团吸收光。如果金属离子的最低激发态 m^* 电子能级高于配体的最低激发单线态 S_1 能级，则配合物分子可能发生由配体的 S_1 能级回到基态的辐射跃迁（荧光，I_f），或者由激发三线态回到基态的辐射跃迁（磷光，I_p）（图 2.50）。

在这种情况下，金属离子相当于一惰性原子，与有机配体的不同部位形成螯合环，使原来不发光或者发光很弱的有机化合物转变为发强荧光的配合物。例如，8-羟基喹啉铝（AlQ）配合物发绿色荧光（图 2.51）。

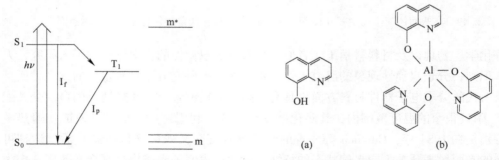

图 2.50　配体发光配合物能级示意图　　图 2.51　8-羟基喹啉（a）和8-羟基喹啉铝（AlQ）（b）

能够与金属离子形成配合物的有机化合物大多数是芳香族化合物，这些有机配体通过含有两个或两个以上的官能团，其中一个与金属离子形成 σ 键，如—OH、—NH$_2$、—SH

和—COOH 基态等；另一个有未配对电子的原子，如 N—OR、O 等。这些官能团与金属离子形成配位键，在生成配合物之前，这些化合物不发光或者发微弱荧光，配合之后发较强荧光。这种类型的发光，发射谱带较宽，偶尔具有振动光谱结构；荧光强度随金属离子的原子序数增大，而发射峰随之略有红移（表 2.12）。这类发光配合物的金属离子多为非过渡金属离子，如 8-羟基喹啉可以与许多金属离子生成配合物，羟基蒽酮类染料和偶氮染料与 Al^{3+}、Be^{2+}、Ga^{3+}、Sc^{3+}、In^{3+}、Tl^{4+}、Zr^{4+}、Zn^{2+} 等离子都能形成发光配合物。

表 2.12 一些金属离子与 8-羟基喹啉配合物的荧光特性

金属离子	吸收峰/nm	发射峰/nm	相对荧光强度
Al^{3+}	384	520	1
Ga^{3+}	391	537	0.38
In^{3+}	393	544	0.35
Tl^{3+}	395	550	<0.025

B 中心离子发光的配合物

如果配合物中金属离子的 m^* 能级低于配合物的 T_1 能级，则可能发生分子内的能量转移，即发生 $S_1 \rightarrow T_1 \rightarrow m^*$ 的无辐射跃迁过程（图 2.52）。

最后金属离子的激发态 m^* 向基态 m 跃迁而发射出金属特征荧光。这类配合物的金属离子由于有机配体能量的转移而被敏化，其荧光强度比该金属的纯无机离子的荧光强度强得多。这一类发光配合物的金属离子多为稀土离子，由于发光的稀土离子次外层电子的 f 轨道为未充满的轨道，m^* 位于配体 T_1 能级的下方，其 m^* 与 m 能级之间不存在连续能级，因此这类物质会发射特征的线状光谱，最常见的发光稀土离子有 Eu^{3+}、Tb^{3+}、Dy^{3+} 等。

B(Ⅲ) 与桑色素的反应（图 2.53）当草酸盐不存在时，硼与桑色素形成 B-桑色素二元配合物。当草酸盐存在时则生成 B-桑色素-草酸三元配合物，这种三元配合物的荧光光谱与其二元配合物的荧光光谱相重叠，其中发光中心仍是 B-桑色素二元配合物，但是荧光强度却增加了 10 倍。另一配体的加入可阻止其他分子对发光分子的去活化作用，而使荧光得到加强。

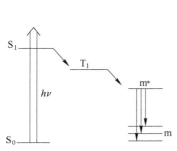

图 2.52 中心离子发光示意图
S_1—配体的最低激发单线态；
T_1—配体的最低激发三线态；
m^*—金属最低激发态

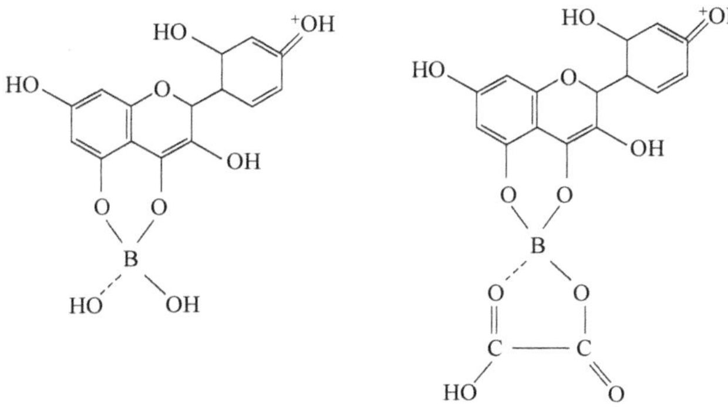

图 2.53 桑色素硼的分子结构

某些具有 f 电子的未充满的稀土金属离子与配体配合以后会形成中心离子发光的稀土二元配合物，由于稀土金属离子高配位的特点，常常有溶剂分子参与配位。如果能用一种配位能力比溶剂分子强的中性配体取代溶剂分子，则可以大大提高荧光效率。

如图 2.54 所示，Eu^{3+} 离子和 α-噻吩-三氟乙酰丙酮（TTA）形成配合物 $Eu(TTA)_3$。因为 Eu^{3+} 离子高配位数的特性，配位数未达到饱和，因此实际所生成的配合物结构为 $Eu(TTA)_3 \cdot 2H_2O$，其荧光强度较弱，当加入中性配体三苯基氧膦（TPPO）形成配合物 $Eu(TTA)_3 \cdot (TPPO)_2$ 后荧光强度大大增强。

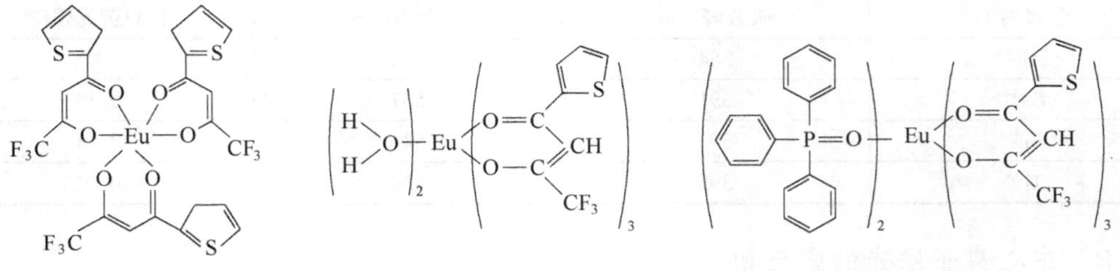

$Eu(TTA)_3$ $Eu(TTA)_3 \cdot 2H_2O$ $Eu(TTA)_3 \cdot (TPPO)_2$

图 2.54   几种 Eu 的配合物分子结构

2.4.3.2   电致发光

电致发光（EL）现象是指通过加在两电极的电压产生电场，被电场激发的电子碰击发光中心，而引致电子能级的跃进、变化、复合导致发光的一种物理现象。电致发光配合物也可分为配体发光和主体发光两种类型。

A   配体发光配合物

在众多的有机电致发光材料中，8-羟基喹啉金属配合物具有易实现大屏幕显示和稳定性好等优点，成为有机电致发光材料领域的研究热点，尤其是 8-羟基喹啉锂（Liq），作为一种优良的蓝光材料吸引了众多科研工作者的注意，但研究多侧重于通过引入取代基改变其发光性能，而对于取代基和取代位置对 Liq 电子光谱的影响并没有系统研究，对于双Liq 的研究更属空白。有关研究表明，引入取代基可有效地改变发光波段，性质相同的取代基在不同的取代位置会对电子光谱产生不同的影响。接在苯酚环上的吸电子基使电子光谱蓝移，接在吡啶环上的吸电子基使电子光谱红移。进一步研究复色发光材料，在双 8-羟基喹啉分子的基础上设计出双 8-羟基喹啉锂（DLiq）和它的两种衍生物并对其进行计算。结果表明 DLiq 及其衍生物前线分子轨道电子云分布与 Liq 相似，其中偶氮键相连的DLiq 有着极强的发射峰，有可能成为一种性能优于 Liq 的蓝的发光材料；而甲基相连的DLiq 有两个较强的发射峰，有望成为一种新型的复色发光材料。其他还有 Schiff 碱类金属配合物、羟基苯并噻唑类配合物、羟基黄酮类配合物等都可用作电致发光材料（图 2.55）。

B   中心离子发光的配合物

稀土发光配合物为中心离子的发光型配合物，发光谱带窄，发光亮度高。稀土发光材料具有许多优点：吸收能量的能力强，转换效率高；可发射从紫外光到红外光的光谱，特别是在可见光区有很强的发射能力；荧光寿命从纳秒到毫秒，跨越 6 个数量级；它们的物理化学性能稳定，能承受大功率的电子束、高能射线和强紫外光子的作用等。目前，稀土

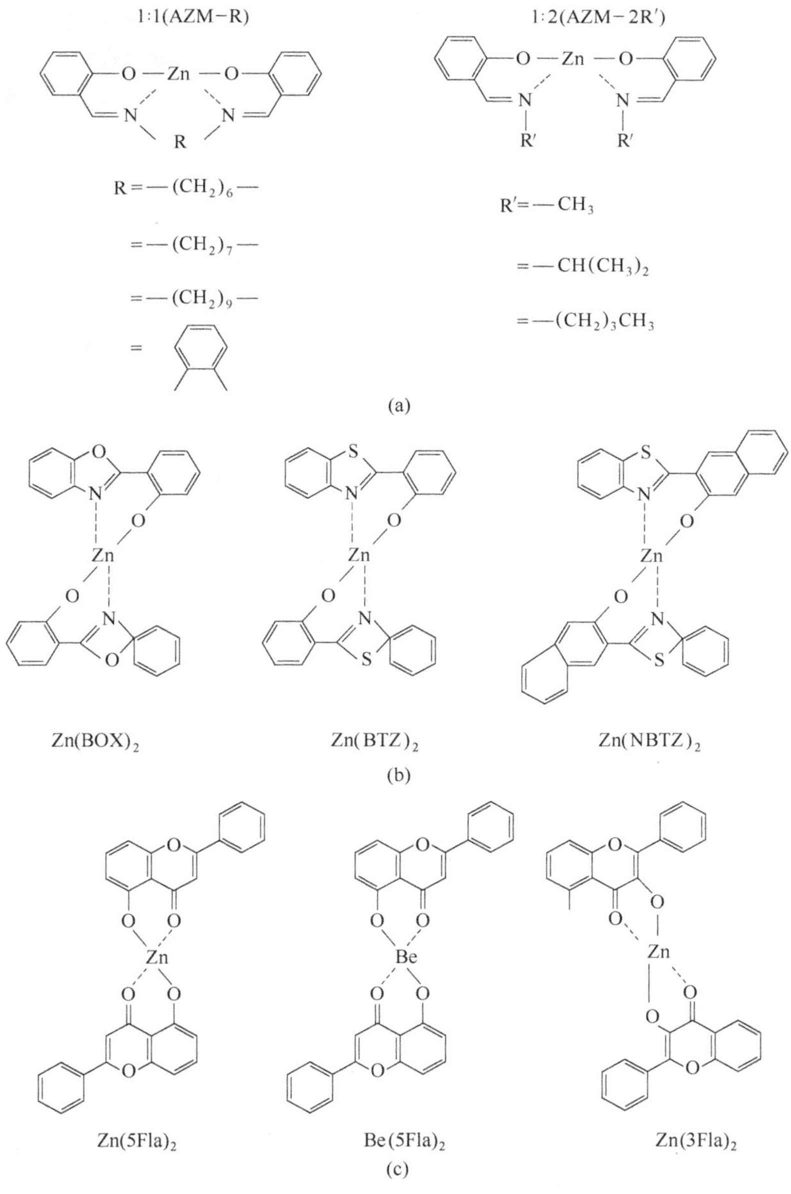

图 2.55 几类可作为电致发光的配合物

（a）Schiff 碱类金属配合物电致发光材料；（b）羟基苯并噻唑类配合物电致发光材料；
（c）羟基黄酮类配合物电致发光材料

发光材料已广泛应用于显示器、新光源、X 射线增感屏、核物理核辐射长的探测和记录、医学放射学图像的各种摄像技术中，并向其他高科技领域扩展。另外稀土有机配合物发光是无机发光与有机发光、生物发光研究的交叉科学，有着重要的理论意义和应用价值。这类配合物越来越被广泛地应用于工业、农业、医药学及其他高技术产业，而这些应用研究又促进了有机化学及生命科学研究。我国稀土资源丰富，分布广泛，为了使其在国民经济中得到更广泛的应用，深入开展对稀土有机配合物发光的研究是很重要的。

稀土有机配合物是众多金属有机配合物重要的一大类。配合物（又称络合物）是指由配位键结合的化合物。稀土有机配合物发光体中的金属称为中心金属离子，很类似于无机发光体中的激活剂离子；有机部分称为配体。与发光有关的稀土有机配合物有以下划分方法：

（1）从有机配体种类上划分，有二元及多元配合物。

（2）从中心稀土离子数目上划分，有单核、双核及多核配合物。

（3）从配位体原子数目上划分，有单齿、双齿及多齿配合物。

现以 $[Eu(H_2O)]_2[O_2C(CH_2)_3CO_2]_3 \cdot 4H_2O$ 和 $EuH[O_3P(CH_2)_3PO_3]$ 来概括说明对这类配合物的发光研究。由于这两种配合物的结构非常相似，大家知道结构决定性质，因此二者的发光性质也非常相似。图 2.56 所示为这两种配合物的结构配位图形。

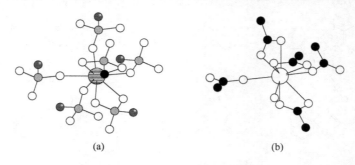

图 2.56　Eu-二羧酸类配合物的结构图

（a）$EuH[O_3P(CH_2)_3PO_3]$；（b）$[Eu(H_2O)]_2[O_2C(CH_2)_3CO_2]_3 \cdot 4H_2O$

从配位结构图形（图 2.56）中可以看出：（1）图 2.56a 中为两个螯合的磷酸基团而图 2.56b 中为两个螯合的二羧酸基团。（2）图 2.56a 中为 8 配位的磷酸基团而图 2.56b 中为 9 配位的二羧酸基团。（3）图 2.56a 中为两个 8 配位的磷酸基团而图 2.56b 中为一个配位的水分子和一个螯合的二羧酸基团。

从图 2.57 可以看出，在稀土发光配合物中，稀土配合物的发光属于受配体微扰的中心离子发光，其发光波长取决于金属离子，发光峰为尖锐的窄谱带，是彩色平板显示器中高色纯的理想发光材料。而且，由于在稀土配合物中配体受激发后的单重激发态，能够经过系间窜越到达激发三重态，再由激发三重态将能量传递给中心金属离子，使中心离子激发产生荧光。所以，稀土离子发光既可利用配体的激发三重态能量，又可利用激发单重态的能量，其理论发光效率高达 100%（一般有机荧光材料仅利用了激发单重态能量，理论上最大为 25%）。基于此，部分研究者把注意力转向稀土配合物的电致发光研究。由于上面所提到的原因，一般选择强给电子有机配体来合成稀土配合物发光材料，如芳香二胺类、芳香三胺类、芳香联胺类、吡唑啉系化合物等。

2.4.4　医用配合物

发现顺铂有抗癌活性以来，铂类金属抗癌药物的应用和研究得到了迅速的发展。目前，顺铂和卡铂已成为癌症化疗中不可缺少的药物。顺铂的研制成功不仅推动了抗癌药物的开发研究工作，而且带动了金属配合物在整个医学领域的发展。

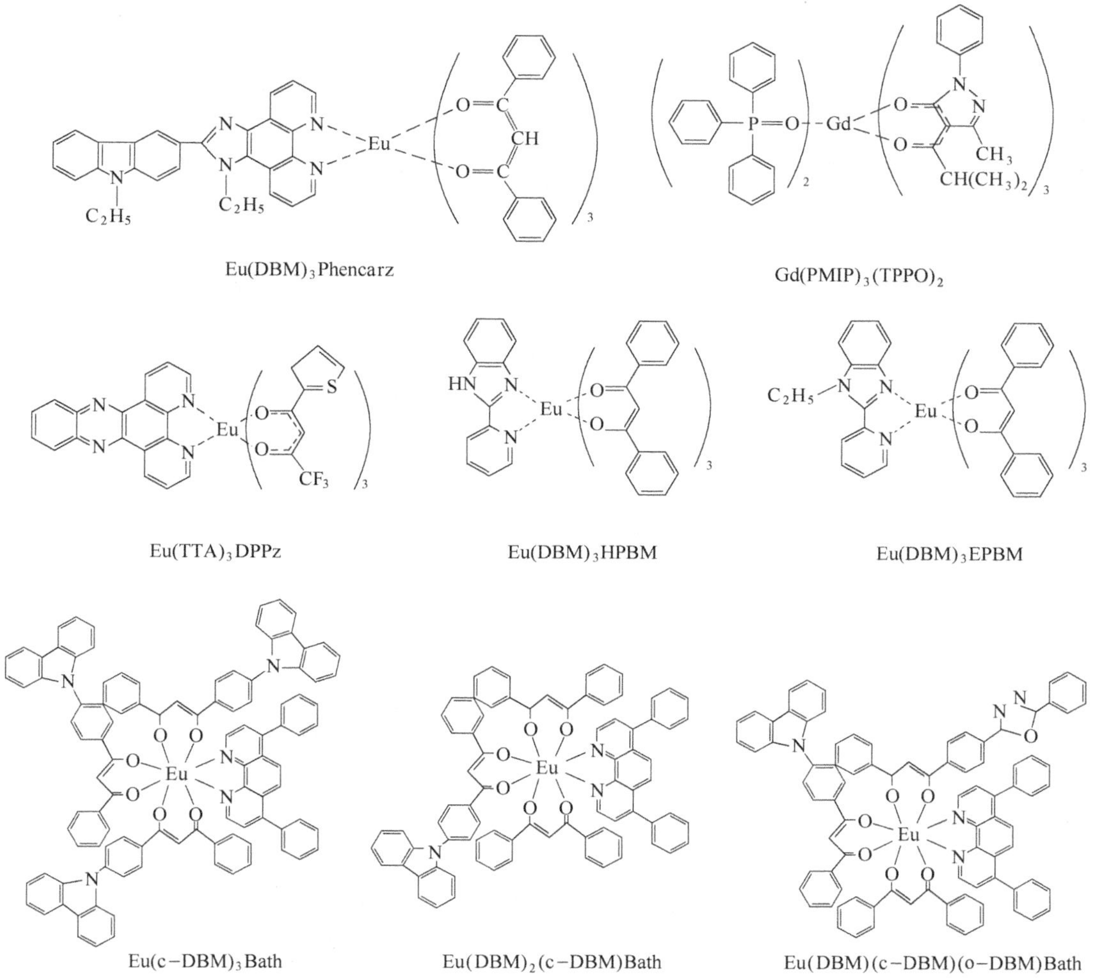

Eu(DBM)$_3$Phencarz

Gd(PMIP)$_3$(TPPO)$_2$

Eu(TTA)$_3$DPPz

Eu(DBM)$_3$HPBM

Eu(DBM)$_3$EPBM

Eu(c-DBM)$_3$Bath

Eu(DBM)$_2$(c-DBM)Bath

Eu(DBM)(c-DBM)(o-DBM)Bath

图 2.57 其他典型的稀土发光配合物

2.4.4.1 顺铂

顺铂名为顺式-二氨二氯合铂（Ⅱ），又称顺氯氨铂，最早于 1844 年制得，1898 年分离得到顺反异构体，直到 1967 年美国密执安州立大学教授 Rosenberg 等人才发现其顺式异构体有抗癌作用，而反式异构体无此作用，并于 1969 年开始应用于临床。顺铂的特点主要有：（1）抗癌作用强，抗癌活性高；（2）毒副作用主要是肾毒性和恶心呕吐，毒性谱与其他药物有所不同，因此易与其他抗癌药物配伍，包括与其他铂类抗癌药物配伍；（3）与其他抗癌药物少交叉耐药性，有利于临床的联合用药。顺铂从开始应用发展到现在，经历了三次大的反复。第一次是在 1974 年，当时顺铂的疗效已被肯定，但由于其严重的肾毒性，使临床研究一度停顿下来。1976 年，纽约的两家研究机构报道通过使用利尿剂可以大大地缓解肾毒性的问题，这一成果将顺铂的临床研究向前推进了一步。第二次是在一段时间内，顺铂的应用被局限在睾丸肿瘤、卵巢癌等少数几个癌种之中。1976 年开始了顺铂与其他药物（5-氟脲嘧啶等）联合治疗中晚期肿瘤的研究，发现顺铂与其他抗癌药物有很好的协同作用，不但提高了对已有肿瘤的反应率而且可以扩大抗癌谱，因而巩固了顺铂在临床中的地位。第三次是顺铂投入市场中，碰到的最大问题是使用顺铂后引起的恶心呕吐。为此许多患者拒绝使用顺铂，使其临床应用在20世纪80年代初期一度出现徘徊。此后，昂丹司琼的出现减轻了顺铂引起的恶心呕吐，且不会（或者很少）由于它的使用而引起另一些不良反应。最近又有报道，用昂丹司琼控制急性或迟延性顺铂诱发的呕吐，多数患者在第一个疗程内即可达到100%的效果。昂丹司琼的出现使顺铂在癌症化疗中的地位更加巩固。

目前，在美国和加拿大推荐的癌症治疗首选药物中，顺铂在食道癌、非小细胞肺癌等18种癌症中被推荐为首选药物。另外，除了首选外，它在其他许多癌症治疗中还作为次选药物。在我国的多种癌症治疗中，顺铂也都作为首选药物参加治疗。最近，顺铂在联合用药治疗癌症的研究方面又有不少新进展，特别是与紫杉醇联用治疗晚期非小细胞肺癌和晚期小细胞肺癌的反应率可达40%~50%及60%以上。还有采用顺铂加5-氟脲嘧啶方案治疗晚期胃癌，总反应率达30%~50%。可见顺铂的抗癌谱及应用范围正在不断扩大，许多临床新方案也正在研究之中。

2.4.4.2 卡铂

卡铂名为1,1-环丁二羧酸二氨合铂（Ⅱ），是美国施贵宝公司、英国癌症研究所以及JohnsonMatthey公司于20世纪80年代合作开发的第二代铂族抗癌药物。卡铂的特点主要有：（1）化学稳定性好，溶解度比顺铂高16倍；（2）毒副作用低于顺铂，主要毒副作用是骨髓抑制，通过自身骨髓移植和采用克隆刺激因子可防止骨髓的毒性；（3）作用机制与顺铂相同，可以替代顺铂用于某些癌瘤的治疗；（4）与非铂类抗癌药物无交叉耐药性，可以与多种抗癌药物联合使用。

西方国家Ⅱ期临床试验表明，对顺铂有效的肿瘤，使用卡铂同样有效。但由于非血液系统方面的毒性低，在西方国家卡铂更易被患者接受。卡铂可作为非小细胞肺癌、肝胚细胞瘤等5种癌症的首选治疗药物（联合用药），还可作为膀胱癌、子宫颈癌等8种癌症的次选治疗药物。另外，我国在使用卡铂治疗食道癌、头颈部癌和胃癌方面也有许多成功的经验。

2.4.4.3 奈达铂

奈达铂名为顺式-乙醇酸-二氨合铂（Ⅱ）（Nedaplatin），是日本盐野义制药公司开发的一种第二代铂类抗肿瘤药物，1995年在日本首次获准上市，用于治疗头颈部肿瘤、小细胞和非小细胞肺癌、食道癌、膀胱癌、睾丸癌、子宫颈癌等。奈达铂对头颈部肿瘤有40%以上的有效率，优于顺铂，对肺癌疗效和顺铂相当，对食道癌的有效率大于50%，较顺铂高约20%，对子宫颈癌有40%以上的有效率。奈达铂的毒性谱与顺铂不同，其剂量限制性毒性为骨髓抑制所致的血小板减少，骨髓抑制的发生率为80%，血液学毒性较顺铂高，肾毒性和胃肠道副反应有所降低。目前，奈达铂其他Ⅱ期临床试验正在进行之中。

2.4.4.4 奥沙利铂

奥沙利铂名为左旋反式二氨环己烷草酸铂（Oxaliplatin），是继顺铂和卡铂之后开发的第三代铂类抗癌药物。奥沙利铂为一个稳定的、水溶性的铂类烷化剂，是已上市的第一个环己烷二氨基络铂类化合物，也是第一个显现对结肠癌有效的络铂类烷化剂及在体内外均有广谱抗肿瘤活性的铂类抗肿瘤药物。它对耐顺铂的肿瘤细胞亦有作用。实验研究表明，奥沙利铂对大肠癌、非小细胞肺癌、卵巢癌及乳腺癌等多种动物和人类肿瘤细胞株，包括对顺铂和卡铂耐药株均有显著的抑制作用。它与绝大多数抗癌药物，包括氟尿嘧啶类、拓扑异构酶抑制剂、微管抑制剂等都有较好的相加或协同作用。奥沙利铂单药应用对5-氟尿嘧啶耐药的晚期大肠癌一线治疗有效率为20%，与5-氟尿嘧啶和甲酰四氢叶酸钙组成联合方案，有效率高达32%～58%。同时，奥沙利铂对胃肠道、肝、肾和骨髓毒性较第一代的顺铂及第二代的卡铂明显减轻，耐受性良好。因此，国际临床肿瘤学专家普遍认为，奥沙利铂可能是治疗大肠癌最有希望的和不可多得的一种新药。此外，它对非小细胞肺癌、卵巢癌、恶性淋巴瘤及头颈部肿瘤等也有较好的疗效。

2.4.4.5 乐铂

乐铂名为1，2-双胺甲基环丁烷铂（Ⅱ）乳酸盐（Lobaplatin），是由德国爱斯达制药有限公司开发研制的又一个第三代铂类抗肿瘤药物。研究表明，该药的抗肿瘤效果与顺铂和卡铂的作用相当或者更好，毒性作用与卡铂相同，且与顺铂无交叉耐药。我国于1998年批准乐铂进口，山东等地医院采用进口乐铂进行鳞癌和腺癌的临床试验并取得了较好的效果。目前，正在进行乐铂加5-氟尿嘧啶联合治疗食道癌的临床实验，预计不久乐铂将获准上市。

2.4.4.6 其他几个正在开发的药物

A 环铂

环铂全称为丙二酸（氨环戊胺）合铂（Ⅱ）（Cycloplatin），是顺铂类化合物，由俄罗斯 Kurharow 普通和无机化学研究所开发，已进入Ⅰ期临床。

B SKI2053R

SKI2053R 全称为（甲基、异丙基、二甲胺、二噁烷）丙二酸合铂（Ⅰ），由韩国 Sunkyong 工业研究中心开发，是顺铂类化合物。Ⅱ期临床实验表明，它对胃癌有一定疗效，毒性为骨髓抑制。

C L-NDDP

L-NDDP 全称为顺式-双-新癸酸-反式-R，R-1，2-环己二胺合铂（Ⅱ），由美国脂质体公司开发，是第一个进入临床试验的亲脂性铂同系物，与顺铂无交叉耐药，已进入Ⅰ期临床试验。

D TRK-710

TRK-710 全称为 α-乙酰-γ-甲基四酸盐（1，2-环己二胺）合铂（Ⅱ），由日本 Torayl 工业公司开发，作用机制不同于顺铂，与顺铂无交叉耐药，已进入Ⅰ期临床。

E JM216

JM216 全称为顺式-二氯-反式-乙酸（氨环己胺）合铂（Ⅳ），是第一个进入临床试验的口服铂（Ⅳ）药物，由美国施贵宝公司、JohnsonMatthey 公司和英国癌症研究所共同开发。它与顺铂无交叉耐药，与鬼臼素有协同抗癌作用，毒性为骨髓抑制。Ⅱ期单药临床研究表明，该药对小细胞肺癌、顽固性前列腺癌有效，对其他癌种的临床试验正在进行之中。此外，在28个进入临床的铂类抗癌药物中，因疗效欠佳或毒副作用大而被淘汰的药物有近20个，如顺铂类化合物的环戊胺铂、铂蓝、环丙胺铂、乙二胺丙二酸铂等；卡铂类化合物的恩络铂、僧尼铂、NK-121 等；环己二胺类化合物的环硫铂、DACCP 等；四价铂类化合物的奥玛铂等。

目前，全世界的科学家们仍在继续寻找综合评价优于顺铂和卡铂的新一代药物。同时，还进一步研究顺铂和卡铂的联合用药方案，以扩大它们在癌症治疗中的适应症和提高疗效。

2.4.4.7　光敏金属配合物与光动力学疗法

与传统疗法作用方式不同，光动力学疗法是通过光敏剂、光和分子氧在病灶区联合产生的理化作用所诱生的生物效应来实现治疗目的。光动力学疗法是在光敏剂的发现和发展以及医用激光光源的发展推动下发展起来的。对疾病组织有一定选择性的光敏剂在光照条件下，能产生与各种生物分子反应的单态氧分子（$^1O_2$）并达到对疾病组织的治疗作用。

从发现吖啶橙和血卟啉的光动力损伤作用到制得血卟啉衍生物（HpD）及随之发现其对肿瘤组织的光动力损伤作用，奠定了肿瘤光动力学疗法的基础。20 世纪 70 年代，肿瘤临床 HpD 光辐照治疗的成功揭开了人类肿瘤防治新技术——光动力学疗法的新篇章。80 年代初，由 HpD 制得光敏素 Ⅱ（泊芬钠）和大量基础及临床研究的结果及激光光源的发展构建了现代光动力学疗法。80 年代末以来，对光敏剂研究转向对结构明确和在红光区具有高吸收系数的单一化合物的研究。此项研究与探索将光动力学疗法用于更广泛的良性疾患的治疗，成为推进光动力学疗法向前发展的两股强劲推动力。在光敏剂和激光光源不断发展的同时，光动力学疗法发展的主要成就是治疗血管性疾病，特别是对鲜红斑痣和年龄相关性黄斑变性的成功治疗。光作用所引起的组织反应分为强激光与弱激光，并在生物医学和临床医学方面得到了广泛的应用。临床医学利用弱激光的生物刺激效应调整机体的免疫系统、神经系统、血液循环系统和组织代谢等系统，使之正常生理状态得以恢复。弱激光亦称为低强度激光，目前对激光生物效应的研究越来越引人注意。

目前光动力学疗法中临床使用的光敏剂均为卟啉类有机物，它们被称为第一代光敏剂，缺点是其多为混合物，对其中每一种化合物的生物作用不清楚，且在红外区吸收较弱。一类称为 texaphyrin，扩展的卟啉化合物配体和 Cd（Ⅱ）、La（Ⅲ）、Lu（Ⅲ）形成的配合物显示了优良的光敏特点，在红外区有强的吸收，能高效产生单态氧分子。金属配合物药物的有效开发与设计需要对生理条件下的配位化学知识有深入了解，不仅包括热力学方面的知识，更重要的是动力学的反应机理和途径、配体交换动力学等方面的认识。

習　題

2-1　什么是配合物？
2-2　光谱项的构成形式是什么？
2-3　配合物的光谱选率是什么？
2-4　配合物的反应类型有哪些？分别加以介绍。

3 原子簇化合物

原子簇化合物通常是指 2 个或 3 个以上原子直接键合，组成以分立的多面体骨架为特征的分子或离子。它们大多数是以三角面为基本结构单元构成的三角面多面体，键合原子占据多面体顶点，簇的中心大多数是空的。顶点原子间的化学键大多数是离域的多中心键，也有的是定域的两中心共价键。化合物中的顶点原子还常常结合一定数目的配体，但也有少数簇合物不含配体，称为裸露原子簇，如 Pb_5^{2-}、Sn_9^{4-}、Ge_9^{2-} 等。

原子簇化合物中，包括金属原子簇和非金属原子簇。前者以金属原子占据多面体顶点，金属原子间以金属—金属键（M—M 键）直接键合；后者是以非金属原子占据多面体顶点，其中最典型和研究得最多的是硼烷及其衍生物。其他的非金属元素如碳、磷、砷、硒和碲等，也能形成原子簇化合物。

早在 1910~1930 年间，人们就已经对硼氢化合物做了经典性的研究，所以硼烷化学是无机化学中古老的领域之一。而且，随着金属硼烷和金属碳硼烷的合成和对其结构的测定，以及反应性能等研究工作的进展，使硼烷化学成为了近代金属原子簇化学的重要组成部分。

金属原子簇化学的研究起源于 20 世纪 60 年代。由于这类化合物的键型和结构特殊，某些簇合物还有特殊的催化活性、生物活性和导电性能，无论在理论研究还是在实际应用方面都极为重要，所以从那时起，对其的研究发展速度一直很快。主要的研究工作包括两方面：一是合成了大批的簇合物，并对其结构规律和成键理论做了深刻的研究，进行大量的理论计算后，提出了许多种金属原子簇的结构规则；二是大力开发金属簇合物的实际应用，其中最突出的是开发出新的金属簇合物催化剂，探讨其反应活性，以期待发现单核配合物和单纯金属所无法提供的催化新途径。所以对金属簇合物的研究，大大加强了无机化学与合成化学、结构化学、材料化学等多种学科间的联系和渗透，并且将在催化作用理论、超导理论等方面发挥重要的作用。

3.1 硼原子簇化学

硼烷化学是 20 世纪的产物，最初在 1912~1936 年间，德国化学家 Alfred Stock 及其合作者们通过酸和硼化镁的作用，相继合成了 B_4H_{10}、B_5H_9、B_6H_{10}、$B_{10}H_{14}$ 等一系列的硼烷以及它们的衍生物。虽然现在制备硼烷一般不需要上述方法，但由于硼烷本身的挥发性、易燃性、活泼性以及对空气的敏感性，使 Stock 在制备硼烷的过程中，运用和发展了真空技术，这是 Stock 对化学的又一贡献。此后，更为复杂多样的硼烷及其硼烷衍生物（硼烷阴离子化合物、碳硼烷、金属碳硼烷等）相继合成，同时对硼氢化合物的结构和化学键理论的研究也相应蓬勃开展，使无机化学显示出一派繁荣景象，曾有人预言今后能同碳化学相类比的当属硼化学。

3.1.1　制备、命名及性质

硼烷又称硼氢化合物，是硼与氢组成的化合物的总称。硼烷分子有两种类型：$B_nH_n^{4+}$、$B_nH_n^{6+}$，前者较稳定。现已制得二十多种硼烷，其中乙硼烷 B_2H_6、丁硼烷 B_4H_{10} 在室温下为气体，戊硼烷 B_5H_9 或己硼烷 B_6H_{10} 为液体，癸硼烷为固体。硼不仅能生成中性的硼氢化物，还能形成一系列的硼氢阴离子，如 BH_4^-、$B_3H_8^-$、$B_{11}H_{14}^-$ 和 $B_nH_n^{2-}$（$n = 6 \sim 12$）等。

3.1.1.1　硼烷、硼烷阴离子的制备

20 世纪初期硼氢化物的制备是通过酸和硼化镁的作用，制备了 B_4H_{10}、B_5H_9、B_6H_{10}、$B_{10}H_{14}$ 等一系列硼烷以及它们的衍生物。由于硼烷本身的挥发性、易燃性、活泼性以及对空气的敏感性，在制备过程中运用了真空技术，并且硼不能与氢直接化合，所以硼烷是通过间接途径制备的。

在硼烷中，B_2H_6 很特殊，它是制备其他硼烷的原料，这里介绍两种实验室制法及工业制法。实验室中，以三卤化硼与强氢化剂（如 $NaBH_4$ 或 $LiAlH_4$）在质子性溶剂中反应来制备乙硼烷。通过甲基硼酸盐和氢化钠反应制备 $NaBH_4$，然后用 $NaBH_4$ 和 BF_3 或 I_2 反应制备 B_2H_6：

$$B(OCH_3)_2 + 4NaH \xrightarrow{250℃} NaBH_4 + 3NaOCH_3$$

$$3NaBH_4 + 4BF_3 \xrightarrow{\text{二甘醇二甲醚}} 2B_2H_6 + 3NaBF_4$$

$$3LiAlH_4 + 4BCl_3 \xrightarrow{\text{二甘醇二甲醚}} 2B_2H_6 + 3LiCl + 3AlCl_3$$

$$2NaBH_4 + I_2 \xrightarrow{\text{二甘醇二甲醚}} B_2H_6 + 2NaI + H_2$$

另一种简单的实验室合成是把 $NaBH_4$ 小心地加到浓硫酸或磷酸中：

$$2NaBH_4 + 2H_2SO_4 \longrightarrow B_2H_6 + 2NaHSO_4 + 2H_2$$

工业上，在高压下以三氯化铝为催化剂，以 Al 和 H_2 还原氧化硼制得：

$$B_2O_3 + 2Al + 3H_2 \xrightarrow{\text{压力，}AlCl_3} B_2H_6 + Al_2O_3$$

较高级的硼烷一般可通过热解乙硼烷来制备，如：

$$2B_2H_6 \xrightarrow{120℃} B_4H_{10} + H_2$$

$$5B_2H_6 \xrightarrow{180℃} 2B_5H_9 + 6H_2$$

$$5B_4H_{10} \xrightarrow{120℃} 4B_5H_{11} + 3H_2$$

目前，更多的是通过硼氢阴离子和三卤化硼或氯化氢的反应来制取比较高级的硼烷：

$$[M][B_4H_9] + BX_3 \xrightarrow{-110℃} B_5H_{11} + [M][HBX_3] + [\text{固体 BH 残渣}]$$

反应式中，M 为 $(CH_3)_4N^+$ 或 $(n\text{-}C_4H_9)N^+$；BX_3 为 BF_3、BCl_3 或 BBr_3。

$$K[B_6H_{11}] + HCl \xrightarrow{-110℃} B_6H_{12} + KCl$$

较高级的硼烷阴离子，可用 BH 缩聚法制得，即用 B_2H_6 或其他含有 BH 基团的物质来处理较低级的硼烷，以加入 BH 基团：

$$2BH_4^- + 2B_2H_6 \xrightarrow{373K} B_6H_6^{2-} + 7H_2$$

还可以通过低级硼烷阴离子盐的热解法制得，以 $B_3H_8^-$ 盐的热解为例：

$$[(CH_3)_4N][B_3H_8] \xrightarrow{\triangle} [(CH_3)_3NBH_3] + [(CH_3)_4N]_2[B_{10}H_{10}] + [(CH_3)_4N]_2[B_{12}H_{12}]$$

$$CsB_3H_8 \xrightarrow{\triangle} Cs_2B_9H_9 + Cs_2B_{10}H_{10} + Cs_2B_{12}H_{12}$$

$$CsB_3H_8 \xrightarrow{\text{少量乙醚，} \triangle} Cs_2B_{12}H_{12}^-$$

$$(C_2H_5)_4BH_4 \xrightarrow{\triangle} [(C_2H_5)_4]_2[B_{10}H_{10}]$$

也可通过有机的 Lewis 碱和硼氢化物反应来合成：

$$2(C_2H_5)_3N + 6B_2H_6 \longrightarrow [(C_2H_5)_3NH]_2[B_{12}H_{12}] + 11H_2$$

3.1.1.2 硼烷的命名和性质

A 命名

硼烷的命名原则类似于烷烃，根据化学式，硼原子数在 10 以内的用干支词头表示，超过 10 的用中文数字表示；母体后加括号，其内用阿拉伯数字表示氢原子数；用前缀表明结构类型（简单的常见的硼烷可省略）。如：B_4H_{10} 称丁硼烷（10），$B_{14}H_{18}$ 称十四硼烷（18），$B_{20}H_{16}$ 称二十硼烷（16），$B_{10}H_{14}$ 称巢式-癸硼烷（14）。

对硼烷阴离子命名时，除上述规则外，还应在母体后的括号内表明负电荷的数目。如：$B_{12}H_{12}^{2-}$ 称闭式-十二硼烷阴离子（-2）。

若同时还需指明氢原子数，可直接在结构类型后指出。如：$B_{12}H_{12}^{2-}$ 称闭式-十二氢十二硼酸根离子（-2）。

B 性质

硼烷的化学性质主要体现在：氧化、水解、加合和硼氢化反应等。

氧化：几乎所有硼烷都对氧化剂极为敏感，如 B_2H_6 和 B_5H_9 在室温下遇空气激烈燃烧，放出大量的热，温度高时可发生爆炸，只有相对分子质量较大的 $B_{10}H_{14}$ 在空气中稳定。

$$B_2H_6 + 3O_2 \longrightarrow B_2O_3 + 3H_2O \qquad \Delta H = -2137.7\text{kJ/mol}$$

水解：除 $B_{10}H_{14}$ 不溶于水且几乎不与水作用外，其他所有硼烷在室温下都与水反应产生硼酸和氢气。

$$B_2H_6 + 6H_2O \longrightarrow 2H_3BO_3 + 6H_2$$

该反应放出大量的热，因此硼烷可用作水下火箭燃料，但硼烷毒性大，和光气、HCN 相似。

加合反应：所有硼烷都能同氨发生反应，产物随反应条件的不同而不同。

$$B_2H_6 + 2NH_3 \xrightarrow{\text{过量 NH}_3, \text{低温}} [BH_2(NH_3)_2]^+ + [BH_4]^-$$

$$B_2H_6 + NH_3 \xrightarrow{\text{过量 NH}_3, \text{高温}} (BN)_x + H_2$$

$$B_2H_6 + 2NH_3 \xrightarrow{\text{较高温度}} B_3N_3H_6(\text{无机苯})$$

此外，硼烷作为路易斯酸，也能与 CO 发生加合反应。

$$B_2H_6 + 2CO \Longrightarrow 2BH_3 \cdot CO$$

硼氢化反应：乙硼烷在醚类溶液中解离成的甲硼烷以 B—H 键与烯烃、炔烃的不饱和键加成，生成有机硼化合物。

$$B_2H_6 + 3CH_2 \longrightarrow CH_2-(CH_3CH_2)_3B$$

$$B_2H_6 + 3CH_3-CH \longrightarrow CH-CH_3-(CH_3-CH_2-CHCH_3)_3B$$

$$R_2BH + H_3C(CH_2)_5C\equiv\!\!\equiv CH \longrightarrow H_3C(CH_2)_5C\!\!=\!\!=CH-BR_2$$

硼氢化反应是制备一系列有机硼烷的便利方法，是开辟新合成反应的重要途径。

硼簇化物的特征反应包括 Lewis 碱的裂解反应、脱质子反应、簇扩大反应和质子被亲电试剂取代的反应等。

Lewis 碱的裂解反应。硼烷中的 B—H—B 键比较脆弱，当与 Lewis 碱作用时，常发生破裂，一分为二，甚至一分为三。根据碱的不同性质，劈裂的方式有均裂和异裂两种。前者生成 BH_3 基团，后者生成 BH_2^+ 离子。

硼烷与较大的 Lewis 碱易发生均裂即对称裂解，如：

$$B_4H_{10} + 2N(CH_3)_3 \longrightarrow (CH_3)_3NB_3H_7 + (CH_3)_3NBH_3$$

$$B_2H_6 + 2(CH_3)_3N \longrightarrow 2(CH_3)_3NBH_3$$

硼烷与较小的 Lewis 碱易发生异裂即不对称裂解，如：

$$B_4H_{10} + 2NH_3 \longrightarrow [H_2B(NH_3)_2]^+ + B_3H_8^-$$

$$B_2H_6 + 2NH_3 \longrightarrow [H_2B(NH_3)_2]^+ + BH_4^-$$

高级硼烷的脱质子反应：

$$B_{10}H_{14} + NH_3 \longrightarrow [NH_4] + [B_{10}H_{13}]^-$$

$$B_{10}H_{14} + NaOH \longrightarrow Na[B_{10}H_{13}] + H_2O$$

$$B_{10}H_{14} + N(CH_3) \longrightarrow [HN(CH_3)_3] + [B_{10}H_{13}]^-$$

簇扩大反应：硼烷和硼烷阴离子反应可以合成更高级的硼烷阴离子原子簇。

$$5K[B_9H_{14}] + 2B_5H_9 \xrightarrow{\text{聚醚，85℃}} 5K[B_{11}H_{14}] + 9H_2$$

H^+ 的亲电取代反应：由于硼烷的角顶带有较多的负电荷，所有硼烷的端梢 H 原子可被亲电试剂取代，如卤化反应。

$$B_5H_9 + Cl_2 \xrightarrow{Al_3Cl} [B_5H_8Cl]^- + HCl$$

$$B_5H_9 + Cl_2 \longrightarrow [B_5H_8Cl]^- + [B_5H_8Cl]^{2-}$$

3.1.2　硼烷的结构

3.1.2.1　闭式 $B_nH_n^{2-}$ （$n=6\sim 12$）

闭式硼烷阴离子是由三角形面构成的封闭的完整多面体，骨架多面体形如笼，故又称笼形硼烷。硼原子占据着各个顶点的位置，每个硼原子均有一端梢的氢原子与之键合，这种端梢的 B—H 键向四周散开，故又称外向 B—H 键，如图 3.1 所示。

  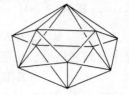

$B_6H_6^{2-}$ $B_9H_9^{2-}$ $B_{11}H_{11}^{2-}$

图 3.1　若干闭式硼烷阴离子的结构

3.1.2.2 开式（巢式）B_nH_{n+4}

开式硼烷的骨架可看成是由有 $n+1$ 个顶点的闭式硼烷的多面体骨架去掉一个顶点衍生而来。它们是开口的、不完全的或缺顶的多面体，这种结构形状好似鸟巢，故又称为巢形硼烷。

在开式硼烷中，$n+4$ 个氢中有两种结构不同的氢原子，其中有 n 个为端梢的外向氢原子，剩下的 4 个氢原子是桥式氢原子。如从 B_6H_{10} 的结构中可清楚地看到，10 个 H 中有六个外向氢原子，还有 4 个 H，每个氢连接两个硼，称作桥氢。如图 3.2 所示。

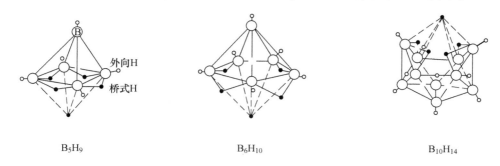

图 3.2　若干开式硼烷阴离子的结构

3.1.2.3 网式（蛛式）B_nH_{n+6}

网式硼烷可看成是闭式去掉两个顶点，或开式骨架再去掉一个相邻的顶衍生而来。它的"张口"比开式硼烷更大，是不完全的缺两个顶的多面体，形状似网，故称网式硼烷。网式硼烷中有三种结构不同的氢原子：外向氢原子、桥式氢原子和切向氢原子（指向假想的基础多面体或完整的多面体外接球面的切线方向），它们和处于不完全的边或面上的顶点的硼原子键合。网式硼烷中除 n 个外向氢以外，剩下的 6 个氢原子，或者是桥式氢原子，或者是切向氢原子（或者两种都有）。如图 3.3 所示。

3.1.2.4 敞网式

除以上几种主要的硼烷结构类型以外，还有另一种网敞开得更开，几乎成平面的结构，称为网式硼烷。这类化合物为数极少，如 $B_5H_9 \cdot [N(CH_3)_3]_2$、$B_5H_9 \cdot (Ph_2PCH_2)_2$、$B_5H_9 \cdot [(CH_3)_2NCH_2]_2$ 等，它们都是加合物。如图 3.4 所示。

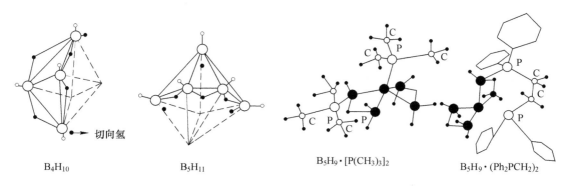

B_4H_{10}　　　　B_5H_{11}　　　　$B_5H_9 \cdot [P(CH_3)_3]_2$　　　$B_5H_9 \cdot (Ph_2PCH_2)_2$

图 3.3　若干网式硼烷阴离子的结构　　　图 3.4　若干敞网式硼烷阴离子的结构

3.1.3 硼的化学键

3.1.3.1 拓扑法

20 世纪 50 年代中期，B_2H_6、B_4H_{10}、B_5H_9、B_5H_{11}、B_6H_{10}、B_9H_{15}、$B_{10}H_{14}$ 等一系列硼烷的结构已经测定。美国化学家 William N. Lipscomb 在定域键的基础上提出了硼烷结构的拓扑图示法。他的基本假设是：

（1）在硼烷中，每个硼原子都可以形成 2c—2e 的 B—H 键或 B—B 键，也可以形成 3c—2e 的氢桥键或闭式硼桥键。

（2）对中性硼烷 B_nH_{n+m}，除 n 个 B 原子应与 n 个 H 形成 n 条 2c—2e 的外向端梢型 B—H 键外，还可有 s 条 3c—2e 的 B—H—B 氢桥键，t 条 3c—2e 的闭式 B—B—B 硼桥键，y 条 2c—2e 的 B—B 键，x 条 2c—2e 的切向型 B—H 键。如表 3.1 所示。

表 3.1　氢桥键、硼桥键、硼硼键及硼氢键

键　型	$\underset{B\quad B}{\overset{H}{\frown}}$ (3c—2e)	$\underset{B\quad\quad B}{\overset{B}{\wedge}}$ (3c—2e)	B—B(2c—2e)	B—H(2c—2e)
键　数	s	t	y	x

由于每个硼原子提供了 3 个价电子，每个氢原子提供一个电子，利用价电子数、轨道数及其和通式 B_nH_{n+m} 原子数之间的关系来推算各种类型的化学键的数目，进而获得关于硼烷的拓扑图像。所谓拓扑图像就是只考虑分子中原子之间的化学键的类型和形式，而不涉及化学键的键长、键角、键能等参数。

不同化学式的硼烷分子，s、t、y、x 是不同的，但根据电子数、轨道数和原子数之间的关系可建立如下关系：

骨架硼原子中的电子数：$s + 2t + 2y + x = 2n$

骨架硼原子中的轨道数：$2s + 3t + 2y + x = 3n$

骨架氢原子数：$s + x = m$

简化后得：$x = m - s$，　$t = n - s$，　$2y = s - x$

这是一个不定方程组，可列出有限组 s、t、y、x 的值，再根据骨架特征和限制的条件排除不合理的结构，求得硼烷分子可能的拓扑图像。为此，Lipscomb 提出以下拓扑规则：

（1）相邻的硼原子间至少有一根 B—B、B—H—B、B—B—B 键相联。

（2）任何硼原子的骨架键都不可能包含一对不相邻的硼原子。

（3）每个硼原子有 3 个价电子和 4 个价轨道，因此，B_nH_{n+m} 分子必须具有 y 条 B—B 键及 t 条 B—B—B 键。

（4）B—B—B 与 B—H—B 之和为 n 个。

（5）两个硼原子不能同时由 2c—2e 及 3c—2e（B—B—B 或 B—H—B）的键相连。

Lipscomb 成功地用拓扑法及拓扑图像描绘了大量的开式、网式硼烷及碳硼烷的结构，据此预示了硼烷的结构、形状和电荷分布等。然而拓扑图像往往不能确切地描述已知闭式硼烷阴离子的结构。例如：具有二十面体骨架的 $B_{12}H_{12}$ 阴离子，按照拓扑法的计算结果是：2 根 2c—2e 的 B—B 键和 10 根 3c—2e 的 B—B—B 键，但结构测定的结果是：6 根 2c—2e 的 B—B 键和 8 根 3c—2e 的 B—B—B 键。

3.1.3.2 Wade 规则

1971 年英国化学家 Kenneth Wade 在分子轨道理论的基础上提出了一个预言硼烷、硼烷衍生物及其他原子簇化合物结构的规则，称为 Wade 规则。该规则认为硼烷、硼烷衍生物及其他原子簇化合物的结构取决于骨架成键电子对数。Wade 规则适用于所谓的三角多面体，既可由硼烷和硼氢化物阴离子的化学式判断其分子形状，也可用于研究含有非硼原子化合物，如碳硼烷和 P 区其他元素的簇合物。该规则阐述骨架成键电子对数与硼烷分子或阴离子的几何构型之间的关系。他假设：

（1）硼烷和硼烷衍生物分子具有完整的或残缺的三角形面多面体结构。

（2）多面体顶点全部占据者为闭合型；缺一个顶点者为巢穴型；缺两个顶点者为蛛网型；缺三个顶点者为敞网型。

（3）每个硼原子提供 3 个原子轨道用于骨架成键，多面体的结构由骨架成键电子对数 b 来决定。

（4）骨架成键电子对数 b 的计算方法如下：首先将硼烷或硼烷阴离子的化学式改写成如下形式：

$$\left[(CH)_a(BH)_pH_q\right]^{d-}$$

式中，a 代表 C 原子数；p 代表 B 原子数；q 代表除了第一个 B—H、C—H 键中的 H 原子外的所有"额外"H 原子数；d 代表硼烷阴离子所带的电荷数。并假定：每个 C—H 键贡献 3 个电子，每个 B—H 键贡献 2 个电子，每个额外 H 原子贡献 1 个电子，每个 S 原子贡献 4 个电子，每个 P 原子贡献 3 个电子。上述电子计数规则可根据下式推算：

$$n = V + X - 2$$

式中，V 代表骨架主族元素的族号；X 代表配体提供的电子数，故

$$n(CH) = 4 + 1 - 2 = 3$$
$$n(BH) = 3 + 1 - 2 = 2$$
$$n(S) = 6 + 0 - 2 = 4$$
$$n(P) = 5 + 0 - 2 = 3$$

这样，骨架成键电子对数 b 可由下式计算：

$$b = \frac{1}{2} \times (3a + 2p + q + d)$$

（5）骨架成键电子对数 b 与硼烷多面体几何构型的关系如表 3.2 所示。

表 3.2　硼烷的结构规则

化学式	骨架电子对数	结构类型	骨架特点	示　例
$B_nH_n^{2-}$	$n+1$	闭式	三角形面构成完整多面体	$B_6H_6^{2-}$ 至 $B_{12}H_{12}^{2-}$，$B_{11}SH_{11}$、$B_9C_2H_{11}$
B_nH_{n+4}	$n+2$	开式	闭式多面体缺一顶	B_5H_9、B_6H_{10}
B_nH_{n+6}	$n+3$	网式	开式多面体再缺一相邻的顶	B_4H_{10}、B_5H_{11}
B_nH_{n+8}	$n+4$	敞网式	网敞得更开，几乎成平面	—

128

例如，$[B_{10}H_{10}]^{2-}$，由于 $p=10$，$d=2$，所以 $b = 1/2 \times (10 \times 2 + 2) = 11$，这里 $n=10$，得 $b=n+1$，可知为闭合型结构；对于 $B_{n-2}C_2H_n$，可改写成 $(BH)_{n-2}(CH)_2$，即 $a=2$，$p=n-2$，则 $b = 1/2 \times [3 \times 2 + (n-2) \times 2] = 1/2 \times (2n+2) = n+1$，故也为闭合型结构；对于 B_5H_9，即 $(BH)_5H_4$，$p=5$，$q=4$，则 $b = 1/2 \times (5 \times 2 + 4) = 7$，$n = 5$，$b = n + 2$，故为蛛网型结构。

3.2 硼烷的衍生物

3.2.1 碳硼烷

3.2.1.1 碳硼烷的结构

当硼烷骨架中的部分硼原子被其他非金属元素原子取代之后便会得到杂硼烷，如氮硼烷、氧硼烷、硫硼烷及碳硼烷。在碳硼烷中碳氢基团（CH）与硼烷负离子基团（BH⁻）是等电子体，可以互相取代。因此，碳硼烷多面体可看作是 CH 基团取代了硼烷阴离子中的部分 BH 基团所得到的产物。

根据 Wade 规则，可以看出硼烷阴离子与相应的碳硼烷结构上相关联，碳硼烷和母体硼烷相比，骨架结构基本不变，即 $B_nH_n^{2-}$ 与 $C_2B_{n-2}H_n$ 是等电子体和同构体。如图 3.5 中的 $B_6H_6^{2-}$ 与 $C_2B_4H_6$、B_6H_{10} 与 CB_5H_9。

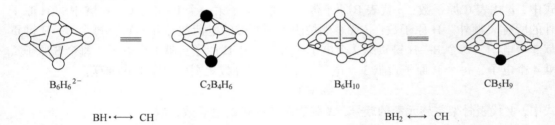

图 3.5　$B_6H_6^{2-}$ 与 $C_2B_4H_6$、B_6H_{10} 与 CB_5H_9 的结构关联

碳硼烷也有开式和闭式结构，如图 3.6 和图 3.7 所示。

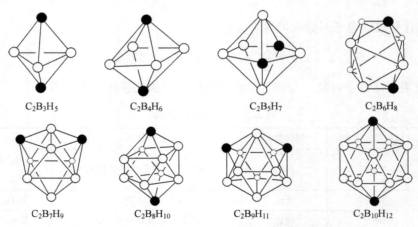

图 3.6　$C_2B_{n-2}H_n$（$n=5 \sim 12$）系列闭式-碳硼烷的结构

（H 未标出）

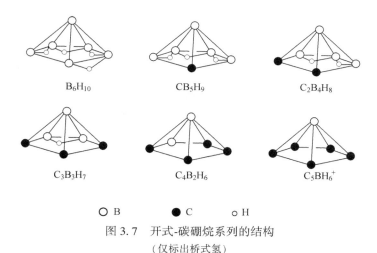

$$B_6H_{10} \qquad CB_5H_9 \qquad C_2B_4H_8$$

$$C_3B_3H_7 \qquad C_4B_2H_6 \qquad C_5BH_6^+$$

○ B   ● C   ○ H

图 3.7   开式-碳硼烷系列的结构
（仅标出桥式氢）

3.2.1.2 碳硼烷的制备和性质

碳硼烷的制备。碳硼烷的合成一般是通过硼烷或硼烷加合物同炔烃的反应来进行的。

$$B_{10}H_{14} + 2SEt_2 \longrightarrow B_{10}H_{12} \cdot (SEt_2)_2 + H_2$$

$$B_{10}H_{12} \cdot (SEt_2)_2 + C_2H_2 \longrightarrow B_{10}C_2H_{12} + 2SEt_2 + H_2$$

在 $B_{10}C_2H_{12}$ 中，两个 C 原子位于相邻位置，反映它是由于 C_2H_2 的插入而得。由 Wade 规则可知，它与 $B_{12}H_{12}^{2-}$ 互为等电子体，并同为闭合型的二十面体。该碳硼烷在空气中能稳定存在，在惰性气氛中受热不分解，只是转化为 $1,7$-$B_{10}C_2H_{12}$（500℃）和 $1,12$-$B_{10}C_2H_{12}$（700℃）异构体。

闭合式-$B_{10}C_2H_{12}$ 中，与碳原子相接的氢原子具有弱酸性，与丁基锂发生如下反应：

$$B_{10}H_{10}C_2H_2 + 2LiC_4H_9 \longrightarrow B_{10}H_{10}C_2Li_2 + 2C_4H_{10}$$

二锂碳硼烷是良好的亲核试剂，能发生许多有机锂试剂所特有的反应，这类化合物可用于合成多种碳硼烷的衍生物，例如与 CO_2 反应生成二羧酸碳硼烷：

$$B_{10}H_{10}C_2Li + 2CO_2 \xrightarrow{2H_2O} B_{10}C_2H_{10}(COOH)_2 + 2LiOH$$

同样，与 I_2 和 NOCl 反应分别生成二碘碳硼烷和 $B_{10}C_{10}C_2(NO)_2$。

3.2.2 金属碳硼烷（metallocarborane）和金属硼烷（metalloborane）

金属碳硼烷是由金属原子、硼原子以及碳原子组成的骨架多面体的原子簇化合物。如果仅是金属硼烷则不含碳原子。自从第一个金属碳硼烷阴离子 $[(C_2B_9H_{11})_2Fe]^{2-}$ 问世以来，金属碳硼烷得到了迅速发展。

第一个金属碳硼烷的母体是碳硼烷 $1,2$-$C_2B_{10}H_{12}$（图 3.8a），强碱可使之发生特殊的降解作用，以致失去一个 BH 顶，产生相应的 $7,8$-$C_2B_9H_{12}^-$ 阴离子（图 3.8b），该阴离子的骨架为缺顶的二十面体，它的 12 个氢原子中有 11 个处在端梢的位置上，还有一个处在三中心的 B—H—B 桥键上，它的位置在开口五元面的一条边上，用很强的碱（如 NaH）来处理 $7,8$-$C_2B_9H_{12}^-$ 阴离子，可去掉这个桥式氢原子，产生 $7,8$-$C_2B_9H_{11}^{2-}$ 阴离子（图 3.8c），整个反应式可表示如下：

$$1,2\text{-}C_2B_{10}H_{12} + CH_3O^- + 2CH_3OH \longrightarrow 7,8\text{-}C_2B_9H_{12}^- + B(OCH_3)_3 + H_2$$

$$7,8\text{-}C_2B_9H_{12}^- + NaH \xrightarrow{\text{THF}} 7,8\text{-}C_2B_9H_{11}^{2-} + Na^+ + H_2$$

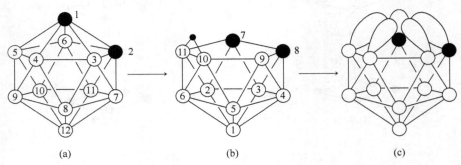

(a)　　　　　　　　　(b)　　　　　　　　　(c)

图 3.8　7，8-$C_2B_9H_{11}^{2-}$ 阴离子的结构和由来

在开式的 7，8-$C_2B_9H_{11}^{2-}$ 阴离子的开口面上，3 个硼原子和 2 个碳原子各提供一个 sp^3 杂化轨道，它们都指向原来第 12 个硼原子所占据的顶点，这 5 个轨道共有 6 个离域电子，这种情况和环戊二烯基阴离子 $C_5H_5^-$ 由 p 轨道组成的 π 体系及其相似，既然环戊二烯基能形成大量的有机金属化合物，推测 $C_2B_9H_{11}^{2-}$ 阴离子也可作为 π 配体形成金属碳硼烷，按照这种思路，Hawthorne 等用无水 $FeCl_2$ 和开式碳硼烷阴离子反应，成功地合成出第一个金属碳硼烷：$[(CH_3)_4N]_2[(C_2B_9H_{11})_2Fe]$。

$[(C_2B_9H_{11})_2Fe]^{2-}$ 按下式合成：

$$2C_2B_9H_{11}^{2-} + FeCl_2 \xrightarrow{\text{THF}} [(C_2B_9H_{11})_2Fe]^{2-} + 2Cl^-$$

$[(CH_3)_4N]_2[(C_2H_9H_{11})_2Fe^{II}]$ 是一个粉红色、反磁性的化合物，它在空气中不稳定，很快便氧化成栗色、顺磁性的化合物 $[(CH_3)_4N]^+[(C_2H_9H_{11})_2Fe^{III}]^-$，其阴离子结构如图 3.9 所示。

在这种结构中，含铁、硼和碳原子组成的共 12 个顶点的多面体骨架，其中铁原子为两个二十面体所共享，这种结构也可看做是开式配体和金属离子形成的配合物。自从合成出第一个金属碳硼烷以后，又有一系列的金属碳硼烷和金属硼烷被合成出来，尤其以 12 个顶的化合物为数最多。金属硼烷和金属碳硼烷的原子骨架也有闭式、开式和网式之分，如图 3.10 所示。

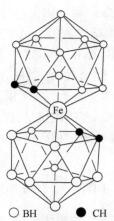

○ BH　● CH

图 3.9　$[(C_2B_9H_{11})_2Fe^{III}]^-$ 的结构

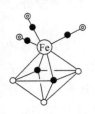

闭式 $(CO)_3FeC_2B_3H_5$

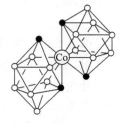

闭式 $[Co(C_2B_7H_9)_2]^-$

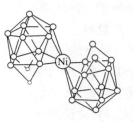

开式 $[Ni(B_{10}H_{12})_2]^{2-}$

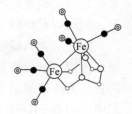

开式 $[(CO)_3Fe]_2B_3H_7$

图 3.10　若干闭式、开式金属硼烷、金属碳硼烷结构

硼烷的衍生物除碳硼烷、金属碳硼烷和金属硼烷之外还有很多，因为不仅碳原子或金属原子可参与硼烷的原子簇骨架，其他很多原子如硫、磷等也都可以作为骨架原子参与，此外，由有机基团取代硼烷中部分氢原子形成的有机硼烷则为数更多。

3.3　碳的原子簇

3.3.1　分类

通常所谓的碳原子簇包含两大类：一类是碳原子数较少的具有多面体骨架的碳氢化合物（碳烷）。另一类是碳原子数较多的纯碳元素的多面体笼形分子，称作多面体碳笼烯，简称碳笼烯。

迄今为止的多面体碳烷，其分子式可以统一写成 C_nH_n（n 为偶数）。多面体碳烷每个骨架碳原子都有 4 个 sp^3 杂化轨道，其中 3 个与相邻的 3 个碳原子成键，构成骨架多面体，还有一个反指向中心的外向杂化轨道，与配位体氢原子相互作用。现在合成出的多面体碳烷分子，仅有 $n = 6$、8、10、20 四种情况。虽然至今没有合成出四面体骨架的 C_4H_4，但是其一系列的烷基取代产物却有很多，如 $C_4(CH_3)_4$，$C_4[C(CH_3)]_4$ 等，$n = 20$ 的多面体碳烷至今还没有合成出来。

从表 3.3 中的碳烷骨架分子结构来看，与具有三角形多面体骨架的硼烷不同，多面体碳烷的骨架通常是由各种多边形面（大都为四边形和五边形）所围成的，但这些多面体的所有顶点都是三联结点，即多面体碳烷的所有顶点碳原子都与紧邻的三个碳原子键联。与封闭形硼烷分子中外向 B—H 键相对应，每个碳多面体骨架上的碳原子，也都连有一个由骨架中心向外方向上键合的端氢原子，一般称这种 C—H 键为外向 C—H 键。等数目的偶数个碳和氢原子，可以相互作用形成具有多面体骨架的碳氢化物——多面体碳烷（表 3.3）。

表 3.3　已合成出的多面体碳烷及取代物的骨架性质

分子式	$C_4[C(CH_3)]_4$	C_6H_6	C_8H_8	C_8H_8	$C_{10}H_{10}$	$C_{10}H_{10}$	$C_{20}H_{20}$
骨架多面体							
骨架对称性	T_d	D_{3h}	O_h	C_{2v}	D_{5h}	C_{3v}	I_h
骨架碳原子数 n	4	6	8	8	10	10	20
骨架边数 l	6	9	12	12	15	15	30

碳笼烯也是具有偶数个碳原子的分子，分子式为 C_n。虽然碳笼烯也是骨架碳原子用其 4 个 sp^3 杂化轨道中的三个与其他三个紧相邻的碳原子成键，构成多面体骨架，但是每个骨架碳原子都剩下一个反指向中心的外向杂化轨道，没有配位体与之相互作用，而是轨道之间的相互作用，构成了球面超共轭大 π 键，因此这类碳原子笼的实质是化合价不饱和的，常称为富勒烯或巴基烯。一般碳原子数目在 24 以上的被称为高碳笼烯，比如 C_{60}、

C_{70}即是此类分子的代表。碳笼烯通常由两类多边形面构成，一类为构成石墨层的六边形面，结构中的所有碳原子也是与紧邻的三个碳原子相键联，即所有的顶点都是三联结型顶点。这种没有配位体的碳原子簇还有其他形式，如单层和多层碳管等。

3.3.2　碳原子簇的结构

从前面碳硼烷的讨论似乎可以推测，多面体硼烷中硼被碳极限取代的产物就是碳烷，然而实际合成出的多面体碳烷与多面体硼烷相比，无论在几何构型还是在成键性质上都有本质区别。

硼烷是缺电子分子，硼原子的价电子中心数比轨道数少，因此对硼烷原子簇，必须用多中心键来描述它们的化学键，但是碳原子的价电子数与其轨道数相等，因此它不必形成多中心键，通常可以形成双中心双电子键。因此，每个多面体碳烷骨架中的骨架原子可以形成三个定域键，也即是碳原子簇骨架中的每个碳原子都是三联结的。碳原子簇骨架多面体的多边形面可以是3、4、5、6甚至是7边形面，而硼烷骨架多面体的多边形面都是三角形面，并且每个硼原子可以与3、4、5甚至是6个紧邻的硼原子相键联。

多面体硼烷在几何构型和化学键上是完全独立并平行于硼烷的一类新型原子簇，它为研究非三角形面多面体及其衍生骨架的原子簇的成键方式和几何构型提供了简单的模型。碳笼烯的发现更意味着原子簇化合物不仅有化合价饱和的结构，也有化合价不饱和的结构，进一步丰富了原子簇的化学键理论。

碳笼烯或多面体碳烷分子的骨架都是以三联结型顶点为特征的，由多边形面围成的多面体，但是，不同的是前者没有配位体氢原子，而后者中每个碳原子都联结一个外向配位体氢原子。碳笼烯分子可以发生部分或全部加氢反应生成分子式为C_nH_m型的分子，其中m为偶数，例如，C_{60}可以加氢生成$C_{60}H_2$、$C_{60}H_4$、$C_{60}H_{60}$等。如果碳笼烯完全加氢，则生成C_nH_n型碳笼烷，即高碳多面体碳烷。反之，碳笼烯可看作是高碳多面体碳烷或碳笼烷全部脱氢的产物。高碳笼烯和高碳多面体碳烷之间可以通过加氢或脱氢而互相转化。

形式上可认为在C_n中存在C═C双键，事实上，由于高碳笼烯中的每一个碳原子都与三个相邻近的碳原子相键合，因此可认为每一个碳原子都是使用它的四个杂化轨道中的三个与相邻的三个碳原子的一个杂化轨道相互作用，构成碳原子的龙骨架；剩下的一个价轨道沿笼中心经过这个碳原子指向外方向，简称这个轨道为外向轨道。由于骨架碳原子不在一个平面上，每个碳原子的外向价轨道也不可能是完全平行的，但是当n很大时，这些外向价轨道彼此之间的夹角相对减小，从而使两个相邻的外向价轨道相互重叠、相互作用而构成碳笼曲面上的共轭π_n^n键，使碳笼更加稳定。虽然这种共轭键没有相应的平面的π_n^n键强，但是随着碳笼烯分子中碳原子数的增加，碳笼面上的相邻外向价轨道之间的夹角随之减小，更趋近于平面的情况，有利于共轭π_n^n的形成。当n较小时，笼面上相邻碳原子的外向价轨道之间的夹角较大，难以形成共轭的π_n^n键。例如，对于C_4笼和C_8笼，相邻碳原子的外向价轨道之间的夹角分别为$109.5°$和$70.5°$，显然难以形成π_n^n键；但是对应C_{60}相邻两个碳原子的外向价轨道之间的夹角为$23.3°$，它们之间的重叠完全可以相互作用成键。这就说明了为什么碳原子数较小时，不能形成碳笼烯，只能形成碳烷的原因。

3.3.3　多面体碳烷的结构规则和应用

由于多面体碳原子簇中的化学键都是双中心双电子键，因此可以直接对每个碳原子利用八隅体讨论其电子结构，并建立电子结构和几何构型之间的关系。与讨论硼烷一样，将碳原子簇分子分解成骨架和配位体两部分，并且利用碳原子簇骨架的性质和 C—C 键的定域双中心键特点，确定骨架反键轨道数目，进而利用价键理论，直接推导出多面体碳原子簇的拓扑结构规则：

(1) 多面体碳原子簇的骨架是以碳原子为顶点的多面体，顶点数 N 等于碳原子数 n，碳笼烯是无配体的骨架。

(2) 每个碳原子都提供 4 个价轨道，即 1 个 2s 轨道和 3 个 2p 轨道，经过杂化后与其他骨架碳原子作用，因此，骨架碳原子贡献的总价轨道数为 $4n$。

(3) 碳骨架是由构成骨架的碳原子通过每两个相邻的碳原子间的双中心双电子键结合成碳骨架。在这种成键结合中，每个碳原子都提供一个杂化轨道彼此相互作用，产生一个骨架成键轨道和一个骨架反键轨道，每一对碳原子之间的这种结合方式形成的成键轨道是对应于多面体中连接这两个相邻碳原子顶点的一条边（设有 l 条边），因此形成骨架时也将总共产生 L 个反键轨道。如果两个相邻碳原子之间形成的键数不止一个，那么在计算边数时，这相邻的两个碳原子之间的边数应该计为其间的化学键数 L_1，反键轨道数也为 L_1。如此，形成骨架时，n 个骨架碳原子的总的价轨道数为 $4n$，将分为成键骨架轨道数和反键骨架轨道数两部分。因此，骨架的成键轨道数为 $4n-L$。

(4) 如果碳原子簇没有配位体，$4n-L$ 当然表示这类碳原子簇或碳笼烯的成键轨道数。如果碳原子簇有配位体，则骨架与配位体的结合通常是由配位体和骨架各提供一个价轨道和一个价电子相互作用形成的共价键。但是，这种相互作用的结果只能是产生一个成键轨道和一个反键轨道，并且，用这个成键轨道来容纳这两个电子，因而碳骨架与配位体相互作用时，碳烷中的成键轨道数仍与骨架相同，只是多容纳了配位电子，使价电子数增加。于是无论在哪一种情况，多面体碳原子簇的成键轨道数（VBO）为：$4n-L$。其中 n 为碳原子簇骨架中的碳原子总数，L 为碳原子簇骨架的碳原子之间的联结数（或键数）。如果碳-碳原子间的单键、双键和三键的联结数分别为 1、2、3，则上式可以应用于所有的碳氢化合物。如果碳原子簇骨架中所有的碳-碳联结都是单键，则 L 就是碳多面体骨架的边数。如果价成键轨道都被填满价电子，碳原子簇的价电子数（VE）为：$2(4n-L)$，此时原子簇将因具有闭壳层的基态电子结构而稳定。

可以用上式解释多面体碳烷 C_nH_n 和碳笼烯 C_n 的电子结构。对多面体碳烷，如果 $C_{20}H_{20}$ 具有正十二面体骨架，从表 3.4 可知它有 30 条边，并且骨架碳原子之间都是以单键相键合：

$$L = 30$$
$$VBO = 4 \times 20 - 30 = 50$$

按其分子式计算，价电子数

$$VE = 4 \times 20 + 1 \times 20 = 100$$

恰好可以填满其价成键轨道，解释了其闭壳层基态的稳定性。

对碳笼烯，C_{60} 具有足球状的切角正十二面体结构，12 个五边形和 20 个六边形，边数为 90；相邻的原子之间除了有单键相键合之外，还有外向轨道相互作用形成的 30 个定域 π 键，因此，联结数为：

$$L = 90 + 30 = 120$$

$$VBO = 4 \times 60 - 120 = 120$$

按分子式计算 $VE = 4 \times 60 = 240$。正好填满 C_{60} 分子的价成键轨道，从电子结构上解释了它的闭壳层基态的稳定性。

归纳起来，对多面体碳烷 C_nH_n，由于其骨架上任一碳原子都是与其他的三个相邻的碳原子相键联，因此，其多面体顶点数 n 和边数 l 之间，满足关系式：

$$3n = 2l$$

因此，有 $l = \dfrac{3}{2}n$。

多面体碳烷 C_n 骨架中的任两个碳原子之间仅有一条单键相键合，因此，其边数 l 等于其联结数 L

$$VBO = 4n - L = 4n - l = 4n - \frac{2}{3}n = \frac{5}{2}n$$

恰好与按分子式计算得到的价电子数 $VE = 4n + n = 5n$ 相对应，说明了这类分子闭壳层结构的稳定性。对应碳笼烯 C_n，它的多面体骨架上的任一个碳原子也都是与其他三个相邻的硼原子相键联，因此，应该与多面体碳烷 C_nH_n 一样，具有顶点数 n 和边数 l 的相同关系。但是，与多面体碳烷不同的是，它的每一个碳原子还有一个外向轨道，能够彼此相互作用构成笼面共轭大 π_n^n 键，相当于 C_n 中还具有 $\dfrac{n}{2}$ 个 π 键。因此，联结数 L 不等于边数 l，$L = l + \dfrac{n}{2} = 2n$，则：

$$VBO = 4n - L = 4n - 2n = 2n$$

与按分子式计算的实际价电子数 $VE = 4n$ 相一致，可解释碳笼烯的闭壳层基态的稳定性。反之也可以用多面体碳原子簇的拓扑结构规则，讨论化学键性质。如多面体碳烷 C_nH_k，考虑到分子式的价电子数之间的关系，得到等式：

$$2(4n - L) = 4n + k$$

C_nH_k 多面体碳烷的顶点数与联结数满足关系式：

$$L = 2n - \frac{k}{2}$$

对多面体碳烷 C_nH_n，则有：

$$L = \frac{3}{2}n = l$$

这就是多面体碳烷 C_nH_n 的特征几何性质，目前已经合成出的多面体碳烷 C_nH_n 都满足上式，这表明多面体碳烷 C_nH_n 中，骨架键都为双中心 σ 键。如果任何一个碳烷骨架多面体对应着一个新的碳烷骨架，相应的多面体碳烷仍然满足上述关系式。如可以认为 $C_{10}H_{10}$ 是 C_8H_8 截去一个角形成的。如果 $k \neq n$，而等于其他偶数，则可得到其他类型的多面体碳烷，其中包括对碳笼烯的部分加氢的产物分子，例如：$C_{60}H_2$ 和 $C_{60}H_4$，$k = 2$ 和 4，相应地有：

$$L = 2 \times 60 - 1 = 119$$
$$L = 2 \times 60 - 2 = 118$$

由于 $C_{60}H_k$ 的骨架仍然有三联结顶点的性质，即顶点数 n 和边数 l 之间存在着 $l = \dfrac{3}{2}n$ 的关系，则可得到：

$$L = 119 = 90 + 29 = l + 29$$
$$L = 118 = 90 + 28 = l + 28$$

表明除有 90 个 σ 键之外，π 键数目分别降为 29 和 28 个，或者说它们分别具有共轭大 π 键 π_{58}^{58} 和 π_{56}^{56}。如果 $k = 0$，则得到碳笼烯分子 C_n，其联结数为：$L = 2n$。再利用 $l = \dfrac{3}{2}n$，有 $L = l + \dfrac{n}{2}$。

由此得知，在 C_n 中有两类键，一类是与其多面体边数相等的 σ 键，另外的 $\dfrac{n}{2}$ 个键是附加在这类 σ 键上的 π 键。类似的讨论也可以用于一般的碳氢化合物，包括直链烃、环烃和芳烃。

3.3.4 碳原子簇例子之一：富勒烯

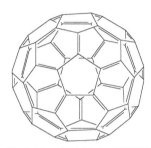

图 3.11　富勒烯 C_{60} 的球形分子的价键结构式

1985 年，英国科学家 H. W. Kroto 和美国科学家 R. E. Smalley 合作，用质谱仪研究在超声气流中用激光蒸发石墨所得的产物，发现其中有多种 C_n 原子簇。当 $n > 40$ 时，碳原子数为偶数，且 C_{60} 簇的含量远高于其他 C_n 簇。Kroto 等受美国建筑学家 Buckminster Fuller 的球形薄壳建筑的启发，提出了 C_{60} 分子是由 60 个 C 原子围成的一个球体，是由 12 个五边形和 20 个六边形围成的一个 32 面体。该结构既像 Fuller 设计的球面建筑，又酷似美式足球，故命名为 Fullerene 即富勒烯，又称巴基球或足球烯（图 3.11）。

在得到的 C_n 簇中，除了主要成分 C_{60} 外，还发现有 C_{50}、C_{70}、C_{74}、C_{80}、C_{120}、C_{240}、C_{540} 等，都统称为富勒烯。在富勒烯中，人们对 C_{60} 研究得最深入。它独特的结构和奇异的物理化学性质备受国际科学界的关注，对其研究不仅涉及化学的各个分支，还涉及生命科学、材料科学及固体物理等诸多领域。富勒烯及其衍生物的研究翻开了无机化学特别是原子簇化学新的一页。Kroto 等人也因此获得了 1996 年诺贝尔化学奖。

3.3.4.1 富勒烯结构

A　C_{60} 与 C_{70} 的结构

C_{60} 的结构已在低温下通过 X 射线衍射法（对固体）和电子衍射法（对气态分子）得到测定。测定结果表明，C_{60} 分子由 12 个五边形和 20 个六边形围成，每个五边形均与 5 个六边形共边，而六边形则将 12 个五边形彼此隔开。60 个碳原子处于 32 面体（截顶 20 面体）的顶点上。所有的碳原子都是等价的，故 C_{60} 分子具有很高的对称性，属于 I_h 点群（见图 3.12a）。

在 C_{60} 分子中，每个碳原子近似以 $sp^{2.28}$ 的方式杂化，分别和周围三个碳原子形成 3 个 σ 键，剩余的轨道和电子共同组成离域 π 键。若按价键结构式表达，每个碳原子和周围 3

个碳原子形成两个单键和一个双键，这样 C_{60} 分子中共有 60 个单键和 30 个双键。

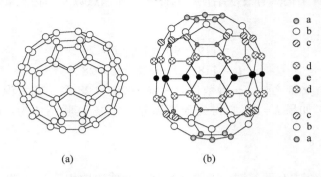

图 3.12　C_{60} 与 C_{70} 结构对比

(a) C_{60}；(b) C_{70}

由图 3.12 可见，在 C_{60} 中存在两种不同类型的 C—C 键：全部六元环和六元环共用的边（称为 6/6 边）为双键，六元环和五元环共用的边（称为 6/5 边）为单键。6/6 C—C 键长（138pm）要比 6/5 C—C 键长（145pm）短一些，这种结构是 C_{60} 最稳定的一种价键结构式。由于 C_{60} 分子是球形分子，3 个 σ 键键角总和为 348°，C—C—C 键角的平均值为 116°，π 轨道垂直球面，σ-π 轨道夹角为 101.64°。根据杂化轨道理论，若近似地平均计算，3 个 σ 轨道每个含 s 成分为 30.5%，p 成分为 69.5%，而垂直于球面的 π 轨道含 s 成分 8.5%，p 成分 91.5%。它们的键型介于 sp^3 和 sp^2 之间。

C_{60} 分子为中空的球形分子，球体大小为 $1.87×10^{-22}cm^3$，外径为 1.34nm，平均内径为 0.710nm，因而预计富勒烯的碳笼中可以容纳各种分子和原子而形成多种包合物。C_{60} 分子间存在较弱的范德华力，致使 C_{60} 分子在晶体中不断旋转，常温下测得 C_{60} 晶体为立方面心结构（fcc），随着温度降低，C_{60} 分子旋转减弱，故在低温下分子取向变为有序。

C_{70} 具有 D_{5h} 对称性，它是由两个类似于 C_{60} 半球体通过一组额外的 10 个 C 原子桥接而成（图 3.13 中以 e 代表）。该结构中含有 5 种类型的 C 原子（图 3.13 中标记为 a~e），形成 9 层，共有 8 类 C—C 键，4 类出现于 6/6 环接处，另外 4 类出现于 6/5 环接处，6/6 环接的键长较 6/5 环接的键长短，最短的 C—C 键出现在 C_{70} 分子的弯曲的两极上，在 C_{70} 分子两极区的 C_a—C_b 和 C_c—C_c 键是 π 键键级最高的键，预计此处具有最高的反应活性。

B　C_{60} 二聚体

将两个富勒烯紧密相连可得到二聚体，所用的分子桥可以是乙炔或亚苯基，也有无桥的或氧桥的二聚体，如图 3.13 所示。

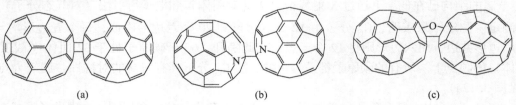

(a)　　　　　　　　　　　(b)　　　　　　　　　　　(c)

图 3.13　C_{60} 的三种二聚体

这种二聚体表现出有趣的电化学性质，因为一个缺电子球体的存在必然影响另一个球体的电化学性质。例如，循环伏安研究表明，二聚体（图 3.13b）中的两个球体间存在较弱的电泳作用；循环伏安和微分脉冲伏安法研究表明，二聚体（图 3.13c）的两个球体间是相通的；而二聚体（图 3.13a）的电化学研究表明，其峰电流是相应的单体峰电流的两倍，说明两个球体之间无相互作用，电化学上是彼此独立的。

3.3.4.2 富勒烯制备

A 电弧法

电弧法是将电弧室抽成高真空，然后通入惰性气体如氦气。电弧室中安置有制备富勒烯的阴极和阳极，电极阴极材料通常为光谱级石墨棒，阳极材料一般为石墨棒，通常在阳极电极中添加铁、镍、铜或碳化钨等作为催化剂。当两根高纯石墨电极靠近进行电弧放电时，炭棒气化形成等离子体，在惰性气氛下碳分子经多次碰撞、合并、闭合而形成稳定的 C_{60} 及高碳富勒烯分子，它们存在于大量颗粒状烟灰中，沉积在反应器内壁上，收集烟灰提取。电弧法非常耗电，成本高，是实验室中制备空心富勒烯和金属富勒烯常用的方法。

B 燃烧法

苯、甲苯在氧气作用下不完全燃烧的炭黑中有 C_{60} 和 C_{70}，通过调整压强、气体比例等可以控制 C_{60} 和 C_{70} 的比例。该法对设备要求低，产率可达到 0.3%~9%，是工业生产富勒烯的主要方法。

3.3.4.3 富勒烯的性质及有趣的化合物

A 物理性质

富勒烯在脂肪烃中的溶解性随溶剂分子的碳原子数增大而增大，但一般溶解性较小。在苯和甲苯中有良好的溶解性，而在二硫化碳（CS_2）中的溶解度很大。但是由于 CS_2 的毒性很大，因此一般不使用。目前用于溶解 C_{60} 最好的溶剂为甲苯。C_{60} 在室温下是分子晶体，能谱计算表明，面心立方的固态 C_{60} 是能隙为 1.5eV 的半导体，经过适当的金属掺杂后，表现出良好的超导性。研究发现，C_{60} 和 C_{70} 的甲苯溶液能够透射相对低光强的光，但是能阻止通过超过某一临界光强的光，而且处于激发态的 C_{60} 分子比处于基态的 C_{60} 分子具有更好的吸光性。

B 化学性质

a 富勒烯的氧化还原反应

在烟灸生成过程中，如果存在碱金属的蒸气，就可形成多种组成的碱金属——富勒烯化物。这些富勒烯化物实际上是富勒烯的碱金属掺合物。1991 年 Hebar 等报道了 K_3C_{60} 的合成以及对它超导性的研究，该掺合物的超导起始温度 $T_c = 18K$，打破了超导有机体 $(Et)_2Cu[N(CN)_2]Cl$ 的 12.8K 记录。K_3C_{60} 的晶体结构为面心立方体，碱金属原子处在 C_{60} 球体的外面，占据晶格的格位，其中一个 K^+ 占据一个八面体孔隙，另两个 K^+ 占据两个四面体空隙。目前合成出的 M_3C_{60} 型碱金属掺合物还有 $Rb_3C_{60}(T_c = 29K)$、$Cs_3C_{60}(T_c = 40K)$ 以及 M'_2M'' C_{60} 型（M'、M'' 为不同碱金属），例如：$RbCs_2C_{60}$，$T_c = 33.0K$；Rb_2CsC_{60}，$T_c = 31.3K$；Rb_2KC_{60}，$T_c = 27K$ 等，它们都有超导性，而化学计量为 $Rb_{2.7}Tl_{22}C_{60}$ 的掺合物 T_c 高达 45K。富勒烯除了能与碱金属形成 M_3C_{60} 的掺合物外，还能形成 M_2C_{60} 型的碱金属掺合物，例如属于 Na_2C_{60} 型的富勒烯化物 $[Na(NH_3)_4^+]_2[C_{60}^{2-}]$ 及 $[Na(crown)^+]_2[C_{60}^{2-}]$ 等。

　　$n>60$ 的富勒烯球体的内径足够大，可以包容金属原子，如先用适当的金属盐掺杂碳电极，然后用这种掺杂的碳电极去生产富勒烯，就可以得到球体内包容一个或多个金属原子的富勒烯包合物，例如 $Sc_2@C_{80}$ 等。稀土离子也可以进入球体内，如 $La@C_{82}$，La 为 La^{3+} 离子，而 C_{82} 球体带 3 个负电荷。C_{60}^{n-} 离子（$n=1\sim6$）也已经通过化学或电化学的方法制备出来，例如，电化学研究表明，C_{60} 在非水溶剂中（如 DMF 中）能发生五步电化学可逆的还原和氧化反应。

　　富勒烯可与氟经过多步反应生成无色的 $C_{60}F_{60}$。[19]F 核磁共振研究显示，所有的 F 都是化学等价的，说明 $C_{60}F_{60}$ 分子仍具有高对称性。由于氟烃黏着力低，预期这一球形分子会具有异乎寻常的润滑性质。除了 C_{60} 受热时的溴化反应可逆外，富勒烯的其他反应都和烯烃和芳烃类似。

　　b　富勒烯的加合反应

　　富勒烯分子和无机或有机化合物反应可以得到许多新的化合物。加合反应可以分为不同的种类，主要有以下几种：

　　（1）单基团加合物。单基团加合物是指在富勒烯分子 C_{60} 或 C_{70} 等分子表面上加合一个基团所得的产品。基团和球碳表面原子连接的方式主要有三种（图 3.14）。

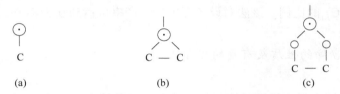

图 3.14　基团和球碳表面原子连接的三种方式

　　$C_{60}(^tBu)$ 属于第一种连接方式，即 —$C(CH_3)_3$ 基团只和 C_{60} 上的一个碳原子相连，而 $C_{60}O$、$C_{60}CH_2$、$C_{60}[Pt(PPh_3)_2]$ 中的加成基团氧、碳和铂原子按照图 3.14b 的方式和 C_{60} 面上的两个碳原子相连成键，由于表面上 6/6 棱边双键成分较高，一般都是加在这两个碳原子上；$C_{60}[OsO_4(^tBu-Py)_2]$ 按图 3.14c 的方式连接，即锇原子通过两个氧原子和 C—C 上的两个原子成键。图 3.15 给出了 $C_{60}[OsO_4(^tBu-Py)_2]$ 和 $[Pt(PPh_3)_2](\eta^2-C_{60})$ 的分子结构。

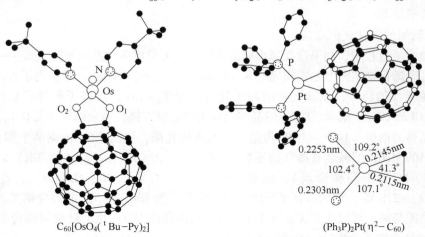

$C_{60}[OsO_4(^tBu-Py)_2]$　　　　　　$(Ph_3P)_2Pt(\eta^2-C_{60})$

图 3.15　C_{60} 的单基团加合物

一个强的亲电试剂和氧化剂 OsO_4 可以发生锇酰基化反应。在吡啶的存在下，以化学计量的四氧化锇与 C_{60} 反应生成 $C_{60}[O_2OsO_2(Py)_2]_2$，如图 3.16 所示。

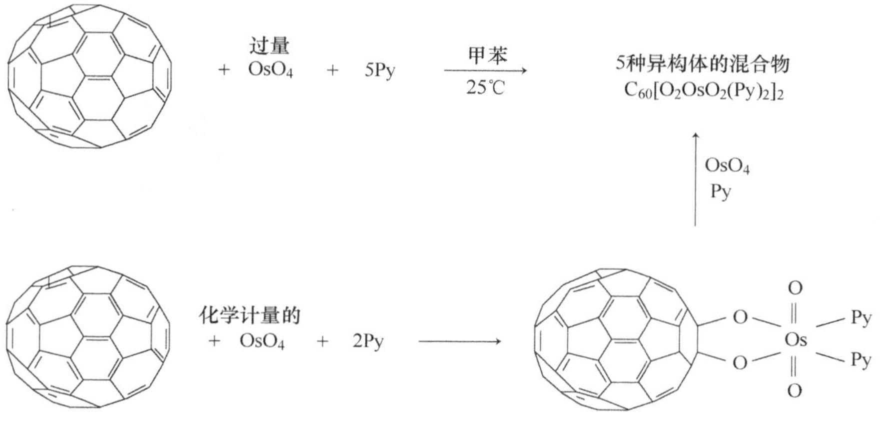

图 3.16 C_{60} 的锇酰基化反应

反应中锇酰基中的两个氧原子加入到 6/6 环接的 C—C 键上，该化合物在甲苯中有较好的溶解性，OsO_4 对 C_{60} 的二级加合会产生 $C_{60}[O_2OsO_2(Py)_2]_2$ 的五种异构体，可通过高压液相色谱将这些异构体分离开来。这种加合也是加合到 6/6 环接处的。类似的加成反应还有：

$$C_{60} + S_2Fe_2(CO)_6 \longrightarrow C_{60}S_2Fe_2(CO)_6$$

这是一个 1，2-加成反应，通过打开 $S_2Fe_2(CO)_6$ 中的 S—S 键，两个 S 原子加到烯键上。当富勒烯和金属有机化合物加合时，如果金属匹配，富勒烯既可以充当亲电试剂，又可以充当亲核试剂。例如，过渡金属配合物与 C_{60} 能在 6/6 环接键上发生 η^2-加成反应，生成了 η^2-60 金属配合物。这些反应类似于大家熟知的铂-膦配合物加合到烯烃的双键上的 η^2-加合反应。例如，C_{60} 与富电子的膦铂（0）配合物反应，便可得到 $(\eta^2$-$C_{60})Pt(PPh_3)_2$。在该化合物中，铂原子在 6/6 环接键上以 η^2-方式配位，即铂原子跨连富勒烯分子的一对碳原子，类似的例子还有：

$$C_{60} + Os_3(CO)_{11}(NCCH_3) \longrightarrow (\eta^2\text{-}C_{60})Os_3(CO)_{11} + NCCH_3$$
$$C_{60} + Ir(CO)Cl(PR_3)_2 \longrightarrow (\eta^2\text{-}C_{60})Ir(CO)Cl(PR_3)$$

多重加合也可以发生，如 $Ir_2(\mu\text{-}OMe)(\mu\text{-}OPh)(\eta^4\text{-}C_8H_{12})_2$ 和 $Ir_2(Cl)_2(\eta^4\text{-}C_8H_{12})_2$ 可以与 C_{60} 加合。在 $(C_{60})Ir_2(\mu\text{-}OMe)(\mu\text{-}OPh)(\eta^4\text{-}C_8H_{12})_2$ 中，两个 Ir 原子分别以 η^2-方式键合于 C_{60} 的一个六边形上，$(C_{60})[Ir_2(Cl)_2(\eta^4\text{-}C_8H_{12})_2]$ 的键合方式类似于前者，只是这两个附加物位于球体的相对两边。

（2）多基团加合物。多基团加合物是指在一个 C_{60} 分子表面上加合多个基团的化合物，例如 $C_{60}Br_6$、$C_{60}Br_8$、$C_{60}Br_{24}$ 和 $C_{60}[Pt(PPh_3)_2]_6$ 等，分子均有多个基团和 C_{60} 骨架相连接，如图 3.17 所示的 $C_{60}[Pt(PPh_3)_2]_6$ 和 $C_{70}[Pt(PPh_3)_2]_4$ 的结构。

（3）超分子加合物。C_{60} 和 C_{70} 具有客体分子功能，它们可以和主体分子如冠醚、杯芳烃、二茂铁、氢醌等共同形成超分子加合物。在这些加合物中，客体分子和主体分子依靠静电力、氢键和范德华力结合在一起形成晶态结构。在组成为 $[K(18\text{-}冠\text{-}6)]_3 \cdot C_{60} \cdot$

（$C_6H_5CH_3$）$_3$的晶体结构中，C_{60}为负的三价离子［C_{60}］$^{3-}$，两个［K^+（18-冠-6）］从上下两个方向和［C_{60}］$^{3-}$结合，其间既包括 K^+ 和［C_{60}］$^{3-}$的静电作用，也包括冠醚像一顶皇冠戴在球形的分子上。

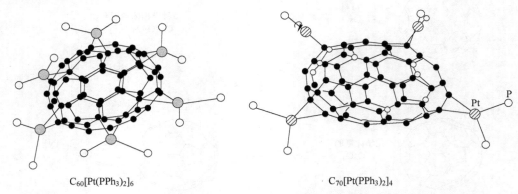

$C_{60}[Pt(PPh_3)_2]_6$ $C_{70}[Pt(PPh_3)_2]_4$

图 3.17 C_{60}和 C_{70}的多基团加合物

（4）复杂加合物。富勒烯分子中的碳骨架可提供多样的、丰富的反应性能，图 3.18 所示为一个用［4+2］环加合反应合成的 C_{60}复杂加合物。

（5）空腔内包藏原子的化合物。腔藏金属球碳化合物是在碳笼内部容纳了金属原子，例如，La@ C_{60}、Y@ C_{60}、La$_2$@ C_{80} 等，IUPAC 建议通过 iLa C_{60}、iY C_{60}、iLa$_2$C$_{80}$ 符号（i 表示包含在内，出自 incarcerane）。迄今，通过鉴定或分离得到了在碳笼内部包含金属原子的众多

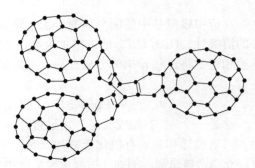

图 3.18   富勒烯分子的复杂加合物

化合物，这些化合物有着特殊的性质，有望用于发展新型的特殊材料。近年来研究发现非金属原子也可藏于球碳腔内，如 N@ C_{60}、N@ C_{70}、P@ C_{60} 和 Sc$_3$N@ C_{60} 等。

3.3.4.4   富勒烯的应用前景

以 C_{60}为代表的富勒烯家族以其独特的形状和良好的性质开辟了物理、化学和材料科学中一个崭新的研究方向。与有机化学中极常见的苯类似，以 C_{60}为代表的富勒烯形成了一类丰富多彩的有机化合物的基础。在克拉茨奇默和霍夫曼等人首先制备出宏观数量的 C_{60}以后，科学家从实验上制备出大量的富勒烯衍生物并对其性质进行了广泛研究，而且意识到这类新物质的巨大应用潜力。富勒烯新材料的许多不寻常特性几乎都可以在现代科技和工业部门找到实际应用价值，这正是人们对富勒烯或巴基球如此感兴趣的原因。已经预见到富勒烯材料的应用是多方面的，包括润滑剂、催化剂、研磨剂、高强度碳纤维、半导体、非线性光学器件、超导材料、光导体、高能电池、燃料、传感器、分子器件以及用于医学成像及治疗等方面。

3.3.5   碳原子簇例子之二：碳纳米管

1991 年，日本科学家 S. Iijima 用高分辨电镜观察电弧蒸发石墨所得的阴极产物，从而

发现了碳纳米管。碳纳米管独特的拓扑结构、极高的机械强度、良好的导电性能等众多优异而独特的光学、电学和机械性质，使其呈现出广泛的应用前景，因而成为国际上众多科学家关注和研究的前沿课题。

3.3.5.1 结构特征

碳纳米管是管状的纳米级石墨晶体，是由单层和多层的石墨层卷曲而形成的无缝管，管的两端是由两个碳半圆球封接而成。碳纳米管中碳原子以 sp^2 杂化为主，同时六角形网格结构存在一定程度的弯曲，形成空间拓扑结构，其中可形成一定的 sp^3 杂化键，即形成的化学键同时具有 sp^2 和 sp^3 混合杂化状态，而这些 p 轨道彼此交叠在碳纳米管石墨烯片层外形成高度离域化的大 π 键。碳纳米管外表面的大 π 键是碳纳米管与一些具有共轭性能的大分子以非共价键复合的化学基础。

纳米管的光电子能谱研究结果表明，无论是单壁碳纳米管还是多壁碳纳米管，其表面都结合有一定的官能基团，而且不同制备方法获得的碳纳米管由于制备方法各异，后处理过程不同而具有不同的表面结构。一般来讲，单壁碳纳米管具有较高的化学惰性，其表面要纯净一些，而多壁碳纳米管表面要活泼得多，结合有大量的表面基团，如羧基等。以变角 X 射线电子能谱对碳纳米管的表面检测结果表明，单壁碳纳米管表面具有化学惰性，化学结构比较简单，而且随着碳纳米管管壁层数的增加，缺陷和化学反应性增强，表面化学结构趋向复杂化。内层碳原子的化学结构比较单一，外层碳原子的化学组成比较复杂，而且外层碳原子上往往沉积有大量的无定形碳。由于具有物理结构和化学结构的不均匀性，碳纳米管中大量的表面碳原子具有不同的表面微环境，因此也具有能量的不均一性。

碳纳米管不总是笔直的，而是局部区域出现凸凹现象，这是由于在六边形编制过程中出现了五边形和七边形。如果五边形正好出现在碳纳米管的顶端，即形成碳纳米管的封口。当出现七边形时纳米管则凹进。这些拓扑缺陷可改变碳纳米管的螺旋结构，在缺陷附近的电子能带结构也会发生改变。另外，两根毗邻的碳纳米管也不是直接粘在一起的，而是保持一定的距离。

3.3.5.2 制备

目前，碳纳米管的制备方法有很多种，如电弧放电法、激光烧蚀法、化学气相沉积法、固相热解法、辉光放电法、气体燃烧法以及聚合反应合成法等。其中电弧放电和催化热裂解是两种使用较广的方法，都可用于制备较大量的碳纳米管。

A 电弧放电法

石墨电极置于充满氦气或氩气的反应容器中，在两极之间激发出电弧，此时温度可以达到 4000℃ 左右。在这种条件下，石墨会蒸发，生成的产物有富勒烯（C_{60}）、无定型碳和单壁或多壁的碳纳米管。通过控制催化剂和容器中的氢气含量，可以调节几种产物的相对产量。使用这一方法制备碳纳米管技术上比较简单，但是生成的碳纳米管与 C_{60} 等产物混杂在一起，很难得到纯度较高的碳纳米管，并且得到的往往都是多层碳纳米管，而实际研究中人们往往需要的是单层的碳纳米管。此外，该方法反应消耗能量太大。

B 催化热裂解法

催化热裂解法是在 600~1000℃ 的温度及催化剂的作用下，使含碳气体原料（如一氧化碳、甲烷、乙烯、丙烯和苯等）分解来制备碳纳米管的一种方法。此方法在较高温度下使含碳化合物裂解为碳原子，碳原子在过渡金属——催化剂作用下，附着在催化剂微粒表面形成碳纳米管。

3.3.5.3　性质及应用前景

由于碳纳米管优良的特性以及化学性质上的惰性，因而具有潜在的应用前景，例如，可望用作纳米半导体器件；纳米探针，用于高分辨映像、纳米平板印刷术和传感器等方面。纳米微电极已成功地用于某些生物电化学反应，如多巴胺的氧化反应，性能优于碳电极。碳纳米管还不失为优良的催化剂载体，和高分子复合材料的填料。

碳纳米管还有一特点，即表面很光滑且笔直，内部又有一维通道，能嵌入其他物种的原子或分子，有望成为分子导线或纳米存贮器。已有实验表明，KI 能在直径为 1.6nm 的 SWNT 中生成一维晶体，长度可达数十微米，而宽度仅为 2~3 个原子，用高分辨 TEM 甚至能观察到排列在管内的单个钾和碘离子。另有实验表明，氢气或氩气可进入碳纳米管内部，并在一定条件下释放出来，或许碳纳米管能成为世界上最小的气体存贮器。

总之，对碳纳米管的应用正在不断地探索和开发之中。据报道，国外已有碳纳米技术公司即将批量生产和销售碳纳米管，也许碳纳米管的商业化以及在工业上的应用已指日可待。

3.4　其他非金属原子簇化合物

除硼、碳以外，p 区的其他非金属元素，包括磷、砷、硒和碲等也能形成原子簇化合物，且以裸原子簇为主，如 P_4、As_4、S_4N_4、P_4S_3 和 P_4Se_4 等中性原子簇，以及 Te_6^{4+}、Se_{10}^{2+} 和 $Te_2Se_8^{2+}$ 等簇阳离子，但总的来说，这一类原子簇数量较少，对其研究得也不系统。

在上述原子簇中，除 P_4（白磷）和 As_4 广为熟知外，S_4N_4 是较为典型和被研究得较多的一个。S_4N_4 可通过 $[(Me_3Si)_2N]_2S$、SCl_2 和 SO_2Cl_2 在 CH_2Cl_2 溶液中反应制得。反应式：

$$[(Me_3Si)_2N]_2S + SCl_2 + SO_2Cl_2 \longrightarrow 1/2S_4N_4 + 4Me_3SiCl + SO_2$$

S_4N_4 为橙色晶体，25℃ 的电导率仅为 $10^{-14}S/cm$，故晶体为绝缘体。在催化剂的作用下，S_4N_4 在气相分解为环状的 S_2N_2，并立即聚合成 $(SN)_x$。$(SN)_x$ 是有各向异性的半导体，在 0.33K 以下则具有超导性，和 S_4N_4 类似的原子簇还有 SeS_2N_4 等，后者为红棕色粉末，几乎不溶于有机溶剂。

本节涉及的非金属原子簇，在化学键性质和结构上和硼烷都有明显的差异。根本的原因是硼烷为缺电子体系，即硼原子的价电子数比价轨道数少，因此，需要用多中心键来描述硼烷的化学键和结构。磷、砷等原子簇则不同，它们的价电子数多于价轨道数，原子簇属于富电子体系，因而一般用定域键和孤对电子来描述。同时，随着电子数的增加，在富电子体系中，就不存在硼烷骨架那种三角形面的性质，多面体变得更开放。此外，这些原子簇大部分是裸原子簇。图 3.19 表示了几例这类原子簇的结构。

图 3.19a 中的 P_4 具有四面体的结构，Te_6^{4+} 阳离子具有三角棱柱体的结构。假设这类非金属原子簇遵循八隅律，则它们的化学键可描述为：每个原子形成 3 根原子簇键，同时含一对孤对电子。它们的骨架结构则符合 Euler 规则，即：

$$顶点数(V) + 面数(F) = 边数(E) + 2$$

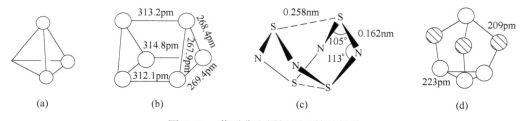

图 3.19 若干非金属裸原子簇的结构

(a) 白磷 P_4；(b) $Te_6(AsF_6)_4 \cdot 2SO_2$ 中的 Te_6^{4+} 阳离子；(c) S_4N_4；(d) P_4S_3

以 Te_6^{4+} 阳离子为例，顶点数 $V=6$，棱数 $E=3\times(6/2)=9$，代入上式，则面数 $F=5$。此与实验测得的三角棱柱体结构（图 3.20b）一致。

图 3.19c、d 所示的 S_4N_4 和 P_4S_3 的结构，可以看作是由符合 Euler 规则的基础多面体骨架演变而来。例如，S_4N_4 可看作是在楔形假想的 $S_4N_4^{4+}$ 结构中，加入两对电子而得。加入电子对后，使原子簇的键打开，然后一对成键电子被两对孤对电子所代替。如果继续加入电子对，那么最终就会由簇状分子转变为环状分子。这种结构关系如图 3.20 所示。

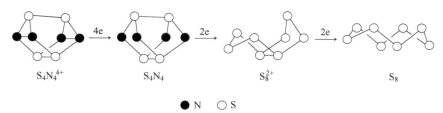

$$S_4N_4^{4+} \quad S_4N_4 \quad S_8^{2+} \quad S_8$$

● N　○ S

图 3.20 簇状分子转变为环状分子示意图

P_4S_3 可以看作是由四面体的结构派生而得，其中四面体的三条棱被桥式硫原子所取代。其他较为复杂的原子簇结构，也可看做通过不同的途径，由某种形式的基础多面体骨架派生得到。

3.5 金属原子簇化合物

金属原子簇化合物特指金属原子通过金属—金属键至少与两个同类原子直接键合形成多面体原子骨架的化合物。金属原子簇化合物的主要特点就是含有金属—金属键（M—M键），故也有人认为凡含有金属—金属键的化合物都属于金属原子簇，如包括二核和三核的原子簇 $Re_2Cl_8^{2-}$、$Re_3Cl_{12}^{3-}$ 等。这类原子簇化合物是从 20 世纪 60 年代初才开始作为一个单独的领域来进行研究的。目前，科学家们不仅合成出了大量不同类型的金属原子簇，而且提出了多种结构规则，探索了金属簇化合物的应用，其中最突出的是发掘出新的金属原子簇化合物催化剂，甚至提出把金属原子簇作为金属表面化学吸附模型的设想。金属原子簇化学的内容丰富多彩，使之成为一个非常活跃的研究领域。

3.5.1 金属—金属键

M—M 键是金属原子簇化合物的一个主要特征。实际上金属原子之间既存在直接的相互作用，也存在间接的相互作用，如通过空间或与金属原子桥联的基团而相互作用。用经典的"键级"概念来描述 M—M 键有时只具有形式上的意义，因为与主族原子间的键型不同，M—M 键的键长能在一个非常大的范围内变化。M—M 键还有一个特点是其强度比共价键弱，而且比金属-配体之间的键也弱。

形成 M—M 键的影响因素有很多，主要包括金属原子中 d 电子数及其间的成键和反键轨道的排布和电子填充情况、氧化态及配体的性质等。

（1）第二和第三系列过渡金属比第一系列过渡金属更容易形成 M—M 键。虽然所有的过渡元素均可形成金属羰基簇合物，但只有第二和第三系列过渡金属才能形成低价卤化物型的原子簇。例如，对 $M_6X_{12}^{n+}$，只有 Nb 和 Ta 的例子；对于 M_3 簇，已有 Mo_3 和 W_3 簇的实例，但却无 Cr_3 簇；已知有 $Tc_2Cl_8^{2-}$、$Re_2Cl_8^{2-}$ 簇，但无 $Mn_2Cl_8^{2-}$ 簇的报道。如果比较过渡元素的原子化焓，第二、第三系列过渡金属的原子化焓比第一系列过渡金属高很多，这意味着前者的金属键强于后者很多。因此，可以看出金属键强者容易形成 M—M 键，金属键弱者易被拆散为单个原子。从原子结构看，4d、5d 轨道的半径比 3d 轨道大，故 4d、5d 轨道更容易相互交盖重叠。

（2）处于低氧化态的金属易于形成 M—M 键。因为 M—M 键的形成主要靠 d 轨道的重叠，当金属处于高氧化态时，原子实的正电荷密度高，相互间斥力大，同时 d 轨道收缩，这些都不利于 d 轨道相互交盖重叠。

（3）配体的性质。由于在金属原子的价层中太多的电子会导致既有电子占据成键轨道，也有电子占据反键轨道，这会妨碍 M—M 键的形成，因此在低价卤化物和硫、硒、碲化物中只有前面的几族过渡元素，如 Nb、Ta、Mo、W、Tc、Re 等的原子簇是常见的，而对 Fe 族和 Ni 族元素的低价卤化物和硫、硒、碲化物原子簇则不常见。然而当有 CO、NO、PPh_3、$C_5H_5^-$、C_6H_6 等能从反键轨道中拉走电子的配体（π 酸配体）存在时，M—M 键的形成才有可能。此外，桥联配体，如 CH_3COO^- 一类的羧酸根以及像 Cl^- 那样具有多于一对孤对电子的配体也有利于 M—M 键的形成。

判断 M—M 键是否存在，通常依据以下几方面：

（1）如果通过实验证明某一化合物是一双核结构而又没有桥联基团，则可排斥它是经典的双核配合物的可能性，并且可以判断出它一定存在 M—M 键，如 Hg_2Cl_2 和 $Re_2Cl_8^{2-}$ 等。

（2）键长。如果化合物中金属原子间的距离与金属晶体中的差不多或更短，则可认为金属间存在 M—M 键。例如，在 $Mo_2Cl_8^{4-}$ 中，Mo 原子之间的距离是 214pm，而在金属钼中，Mo 原子间的距离是 273pm，显然，$Mo_2Cl_8^{4-}$ 中，存在较强的 Mo—Mo 键。但是键长还与金属氧化态、配体性质、配位数等诸多因素有关，故在作出有无 M—M 键结论时需加慎重。

（3）键能。键能是判断 M—M 键存在与否的重要依据。一般认为 M—M 键能为 80kJ/mol 的化合物才算是原子簇化合物。M—M 键能可由热化学或光谱实验求得。

（4）化合物的磁性。如果多核分子的磁性比单核分子小，那就可能因为形成 M—M 键，使电子配对所致。因为配位环境、配体性质、桥联基团都可促进电子配对，所以应结合键长、配体性质、配位场特性等多方面因素综合考虑。例如，对于 $Co(CO)_4$，中心原

子取 sp^3 杂化，应含有一个未成对电子，但当两个 $Co(CO)_4$ 聚合形成 $Co_2(CO)_8$ 时，化合物为抗磁性的，说明 Co 与 Co 之间形成了 Co—Co 键，再加上红外光谱证实分子中存在桥联 CO，以及 Co—Co 键长（257pm）数据等，故可判断 $Co_2(CO)_8$ 中一定存在 Co—Co 键。

3.5.2　金属簇合物的命名

3.5.2.1　中心原子之间仅有金属键连接

含有金属键而且具有对称结构的化合物，用倍数词头命名。

如：$[Br_4Re\text{-}ReBr_4]^{2-}$——二［四溴合铼］酸根离子

$[(CO)_5Mn\text{-}Mn(CO)_5]$——二（五羰基合锰）

若为非对称结构，则将其中的一些中心原子及其配体合在一起作为另一个"主要的"中心原子的配体（词尾用"基"）来命名，这另一个作为"主要的"中心原子是其元素符号的英文字母居后的金属。

如：$[(C_6H_5)_3AsAuMn(CO)_5]$——五羰基·[（三苯基砷基)金基]合锰

3.5.2.2　中心原子间既有金属键又有桥联基团

此类化合物应按照桥联化合物来命名，并将包含有金属-金属键的元素符号括在括号中缀在整个名称之后。

如：$(CO)_3Co(\mu_2\text{-}CO)_2Co(CO)_3$——二($\mu_2$-羰基)·二（三羰基合钴）(Co—Co)

3.5.2.3　同种金属原子簇化合物

有些金属原子簇化合物除其金属间有键连接外，还有一些非金属原子团（配体）与该金属原子簇紧密缔合，这时，金属原子与配体间键的性质则按照桥键和一般键的习惯来命名。此外，还必须对该金属原子簇的几何形状（如三角、四方、四面等）加以说明。

如：$Os_3(CO)_{12}$——十二羰基合-三角-三锇

$[Nb_6(\mu_2\text{-}Cl)_{12}]^{2+}$——十二($\mu_2$-氯)合-八面-六铌(2+)离子

$[Mo_6(\mu_3\text{-}Cl)_8]^{4+}$——八($\mu_3$-氯)合-八面-六钼(4+)离子

3.5.3　常见的金属原子簇化合物及其衍生物

金属-羰基能形成大量的二元簇合物。不仅如此，一部分羰基还可以被其他配体，如烯烃、炔烃、芳香烃等碳氢基团，以及大量含氮、磷、砷、氧和硫等非碳配位原子的基团所取代。因此，金属-羰基簇合物，特别是过渡金属-羰基簇合物及其衍生物，是数量最大、发展最快，又是最重要的一类金属簇合物。表3.4列举了若干第Ⅷ族元素较为简单的羰基簇合物，作为这一类的代表。

表 3.4　若干第Ⅷ族元素的羰基簇合物

Fe	Co	Ni	Ru
$[Fe_3(CO)_{11}]^-$	$Co_3(CO)_9CR$	$Ni_3(CO)_2(C_5H_5)_3$	$Ru_3(CO)_{12}$
$Fe_3(CO)_{12}$	（R＝H、Cl、Me、Ph 等）	$[Ni_5(CO)_{12}]^{2-}$	$Ru_4(CO)_{12}H_4$
$[Fe_4(CO)_{13}]^{2-}$	$Co_4(CO)_{12}$	$[Ni_6(CO)_{12}]^{2-}$	$Ru_4(CO)_{13}H_2$
$[Fe_4(CO)_{13}H]^-$	$Co_6(CO)_{16}$	$[Ni_8(CO)_{12}]^{2-}$	$Ru_5(CO)_{15}C$
$Fe_5(CO)_{15}C$	$[Co_6(CO)_{15}C]^{2-}$	$[Ni_8(CO)_{14}H_2]^{2-}$	$Ru_6(CO)_{18}H_2$

Fe	Co	Ni	Ru
$[Fe_6(CO)_{16}C]^{2-}$	$[Co_6(CO)_{15}H]^-$	$[Ni_9(CO)_{18}]^{2-}$	$Ru_6(CO)_{17}C$
	$[Co_8(CO)_{18}C]^{2-}$	$[Ni_{11}(CO)_{20}H_2]^{2-}$	
	$[Co_{13}(CO)_{24}C_2H]^{4-}$	$[Ni_{12}(CO)_{21}H_2]^{2-}$	

Rh		Os	Ir
$Rh_3(CO)_3(C_5H_5)_3$	$[Rh_9(CO)_{21}P]^{2-}$	$Os_3(CO)_{12}$	$Ir_4(CO)_{12}$
$Rh_4(CO)_{12}$	$[Rh_{12}(CO)_{30}]^{2-}$	$Os_5(CO)_{16}$	$Ir_6(CO)_{16}$
$Rh_6(CO)_{16}$	$[Rh_{12}(CO)_{24}C_2]^{2-}$	$Os_6(CO)_{18}$	$[Ir_6(CO)_{15}]^{2-}$
$[Rh_6(CO)_{14}]^{4-}$	$[Rh_{13}(CO)_{24}H_3]^{2-}$	$Os_6(CO)_{18}H_2$	$[Ir_8(CO)_{22}]^{2-}$
$[Rh_6(CO)_{15}I]^-$	$[Rh_{14}(CO)_{25}]^{4-}$	$Os_7(CO)_{21}$	
$[Rh_6(CO)_{15}C]^{2-}$	$[Rh_{15}(CO)_{27}]^{3-}$	$Os_8(CO)_{23}$	
$[Rh_7(CO)_{16}]^{3-}$	$[Rh_{15}(CO)_{28}C_2]^-$	$Os_8(CO)_{21}C$	
$[Rh_7(CO)_{16}I]^{2-}$	$[Rh_{17}(CO)_{32}S_2]^{3-}$	$[Os_{10}(CO)_{24}H_4]^{2-}$	
$Rh_8(CO)_{19}C$	$[Rh_{22}(CO)_{37}]^{4-}$	$[Os_{10}(CO)_{24}C]^{2-}$	

　　由表3.4可见，同一种金属往往可以形成一系列大小不等的羰基簇合物。在这些簇合物的结构中，均包含由金属原子直接键合而组成的多面体骨架。例如，表3.4中最低的三核原子簇均具有三角形的骨架；四核原子簇则有几种不同的骨架结构，其中最多的为四面体，如 $Ir_4(CO)_{12}$ 等，其他还有蝴蝶形，如 $[Fe_4(CO)_{13}H]^-$ 阴离子。随着核数的增加，可能的几何构型种类还会增加。到六核，八面体是最常见的几何构型。另外，还有双帽四面体，如 $Os_6(CO)_{18}$，单帽四方锥，如 $Os_6(CO)_{18}H_2$ 和三角棱柱体，如 $[Rh_6(CO)_{15}C]^{2-}$ 等多种几何构型。在高核的原子簇中，也会出现两个或几个原子簇骨架相连的情况，类似于高核的硼烷。对于同一种元素而言，由于能形成众多大小不一的羰基簇合物，因此，骨架的几何构型也各不相同。图3.21列举出若干铑-羰基原子簇的结构作为实例。

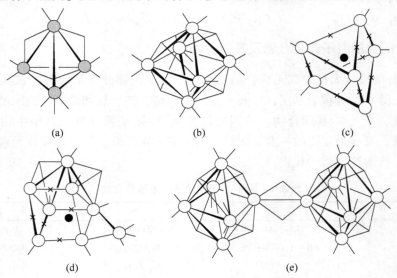

(a)　　　　　　　(b)　　　　　　　(c)

(d)　　　　　　　(e)

图3.21　若干铑-羰基原子簇的结构

(a) $Rh_4(CO)_{12}$；(b) $Rh_6(CO)_{16}$；(c) $[Rh_6(CO)_{15}C]^{2-}$；(d) $Rh_8(CO)_{19}C$；(e) $[Rh_{12}(CO)_{30}]^{2-}$

由图 3.21 可见，在铑的羰基簇合物中，n 个铑原子（或离子）组成不同几何形状的多面体骨架，羰基则以端基、边桥基或面桥基的形式和铑原子相联系。例如，在 $Rh_6(CO)_{16}$（图 3.21b）的晶体结构中，Rh_6 组成八面体的骨架，其中每个铑原子和 4 个其他的铑原子键合，Rh—Rh 平均距离是 277.6pm。八面体骨架的 4 个面上各有一面桥基，它们相互错开。另外，每个顶点的铑原子上还有 2 个端梢的羰基。一共 16 个羰基。

$[Rh_6(CO)_{15}C]^{2-}$ 原子簇阴离子（图 3.21c）的多面体骨架虽然也由 Rh_6 组成，但几何形状却不一样，为三角棱柱体，其中每个铑原子仅仅和 3 个其他的铑原子发生键合。Rh—Rh 距离分成两组，三角形底边的 Rh—Rh 距离是 277.6pm（平均值）；棱边的 Rh—Rh 距离较长，为 281.7pm（平均值）。$[Rh_6(CO)_{15}C]^{2-}$ 离子中的 15 个羰基，有 9 个是对称的边桥基，每边有一个；还有 6 个是端梢的羰基，它们分别和 6 个铑原子键合。碳原子则位于多面体的中心。

$Rh_8(CO)_{19}C$ 的多面体骨架比较特殊（图 3.21d）。6 个铑原子组成棱柱体的基本结构单元，还有 2 个铑原子，一个加顶于棱柱体的顶面，另一个则位于边桥的位置，形成不对称的几何形状。在原子簇中，这种不对称的结构比较少见。$Rh_8(CO)_{19}C$ 的 19 个羰基，既有端基又有边桥基和面桥基。

12 个顶点的高核 $[Rh_{12}(CO)_{30}]^{2-}$ 簇阴离子（图 3.21e）为含 2 个八面体骨架多面体。它们通过其中 2 个顶点的 Rh—Rh 键，以及 2 个边桥羰基（μ-CO）相连。每个八面体的 4 个面上各有一个面桥基，除了 2 个八面体间相连的铑原子外，其余的 10 个铑原子还各有 2 个端梢的羰基。这样一共有 30 个羰基。

表 3.5 和图 3.21 所表示的均为同核金属-羰基原子簇，此外，还有许多金属原子能形成异核羰基簇合物，如 $[Ru_3Rh(CO)_{13}]^-$、$[Ru_2Rh_2(CO)_{12}]^{2-}$、$[RuRh_3(CO)_{12}]^-$、$[RuRh_4(CO)_{15}]^{2-}$ 和 $[RuRh_5(CO)_{16}]^-$ 阴离子，是钌和铑的异核羰基簇合物，其中钌和铑原子共同组成多面体骨架。

以上仅列出了某些第Ⅷ族的金属-羰基原子簇，但却具有普遍性，即在金属-羰基簇合物中，均包含金属原子或掺入某些杂原子组成的多面体骨架。羰基主要以端基、边桥基或面桥基三种形式和金属原子簇联系在一起。

3.5.4　金属-羰基原子簇的合成

金属-羰基簇合物的合成有以下几条基本途径，即氧化还原、氧化还原缩合和热缩和等。

3.5.4.1　氧化还原

锇的三核羰基簇合物 $Os_3(CO)_{12}$ 是制备其他锇的二元羰基簇合物及其衍生物的重要中间产物。它可在一定温度和压力的条件下，通过 CO 还原四氧化锇的甲醇溶液来制备。

$$OsO_4 \xrightarrow{CO,\ 7.5MPa,\ 175℃,\ CH_3OH} Os_3(CO)_{12}(s)$$

$$无色油状物 \xrightarrow{放置} Os_3(CO)_{12}(s)$$

$$甲醇溶液 \longrightarrow 红色固体 \xrightarrow{CO,\ 27MPa,\ 175℃} Os_3(CO)_{12}(s)$$

上述反应产生的 $Os_3(CO)_{12}$，产率可高达 85%。粗产品在 130℃ 经真空升华提纯后，

可得到亮黄色的 $Os_3(CO)_{12}$ 固体。在碱存在的情况下，用 CO 或其他还原剂，进行选择性还原，得到 n 值不同的原子簇合物。例如：

$$PtCl_6^{2-} \xrightarrow{25℃,\ 0.1MPa(1atm),\ OH^-,\ CO,\ CH_3OH,\ 适量\ NaAc\cdot3H_2O} \begin{cases} [Pt_3(CO)_6]_{10}^{2-} \\ [Pt_3(CO)_6]_5^{2-} \\ [Pt_3(CO)_6]_4^{2-} \\ [Pt_3(CO)_6]_3^{2-} \\ [Pt_3(CO)_6]_2^{2-} \end{cases}$$

$$[Pt_3(CO)_6]_n^{2-}\ (n=5、4、3) \begin{cases} \xrightarrow{PtCl_6^{2-},\ THF} [Pt_3(CO)_6]_6^{2-} \\ \xrightarrow{金属\ Li\ 过量,\ THF} [Pt_3(CO)_6]_2^{2-} \\ \xrightarrow{钠\text{-}钾合金,\ THF} [Pt_3(CO)_6]^{2-} \end{cases}$$

能通过氧化还原反应来制备的羰基原子簇还有很多，如：

$$6[RhCl_6]^{3-} + 23OH^- + 26CO + CHCl_3 \xrightarrow{25℃,\ CO,\ 100kPa,\ CH_3OH}$$
$$[Rh_6(CO)_{15}C]^{2-} + 11CO_2 + 39Cl^- + 12H_2O$$

$$2Rh_2(CO)_4Cl_2 + 4Cu + 4CO \xrightarrow{室温,\ CO,\ 20MPa,\ 正己烷} Rh_4(CO)_{12} + 4CuCl$$

$$2[Ni_6(CO)_{12}]^{2-} + 2H^+ \xrightarrow{pH\approx4,\ H_2O} [Ni_{12}(CO)_{21}H_2]^{2-} + 3CO$$

3.5.4.2　氧化还原缩合

通过氧化还原缩合反应，可以使原子簇一步接一步地逐步变大，而且产量可以控制到接近定量的程度，如：

$$Rh_4(CO)_{12} + [Rh(CO)_4]^- \xrightarrow{25℃,\ CO,\ 0.1MPa(1atm),\ THF} [Rh_5(CO)_{15}]^- + CO$$

$$[Rh_5(CO)_{15}]^- + [Rh(CO)_4]^- \xrightarrow{25℃,\ CO,\ 0.1MPa(1atm),\ THF} [Rh_6(CO)_{15}]^{2-} + 4CO$$

$$[Rh_6(CO)_{15}]^{2-} + [Rh(CO)_4]^- \xrightarrow{25℃,\ CO,\ 0.1MPa(1atm),\ THF} [Rh_7(CO)_{16}]^{3-} + 3CO$$

除了铑以外，还有许多其他的金属会发生氧化还原缩合反应，如：

$$[Fe_3(CO)_{11}]^{2-} + Fe(CO)_5 \xrightarrow{25℃,\ THF} [Fe_4(CO)_{13}]^{2-} + 3CO$$

$$[Pt_6(CO)_{12}]^{2-} + [Pt_{12}(CO)_{24}]^{2-} \xrightarrow{25℃,\ THF} 2[Pt_9(CO)_{18}]^{2-}$$

3.5.4.3　热缩合

热缩合和氧化还原缩合不同，反应产物很难控制，产量又往往很低，以 $Os_3(CO)_{12}$ 的热缩合为例。将 $Os_3(CO)_{12}$ 置于一封闭管中，在 210℃ 加热 12h 后，产生一深棕色的固体。用乙酸乙酯萃取后，通过薄层色谱分离，得到一系列在空气中稳定的化合物。

$$Os_3(CO)_{12} \xrightarrow{210℃,\ 12h} \begin{cases} Os_5(CO)_{16} & 7\% \\ Os_6(CO)_{18} & 80\% \\ Os_7(CO)_{21} & 10\% \\ Os_8(CO)_{23} & 2\% \end{cases}$$

若在不同的温度下进行热缩合，反应产物却又有所不同：

$$Os_3(CO)_{12} \xrightarrow{250℃} \begin{array}{ll} Os_5(CO)_{15}C & 5\% \\ Os_6(CO)_{18} & 60\% \\ Os_7(CO)_{21} & 20\% \\ Os_8(CO)_{23} & 5\% \\ Os_8(CO)_{21}C & 8\% \end{array}$$

热缩合的研究结果表明，随着温度的升高，原子簇增大，在极端的情况下形成金属锇。因为很大的金属羰基化合物可以看成是金属表面吸附了 CO，因此，金属多核羰基化合物的反应性能有可能和锇表面吸附了 CO 分子有关，从而为多相催化的研究提供了一个模型。

3.5.4.4 金属有机化合物之间缩合

该法基于含可取代配体的金属有机化合物与不饱和金属有机化合物之间的缩合。不饱和化合物可以是金属的亚烷基化合物 $LnM=CR_2$、金属次烷基化合物 $LnM\equiv CR$、含有金属—金属键的化合物或含有金属—金属重键的化合物等。

Cp：环戊二烯基；　COD：环辛二烯基；　tol：甲苯基

3.5.5 金属-羰基原子簇的反应

从原则上看，几乎所有单核配合物的反应，如配体取代反应、氧化还原反应、简单加成反应以及氧化加成反应等，都适用于多核金属原子簇化合物，然而需要强调的是，金属原子簇的反应又有它本身的特殊性和复杂性。这一方面是因为多核原子簇必须作为一个整体来考虑，它们的反应很少仅在单个的金属中心上发生，不能忽视电子效应和立体效应从原子簇的一部分到另一部分的迅速传递。有些配体，如面桥基等只存在于原子簇中，它们需要通过和几个金属原子键合才得以稳定，倘若原子簇骨架遭到破坏，则面桥基也就不存在了。另一方面，原子簇在进行配位层反应的同时，常伴随着金属原子组成的骨架多面体的变化，这包括几何形状或骨架原子数的变化，因而使反应复杂化，有时甚至无法预测反应的结果将会如何。如下例，配位体取代时，骨架形状发生变化，即由原来的四面体变成了蝴蝶形。

$$Co_4(CO)_{12} + RC{\equiv}CR \longrightarrow Co_4(CO)_{10}(RC{\equiv}CR) + 2CO$$
$$\text{（四面体）} \qquad\qquad\qquad \text{（蝴蝶形）}$$

某些簇合物被配位体取代的同时发生了降解。换言之，多面体骨架由大簇变成了小簇，直至变为单核的配合物。

$$[Pt_9(CO)_{18}]^{2-} + 9PPh_3 \xrightarrow{\ 25℃,\ THF\ } [Pt_6(CO)_{12}]^{2-} + 3Pt(CO)(PPh)_3 + 3CO$$

$$Rh_6(CO)_{16} + 12PPh_3 \xrightarrow{\ 25℃,\ C_6H_6\ } 3[Rh(CO)_3(PPh_3)_2]_2 + 4CO$$

$$4[Rh_{12}(CO)_{30}]^{2-} + 12Cl^- \longrightarrow 7[Rh_6(CO)_{15}]^2 + 6[Rh(CO)_2Cl_2]^- + 3CO$$

不仅是配体取代反应，某些簇合物在发生氧化还原反应的同时也发生降解。

$$2[Pt_9(CO)_{18}]^{2-} + 2Li \longrightarrow 3[Pt_6(CO)_{12}]^{2-} + 2\ Li^+$$

此外，除了有和单核配合物共同的反应类型外，多核金属原子簇还有它本身特殊的反应，如骨架转换反应。

$$[Fe_4(CO)_{13}]^{2-} + H^+ \xleftarrow{\ 25℃,\ THF;\ \ 25℃,\ DMSO\ } [Fe_4(CO)_{13}]^- + H$$
$$\text{（四面体）} \qquad\qquad\qquad\qquad\qquad \text{（蝴蝶形）}$$

$$Os_6(CO)_{18}H_2 \xleftarrow{\ THF;\ \ CH_2Cl_2\ } [Os_6(CO)_{18}]^- + H^+$$
$$\text{（单帽四方锥）} \qquad\qquad\qquad \text{（八面体）}$$

$$[Rh_6(CO)_{13}C]^{2-} + 2CO \xleftarrow{\ 25℃,\ 100kPa;\ \ 60℃,\ N_2\ } [Rh_6(CO)_{15}C]^{2-}$$
$$\text{（八面体）} \qquad\qquad\qquad\qquad\qquad \text{（三棱柱体）}$$

总之，金属原子簇的反应是一类变化多端的反应。从以上反应和在上节合成的讨论中，已经看到它们反应性能的一些例子，除此还有另外一些特殊反应，现归纳如下：

（1）取代反应与簇碎裂反应的竞争。由于M—M与M—L两类键的强弱相近，配位体取代反应与簇碎裂反应之间经常存在着一种脆弱的平衡，例如Fe$_3$(CO)$_{12}$在温和的条件下与PPh$_3$反应生成简单的一取代和二取代产物，同时也存在着一些簇裂产物：

$$Fe_3(CO)_{12} + PPh_3 \longrightarrow Fe_3(CO)_{11}(PPh_3) + Fe_3(CO)_{10}(PPh_3)_2 +$$
$$Fe(CO)_5 + Fe(CO)_4(PPh_3) + Fe(CO)_3(PPh_3)_2 + CO$$

延长反应时间或提高反应温度时就只能得到碎裂之后的单核的铁原子产物。由于同族元素M—M键能自上而下增大，制备较重元素簇化合物元素的取代产物，如 Ru$_3$(CO)$_{10}$(PPh$_3$)$_2$、Os$_3$(CO)$_{10}$(PPh$_3$)$_2$时很少生成由碎裂而产生的单核配合物。

（2）质子化反应。簇合物金属骨架发生质子化反应的倾向甚至大于单核羰基化合物。簇化合物显示的质子碱性与M—M键通过快速质子化反应形成形式上的3c—2（三中心两电子）键有关：

$$M—M + H^+ \longrightarrow \begin{array}{c} H \\ \diagup \diagdown \\ M \quad M \end{array} \Bigg]^+$$

$$2c—2e \qquad\qquad\qquad 3c—2e$$

例如：

$$[Fe_3(CO)_{11}]^{2-} + H^+ \rightarrow [Fe_3H(CO)_{11}]^-$$

金属簇化合物阴离子比类似的中性物种具有强得多的碱性，发现簇化合物中最常见的氢桥是 M—H—M 桥，但氢也可以桥联三角形面上的 3 个金属原子或处于金属多面体的内部。

（3）簇内的配位体转换反应。金属簇化合物上的配位体转换反应有时与单金属中心原子上的配位体转换反应类似。与单核配合物相比，金属原子簇中由于有多个金属原子靠近配位体，相应地提供了更多相互作用的机会，因而更容易使配位体发生反应。锇的簇合物 $[Os_3(CO)_{10}(CH_3)(H)]$ 能将其 CH_3 中的两个氢原子转移到金属原子骨架。$[Os_3(CO)_{10}(CH_3)(H)]$ 失去一个 CO 配位体，伴随着两个氢原子由 CH_3 转移到锇原子并形成一个 μ_3-CH 配位体，后者像帽子一样盖在 3 个锇原子上，两个氢原子各形成 μ_2-CH 配位体（图 3.22）。

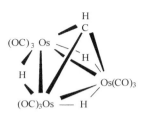

图 3.22 $[Os_3(CO)_9]$ $(CH)H_3$ 结构

3.5.6 金属-卤素原子簇化合物

金属-卤素簇合物（metal halide cluster）虽然在数量上远不及金属-羰基原子簇化合物多，但它却对金属原子簇化学的最初发展起过积极的作用，因为它是较早发现的一类金属原子簇。金属-卤素簇化合物大多是二元簇合物，三核的以 $[Re_3Cl_{12}]^{3-}$ 为代表，六核的主要有 $[M_6X_{12}]^{n+}$ 和 $M_6X_8^{4+}$ 两种主要的结构单元，铌和钽以前者为主，钼和钨以后者为主。除同核的以外，还有一些异核的金属-卤素原子簇。

图 3.23a 所示为 $[Re_3Cl_{12}]^{3-}$ 的结构，其中 Re 构成三角形骨架，Re—Re 的距离为 247.7pm（平均值）。Re_3 三角形的每条边上有一边桥基（μ-Cl），此外，每个铼原子还和

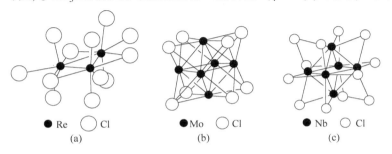

图 3.23 金属-卤素原子簇离子的结构

（a）$[Re_3Cl_{12}]^{3-}$ 阴离子的结构；（b）$[Mo_6Cl_8^{4+}]$ 阳离子的结构；（c）$Nb_6Cl_{14} \cdot 7H_2O$ 中 $[Nb_6Cl_{12}^{2+}]^{2+}$ 阴离子的结构

三个端梢的氯原子键合。换个角度看，也可以认为 3 个 μ-Cl 构成一等边三角形。每边的中心有一铼原子，因而 Re_3 也构成一等边三角形。

在 $[M_6X_{12}]^{n+}$ 和 $M_6X_8^{4+}$ 两种类型的结构中，以 $[Nb_6Cl_{12}]^{2+}$ 和 $[Mo_6Cl_8]^{4+}$ 离子最为典型。在 $[Nb_6Cl_{12}]^{2+}$ 离子中，6 个 Nb 原子构成八面体骨架，它们都处在八面体的顶点，Nb—Nb 距离为 285pm，12 个氯原子处在边的垂直平分线上，最短的 Nb—Cl 距离约为 241 pm。在 $[Mo_6Cl_8]^{4+}$ 离子结构中，6 个 Mo 原子处在八面体的顶点，Mo—Mo 距离是 264pm，8 个面上各有一个面桥基（μ_3-Cl）（图 3.23b）。从另一角度说，8 个氯原子位于立方体的 8 个顶点，6 个 Mo 原子位于立方体的面心。

在以上两种典型的六核金属-卤素原子簇的结构中，M_6 部分的几何形状均为正八面体，但在类似的化合物 $[Ta_6Cl_{12}]Cl_{12} \cdot 7H_2O$ 中，$[Ta_6Cl_{12}]^{2+}$ 离子却为拉长了的八面体，即四角双锥。轴向的 2 个钽氧化态为+3，水平方向上的 4 个钽氧化态为+2。此外，尽管在 $[Nb_6Cl_{12}]^{2+}$ 离子中仅含边桥氯，在 $[Mo_6Cl_8]^{4+}$ 离子中仅含面桥氯，但在其他具有类似原子簇结构单元的化合物中，也有含端梢氯的。例如，在化合物 $(Me_4N)_2[Nb_6Cl_{18}]$ 的阴离子 $[Nb_6Cl_{18}]^{2-}$ 中，Nb_6Cl_{12} 构成类似于图 3.23 的八面体原子簇，不同的是每个 Nb 原子还有一端梢的 Cl 原子。它的结构式可表示为：$[Nb_6(\mu_2\text{-Cl})_{12}(\mu_1\text{-Cl})_6]^{2-}$。类似的，$[Nb_6Cl_{18}]^{2-}$ 和 $[M_6Cl_8Br_6]^{2-}$（M=Mo，W）阴离子中，也含有端梢的卤原子，它们的结构式可表示为：$[Ta_6(\mu_2\text{-Cl})_{12}(\mu_1\text{-Cl})_6]^{2-}$ 和 $[M_6(\mu_3\text{-Cl})_8(\mu_1\text{-Br})_6]^{2-}$。

上述 $[M_6X_8(\mu_1\text{-Y})_6]^{n-}$（M=Mo，W）和 $[M_6'X_{12}(\mu_1\text{-Y})_6]^{n-}$（M'=Nb，Ta）型化合物中，6 个端梢的卤离子比较活泼，它们可被一系列其他的配体，如 NCS^-、NCO^-、OSO_2CF_3、OMe 和 O=PPh_3 等取代，形成一系列金属-卤素二元原子簇的衍生物。

可见金属-卤素和金属-羰基原子簇化合物在结构上有许多共同之处，它们除了都具有原子簇最基本的特点以外，和 CO 配体类似，卤素原子也可以端基、边桥基或面桥基的形式和金属原子组成的多面体骨架联系在一起。当然，它们在化学键性质上的差异也是不容忽视的。

3.5.7　金属-异腈原子簇化合物

异腈（RNC）配体的电子结构类似于 CO 配体，端梢异腈配体为 2 电子给予体，而边桥基则为 4 电子给予体，端梢 M—CNR 键的强度比类似的 M—CO 键稍强，这反映了 RNC 配体的 σ 给予性较强。金属-金属异腈簇合物（metal isocyanide cluster）主要是指镍、钯、铂的原子簇。钯、铂形成零价的三核簇合物，具有 $M_3(CNR)_6$ 的形式；在铂的簇合物中，端梢异腈基接近线形，C—N—C 键角约为 176°，边桥基具有弯曲形，C—N—C 键角为 133°。四核 $Ni_4[CNC(CH_3)_3]_7$ 分子具有 C_3 对称性（图 3.24），其中 Ni_4 部分为一压扁了的四面体。在该化合物中有三种不同化学环境的异腈配体：顶点的 Ni 有三个端梢的

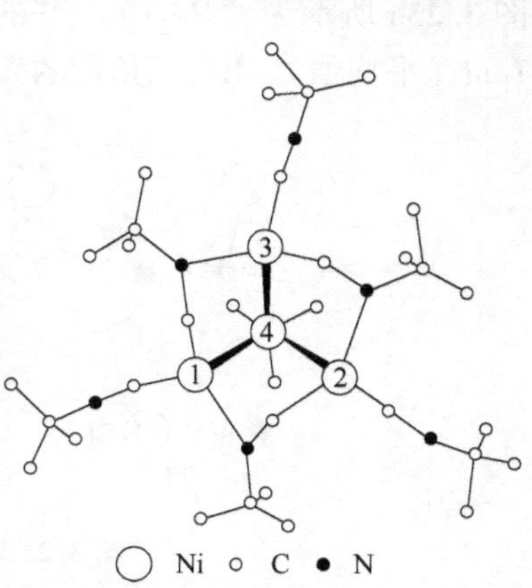

○ Ni　○ C　● N

图 3.24　四核 $Ni_4[CNC(CH_3)_3]_7$ 分子结构

CNC(CH_3)$_3$，底角三角形有三个端梢和三个边桥CNC(CH_3)$_3$。镍-异腈的簇合物在催化剂的研制中占有重要位置，Ni_4[CNC(CH_3)$_3$]$_7$就是一个重要的催化剂。

3.5.8　金属-硫原子簇化合物

金属-硫原子簇化合物中，存在着一类硫代金属原子簇，其中硫原子代替部分金属原子的位置，并与金属原子共同组成原子簇多面体骨架。

在硫代金属原子簇中，核心部分具有 M_4S_4 形式的原子簇近来受到了特殊重视。原因是生物固氮的核心——固氮酶的组分钼铁蛋白中，含铁钼辅因子和 p 原子簇对，它们为 Fe–S 原子簇。不仅在固氮酶中，在其他许多铁硫蛋白中，铁硫原子簇也是活性中心，它们的主要功能是传递电子。因此，铁硫原子簇，尤其以 Fe_4S_4 原子簇受到了极大的关注。人们把它作为非血红素铁硫蛋白活性中心的模型化合物来进行研究和剖析。

在 M_4S_4 原子簇中，金属原子占据着立方体的 4 个顶点，4 个面上各加一个硫原子的顶，构成 M_4S_4 的骨架。换句话说，即 4 个金属原子和 4 个硫原子相间地占据立方体的 8 个顶点，构成畸变的立方体的原子簇骨架。这种几何形状类似于碳氢立方烷 C_8H_8，因此 M_4S_4 原子簇通常称为类立方烷原子簇（cubane-like cluster）。

以 $Fe_4S_4(NO)_4$ 簇合物（图 3.25）为例，$Fe_4S_4(NO)_4$ 是一个黑色晶体，4 个铁原子构成四面体，硫原子占据着面桥基的位置；从另一个角度看，Fe_4S_4 形成一个畸变的立方体骨架，$Fe_4S_4(NO)_4$ 是 60 电子体系，其中 Fe_4 部分

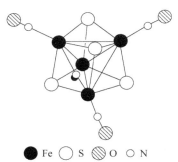

● Fe　○ S　◔ O　◓ N

图 3.25　$Fe_4S_4(NO)_4$ 簇合物

具有 T_d 对称性，当它被还原到 [$Fe_4S_4(NO)_4$]$^-$ 阴离子后变成了 61 电子体系。

根据近似分子轨道的理论计算得到的能级图（图 3.26），60 个价电子恰好填满了 30 个成键轨道和非键轨道，4 个硫原子还各有一对孤对电子填在能量最低的价层分子轨道上，增加的一负电荷的电子将填到 LUMO 上，即三重简并的 t_1 分子轨道上，t_1 分子轨道分裂为（a_2+e），该电子则占在 a_2 轨道上。由于上述 t_1 轨道在很大程度上具有 Fe_4 反键轨道的成分，预计受 John-Teller 效应的影响，Fe_4 的几何形状将会发生畸变，对称性也就由原来的 T_d 降到 D_2d，金属—金属键总的键级由 6.0 降到 5.5，Fe—Fe 键长有所增长。实验的测定结果证实了上述理论预测，在 [$Fe_4S_4(NO)_4$]$^-$ 中，有两个 Fe—Fe 键长平均为 270.4pm，另外还有四个较短的 Fe—Fe 键长平均为 268.8pm，都大于 $Fe_4S_4(NO)_4$ 中 Fe—Fe 的平均键长 265.1pm。

在类立方烷 [$Fe_4S_4(NO)_4$]^n（$n=0,-1$）中，铁原子间通过化学键相连，在已知的其他 Fe_4S_4 原子簇中情况也大致如此。然而，还有一种类立方烷原子簇，其中金属原子间并无化学键作用，如（η^5-(C_5H_5)$_4Co_4S_4$）就是一例。其结构如图 3.27 所示，硫原子和钴原子相间地占据着畸变的立方体的 8 个顶点，它们共同构成了原子簇的多面体骨架。和 Fe_4S_4 原子簇不同，不存在 Co—Co 之间的相互作用，Co—Co 之间的距离平均达到 329.5pm，并且变化范围较大，在 323.6~334.3pm。Co—S 之间的距离的变化不明显，平均达到 223.0pm。4 个 C_5H_5 处在金属原子顶点的位置。硫代金属原子簇不仅仅局限于 M_4S_4 一种形式，还有许多其他形式，如：M_2S_2，M_3S_4，M_4S_3，M_6S_6 和 M_6S_8 等。金属和某些含硫配体也

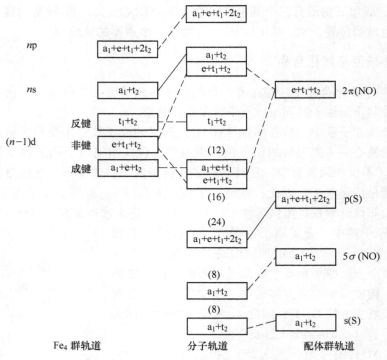

图 3.26　$Fe_4S_4(NO)_4$ 的定性分子轨道能级图

能形成原子簇化合物，如 $Cu_4[SC(NH_2)_2]_{10}(SiF_6)_2(H_2O)$、$Pd_3(SC_2H_5)_3(S_2CSC_2H_5)_3$ 等。

3.5.9　无配体金属原子簇化合物

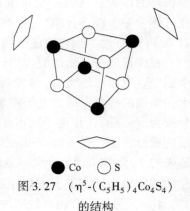

图 3.27　$(\eta^5\text{-}(C_5H_5)_4Co_4S_4)$ 的结构

　　有一类金属原子簇和上述几种原子簇有一个显著的不同之处，即它们不含有任何配体，人们把这类原子簇通称为无配体原子簇或裸原子簇。这类原子簇与非金属裸原子簇有很多的共同之处。周期表上过渡元素后的 p 区主族金属元素是形成这类原子簇的主要元素，尤其是那些较重的元素，如铊和铋。它们既能形成簇阴离子，也能形成簇阳离子，形成前者的较多。表 3.5 列出了一些实例。

表 3.5　若干无配体金属原子簇

周　期	$Ⅲ_A$	$Ⅳ_A$	$Ⅴ_A$
第四周期	Ga_3^{2-}，Ga_6^{8-}，Ga_{11}^{7-}	Ge_4^{2-}，Ge_9^{2-}，Ge_9^{4-}，Ge_{13}^{3-}	
第五周期	In_3^{2-}，In_4^{8-}，In_5^{9-}，In_{11}^{7-}	Sn_5^{2-}，Sn_9^{3-}，Sn_9^{4-}，Sn_{12}^{12-}	Sb_3^{3-}，Sb_5^{2-}，Sb_5^{3-}，Sb_7^{3-}
第六周期	Tl_3^{7-}，Tl_4^{8-}，Tl_5^{7-}，Tl_6^{6-}，Tl_7^{7-}，Tl_9^{9-}，Tl_{11}^{7-}，Tl_{13}^{10-}，Tl_{13}^{11-}	Pb_4^{-}，Pb_4^{4-}，Pb_5^{2-}，Pb_7^{4-}，Pb_9^{4-}	Bi_3^{2-}，Bi_3^{7-}，Bi_4^{2-}，Bi_5^{3+}，Bi_3^{+}，Bi_4^{+}，Bi_5^{3+}，Bi_8^{2+}，Bi_9^{5+}

　　无配体金属原子簇阴离子可在金属–液氨溶液中形成：如 K_4Sn_9、Na_4Pb_9、Na_3Bi_5 等，它们同样含有金属原子组成的多面体骨架（图 3.28）。这些阴离子一般都具有颜色，如

Sn_9^{4-} 为暗红色、Pb_9^{4-} 为绿色、Sb_7^{3-} 为红棕色、Bi_5^{3-} 为棕色等。

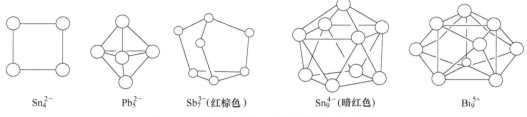

Sn$_4^{2-}$ Pb$_5^{2-}$ Sb$_7^{3-}$（红棕色）   Sn$_9^{4-}$（暗红色）   Bi$_9^{5+}$

图 3.28　若干无配体金属原子簇离子的结构

3.5.10　金属原子簇的结构规则

金属原子簇是一大类化合物，它们不仅含有金属—金属键，而且具有特征的多面体骨架结构，因此吸引了国内外许多学者去探索金属原子簇的结构规则，或与非金属原子簇进行类比，从而找出其中的内在联系。时至今日，关于金属原子簇的结构规则已提出很多种，包括经验的、半经验的，或纯粹的理论计算，但其中大多数只是考虑如何计算原子簇骨架的电子数，以及由此来预示金属原子簇骨架的几何构型。

在几何构型的形式中，如果簇化合物中存在着桥式配位体，就存在着由 M—L—M 而不是由 M—M 键将原子连接在一起的可能性；键长数据有助于解决这一疑难，如果 M—M 之间的距离远远大于金属半径的两倍，有理由断言 M—M 之间的成键作用极弱或者不成键；假若两金属原子处在合理的成键距离内，则无法明确回答成键在多大程度上是由 M—M 之间的直接作用而产生的。簇化合物中 M—M 的键能无法精确测定，但是各种证据（如化合物稳定性和 M—M 键的力常数）表明，同族 d 区元素的键能自上而下依次增大。这种倾向恰好与 p 区元素相反，p 区元素同族中较重元素之间的化学键通常较弱，这种变化趋势导致的结果是 4d 和 5d 金属元素形成的 M—M 多重键化合物的数量较多。总之，对金属原子簇结构规律的研究仍在不断地探索和完善之中，本节简明扼要地介绍其中的几种结构规则。

3.5.10.1　18e 规则

对简单的羰基化合物，中心金属原子周围的价电子数加上配体所提供的电子数等于该金属所处的那个周期末尾的稀有气体原子最外层电子数 $(n-1)\ d^{10}ns^2np^6$，化学上通常称为 18e 规则。18e 规则基本适用于含 π 接受体配体的单核过渡体配合物，它也可推广应用于一些小的金属羰基簇合物（如 M_3）。18e 规则把 M—M 看作是 2c—2e 的定域键，稍大一些的 d 区原子簇，例外的情况增多，18e 规则不太适用。

因为 CO 提供 2e，按 18e 规则，对那些价电子数为单数的金属原子要形成羰基化合物，只有靠聚合形成金属键，如 $Mn_2(CO)_{10}$、$Co_2(CO)_8$；或得到一个电子形成负离子，如：$[M(CO)_n]^-$，再与缺电子原子或原子团共价结合，如 $HM(CO)_n$。单核化合物符合 18e 规则的一般是稳定的，不符合是不稳定的，如：

$$Co(C_3H_5)_2 \longrightarrow Co(C_5H_5)_2^+$$

元素周期表符合 18e 规则的金属元素有：Cr、Mn、Fe、Mo、Tc、Ru、W、Re、Os。

而 d 区右边，特别是 Co、Ni、Rh、Pd、Ir、Pt 往往形成 16 电子结构，这类配合物通常为平面四方形结构，如：$IrCl(CO)(PPh_3)_2$、$[PtCl_3(C_2H_4)]^-$。d^8结构的第二、第三过渡系金属离子最容易形成平面四方形配合物，如 Rh（Ⅰ）、Ir（Ⅰ）、Pd（Ⅱ）和 Pt（Ⅱ）。

d 区左边金属形成的化合物一般不服从 16/18 电子规则，这主要是受空间因素和电子因素的双重控制，如 $V(CO)_6$ 为 17e、$W(CH_3)_6$ 为 12e、$Cr(CO)_2(\eta^5-C_5H_5)(PPh_3)$ 为 17e，但若将 PPh_3 换成 CO，以上 17e 的化合物将二聚为 $[Cr(CO)_3(\eta^5-C_5H_5)]_2$，考虑中间的 Cr—Cr 金属键，价电子数可达到 18。

NO 作为配体时首先向金属原子提供一个电子成为 NO^+，它和 CO 属于等电子体，在配位时，又提供 2 个电子（即 NO 为 3e 配体），故 NO 可协助含奇数 d 电子的过渡金属原子满足 18 电子构型，如 $MnCO(NO)_3$、$CO(CO)_3NO$。具有偶数 d 电子的过渡金属原子，NO 配体一般成对，如 $Cr(NO)_4$、$Fe(CO)_2(NO)_2$。

从聚合成簇化合物的角度，由于低氧化态金属原子有空轨道，相互之间容易形成 M—M 键；高氧化态难以提供电子，故不易形成金属键。在多核羰基化合物中，当羰基以端基结合在 M—M 键端和以桥基连接 M—M 两端时，M—M 键长发生变化，前者显然比后者长，相对应地 CO 键长前者比后者短，因为桥式连接时 M 同 CO 之间有反馈 π 键形成，即 d 轨道的电子反馈给 CO 的 LUMO 反键 π^* 轨道，因而键级变小了。

金属羰基化合物分子通常有明确、简单而且对称的分子形状，类似于价层电子对互斥理论（VSEPR）中的电子对，CO 在金属周围占据相互间斥力最小的位置。所以，第Ⅵ族元素的六羰基化合物为正八面体、$Fe(CO)_5$ 为三角双锥形、$Ni(CO)_4$ 为正四面体形、$Mn_2(CO)_{10}$ 由两个 $Mn(CO)_5$ 四方锥通过一个 Mn—Mn 键相连接、$Co_2(CO)_8$ 的一种异构体中金属—金属键上跨有桥键。

3.5.10.2 多面体骨架电子对理论

多面体骨架电子对理论（polyhedral skeletal electron pair theory），即 PSEPT，尝试从多面体骨架的几何形状和电子数之间的关系上来阐明金属原子簇的结构规律。PSEPT 和 18e 规则显著不同，多面体骨架电子对理论不是把 M—M 键看成是 2c—2e 键，而是从骨架键的总的电子数来推断骨架的几何形状，较好地阐明了从 3 个到 7 个金属原子形成的多面体骨架的几何形状的规律性。由于 PSEPT 是从硼烷的结构规则衍生而来的，所以又称为 Wade 规则，或 Wade-Mingos 规则。

在硼烷和碳硼烷中，原子簇骨架主要由 BH 结构单元或 BH 和 CH 结构单元共同组成，每个 BH 单元提供 2 个价电子，每个 CH 单元提供 3 个价电子用以构成原子簇骨架。然而，无论是 BH 还是 CH 单元，它们均为骨架提供了 3 个价轨道。

金属原子簇可理解为在金属硼烷和金属碳硼烷中金属和羰基或有机配体组成的结构单元，如 $Fe(CO)_3$、CpFe、CpCo 等分子片取代了部分 BH 或 CH 的位置后形成的化合物，它们的骨架多面体由金属原子、硼原子和碳原子等共同组成。因此，PSEPT 理论认为，和 BH、CH 单元一样，上述含金属原子的分子片也提供了 3 个对称性合适的价层原子轨道参与原子簇骨架键的形成，这 3 个价轨道可具有 d 轨道的成分。由于过渡金属原子共有 9 个价轨道，其中 3 个用于形成原子簇骨架，还剩下 6 个价轨道。倘若这 6 个价轨道全部充满电子，则每个含过渡金属原子的分子片所提供给原子簇骨架的电子数，可由 $V+x-12$ 的关系式来确定，其中，V 为过渡金属的价电子数，x 为分子片中配体提供的价电子，12 则表示上述过渡金属 6 个价轨道所能容纳的配体及金属原子本身的价电子数。某些常见过渡金属原子簇分子片所提供给原子簇骨架的电子数（即 $V+x-12$ 的值）列于表 3.6 中。

表3.6 过渡金属原子簇分子片的 $V+x-12$ 值

V	过渡金属 M	典型的原子簇分子片			
		$M(CO)_2(x=4)$	$MCp(x=5)$	$M(CO)_3(x=6)$	$M(CO)_4(x=8)$
6	Cr, Mo, W		-1	0	2
7	Mn, Tc, Re	-1	0	1	3
8	Fe, Ru, Os	0	1	2	4
9	Co, Rh, Ir	1	2	3	
10	Ni, Pd, Pt	2	3		

把 PSEPT 进一步推广运用到只含金属骨架原子的化合物,即金属原子簇中,以 $Rh_6(CO)_{16}$(图3.29a)为例,它具有八面体骨架,共有 86 个价电子($6\times9+16\times2=86e$)。在它的分子结构里,含有 6 个 $Rh(CO)_2$ 分子片及四个面桥基,可用 $[Rh(CO)_2]_6(\mu_3\text{-}CO)_4$ 来表示。按照 $V+x-12$ 规则,可推知:每个 $Rh(CO)_2$ 分子片贡献给骨架的电子数为 $9+4-12=1$,加上 4 个面桥基所提供的电子,骨架电子的总数为:

$$6Rh(CO)_2 \qquad 6\times1=6e$$
$$4(\mu_3\text{-}CO) \qquad \underline{4\times2=8e}$$
$$14e$$

可见,86 电子体系的 $Rh_6(CO)_{16}$ 用以形成原子簇骨架的电子数为 14,即 7 对电子。这种情况类似于闭式 $[B_6H_6]^{2-}$ 和 $C_2B_4H_6$,按 Wade 规则,它们的骨架电子对数符合 $n+1=7$。

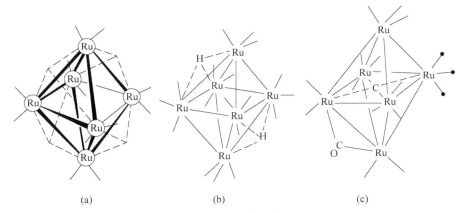

图 3.29 八面体骨架的六核金属原子簇

(a) $Rh_6(CO)_{16}$;(b) $Ru_6(CO)_{18}H_2$;(c) $Ru_6(CO)_{17}C$

类似地,还有许多八面体骨架的六核金属原子簇也具有 7 对骨架电子,如图 3.29b 所示。

$$Ru_6(CO)_{18}H_2 \longrightarrow [Ru(CO)_3]_6H_2$$
$$6Ru(CO)_3 \qquad 6\times(8+6-12)=12e$$
$$2H \qquad 2\times1 \qquad \underline{= 2e}$$
$$14e$$

如图 3.29c 所示，$Ru_6(CO)_{17}C$ 的分子结构的骨架电子数为：

$$Ru_6(CO)_{17}C \longrightarrow [Ru(CO)_3]_4[Ru(CO)_2]_2C(\mu_2-CO)$$

$$4Ru(CO)_3 \qquad 4 \times (8+6-12) = 8e$$

$$2Ru(CO)_2 \qquad 2 \times (8+4-12) = 0$$

$$C \qquad\qquad\qquad\qquad\qquad 4e$$

$$\mu_2\text{-}CO \qquad\qquad\qquad\qquad \underline{\quad 2e}$$

$$\qquad\qquad\qquad\qquad\qquad\qquad 14e$$

对由含八面体骨架的过渡金属原子簇衍生而来的帽形闭式，开式和网式结构的骨架电子对数也符合 Wade 规则，它们都具有 7 对骨架电子对。

若有 7 个顶点，即为单帽八面体，如 $Os_7(CO)_{21}$ 的结构（图 3.30），CO 只有端梢连接。

$$Os_7(CO)_{21} \longrightarrow [Os(CO)_3]_7$$

骨架电子数为：

$$7 \times (8+6-12) = 14e$$

若有 5 个顶点，14 个骨架电子，则为缺顶八面体(开式四方锥)结构，如 $Fe_5(CO)_{15}C$ 的结构（图 3.31）。

$$5Fe(CO)_3 \qquad 5 \times (8+6-12) = 10e$$

$$C \qquad\qquad\qquad\qquad\qquad \underline{\quad 4e}$$

$$\qquad\qquad\qquad\qquad\qquad\qquad 14e$$

若有 4 个顶点，14 个骨架电子，则为网式（蝴蝶形），如 $Os_4(CO)_{12}H_3I$ 的结构（图 3.32）。

$$Os_4(CO)_{12}H_3I \longrightarrow [Os(CO)_3]_4H_3I$$

$$4Os(CO)_3 \qquad 4 \times (8+6-12) = 8e$$

$$3(\mu_2\text{-}H) \qquad 3 \times 1 \qquad\qquad = 3e$$

$$I \qquad\qquad\qquad\qquad\qquad \underline{\quad 3e}$$

$$\qquad\qquad\qquad\qquad\qquad\qquad 14e$$

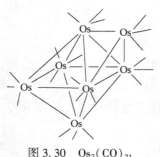

图 3.30　$Os_7(CO)_{21}$

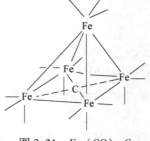

图 3.31　$Fe_5(CO)_{15}C$

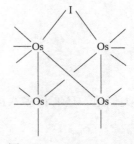

图 3.32　$Os_4(CO)_{12}H_3I$

类似地，具有三角双锥骨架的五核金属簇合物，含 6 对骨架电子对。由这种闭式基础多面体骨架衍生而来的帽形闭式、开式或网式结构也都包含 6 对骨架电子对。对于含有 6 骨架电子对的五核金属簇合物，闭式为三角双锥骨架，开式为四面体，网式是三角形。

如（图 3.33a）：

$$Os_5(CO)_{16} \longrightarrow [Os(CO)_3]_4[Os(CO)_4]$$

骨架电子数为：

$$4 \times (8 + 6 - 12) + (8 + 8 - 12) = 12e$$

CO 均为端梢连接（图 3.33b）：

$$Co_4(CO)_{12} \longrightarrow [Co(CO)_2]_3[Co(CO)_3](\mu\text{-}CO)_3$$

骨架电子数为：

$$3 \times (9 + 4 - 12) + (9 + 6 - 12) + 3 \times 2 = 12e$$

含有 3 个边桥（实验可测定）（图 3.33c）：

$$Os_3(CO)_{12} \longrightarrow [Os(CO)_4]_3$$

骨架电子数为：

$$3 \times (8 + 8 - 12) = 12e$$

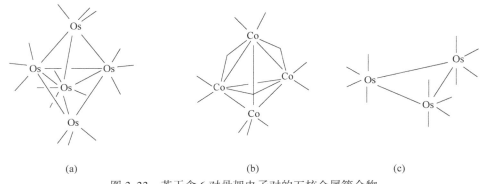

(a)   (b)   (c)

图 3.33　若干含 6 对骨架电子对的五核金属簇合物

(a) $Os_5(CO)_{16}$（三角双锥）；(b) $Co_4(CO)_{12}$（四面体）；(c) $Os_3(CO)_{12}$（三角形）

总之，按照 PSEPT 或 Wade 规则，凡以八面体为基础的多面体骨架的金属原子簇化合物，具有 7 对骨架电子对；以三角双锥为基础多面体骨架的则具有 6 对骨架电子对。典型金属簇合物和相应的几何构型汇集在图 3.34 中。

3.5.11　过渡金属原子簇成键能力规则及 Wade-Mingos-Lauher 规则

3.5.11.1　过渡金属原子簇成键能力规则

Lauher 以铑为研究对象，通过推广的 Huckel 分子轨道法，对不同大小、不同形状的铑原子簇的电子结构进行理论计算，提出了过渡金属原子簇成键能力规则（the binding capabilities of transition metal cluster）。Lauher 认为从能量上考虑，唯有价分子轨道能用以容纳过渡金属原子本身的价电子和接纳配体所提供的电子。因此，簇价分子轨道的数目可以用来阐明原子簇的成键能力，并预示化合物的立体构型。该方法的要点如下：

（1）簇合物中金属原子相互作用主要考虑轨道之间的重叠。Lauher 通过对两个铑原子在 269pm 距离（Rh—Rh 距离）上重叠积分的计算表明，s 和 p 轨道之间重叠最大，d 轨道之间重叠最小。据此，可以推断：在过渡金属原子簇中，金属原子的相互作用主要是 s 和 p 轨道之间的重叠，而不是 d 轨道之间的重叠。

（2）每个金属原子具有 9 个 $[(n-1)dnsnp]$ 价轨道，n 个金属原子形成簇合物后，

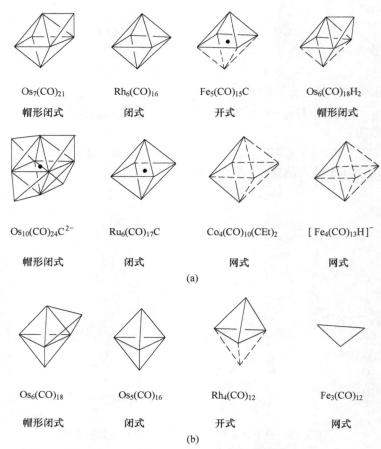

Os₇(CO)₂₁ 帽形闭式 | Rh₆(CO)₁₆ 闭式 | Fe₅(CO)₁₅C 开式 | Os₆(CO)₁₈H₂ 帽形闭式

（此处图形对应下列各式）

Os₁₀(CO)₂₄C²⁻ 帽形闭式 | Ru₆(CO)₁₇C 闭式 | Co₄(CO)₁₀(CEt)₂ 网式 | [Fe₄(CO)₁₃H]⁻ 网式

(a)

Os₆(CO)₁₈ 帽形闭式 | Os₅(CO)₁₆ 闭式 | Rh₄(CO)₁₂ 开式 | Fe₃(CO)₁₂ 网式

(b)

图 3.34　若干和硼烷对应的金属碳基原子簇

(a) 具有 7 对骨架电子对的体系；(b) 具有 6 对骨架电子对的体系

形成 $9n$ 个分子轨道，这些分子轨道按能量高低分为两大类：能量显著高于金属自由原子 p 轨道者，称为高位反键分子轨道（high lying antibonding orbitals），简称 HLAO；能量适合于接受配体的价电子或容纳金属原子本身的价电子的，称为簇价分子轨道（cluster valence molecular orbitals），简称 CVMO。在过渡金属原子簇中，接受配体电子的 CVMO 轨道主要成分是 s 和 p 轨道，容纳金属价电子的 CVMO 轨道主要成分是 d 轨道。

例如，在簇合物 $Ni_4(\mu_2\text{-}CO)_6L_4$ 中（图 3.35），配体轨道群的对称性和由 Ni 原子 s 和 p 轨道组成的 CVMO 完全匹配，即接受配体电子的轨道主要包含 s、p 成分，而 20 个 d 区的 CVMO 则用以充填 4 个 Ni 原子本身的 40 个价电子。

（3）稳定化合物中价电子应填满 CVMO 而不填入 HLAO。CVMO 都用来接收或填充配体所提供的电子或金属原子的价电子。CVMO 上总电子数称为簇价电子（cluster valence electrons），简称为 CVE。CVE 为 CVMO 轨道数的两倍，因此，电子数 CVE 与骨架构型（对称性）连在大多数情况下有对应的关系，即知道 CVE 就可知道对

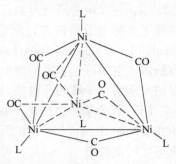

图 3.35　$Ni_4(\mu_2\text{-}CO)_6L_4$，
$L = P(CH_2CH_2CN)_3$

应的骨架结构,也就是说确定簇合物的骨架结构的问题可以归结为求 CVE(金属总的价电子加上配体提供的电子以及整体的电荷就是 CVE 的值)。

如简单的三个金属原子形成的等边三角形骨架,具有 D_{3h} 对称性,每个金属原子提供 9 个原子轨道,三个金属原子共组合成 27 个分子轨道,包括 3 个 HLAO 和 24 个 CVMO(图 3.36)。其中,3 个 HLAO 能量比单个金属原子 p 轨道的能量还高,不能用于容纳金属原子的价电子或接受配体提供的电子,剩下的 24 个 CVMO 都用来接受配体的价电子及填充金属原子的价电子,则 CVE 的数目为 48 个。

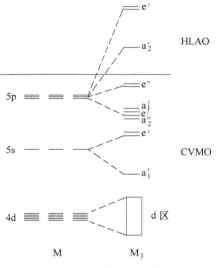

图 3.36 M_3 原子簇分子轨道能级图

典型的例子如 $Fe_3(CO)_{12}$(图 3.37a)和 $(CpCo)_3(CO)_3$(图 3.37b),它们都具有 48 个簇价电子和 3 根 M—M 键。也存在例外的情况,如 $Os_3(CO)_{10}H_2$(图 3.37c)具有 46 个 CVE,这是因为其 Os_3 原子簇骨架是等腰三角形,而不是等边三角形,两条 Os—Os 边较长,一条 Os—Os 边较短,通常被认为具有双键性质,它偏离 D_{3h} 对称性,所以不符合 48 CVE 的规则。$Fe_3(CO)_9S_2$(图 3.37d)具有 50 个 CVE,这是因为其结构中只有两根 M—M 键。

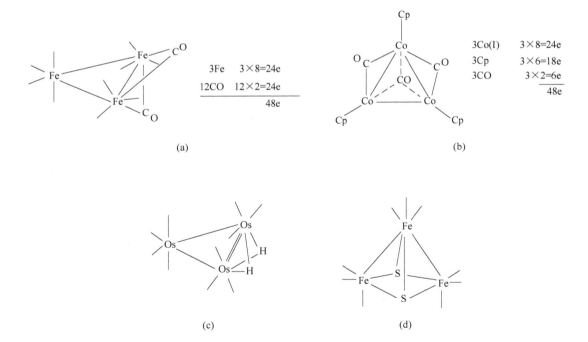

图 3.37 若干三个金属原子形成的原子簇化合物骨架结构

(a) $Fe_3(CO)_{12}$;(b)$(CpCo)_3(CO)_3$;(c)$Os_3(CO)_{10}H_2$;(d)$Fe_3(CO)_9S_2$

对于四核的原子簇骨架主要有四面体（T_d）。蝴蝶形（C_{2v}或D_{2h}）和平面四方形（D_{4h}）四种构型如图 3.38 所示。

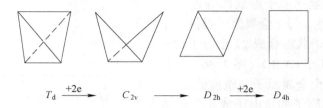

$$T_d \xrightarrow{+2e} C_{2v} \longrightarrow D_{2h} \xrightarrow{+2e} D_{4h}$$

图 3.38　蝴蝶形（C_{2v}或D_{2h}）和平面四方形（D_{4h}）的四种构型

四核原子簇共形成 36 个分子轨道，具有对称性的四面体原子簇共有 6 个 HLAO 和 30 个 CVMO，可容纳 60 个 CVE。当四面体的一边打开，转变成蝴蝶形结构时，相应地增加一对电子，共有 62 个 CVE。计算结果也表明，HLAO 中的一个轨道能量降低，CVMO 增加为 31。由蝴蝶形转变为平面正方形结构时，CVMO 的数目增加到 D_{4h} 的 32，CVE 为 64 个。典型的例子有 $Ir_4(CO)_{12}$、$[Fe_4(CO)_{13}H]^-$ 和 $[Re_4(CO)_{16}]^{2-}$ 的结构（图 3.39）。

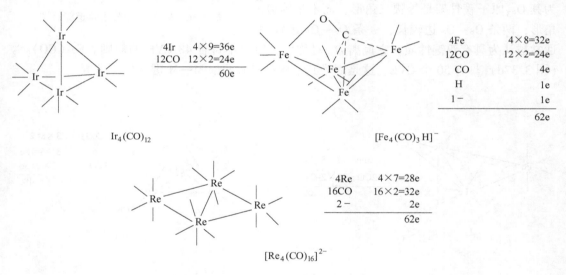

图 3.39　由蝴蝶形转变为平面正方形结构的典型例子

Lauher 用此方法，处理了一系列过渡金属原子簇合物，得出了不同几何形状的原子簇骨架的 CVMO 数目，从而可以用以预示过渡金属原子簇的成键能力；反之，从 CVE 的数目也可以推测原子簇的骨架几何形状和对称性。

3.5.11.2　Wade-Mingos-Lauher 规则

Wade 提供了电子数与金属原子簇结构之间的对应规则，后来 D. M. P. Mingos 和 J. Lauher 做了一些改进，称为 Wade-Mingos-Lauher 规则（表 3.7）。这些规则用于$Ⅵ_B$ ~ $Ⅷ_B$ 及 $Ⅰ_B$ 族金属簇合物相当可靠，一般情况下（包括硼氢化合物），如果簇价电子（CVE）数比较高，则可能形成 M—M 键较少的敞口结构。

表 3.7 簇价电子数与结构的关系

金属原子数	形 状	金属骨架结构	簇价电子数	举 例
1	单金属	○	18	$Ni(CO)_4$
2	线 形	○—○	34	$[Mn_2(CO)_{10}]^+$
3	闭合三角形		48	$CO_3(CO)_9CH$
4	四面体		60	$Co_4(CO)_{12}$
	蝶 形		62	$[Fe_4(CO)_{12}Cl]^{2-}$
	平面四方形		64	$Pl_4(O_2CCH_3)_8$
5	三角双锥体		72	$Os_5(CO)_{16}$
	四主锥体		74	$Fe_5C(CO)_{15}$
6	正八面体		86	$Ru_6C(CO)_{17}$
	三棱柱体		90	$[Rh_6C(CO)_{15}]^{2-}$

以 $Rh_4(CO)_{12}$ 和 $[Re_4(CO)_{16}]^{2-}$ 为例说明电子数和结构之间的关系(表 3.8)。

表 3.8 $Rh_4(CO)_{12}$ 与 $[Re_4(CO)_{16}]^{2-}$ 对比

四面体 $Rh_4(CO)_{12}$	蝶形 $[Re_4(CO)_{16}]^{2-}$
4Rh: 4×9 = 36	4Re: 4×7 = 28
12CO: 12×2 = 24	16CO: 16×2 = 32
电荷: 0	电荷: 2
电子数: 60	电子数: 62
60 个电子四核簇是四面体	62 个电子四核簇是蝶形

等叶瓣相似法可用于描述金属骨架中掺入的杂原子,这种方法可以将 $Co_3(CH)(Co)_9$

（图 3.40a）与 $Co_4(CO)_{12}$（图 3.40b）的结构相关联，两个分子的结构可分别被看做 $Co_4(CO)_9$ 三角形分子片的一侧冠以 CH 或 $Co(CO)_3$ 帽，因为都有三条轨道和 3 个电子参与骨架成键，CH 与 $Co(CO)_3$ 互为等叶瓣，所不同的是 $Co_4(CO)_{12}$ 出现带有桥基 CO 配体的 $Co(CO)_2$ 基团。

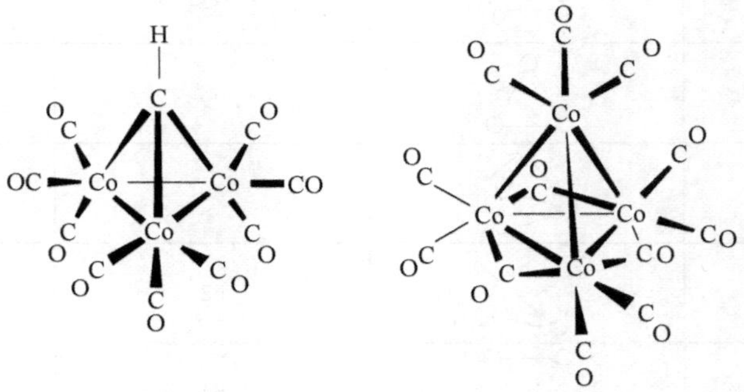

图 3.40　$Co_3(CH)(Co)_9$ 和 $Co_4(CO)_{12}$ 结构图

(a) $Co_3(CH)(CO)_9$；(b) $Co_4(CO)_{12}$

可以运用等叶瓣相似模型在只含 d 区金属的 M—M 成键体系和含 d 区、p 区金属的 M—M 混合体系之间进行一系列比较。如磷原子与 CH 为等叶瓣，因此 $Co_3(CH)(CO)_9$ 和 $Co_3P(CO)_9$、CR_2 和 $Fe(CO)_4$ 都可以与簇化合物中的两个金属原子成键，CH_3 和 $Mn(CO)_5$ 均可与一个金属原子成键。

习　　题

3-1　简述硼原子簇化合物的制备、结构及规则、命名、物理化学性质。

3-2　简述金属碳硼烷的结构、制备及性质。

3-3　简述碳原子簇的结构与性质。

3-4　简述常见金属原子簇化合物的命名、结构、制备和物理化学性质。

$\boxed{4}$ 金属—金属多重键

金属—金属多重键化学是 20 世纪 60 年代中期以后逐步形成和发展起来的。第一例含金属—金属四重键的化合物 $K_2Re_2Cl_8 \cdot 2H_2O$，以及第一例含金属—金属三重键的化合物 $Re_2Cl_5(CH_3SCH_2SCH_3)_2$ 都是由美国的 F. A. Cotton 研究小组发现的。自此，含有金属—金属多重键的化合物不断被发现，其中以钼、钨和铬为最多，它们大多数为四重键和三重键，也有少数是双键的。此外，还有实验表明，很可能还存在 Nb—Nb 五重键和 Mo—Mo 六重键。

4.1　金属—金属四重键

在金属—金属多重键化合物中，对四重键化合物的研究是较早和较全面的一类，在短短几十年中，不仅合成出了许多不同类型的四重键化合物，进行了结构测定和波谱分析，还对它们的化学键性质和特征等进行了解析和实验证明。1844 年 Eugène-Melchior Péligot 第一个合成了含有四重键的化合物——乙酸铬（Ⅱ）$Cr_2(\mu\text{-}O_2CMe)_4(H_2O)_2$，但接下来的一个世纪内却没有人意识到其中成键的独特性。Frank Albert Cotton 于 1964 年以 $K_2Re_2Cl_8 \cdot 2H_2O$ 的例子，首次提出了四重键的概念。该化合物中 Re—Re 键长只有 0.224nm。

4.1.1　金属—金属四重键的形成

金属—金属四重键除了 σ 和 π 键外，必定还含有 δ 键。事实上，所有的金属—金属四重键都发生在过渡金属原子之间。因此，金属原子间的四重键必定由 d 轨道或 d 轨道与 f、g 等轨道参与成键。如果只考虑 d 轨道之间的重叠，则可得定性或半定量的图像。

当两金属原子相互靠拢，d 轨道的对称性就决定了它们之间的重叠只能存在 5 种方式：

$$d_{z^2}\text{-}d_{z^2}（头碰头）\quad \sigma—\sigma^*$$
$$d_{xz}\text{-}d_{xz}（侧基）\quad \pi—\pi^*$$
$$d_{yz}\text{-}d_{yz}（侧基）\quad \pi—\pi^*$$
$$d_{xy}\text{-}d_{xy}（面-面）\quad \delta—\delta^*$$
$$d_{x^2-y^2}\text{-}d_{x^2-y^2}（面-面）\quad \delta—\delta^*$$

两个金属原子轨道的重叠，形成一 σ 成键和一 σ^* 反键轨道；两个 d_{xz} 或 d_{yz} 轨道两两重叠，形成一组二重简并，并且为正交的 π 成键和 π^* 反键轨道；两个 d_{xy} 或 $d_{x^2-y^2}$ 轨道的两两重叠，形成一组二重简并的 δ 成键和 δ^* 反键轨道。如图 4.1 所示。

按照 Huckel 基本观点，分子轨道的能量与其重叠积分成比例（同类轨道），d 轨道的

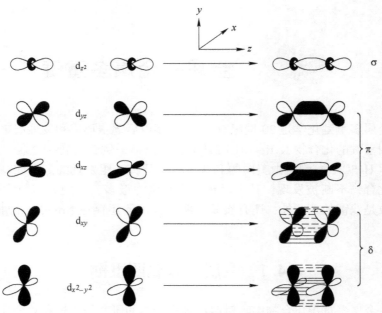

图 4.1 两个金属原子间的 5 种非零 d–d 重叠

重叠程度按以下顺序依次增加：

$$\delta \ll \pi < \sigma$$

则轨道能量高低次序为：

$$\sigma < \pi \ll \delta < \delta^* \ll \pi^* < \sigma^*$$

由于配体的作用，使 δ（或 δ*）的二重简并发生分裂：一个 δ 键降低，另一个 δ* 键升高。例如，对双核（M_2）体系，若有 8 个配体分别沿两金属原子的 x、$-x$ 轴；y、$-y$ 轴向中心靠拢（如 $Re_2Cl_8^{2-}$），结果导致对称性由圆柱对称（$D_{\infty h}$）降低到四方棱柱对称（D_{4h}），这虽不影响 π 成键和 π* 反键轨道的简并性，但却使 δ（或 δ*）的二重简并发生分裂，因为前者指向配体的方向，而后者指向配体之间。事实上，轨道势必会参与金属-配体（M—L）σ 键的形成。换句话说，每个金属原子用一组 s、p_x、p_y 和轨道杂化成四个 dsp^2 杂化轨道：4 个 M—L σ 键。结果，M_2 中原来一组二重简并的 δ 成键轨道之一能量降低，变成 MLσ 成键轨道。此外，一个 δ* 反键轨道能量升高，变成 MLσ* 反键轨道。因此，在金属—金属四重键中，可以不考虑轨道，只剩下一个 δ 成键和一个 δ* 反键轨道。可见，由于金属和配体间 M—L σ 键的形成，必然导致轨道能级分布的变化。

对于两个 d^4 电子组态的金属离子，如铼（Ⅲ）和钼（Ⅱ）等，共有 8 个价电子可以两两配对地充填在图 4.2 所示的成键轨道上。它们的基态电子构型可用 $\sigma^2\pi^4\delta^2$ 来表示，即有 4 对成键轨道上的电

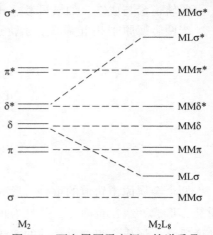

图 4.2 两金属原子之间 d 轨道重叠形成四重键的定性分子轨道能级图

子，而反键轨道上无电子。按照分子轨道理论的惯例，可以确定它们的键级为4：

$$键级 = \frac{8 - 0}{2} = 4$$

需要强调的是，上式所表示的键级只表示两金属原子间存在四对成键电子，不代表键强的直接量度。因为，σ、π 或 δ 组分对总的键强的贡献有很大的差别，但又无可否认，两金属原子间存在 4 对成键电子是造成这类化合物 M—M 键距离很短的根本原因。

Pauling 杂化理论对金属—金属四重键的描述：过渡金属原子 9 个价轨道参与形成一组杂化轨道 d^5sp^3（图 4.3），这 9 个杂化轨道可分成三类：1 个属于 A 型，4 个属于 B 型，4 个属于 C 型。4 个 B 型键可用于形成 M—L 键，4 个 C 型键可与另一金属原子的 C 型键形成 M—M 键（弧形单键，称为香蕉键），构成金属四重键。A 型键可沿键轴方向与配体键合，也可以不加利用。

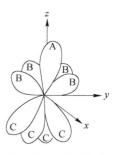

图 4.3 一组 d^5sp^3 杂化轨道

4.1.2 典型的金属—金属四重键化合物

已知 d^4 电子组态的 Cr(Ⅱ)、Mo(Ⅱ)、W(Ⅱ)、Tc(Ⅲ) 和 Re(Ⅲ) 等过渡金属离子都能形成金属—金属四重键化合物。典型的四重键化合物主要有以下三类。

4.1.2.1 含端梢的单齿配体

非强 π 接受体 X^-（X = F、Cl、Br、I）、SCN^-、CH_3^- 和 Py 等都可作端梢单齿配体，而具有强 π 接受体，如 CO、NO 和 RNC^- 未见在金属—金属四重键化合物中作端梢单齿配体，这可能是因为形成金属—金属 π 键和 δ 键所必需的 d 电子容易反馈到配体的 π^* 轨道中去，从而降低了金属—金属的键级，最终可能得到的仍是单核配合物。含端梢单齿配体的金属—金属四重键化合物，实例为 $K_2Re_2Cl_8 \cdot 2H_2O$，它是最先被认识的金属—金属四重键化合物。$K_2Re_2Cl_8 \cdot 2H_2O$ 为墨绿色晶体，它可在一定温度下，用次磷酸 H_3PO_2 或 NaH_2PO_2 在盐酸溶液中还原高铼酸钾或在高压下用氢气还原来制备，如下所示：

$$2KReO_4 + 2H_3PO_2 + 8HCl \longrightarrow K_2Re_2Cl_8 + 2H_3PO_4 + 4H_2O$$

$$2KReO_4 + 2NaH_2PO_2 + 8HCl \longrightarrow K_2Re_2Cl_8 + 4H_2O + 2NaH_2PO_4$$

$$2KReO_4 + 4H_2 + 8HCl(浓) \xrightarrow{高压} K_2Re_2Cl_8 + 8H_2O$$

D_{4h} 点群要求 $ReCl_4$ 两半部分具有覆盖结构，而非交错的构型（图 4.4）。通过 X 射线晶体结构的测定，Re—Re 距离为 224pm，Re—Cl 键长为 (229±3) pm，Cl—Re—Cl 键角为 87°±2°，Re—Re—Cl 键角为 103.7°±2.1°。覆盖构型结构的存在说明 δ 的存在，两个 d_{xy} 轨道间的 δ 重叠达到最大（图 4.5a）；若是交错构型，即两分子碎片相对转动了 45°，这时两个 d_{xy} 轨道间净的 δ 重叠为零，即不存在 δ 键（图 4.5b）。

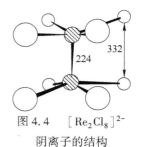

图 4.4 $[Re_2Cl_8]^{2-}$ 阴离子的结构

若考虑配位体空间位阻的影响，为了稳定原来的两半分子片，可以相对转动一定的角度，称为部分交错构型。根据理论计算，当扭曲度不大时，对 δ 键的强度影响不大。

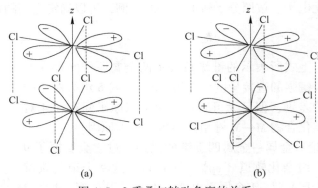

图 4.5　δ 重叠与转动角度的关系

(a) 覆盖构型重叠最大；(b) 交错构型重叠为零

$[Re_2Cl_8]^{2-}$ 中 Re—Re 之间的距离为 224pm；金属中 Re—Re 为 275pm；Re_3Cl_9 中 Re—Re 单键键长为 248pm；$[Re_2Cl_8]^{2-}$ 中 Re—Re 键能为 $481 \sim 544kJ/mol$。

同核原子间的键能只有 $C \equiv C(B.E. = 820kJ/mol)$ 和 $N \equiv N(B.E. = 946kJ/mol)$ 超过它，$P \equiv P(B.E. = 523kJ/mol)$ 的键能与之相当，比较说明 Re—Re 四重键是一个很强的化学键。

除 $K_2Re_2Cl_8 \cdot 2H_2O$ 之外，其他含四重键的化合物有：$Rb_2Re_2Cl_8 \cdot 2H_2O$、$Cs_2Re_2Cl_8 \cdot H_2O$、$(NH_4)_2[Re_2Cl_8]$、$(PyH)_2[Re_2Cl_8]$、$(Bu_4N)_2[Re_2Cl_8]$、$(Me_2NH_2)_2Re_2Cl_8$，$(Bu_4N)_2[Tc_2Cl_8]$ 等。表 4.1 提供了部分含端梢单齿配体的四重键化合物。

表 4.1　若干含端梢单齿配体的四重键化合物

化　合　物	对　称　性	M—M 距离/pm
Re(Ⅱ)		
$K_2Re_2Cl_8 \cdot 2H_2O$	D_{4h}	224.1
$(NH_4)_2[Re_2Cl_8] \cdot 2H_2O$	D_{4h}	223.4
$(PyH)_2[Re_2Cl_8]$	D_{4h}	224.4
$(Bu_4N)_2[Re_2Cl_8]$	D_{4h}	222.2
$Cs_2Re_2Cl_8 \cdot H_2O$	D_{4h}	223.7
$Cs_2Re_2Br_8$	D_{4h}	222.8
$Re_2Cl_8(PEt_3)_2$	C_{2h}	222.2
$Li_4Re_2(CH_3)_8 \cdot 2(C_2H_5)_2O$	D_{4h}	217.8
Tc(Ⅱ)		
$(Bu_4N)_2[Tc_2Cl_8]$	D_{4h}	213

Mo(Ⅱ) 的单齿化合物有：$K_2Mo_2Cl_8 \cdot 2H_2O$、$(enH_2)_2[Mo_2Cl_8] \cdot 2H_2O$、$(PhH_3)[Mo_2Br_6(H_2O)_2]Br$。W(Ⅱ) 的单齿化合物有：$Li_4[W_2(CH_3)_{8-x}Cl_x] \cdot 4THF$，$Li_4[W_2(CH_3)_8] \cdot 4(C_2H_5)_2O$ 等。

4.1.2.2　含桥式的双齿配体

桥式的双齿配体在金属—金属多重键体系中扮演重要角色。

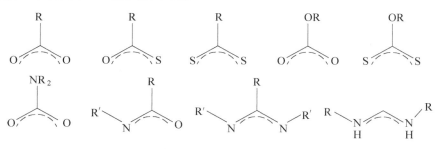 （设两个配位原子分别是 X、Y）

桥式双齿配体的特点是：

（1）配位原子 X 和 Y 含孤对电子的轨道几乎平行。

（2）X 和 Y 的距离在 200~250pm 的范围内。

第一个特征对配位性最为重要，这类配体不适宜和同一个中心金属离子螯合，但它们却容易以桥基的形式和 M_2 含多重键体系的两个金属原子配位，促进金属多重键的形成，提高 M—M 多重键的稳定性。桥式配体中最重要的是羧基和类羧基阴离子，羧基中的氧原子也可被一个或两个 RN 集团所取代。

[**例 4-1**] $Mo_2(OOCCH_3)_4$ 的结构（图 4.6）。CH_3COO—桥连两个 Mo，Mo—O 键长 212pm，C—O 键长 128.0pm，C—C 键长 150.1pm，Mo—Mo—O 的键角为 91.8°，O—C—O 的键角为 121.3°。

$Mo_2(OOCCH_3)_4$ 分子通过邻近氧原子在 Mo—Mo 键轴方向上的弱配位构成了无限长链结构。分子间的 Mo⋯O 距离为 264.5pm。该化合物可通过 $Mo(CO)_6$ 和 CH_3COOH 制备得到：

$$2Mo(CO)_6 + 4CH_3COOH \xrightarrow{\triangle} Mo_2(O_2CCH_3)_4(黄色晶体) + 12CO + 2H_2$$

以 $Mo_2(OOCCH_3)_4$ 为原料还可制备其他钼的四重键化合物，如 $Mo_2(OOCCH_3)_4K_4Mo_2Cl_8 \cdot 2H_2O$（红色晶体）。用类似的方法，还可制备其他的盐，如 $(enH_2)_2Mo_2Cl_8 \cdot 2H_2O$、$(NH_4)_4Mo_2Br_8$ 等。目前，$Mo_2(OOCCR)_4L_2$ 型的化合物虽然已经合成出很多种，但测定出结构的却很少。

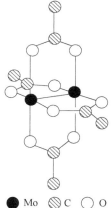

● Mo 　▨ C 　○ O

图 4.6 $Mo_2(OOCCH_3)_4$ 的结构（H 未示出）

[**例 4-2**] $Mo_2(OOCF_3)(Py)_2$ 的结构（图 4.7）。

注意：

1）Mo—N 很长（254.8pm），和键轴方向分子间的距离很近，表明 Mo—N 键弱。

2）Cr(Ⅱ)也能形成 $Cr_2(O_2CR)_4$ 和 $Cr_2(O_2CR)_4L_2$ 型的四重键化合物。

3）$Cr_2(O_2CR)_4$ 分子强烈倾向于在 Cr—Cr 键轴方向上结合配体 L，形成 $Cr_2(O_2CR)_4L_2$ 型的分子。

4）真正测定结构的却只有 R 为 CH_3 和 CMe_3 等少

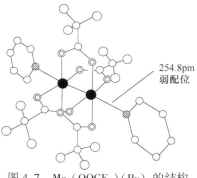

254.8pm
弱配位

图 4.7 $Mo_2(OOCF_3)(Py)_2$ 的结构

170

数几例。

5）互相缔合，形成无限长链的结构（图 4.8a）。

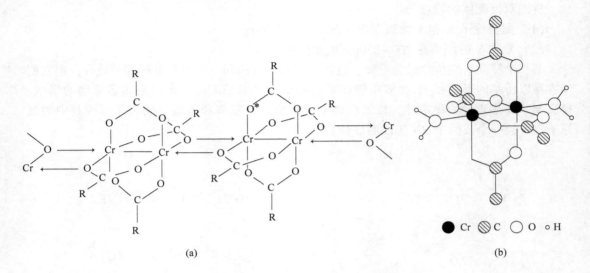

(a)　　　　　　　　　　　　　　(b)

●Cr ▨ C ○O ∘H

图 4.8　无限长链的结构

(a)$Cr_2(O_2CR)_4$ 的无限链状结构；(b)$Cr_2(O_2CCH_3)_4(H_2O)_2$ 的结构

$Mo_2(O_2CR)_4$ 和 $Cr_2(O_2CR)_4$ 比较：结构在形式上相似，程度上却相差甚远。例：$Mo_2(O_2CR)$ 分子间 Mo—O 键距：264.5pm。$Cr_2(O_2CR)$ 分子间 Cr—O 键距：232.7pm。$Cr_2(O_2CR)_4$ 分子内的 Cr—Cr 键距：228.8pm。$Mo_2(O_2CR)_4$ 分子内的 Mo—Mo 键距：209.1pm。这表明 Mo—Mo 键形成四种键的倾向比 Cr—Cr 大。

$Cr_2(O_2CCH_3)_4(H_2O)_2$ 是 $Cr_2(O_2CCR)_4L_2$ 型化合物中最重要的一种，因为单核的 Cr(Ⅱ)化合物一般呈蓝色或紫色，具有强烈的顺磁性，而 $Cr_2(O_2CCH_3)_4(H_2O)_2$ 呈深红色，具有反磁性，它的结构直到 20 世纪 70 年代才被确定（如图 4.8b 所示）。

$Cr_2(O_2CCH_3)_4(H_2O)_2$ 的制备：

$$2Cr^{2+}(aq) + 4CH_3COO^- + 2H_2O \longrightarrow Cr_2(O_2CCH_3)_4(H_2O)_2(深红色晶体)$$

羧基外的桥式双齿配体还有许多，如：$[S_2CCH_3]^-$、$[O_2COC(CH_3)_3]^-$、$[PhNC(CH_3)O]^-$、$[CH_3NC(Ph)NCH_3]^-$、$[PhNNNPh]^-$ 等，均可分别和 M_2 单元形成图 4.9 所表示的四重键配合物。

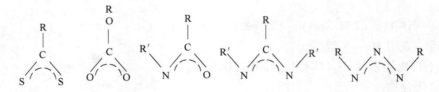

图 4.9　四重键配合物

一些无机配体，如 CO_3^{2-}、SO_4^{2-} 等，也能在金属—金属四重键中作为桥式双齿配体，如：$M_4[Cr_2(CO_3)_4(H_2O)_2]$（M 为 Li^+、Na^+、K^+、Rb^+、Cs^+、NH_4^+）及

$Mg_2[Cr_2(CO_3)_4(H_2O)_2]$，其结构和 $Cr_2(O_2CR)_4(H_2O)_2$ 类似，但 Cr—Cr 距离较短，如在 $(NH_4)_4[Cr_2(CO_3)_4(H_2O)_2](H_2O)_{1\sim2}$ 中 Cr—Cr 键长为 221.4pm。$[K_4 Mo_2(SO_4)_4]\cdot2H_2O$ 具有层状结构，Mo—Mo 距离为 211.0pm，见图 4.10。含 SO_4^{2-} 配体的四重键化合物还有 $Na_2[Re_2(SO_4)_4(H_2O)_2]\cdot6H_2O$、$Na_2[Re_2(SO_4)_4]\cdot8H_2O$ 等。

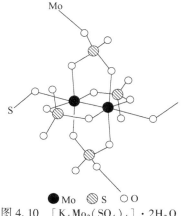

● Mo ▨ S ○○ O

图 4.10 $[K_4Mo_2(SO_4)_4]\cdot2H_2O$ 中阴离子 $[Mo_2(SO_4)_4]^{4-}$ 结构

4.1.2.3 含芳香环体系的配体

在 $Cr_2(O_2CR)L_2$ 中 Cr—Cr 键长对 L 敏感，变化范围在 220~250pm。Cr—Cr 还能和某些芳香环体系的配体形成四重键化合物，若干相应的阴离子配体如图 4.11 所示。

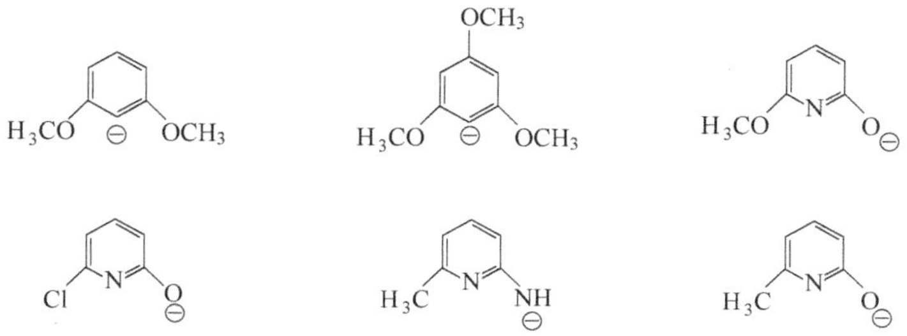

图 4.11 若干能与 Cr—Cr 形成四重键化合物的芳香环的配体

以 $Cr_2(O_2CCH_3)_4$ 或铬的其他化合物为原料和这类阴离子反应，能够合成一系列含芳香环配体的四重键化合物，例：

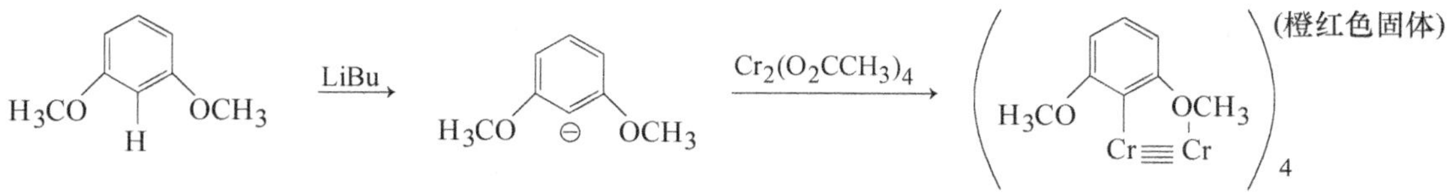

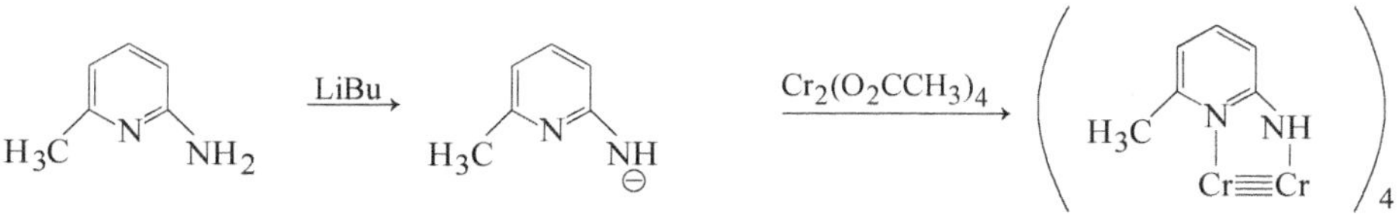

大多数这类化合物中 Cr—Cr 距离比羧基化合物的短得多。例：Cr—Cr 距离：

$Cr_2(DMP)_4$（图 4.12）	184.7pm
$Cr_2(TMP)_4$	184.9pm
$Cr_2(MMP)_4$	182.8pm
$Cr_2(MAP)_4$	187.0pm

超短键——M—M 距离小于 190pm：

$Cr_2(dmhp)_4$ 190.7pm
$Cr_2(chp)_4$ 195.5pm

H3CO
OCH3
Cr≡Cr
4
Cr
C
O

图 4.12 $Cr_2(DMP)_4$的结构示意图

Cr—Cr 超短键的分子可能由于空间位阻的原因，一般无轴向配体，同时又不互相缔合。不存在 $Cr_2X_4(PO_3)_4$等类型的四重键化合物。除铬（Ⅱ）外，钼和钨也能形成类似的四重键化合物，例：$Mo_2(DMP)_4$、$Mo_2(mhp)_4 \cdot CH_2Cl_2$、$Mo_2(chp)_4$、$Mo_2(map)_4 \cdot 2THF$、$W_2(mhp)_4 \cdot CH_2Cl_2$、$W_2(chp)_4$、$W_2(map)_4 \cdot THF$。

4.2 金属—金属三重键

金属—金属四重键基态的电子构型为 $\sigma^2\pi^2\delta^2$，从四重键的定性能级图出发，可以扩大到对其他多重键的定性描述。有两种方法可以使金属—金属四重键变为金属—金属三重键（图 4.13）。一是设法移走 δ^2 上的两个电子，留下 $\sigma^2\pi^2$ 的电子构型。二是设法再增添两个电子，得到的电子构型 $\sigma^2\pi^4\delta^2\delta^{*2}$，这两种电子构型的多重键的键级均为 3。

δ*
δ
π
σ
-2e
+2e
d3- d3
d3- d3
d3- d3

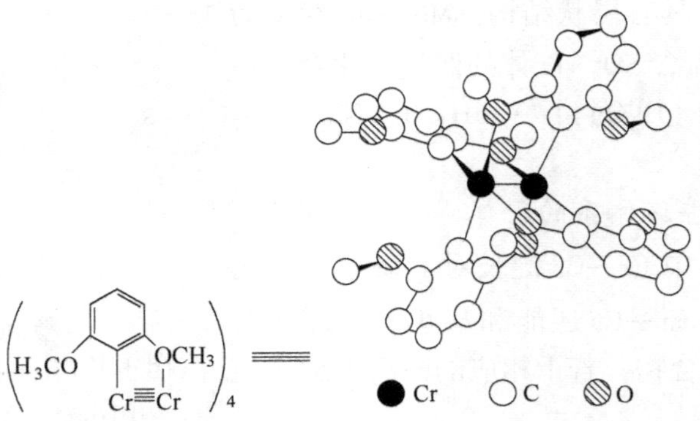

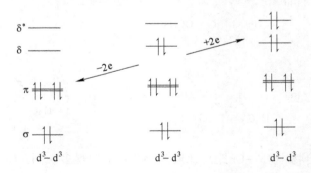

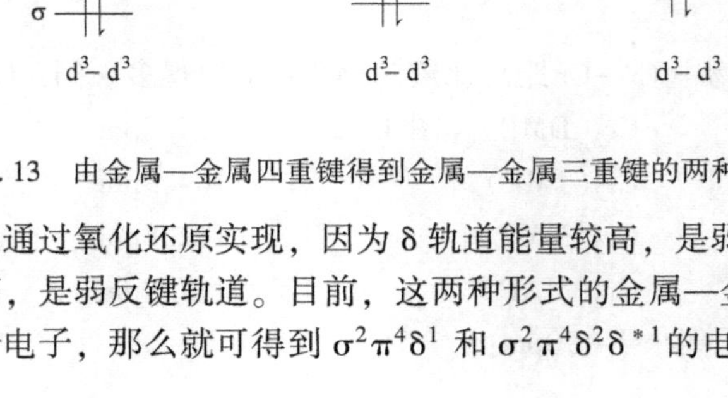

图 4.13 由金属—金属四重键得到金属—金属三重键的两种途径

这两条途径可以通过氧化还原实现，因为 δ 轨道能量较高，是弱成键轨道，而 δ^{*2}轨道在能量上又不太高，是弱反键轨道。目前，这两种形式的金属—金属三重键已经得到。如果失去或得到一个电子，那么就可得到 $\sigma^2\pi^4\delta^1$ 和 $\sigma^2\pi^4\delta^2\delta^{*1}$的电子构型，这两种电子构型的键级均为 3.5，这两种形式的化合物也已经得到。

4.2.1 $\sigma^2\pi^4$ 构型的化合物

第一个被发现的金属—金属三重键的化合物是铼的化合物：$Re_2Cl_5(CH_3SCH_2CH_2SCH_3)_2$（简写为 $Re_2Cl_5(DTH)_2$），它具有 $\sigma^2\pi^4$ 的电子构型。其合成非常简单，只要将反应物在乙腈中回流 70h 即可。

$$(Bu_4N)_2Re_2Cl_8 + DTH \xrightarrow[\text{回流 70h}]{CH_3CN} Re_2Cl_5(DTH)_2 + Bu_4NCl$$

$$\downarrow$$

2，5-二硫杂己烷

其结构示意图和 X 射线单晶结构如图 4.14 所示。

结构特点：

（1）整个分子很不对称，它包含 $[ReCl_4][Re(DHT)_2Cl]$ 两部分不同的结构单元。考虑到该分子具有顺磁性，因而认为它的分子式为 $Cl(DTH)_2Re(II)Re(III)Cl_4$，即两个 Re 原子具有不同的价态，而未成对电子位于 Re(II) 的轨道上，换句话说，在

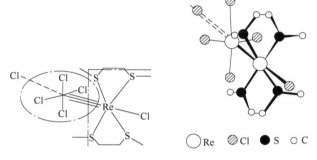

图 4.14 $Re_2Cl_5(DTH)_2$ 单晶结构示意图

Re—Re 之间无 δ 组分，其电子构型为 $\sigma^2\pi^4$，键级为 3。

（2）分子具有交错的转动构型，表明 Re—Re 之间不存在 δ 键。

Mo(III) 和 W(III) 也可以形成多种类型的三重键化合物：M_2R_6，R 为 CH_2SiMe_3 等；$M_2(NR_2)_6$，R 为 Me、Et 等；$M_2(NR_2)_4X_2$，R 为 Me、Et 等，X 为 Cl、Br、I、Me；$M_2(OR)_6$，R 为 CMe_3、CH_2CMe_3、$SiMe_3$、$SiEt_3$ 等。金属—金属三重键化合物的制备方法可以由四重键化合物转换而来，但更多使用的是金属卤化物直接合成

$$MoCl_5 \xrightarrow{Me_3SiCH_2MgCl、N_2 \text{ 或真空，乙醚}} Mo_2(CH_2SiMe_3)_6(\text{黄色})$$

$$WCl_6 \xrightarrow{Me_3SiCH_2MgCl、N_2 \text{ 或真空，乙醚}} W_2(CH_2SiMe_3)_6(\text{棕色})$$

$$MoCl_3 + LiNMe_2 \xrightarrow{\text{有机溶剂}} Mo_2(NMe_2)_6 + LiCl(\text{黄色})$$

$Mo_2(NMe_2)_6$ 分子具有交错的构型，如图 4.15a 所示。晶体中含有两种独立的分子，Mo—Mo 距离分别为 221.1pm 和 221.7pm。

以 $Mo_2(NR_2)_6$ 为原料可合成其他三重化合物：

$$Mo_2(NMe_2)_6 + 6^tBuOH \longrightarrow Mo_2(O^tBu)_6(\text{橙色晶体}) + 6HNMe_2$$

$$Mo_2(NMe_2)_6 + 2Me_3SiCl \longrightarrow Mo_2(NMe_2)_4Cl_2(\text{黄色}) + 2Me_3SiNMe_2$$

$$Mo_2(NMe_2)_4Cl_2 + 2MeLi \longrightarrow Mo_2(NMe_2)_4Me_2(\text{黄色晶体}) + 2LiCl$$

$Mo_2(NMe_2)_4$ 分子也具有交错的构型，如图 4.15b 所示。通过卤素互换之后，还可得

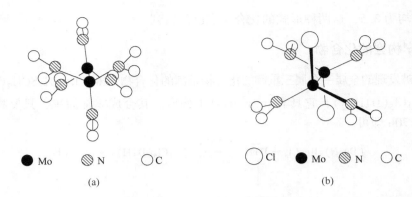

$\bullet$ Mo   ▨ N   ◯ C

(a)

◯ Cl $\bullet$ Mo   ▨ N   ◯ C

(b)

图 4.15　M_2R_6 型分子结构

（a）$Mo_2(NMe_2)_6$ 分子结构；（b）$Mo_2(NMe_2)_4Cl_2$ 分子结构

到其他的 $M_2(NR_2)_4X_2$（X 为 Br、I）型化合物：

$$W_2(NEt_2)_4Cl_2 + HgI_2 \longrightarrow W_2(NEt_2)_4I_2 + HgCl_2$$

$$W_2(NEt_2)_4Cl_2 + 2LiBr \longrightarrow W_2(NEt_2)_4Br_2 + 2LiCl$$

$Mo_2(OCH_2CMe_3)_6$ 是反磁性，具有交错结构，Mo_2O_6 骨架属 D_{3d} 点群，Mo—Mo 距离为 222.2pm。$Mo_2(NMe_2)_4Cl_2$ 是反磁性，见图 4.15b。其他的 $M_2(NR_2)_4X_2$ 型分子的结构相似。研究表明，Mo(Ⅲ) 和 W(Ⅲ) 的三重键化合物有两个共同的特点：交错结构；反磁性。电子构型 $\sigma^2\pi^4$，四重键到三重键，即由 $\sigma^2\pi^4\delta^2 \rightarrow \sigma^2\pi^4$，M—M 键长变化不大，因为 δ 键相对较弱。

4.2.2　$\sigma^2\pi^4\delta^2\delta^{*2}$ 构型的化合物

$\sigma^2\pi^4\delta^2\delta^{*2}$ 构型的化合物键级为 3，相应结构单元有双核的 Re_2^{4+}、Mo_2^{2+}、Ru_2^{6+} 和 Os_2^{4+}，其中 Re_2^{4+} 的化合物为数最多；制备方法采用还原四重键化合物。结构的例子如 $Re_2Cl_4(PEt_3)_4$ 分子结构，具有 D_{2d} 对称性；Re—Re 之间无净的 δ 键，但仍保持了覆盖的构型，由于 PEt_3 基团较大，两分子片 $Re_2Cl_4(PEt_3)_4$ 刚好错开，使整个分子趋于稳定。其他实例：Re_2^{4+} 的化合物可由还原四重键的 Re_2^{6+} 而来。很多 $Re_2X_4(PR_3)_4$（X 为 Cl、Br、I）型的叔膦化合物就可直接由 PR_3 或 $PPhR_2$（R 为 Me、Et 等）还原 $(Bu_4N)_2Re_2X_8$ 而来。其中，$Re_2Cl_4(PEt_3)_4$ 的结构如图 4.16 所示。

$\sigma^2\pi^4\delta$ 构型的化合物的例子见图 4.17。

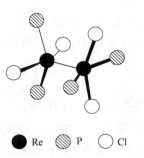

$\bullet$ Re   ▨ P   ◯ Cl

图 4.16　$Re_2Cl_4(PEt_3)_4$ 分子结构

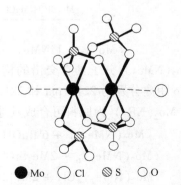

$\bullet$ Mo   ◯ Cl   ◉ S   ◯ O

图 4.17　$Cl\cdots[Mo_2(SO_4)_4]^{3-}\cdots Cl$ 的结构

该结构具有 D_{2d} 对称性,其中 Re—Re 之间无净的 δ 键,但仍保持了覆盖的构型,由于 PEt_3 基团较大,两分子片 $Re_2Cl_4(PEt_3)_4$ 刚好错开,使整个分子趋于稳定。Re—Re 键长为 223.2pm,和四重键化合物 $Re_2Cl_6(PEt_3)_2$ 中的 222.2pm 差别不大。

4.3 金属—金属二重键

对于四重键的定性图像,没有四重键那么明确。化合物不同,结构不同,差异也很大。例如: $[Nb_2X_9]^{3-}$($X=Cl$、B、I)离子具有顺磁性,相当于两个未成对电子,而 $M_2X_6(SC_4H_8)_3$($M=Nb$、Ta,$X=Cl$、Br)则为反磁性。在前者,电子构型为 $[\sigma(a_1')]2[\pi(e')]2$,即 2 个电子分占 2 个二重简并的 π 轨道,因而有两个成单电子,它具有 D_{3h} 对称性,而后者对称性是 C_{2V},电子构型为 $[\sigma(a_1')]2[\pi(b_1')]2[\pi(a_1')]0$。由于对称性降低,引起 $\pi(e')$ 轨道能量的分裂,造成电子的自旋配对,表现出反磁性。在 $[Re_2Cl_8]^{2-}$ 离子中有 Re—Re 四重键,而 Re_3Cl_9 中有 Re—Re 二重键,虽然对每对铼来讲,键级发生了变化,但对每一个铼来讲,总的键级保持不变,都是 4。

第一个被发现的金属—金属二重键(metal-metal double bond),即双键的化合物是 $Cs_3Re_3Cl_{12}$。所有含 Re_3^{9+} 核的化合物,包括母体 Re_3Cl_9 在内,均含有 Re≡Re 双键存在,它是在四重键的基础上再结合一个 Re^{3+} 形成等边三角形 Re_3^{9+} 原子簇,Re—Re 的键级由 4 降到 2,但每个 Re 总的结合键级为 4。Re_3Cl_9 可由 $ReCl_5$ 在氮气气氛下热缩合而制得,其结构如图 4.18 所示。

Re—Re 距离为 248.9pm,分子中包含三个分子内的 Re—Cl—Re 桥,每个 Re 原子剩下的三个配位位置形成三根端梢 Re—Cl 键,其中的两

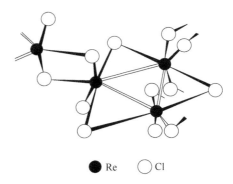

● Re　○ Cl

图 4.18　Re_3Cl_9 的结构

根又参与形成另一个 Re_2Cl_9 原子簇之间不对称的 Re—Cl—Re 桥,从而形成无限的层状结构。用浓 HCl 处理 Re_3Cl_9 和 CsCl 可得 $Cs_3Re_3Cl_{12}$:

$$Re_3Cl_9 + 3CsCl \xrightarrow{\text{浓 HCl}} Cs_3Re_3Cl_{12}$$

$Re_3Cl_{12}^{3-}$ 的结构与 Re_3Cl_9 比较,可看成 Re_3Cl_9 分子间 Re—Cl—Re 劈裂,代之以端梢 Re—Cl 键,Re—Re 距离为 247.7pm,接近于 Re_3Cl_9 中的 248.9pm。在 $[Re_3Cl_{12}]^{3-}$ 中 Cl 原子的活性顺序为:

$$Cl 端(平面内) > Cl 端(平面外) \gg Cl 桥$$

因而产生了用卤素和拟-卤素互换反应"分步"制备的情况,如 $[Re_3Cl_9L_3]^{3-}$(L 为 N_3、CN 或 NCS)和 $[Re_3Cl_6L_6]^{3-}$(L 为 N_3、NCS)已被制备出来,其中均含有 $[Re_3(\mu_3\text{-}Cl)_3]^{6+}$ 的成分。到目前为止,能形成多重键化合物的金属原子主要有以下几种:

V	Cr	Mo	Tc	Ru
3	4	3, 3.5, 4	3.5*, 4	2*, 2.5, 3*

Rh	W	Re	Os	Pt
1^*	3，3.5，4	3^*，3.5^*，4	3^*	1^*

（元素符号下面的数字表示键序，$*$ 表示键序为比 8 个电子多时含有反键轨道，删除了部分或全部的 δ 或 π 键）

其中，能形成金属—金属二重键的化合物除 Re 之外，还有 Nb、Ta、Mo、W、Fe、Os 等其他元素，如 $Nb_2Br_6(SC_4H_8)_3$、$Ta_2Cl_6(PMe_3)_4$、$W_2S_2(S_2CNEt_2)_4$、$Cp_2Fe_2(NO)_2$ 等。

习 题

4-1 金属—金属四重键的形成过程及轨道能量高低次序是什么？

4-2 Pauling 杂化理论对金属—金属四重键的描述是什么？

4-3 如何将金属—金属四重键转变为金属—金属三重键？

4-4 典型的金属—金属四重键的主要类别、例子及结构是什么？

4-5 典型的金属—金属三重键的主要类别、例子及结构是什么？

4-6 典型的金属—金属二重键的主要类别、例子及结构是什么？

5 金属有机化合物

5.1 研究历史及分类

金属有机化学（Organometallic chemistry）是研究金属有机化合物的制备、性质、组成、结构、化学变化规律及其应用的科学，它是有机化学和无机化学互相渗透的一个极为活跃的交叉领域。一般至少有一个金属-碳（M—C）键的化合物都看成是金属有机化合物，是烷基（包括甲基、乙基、丙基、丁基等）和芳香基（苯基等）的烃基与金属原子结合形成的化合物，以及碳元素与金属原子直接结合的物质的总称。它包括了为数众多的一大类化合物。

最早的金属有机化合物是在 1825 年制备出来的 Zeise 盐 $K[PtCl_3(C_2H_4)] \cdot H_2O$，此后又发现了不少重要的金属有机化合物，如：二烷基锌 $Zn(C_2H_5)_2$、四羰基镍 $Ni(CO)_4$、格氏剂（1912 年获得诺贝尔奖）等。金属有机化学的迅速发展是从 1951 年二茂铁（$C_5H_5)_2Fe$（ferrocene）的合成开始的。当时分别有两个研究小组合成了二茂铁。Kealy 和 Pauson 用格氏剂和 $FeCl_2$ 反应制备出二茂铁：

$$2C_2H_5MgBr + FeCl_2 \longrightarrow (C_5H_5)_2Fe + MgBr_2 + MgCl_2$$

Miller 用环戊二烯和铁在 300℃ 常压下制备出二茂铁。这两项工作几乎是在同时完成的，但是 Kealy 和 Pauson 的报道发表较早。二茂铁的合成几乎在化学界引起了强烈的反响。1952 年 Wilkinson 通过红外光谱、磁化率和偶极矩的测定，判断二茂铁具有夹心式结构。与此同时，Fischer 通过 X 射线衍射的测定，认为二茂铁具有五角反棱柱的结构，见图 5.1。为此，他们共享了 1973 年的 Nobel 化学奖。

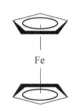

图 5.1 二茂铁的结构示意图

二茂铁的化学性质稳定，类似芳香族化合物。二茂铁的环能进行亲电取代反应，例如汞化、烷基化、酰基化等反应。它可被氧化为 $[Cp_2Fe]^+$，铁原子氧化态的升高使茂环（Cp）的电子流向金属，阻碍了环的亲电取代反应。二茂铁能抗氢化，不与顺丁烯二酸酐发生反应。二茂铁与正丁基锂反应，可生成单锂二茂铁和双锂二茂铁。茂环在二茂铁分子中能相互影响，在一个环上的致钝使另一环也有不同程度的致钝，其程度比在苯环要轻一些。

自从 20 世纪 50 年代二茂铁的合成以来，新的有机金属化合物不断涌现，金属有机化学从此进入了一个迅猛发展的时期。金属有机化学之所以能引起广泛的关注和研究，除了它们独特的化学结构和化学键以外，还因为它们具有很多重要的用途，其中一个最突出的是作为催化剂。例如，烷基铝是 Zergler-Natta 催化体系的基础，是广泛应用于乙烯或丙烯均相聚合的工业催化剂。此外，金属有机化合物还是烯烃的氢醛基化反应、氧化加成反应等众多反应的催化剂。金属有机化合物可以成功地为价键理论的研究工作提供大量新颖物种，特别是用作试剂或催化剂在有机合成化学上取得了巨大的成就。此外，在材料添加剂、抗震剂、杀菌剂等方面也有着广泛应用。如果没有金属有机化合物作为催化剂，精细有机化合工业，如制药工业、香料工业的发展简直不可想象。近年来，还发现许多金属有机化合物在生物体内有重要的生理功能，如维生素 B12，引起了生物学界的关注。由于金属有机化学的本身结构和功能的特殊性，以及广泛的应用前景，它在 21 世纪将有更大的发展。如二烷基烯是聚氯乙烯和橡胶的稳定剂，用以抗氧化和过滤紫外线；Ni(CO)$_4$ 可用于精炼镍粉等；热解金属有机化合物制备金属膜（如热解三丁基铝可得到金属铝膜）。

在半导体材料制备中，可用金属有机化合物热解法，制备一系列的 Ⅲ－Ⅴ，Ⅱ－Ⅵ族化合物，如：

$$Ga(CH_3)_3 + AsH_3 \xrightarrow{900 \sim 950K} GaAs + 3CH_4$$

$$Cd(CH_3)_2 + H_2S \xrightarrow{748K} CdS + 2CH_4$$

按配位体键合到金属原子上碳原子数目来分，金属有机化合物可分为：

（1）单碳键合：只有一个碳原子直接与金属键合。常见配体又分为烃类配体、酰基配体、碳烯基配体。

烃类：烷基、芳基、烯基、σ-环戊二烯基、炔基。

酰基：酰基碳原子直接与金属键合 M—C（=O）R 。

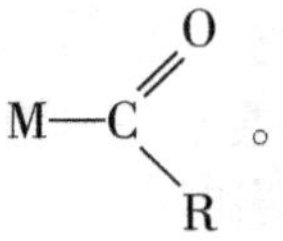

碳烯基：碳烯基的碳原子配位到金属上：C（X）（Y），X、Y 通常是—OR、—NR$_2$。

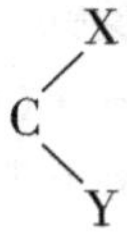

（2）二碳键合：烯烃与炔烃为二碳键配位体（侧基键合）。

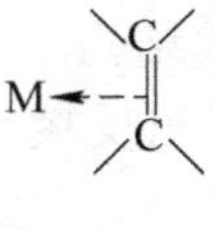

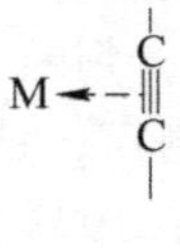

（3）三碳键合：π—烯基。

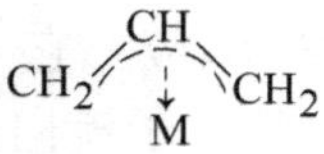

（4）四碳键合：丁二烯。

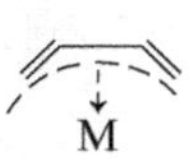

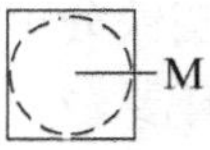

（5）五碳键合：π-环戊二烯，形成茂金属

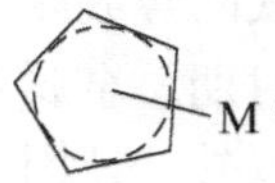

（6）六碳键合：苯是最典型的，环庚三烯、环辛四烯也可形成

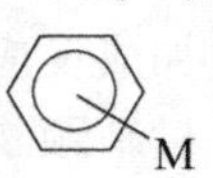

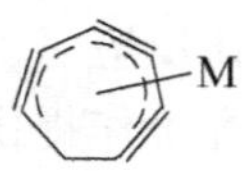

（7）七碳键合：π-庚三烯配合物 。

（8）八碳键合：环辛四烯 。

本章先介绍过渡金属不饱和烃化合物和环多烯化合物，然后讨论等叶片相似构型，最后着重介绍主族金属有机化合物和稀土金属有机化合物。

5.2 金属不饱和烃化合物

烯和炔是过渡金属的另一类重要配体，它们以 π 键的电子云来和金属配位，通常将生成的配合物称为 π 配合物。以 π 键电子云支配的配体称为 π 配体。烯烃和炔烃等不饱和分子和过渡金属形成的配合物具有重要的实际意义。如在石油化工中，要实现烯烃的氢醛基化、同分异构化及烯烃的聚合等一系列重要的化学反应，都离不开过渡金属及其化合物的催化作用。因此，研究过渡金属不饱和烃化合物的结构、化学键性质、成键规律等，对深入认识其催化机理，合理选择催化剂具有重要的意义。

5.2.1 乙烯-过渡金属配合物

从结构化学角度看，乙烯-过渡金属配合物主要有三个结构特征：

（1）乙烯的两个碳原子到多中心金属原子的距离基本相等。

（2）配位以后，原来呈平面型的乙烯分子变成非平面型，和碳原子相连的氢原子远离中心金属原子向后弯折。

（3）若把乙烯分子看作是单齿配体，则典型的三配位化合物的几何构型为三角形，$C=C$ 键近似在三角形的平面内；四配位化合物的几何构型为平面正方形，$C=C$ 键和正方形平面接近垂直；五配位化合物的几何构型为三角双锥，$C=C$ 键近似在水平方向上。这三种结构分别表示在图 5.2 中。

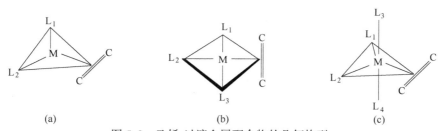

图 5.2 乙烯-过渡金属配合物的几何构型
（a）三配位三角形；（b）四配位平面正方形；（c）五配位的三角双锥

在众多乙烯配合物的实例中，最为著名的是 Zeise 盐 $K[PtCl_3(C_2H_4)] \cdot H_2O$，它是 1825 年由丹麦的 William Zeise 制备得到的。在乙醇溶液中回流 $PtCl_4$ 和 $PtCl_2$ 的混合物，然后用 KCl 和 HCl 处理并通入 C_2H_4，再经分离，最终得到一种柠檬黄色的晶体，即为 Zeise 盐。也可以将乙烯通入 K_2PtCl_4 的稀盐酸溶液，并在有 Sn（Ⅱ）存在的条件下反应制备：

$$K_2PtCl_4 + C_2H_4 \longrightarrow K[PtCl_3(C_2H_4)] + KCl$$

Sn（Ⅱ）的作用是脱去 $PtCl_4^{2-}$ 中的 Cl^-。

　　Zeise 盐的结构在 1954 年才得以确定。其中的 $[PtCl_3(C_2H_4)]^-$ 阴离子具有平面正方形的几何形状（图 5.3、表 5.1），d^8 组态的 Pt（Ⅱ）周围有四个配体，分别为三个 Cl^- 和一个乙烯分子，形成正方形排列。乙烯分子的 C＝C 键被平面垂直平分，两个 Pt—C 距离基本相等，为 0.214nm。同时，与乙烯分子中的氢原子对称的远离中心的 Pt（Ⅱ）离子向后弯折，乙烯分子本身不再保持平面形。

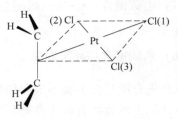

图 5.3　$[PtCl_3(C_2H_4)]^-$ 的结构

表 5.1　$[PtCl_3(C_2H_4)]^-$ 阴离子的结构数据

	键长或键角	X 射线衍射法	中子衍射法
键长/pm	C—C	137	137.5
	Pt—Cl（1）	232.7	234.0
	Pt—Cl（2）	231.4	230.2
	Pt—Cl（3）	229.6	280.3
	Pt—C	212.1，213.4	212.3，213.6
键/（°）	Cl（1）—Pt—Cl（2）	90.1	90.05
	Cl（1）—Pt—Cl（3）	90.2	90.43
	Cl（2）—Pt—Cl（3）	177.5	177.65

　　Zeise 盐中 Pt（Ⅱ）-C_2H_4 的化学键模型如下（图 5.4）：DCD 模型。C_2H_4 充满电子的 π 轨道，和 Pt（Ⅱ）离子的 dsp^2 杂化轨道重叠，形成 σ 键，同时，Pt（Ⅱ）离子充满电子的 dp 杂化轨道，和 C_2H_4 空的反键 π^* 轨道重叠，形成了反馈 π 键，所以，Pt（Ⅱ）-C_2H_4 之间的化学键是 σ—π 配位键。

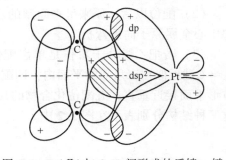

图 5.4　Pt（Ⅱ）与 C_2H_4 间形成的反馈 π 键

　　中心离子与乙烯分子配合时，生成的是三中心 σ 配位键（乙烯是电子对的给予体，Pt（Ⅱ）是电子对接受体）。同时，Pt（Ⅱ）中 d 轨道上的非键电子，则和乙烯分子中的空反键 π^* 轨道形成另一个三中心反馈 π 配位键（Pt（Ⅱ）是电子对的给予体，乙烯是电子对接受体）。

　　Zeise 盐中的 C＝C 双键的键长（0.137nm）相比于未配位前（0.134nm）增长了，其伸缩振动频率也从自由乙烯分子的 1623cm^{-1} 下降到 1526cm^{-1}，表明了反馈键的形成削弱了乙烯配体中的 C＝C 键，有利于 C＝C 键的活化。Pt（Ⅱ）-C_2H_4 之间的化学键比用 DCD 模型的描述复杂，其 σ 键的成分比反馈 π 键重要得多。

　　乙烯配合物的其他例子还有很多，如三角形配合物 $Ni(PPh_3)_2(C_2H_4)$（图 5.5a）和三角双锥形配合物 $Fe(CO)_4(C_2H_4)$（图 5.5b）。在这两种结构中，C_2H_4 配体的 C＝C 接近在三角形或水平方向的平面内，在配合物 $Ni(PPh_3)_2(C_2H_4)$ 中 P—Ni—P 和 C—Ni—C 的两面角为 5.0°。配体含有一个以上的双键时，配体分子可以提供一个以上的 π 电子形

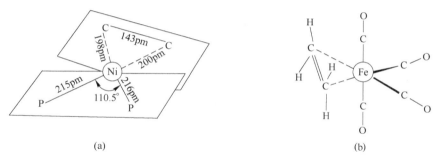

图 5.5 含乙烯配体的金属有机化合物的结构

（a）Ni(PPh₃)₂(C₂H₄) 分子中心部分结构；（b）Fe(CO)₄(C₂H₄) 分子的结构

成多个 σ 键，起多齿配体的作用。其他烯烃或含有 C＝C 双键的不饱和分子也能和过渡金属形成配合物（图 5.6）。

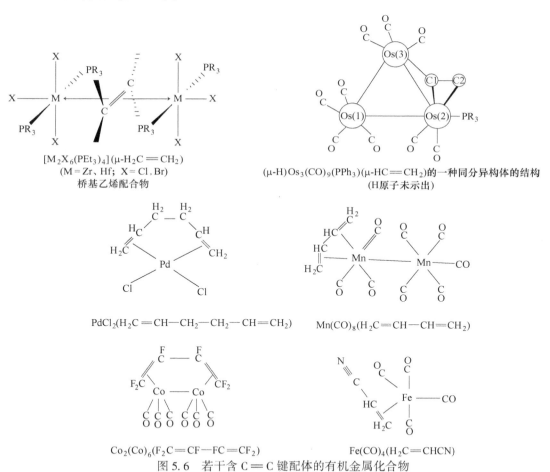

图 5.6 若干含 C＝C 键配体的有机金属化合物

5.2.2 炔烃–过渡金属的配合物

含C≡C三键的乙炔及其衍生物RC≡CR与过渡金属形成的配合物与以烯配合物有许多

相似之处。从化学键来看，可以用类似的模型来描述，但是，乙炔还有一组与之垂直的 π 和 $π^*$ 轨道，这一组 π 和 $π^*$ 轨道也能够和对称性匹配的金属原子 d 轨道之间发生一定的重叠，因而增强了乙炔和金属之间的相互作用。在炔烃的配合物中，RC≡CR配体也发生扭曲，使RC≡CR偏离线性一定的角度。一般来说，C≡C距离的增长比乙烯配体中 C═C 的增长小。

以炔烃配合物 $[PtMe(PMe_2Ph)_2(MeC≡CMe)][PF_6]$ 为例，其中心部分结构如图 5.7 所示。

若把 MeC≡CMe 看做单齿配体，则 Pt(Ⅱ)的内界配位层接近于平面正方形，而C≡C键几乎与该平面垂直（86.5°）。在配合物中，两个 Pt—C（炔烃中C≡C的碳原子）距离相等，分别为 228pm 和 227pm。C≡C键长为 122pm，与未配位前 MeC≡CMe(121pm) 相比，没有明显的差别，C≡C—Me 偏离线形约 12°。

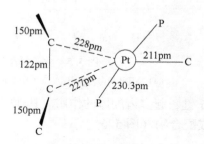

图 5.7　$[PtMe(PMe_2Ph)_2(MeC≡CMe)][PF_6]$
分子中心部分结构

在 $Ni(Me_3CNC)_2(PhC≡CPh)$ 的结构（图 5.8）中，若把PhC≡CPh看做单齿配体，则 Ni(0)原子的配体结构呈三角形，内界配位层呈平面形，C(1)—Ni—C(2) 和 C(3)—Ni—C(4) 的两面角为 2.4°，PhC≡CPh 中，C≡C 长 129.1pm，比固态自由 PhC≡CPh长。配体中苯基环远离中心原子向外弯折，相对于C≡C键轴，弯折约31°。在这些配合物中，C≡C只占据金属原子的常见配位数中的一个位置，它只简单的起到一个烯烃或 CO 配体的作用。

$PtClMe(AsMe_3)_2(F_3C—C≡C—F_3C)$ 的结构如图 5.9 所示，Pt(Ⅱ) 为三角双锥配位，C≡C占据水平方向位置，C≡C键长为 132pm，比自由键 $F_3C—C≡C—F_3C$ 分子中的 C≡C键长 122pm 长，CF_3基团向外弯折。

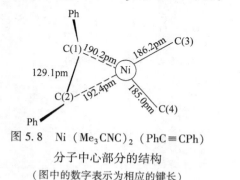

图 5.8　$Ni(Me_3CNC)_2(PhC≡CPh)$
分子中心部分的结构
（图中的数字表示为相应的键长）

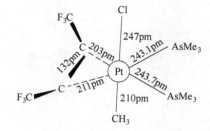

图 5.9　$PtClMe(AsMe_3)_2$
$(F_3C—C≡C—F_3C)$ 的结构

5.3　金属环多烯化合物

如同烯烃或炔烃等不饱和分子充满电子的 π 轨道，能和金属的 d 轨道作用一样，环

多烯含电子的离域 π 轨道也能和金属的 d 轨道作用，形成相应的金属环多烯化合物，比如二茂铁即是典型的金属环多烯化合物，其他具有 2，6 和 10π 电子体系的环多烯也能形成类似的化合物。常见的环多烯配体有 $C_3Ph_3^+$、$C_4H_4^{2-}$、$C_5H_5^-$、C_6H_6、$C_7H_7^+$、$C_8H_8^{2-}$ 等（图 5.10）。

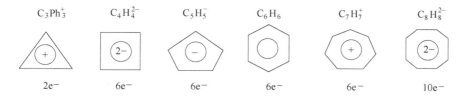

图 5.10 具有 2、6、10π 电子体系环多烯

金属环多烯化合物为数众多，这些化合物中均含有两个电子互相平行的相同的或是不同的环多烯。这些化合物俗称夹心化合物（sandwich compounds），常见的如图 5.11 所示。夹心结构的化合物中，有两大类比较典型：一类是茂夹心化合物，是由 $C_5H_5^-$ 与金属结合而成；另一类是芳夹心化合物，是由苯或芳环与过渡金属结合而成。

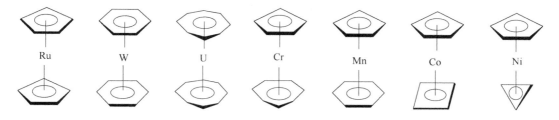

图 5.11 若干金属环多烯夹心化合物

5.3.1 环戊二烯配合物的立体结构

金属环戊二烯化合物既有离子型也有共价型的结构。I_A 族较重的金属盐 $(C_5H_5)M$（M 为 K、Rb、Cs）具有离子型结构，较轻的金属盐 $(C_5H_5)M'$（M' 为 Li、Na）在 THF 溶液中存在着离子对。在固态，金属阳离子和环戊二烯阴离子间有共价成分。II_A 族的 $(C_6H_5)_2Sr$ 和 $(C_5H_5)_2Ba$ 也具有离子型结构，$(C_5H_5)_2Mg$ 有一定的共价成分，M 为 Be、Ca 时为共价型。

对于第一系列的过渡金属的环戊二烯化合物，只有 $(C_5H_5)_2Mn$ 的物理和化学性质基本上和离子型结构一致，其他第一过渡系金属大多为共价型。对共价型环戊二烯化合物，通常用词头 hapto 表示（符号 η，用 η^n 表示和金属原子相联系的 C 原子数）。例如：

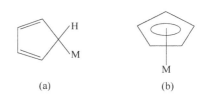

图 5.12 σ 型化学键和 π 型化学键
(a) σ 型；(b) π 型

η^1 表示金属原子仅和 1 个 C 原子相连，是 σ 型化学键，见图 5.12a。

η^5 表示金属原子和具有离域 π 键的碳环上 5 个 C 原子相连，是 π 型化学键，见

图 5.12b。

环戊二烯有时也用 cyclopentadienyl 的简写 Cp 表示，二茂铁写成 Cp_2Fe。环戊二烯是一个弱酸（pKa＝20），同许多强碱可生成对称的环戊二烯离子 $C_5H_5^-$ 的盐，这种离子具有芳香族的 6 个 π 电子，由于 $C_5H_5^-$ 的稳定性，一般认为 Cp_2M 含有 Cp 和 M^{2+}。

5.3.1.1 $(C_5H_5)_2M$ 型

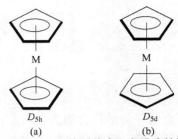

图 5.13 Cp_2M 的覆盖式和交错式结构
(a) 覆盖式；(b) 交错式

大多数 Cp_2M 化合物具有两个平行的环戊二烯环，理想的情况下，具有平行或覆盖或交错（其中一个环相对转动了 36°）的结构，如图 5.13 所示的 D_{5h} 和 D_{5d} 两种结构。

第一过渡系中 Ni 到 V 的相应金属茂均已制得。在其结构中，虽然都存在两个相互平行的 Cp 环，不过情况较为复杂。根据电子衍射对 $(C_5H_5)_2Fe$ 气态分子结构测定的结果，它的气相平衡结构是覆盖式而不是交错式（图 5.14）。同时，C—H 键朝着金属原子的方向和五元环的平面间有 3.7° 的弯折。实验表明，在 $(C_5H_5)_2Fe$ 分子中，Cp 环转动势垒很低，约为 (3.8±1.3)kJ/mol，远低于其升华热 68.16kJ/mol，因此，$(C_5H_5)_2Fe$ 气相仍有一部分分子是或接近于交错式结构。

早期的 X 射线衍射研究确定了 $(C_5H_5)_2Fe$ 的晶体结构为夹心式，同时测定铁原子位于对称中心，说明两个 Cp 环是交错的。$(C_5H_5)_2Fe$ 的覆盖型或重叠型多见于气相中，而交错型多存在于固相中，见图 5.15。

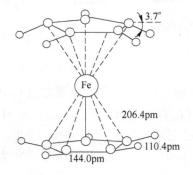

图 5.14 气相二茂铁的分子结构

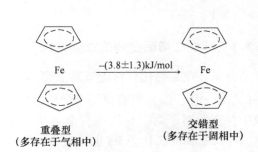

图 5.15 二茂铁的重叠型向交错型的转变

但以后的一系列实验说明，室温下 $(C_5H_5)_2Fe$ 晶体结构是不规则的，热容的数据揭示了 $(C_5H_5)_2Fe$ 在 164K 存在一个相转变点，这和 Cp 环开始发生不规则的转动相联系。相转变点以下的结构是规则的，X 射线研究表明，两个 Cp 环从覆盖的位置转动了约 9°。在低温时，$(C_5H_5)_2Fe$ 分子具有 D_5 对称性。中子衍射/X 射线证实，室温下 Cp 环确实是不规则的。虽然大多数情况下，金属茂的两个 Cp 环相互平行，但气相电子衍射测定结果表明，在 $(C_5H_5)_2Pb$ 中两个 Cp 是不平行的（图 5.16）。

$(C_5H_5)_2Be$ 结构比较特殊，在气相时是不对称夹心结构（图 5.17a），Be 与两个平行交错的 $[\eta^5-C_5H_5]^-$ 环不等距，分别为 147.2pm 和 190.3pm。在固相（-120℃）时，两个 Cp 环发生了滑动，其中之一变成了 $[\eta^1\text{-}C_5H_5]^-$（图 5.17b）。

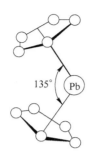

图 5.16 $(C_5H_5)_2Pb$ 的分子结构

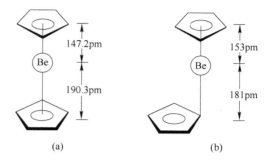

图 5.17 $(C_5H_5)_2Be$ 的结构

(a) $(\eta^5\text{-}C_5H_5)_2Be(g)$；(b) $(\eta^5\text{-}C_5H_5)_2(\eta^1\text{-}C_5H_5)Be(s)$

Be 与两个平行 Cp 环的距离变为 153pm 和 181pm，室温下，仍然保持这种滑动结构，但是 Cp 环的方位介于交错和覆盖之间。类似的，$(C_5H_5)_2V$、$(C_5H_5)_2Cr$、$(C_5H_5)_2Co$、$(C_5H_5)_2Ni$ 等在气态时都有类似的覆盖结构，同时，也不排除部分交错型分子的存在。

5.3.1.2 $(C_5H_5)_4M$ 型

Ti、Zr、Hf 等过渡金属形成$(C_5H_5)_4M$化合物。Ti 和 Hf 的化合物结构相似，均含有两个 $[\eta^5\text{-}C_5H_5]^-$ 和两个 $[\eta^1\text{-}C_5H_5]^-$ 环，可表示为 $(\eta^5\text{-}C_5H_5)_2(\eta^1\text{-}C_5H_5)_2M$（M 为 Ti、Hf），如图 5.18 所示，图中下方的粗线和虚线分别表示 η^1 环的两种可能位置。Zr 盐则不同，可用 $(\eta^5\text{-}C_5H_5)_2(\eta^1\text{-}C_5H_5)_2M$ 表达。

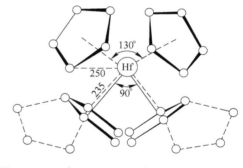

图 5.18 $(\eta^5\text{-}C_5H_5)_2(\eta^1\text{-}C_5H_5)_2$ Hf 的结构

（图中下方的虚线表示 $\eta^5\text{-}C_5H_5$ 的另一种可能位置，数字表示相应键长。单位：pm）

5.3.1.3 混合配体型

许多环戊二烯配合物具有混合配体，如图 5.19 所示。

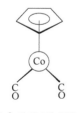

$(\eta^5\text{-}C_5H_5)Co(CO)_2$

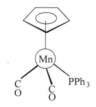

$(\eta^5\text{-}C_5H_5)Mn(CO)_2(PPh_3)$

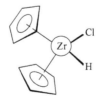

$(\eta^5\text{-}C_5H_5)_2ZrClH$

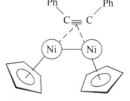

$(\eta^5\text{-}C_5H_5)_2Ni(PhC{=}CPh_2)$

图 5.19 若干含有混合配体的环戊二烯配合物

5.3.1.4 聚合型

环戊二烯化合物还可以聚合体的形式存在于晶体中，如 $[(C_5H_5)(C_5H_4)NbH]_2$ 以二聚体的形式存在，C_5H_5In 在晶体中构成长链；气态时以单分子存在的 $(C_5H_5)_2Pb$ 在晶体中以聚合物形式存在（图 5.20）。

$\mu-(\eta^1\eta^5-C_5H_4)$

$\mu-(\eta^5\eta^5-C_5H_5)$

$137°$

$[(C_5H_5)(C_5H_4)NbH]_2$

$[(C_5H_5)In]_n$

$[(C_5H_5)_2Pb]_n$

图 5.20　若干环戊二烯配体的聚合体

5.3.2　环戊二烯配合物中的电子结构和化学键

金属茂 $(C_5H_5)_2M$ 的化学键可用定性分子轨道能级图（图 5.21）说明，每个 Cp 环都可以被看做正五角形，具有 5 个 π 分子轨道，它们构成一个强成键轨道，一组二重简并的弱成键轨道和一组二重简并的反键分子轨道（图 5.21），分别具有 a_1、e_1 和 e_2 的对称性，2 个 Cp 环共有 10 个 π 轨道。若 $(C_5H_5)_2M$ 为 D_{5d} 对称性，则分子具有对称中心，也就是说有中心对称（g）和反对称（u）之分。

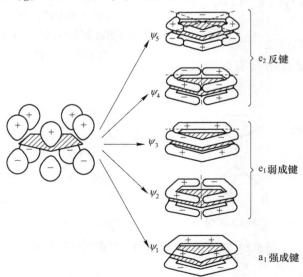

ψ_5

e_2 反键

ψ_4

ψ_3

e_1 弱成键

ψ_2

ψ_1　a_1 强成键

图 5.21　由一组 Cp 环的 pπ 轨道形成的 π 分子轨道

（虚线表示分子轨道节面）

在能级图 5.21 中，10 个 Cp 环的 π 轨道表示在左边，过渡元素的 9 个价轨道在右边，中间是 Cp 环的 π 轨道和金属价轨道相互作用形成的 19 个分子轨道，其中包括 9 个成键轨道和非键的分子轨道，以及 10 个反键的分子轨道，图 5.22 中虚框标出的是前线轨道。若（C_5H_5）$_2$M 为 D_{5h} 对称，即覆盖式构象，则它的定性分子轨道构成用括号内符号表示。

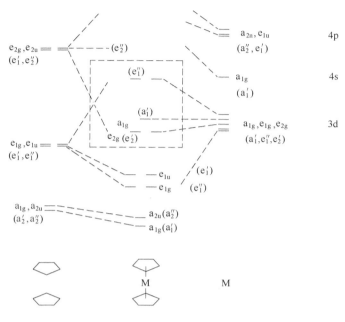

图 5.22　金属茂的定性分子轨道能级图

橙色的（C_5H_5）$_2$Fe 是同类化合物中最稳定的，不受空气和潮气的影响，加热到 500℃或在浓盐酸中加热煮沸都不会分解，其稳定性主要是因为其理想的 18e 构型，每个 Cp 环提供 6 个电子，共 12 个电子，加上铁原子提供的 6 个电子，恰好满足 18 电子构型。按照（C_5H_5）$_2$Fe 的定性能级图，18 个电子正好填满 9 个成键和非键的分子轨道，10 个反键轨道全空，形成了封闭的结构。

化合物（C_5H_5）$_2$Co 为 19 个电子，（C_5H_5）$_2$Ni 为 20 个电子，必然有一个或两个电子进入到高能量的反键轨道，其化学性质也反映了这种电子结构特征：如紫黑色的（C_5H_5）$_2$Co 固体很容易氧化到稳定的黄色[（C_5H_5）$_2$Co]$^+$离子。（C_5H_5）$_2$V 为 15e 体系，（C_5H_5）$_2$Cr 为 16e 体系，都是缺电子体系，为了尽可能满足 18 电子构型，它们容易进一步结合其他的配体。此时 Cp 环向后倾斜，不再保持平行。

5.3.3　环戊二烯配合物的制备

制备环戊二烯配合物的基本出发点是环戊二烯作为弱酸和强酸作用时能产生含有环戊二烯离子的盐。主要的制备方法有：

（1）在四氢呋喃溶液中，通过钠或氢化钠和环戊二烯作用生成钠盐，再和金属卤化物或羰基化合物反应，如：

$$C_5H_6 + 2Na \xrightarrow{\text{THF}} 2C_5H_5Na + H_2 \quad （主要反应）$$

188

$$2C_5H_5Na + FeCl_2 \longrightarrow (C_5H_5)_2Fe + 2NaCl$$

$$C_5H_5Na + W(CO)_6 \longrightarrow Na[(C_5H_5)W(CO)_3] + 3CO$$

（2）利用强有机酸，最好是过量的二乙基胺和反应产生的盐酸作用，如：

$$2C_5H_6 + CoCl_2 + 2Et_2NH \xrightarrow{THF} (C_5H_5)_2Co + 2Et_2NH_2Cl$$

（3）在有些情况下，直接通过环戊二烯或双环戊二烯和金属或金属羰基化合物反应，如：

$$2C_5H_6(g) + Mg \xrightarrow{\triangle} (C_5H_5)_2Mg + H_2$$

$$C_{10}H_{12} + 2Fe(CO)_5 \xrightarrow{\triangle} [(C_5H_5)Fe(CO)_2]_2 + 6CO + H_2$$

5.4　等叶片相似模型

金属有机化合物是一类有机和无机相互渗透的化合物，它们的结构往往比较复杂。等叶片相似模型运用八隅规则、16-18 电子规则及杂化轨道和分子轨道论，通过和已知的、比较简单的有机分子进行比较，预测有机金属化合物的复杂结构。

5.4.1　分子片

有机金属化合物 ML_n（M 为金属原子，L 为中性配体），我们可以把它分解成 ML_{n-1} 和 L 两部分，ML_{n-1} 称为金属（无机）碎片，然后运用简化的分子轨道理论来研究 ML_{n-1} 碎片轨道和配位体轨道相互作用的过程。过渡金属–配位体分子片 ML_n 是组成金属有机化合物的结构单元。图 5.23 所示的若干金属有机化合物就可以看成是 ML_n 结构单元的组合。

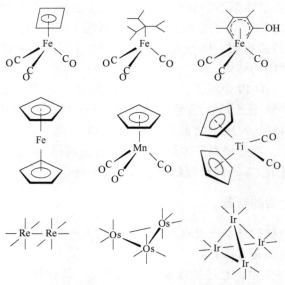

图 5.23　若干金属有机化合物

$M(CO)_5$、$M(CO)_4$、$M(CO)_3$、$M(C_5H_5)$、$M(CH_2\!\!=\!\!CH_2)^-$、$M(CH\!\!\equiv\!\!CH)^-$ 等分子片皆

是金属有机化合物常见的代表性组分。由分子片建造金属有机化合物，需知道它们的电子结构，但不需要了解详细的电子结构，只需了解分子片的前线轨道，即最高填充轨道 HO-MO 和最低空轨道 LUMO，从中找到无机部分和有机部分前线轨道的相似之处。Hoffman及其合作者们用完全定性的方法，通过推广 Huckel 的分子轨道法，积累了 ML_n 分子片前线轨道的资料，如 ML_5、ML_4、ML_3、ML_2 等，这些分子片都是以八面体作为基本构造，如图 5.24 所示。

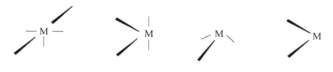

图 5.24　ML_n（n 为 5、4、3、2）分子片

过渡金属 M 的价层轨道为 $(n-1)d$、n_s、n_p。要构成八面体配合物，首先准备 6 个等同的八面体杂化轨道，这由 2 个 $(n-1)d$ 轨道、1 个 ns 轨道和 3 个 np 轨道杂化组成，于是留下了 d_{xy}、d_{yz}、d_{xz} 三个未杂化轨道的 d 轨道，即一组 t_{2g} 轨道，见图 5.25。

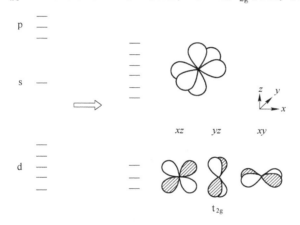

图 5.25　d_{xy}、d_{yz}、d_{xz} 三个未杂化轨道的 d 轨道构成一组 t_{2g} 轨道

此处仅考虑偶电子的 Lewis 碱配体，如 CO、PH_3、CH_3^-、en、$CH_2\!=\!CH\!-\!CH\!=\!CH_2$、$C_5H_5^-$ 等，其中 en 和 $CH_2\!=\!CH\!-\!CH\!=\!CH_2$ 为双齿 4e 配体，$C_5H_5^-$ 为强 6e 配体。当 6 个配体从八面体方向与金属原子配位时，6 个金属原子的杂化轨道接纳了 6 对电子，6 个杂化轨道与 6 个配体轨道形成 12 个分子轨道，包括 6 个成键轨道，6 个反键轨道，金属原子本身的价电子则进入 t_{2g} 前线轨道，形成 ML_6。轨道能量从高到低的顺序为：反键轨道>杂化轨道 > t_{2g} 轨道 > 成键轨道。

当具有 5 个配体时，形成 5 个成键和 5 个反键轨道的分子轨道；金属离子的无配体连接的杂化轨道基本不变，这时，前线轨道包括一组 t_{2g} 和一个杂化轨道（图 5.26b）。类似的，ML_4、ML_3 分子片分别有 2 个和 3 个金属原子的杂化轨道保持不变，包括一组能量较低的 t_{2g} 轨道和 1～3 个能量较高的杂化轨道，杂化轨道指向八面体缺顶的方向（图 5.26c）。

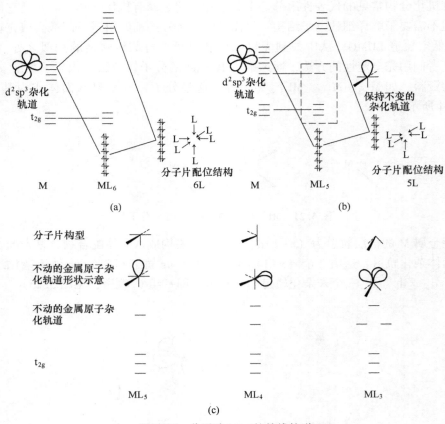

图 5.26　分子片 ML_n 的前线轨道

（a）ML_6 分子片的前线轨道；（b）ML_5 分子片的前线轨道；（c）分子片 ML_n（$n=5$、4、3）的前线轨道

5.4.2　等叶片相似

以 $Mn(CO)_5$ 为例，Mn 的 7 个价电子除填入一组 t_{2g} 之外，还有一个电子进入指向无配体方向的杂化轨道，与 CH_3 类似，如图 5.27 所示。

图中把金属有 7 个价电子的 $Mn(CO)_5$ 分子片表示为 $7e\text{-}ML_5$，$Mn(CO)_4$ 即为 $7e\text{-}ML_4$，8 个价电子的 $Fe(CO)_4$ 分子片表示为 $8e\text{-}ML_4$，其他类推。因为 $7e\text{-}ML_5$ 和 CH_3 前线轨道类似，这两个分子片表现出共同之处，如假定 CH_3 可以形成乙烷 $CH_3—CH_3$，$Mn(CO)_5$ 也可二聚成 $(CO)_5Mn—Mn(CO)_5$。不仅如此，它们还可共聚成 $(CH_3)Mn(CO)_5$（图 5.28）。尽管 $(CH_3)Mn(CO)_5$ 可能并不是这么制备出来的，但可以从理论构型上这样构建。

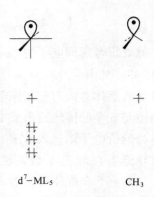

图 5.27　$7e\text{-}ML_5$ 和 CH_3 的前线轨道

从另一角度来看，$7e\text{-}ML_5$ 和 CH_3 的相似性还表现在：它们的单电子占领轨道和其他配体，如氢原子轨道的重叠有类似之处。由图 5.28 可看出，$7e\text{-}ML_5$ 和 CH_3 既非等结构又

非等离子体，然而，它们具有类似的前线轨道，Hoffman 把这两种分子片称为"等叶片"（isolobal）。等叶片的含义是指分子片前线轨道的数目、对称性、能量、形状及所含电子数均相似（仅仅是相似，而非等同），可以用符号 ⟷ ◯ （双箭头，下加半瓣轨道的符号）表示：

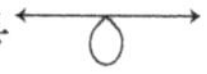

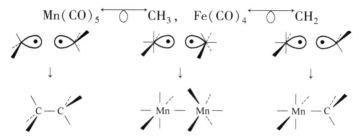

$$Mn(CO)_5 \longleftrightarrow \bigcirc CH_3, \quad Fe(CO)_4 \longleftrightarrow \bigcirc CH_2$$

图 5.28 $7e\text{-}ML_5$ 和 CH_3 分子片的几种二聚体

$8e\text{-}ML_4$ 和 CH_2 是等叶片，结构如图 5.29 所示。

由等叶片相似建造的化合物不一定稳定。$Fe(CO)_4$ 和 CH_2 可二聚或共聚，如图 5.30 所示，但这种二聚体并不稳定。$(CO)_4Fe\!=\!Fe(CO)_4$ 就是一个不稳定化合物，迄今只在低温下观测到，这也是等叶片相似模型的一个局限性。

$Fe(CO)_4$、$Ru(CO)_4$、$Os(CO)_4$ 和 CH_2 还可三聚，如图 5.31 所示。

$Co(CO)_3$、$Ir(CO)_3$ 和次甲基 CH 或 CR 是等叶片（图 5.32）。

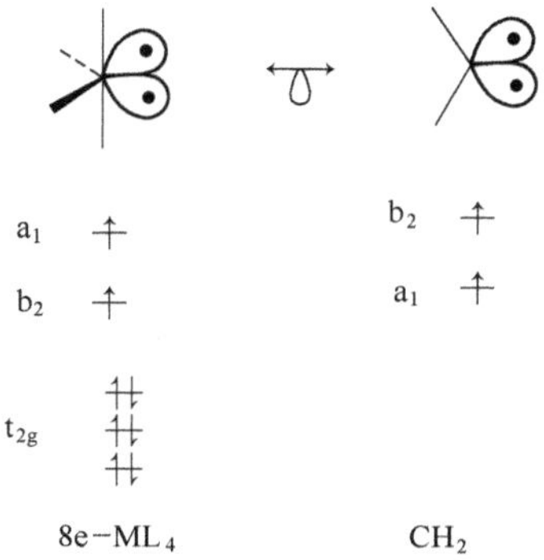

图 5.29 $8e\text{-}ML_4$ 和 CH_2 的前线轨道

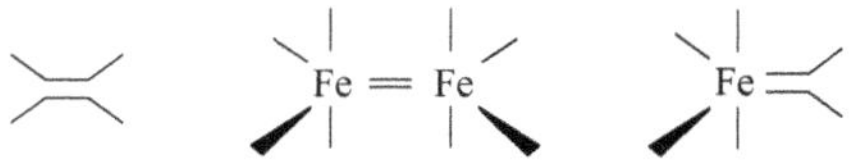

图 5.30 $Fe(CO)_4$ 和 CH_2 相似，可二聚或共聚

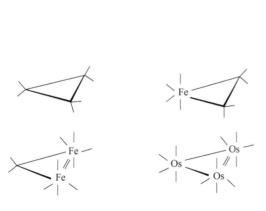

图 5.31 $8e\text{-}ML_4$ 及 CH_2 分子片的几种三聚体

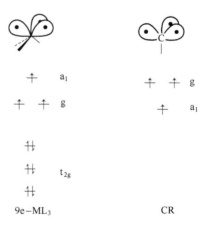

图 5.32 $9e\text{-}ML_3$ 和 CR 等叶片

它们的有机、无机或混合四聚体均存在（图 5.33）。

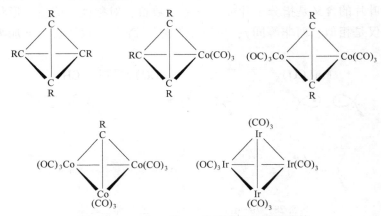

图 5.33　9e-ML$_5$ 及 CR 分子片的几种四聚体

等叶片相似模型的要点可归纳如下：

$$7e\text{-}ML_5 \longleftrightarrow CH_3$$

$$8e\text{-}ML_4 \longleftrightarrow CH_2$$

$$9e\text{-}ML_4 \longleftrightarrow CH$$

总之，等叶片相似是一种理论模型，它试图通过近似分子轨道法的计算，揭示无机和有机两部分分子片之间的内在联系，从而在无机和有机化学间筑桥。如 HRe$_3$(CO)$_{12}$Sn(CH$_3$)$_2$ 的结构与 Re$_3$(CO)$_{12}$Sn(CH$_3$)$_2$ 结构相似，并推测氢原子以边桥形式连接两个铼原子，若把氢原子去掉，于是得到 [Re$_3$(CO)$_{12}$Sn(CH$_3$)$_2$]$^-$（图 5.34a），通过等叶片链 [Re(CO)$_4$]$^-$ $\longleftrightarrow$ Fe(CO)$_4$ $\longleftrightarrow$ CR$_2$ $\longleftrightarrow$ SnR$_2$，则可以看出其与已知化合物 [Re$_4$(CO)$_{16}$]$^{2-}$ 和 Re$_2$(CO)$_8$(CRR′)$_2$ 相似，如图 5.34b、c 所示。

(a)　　　　　　　　　(b)　　　　　　　　　(c)

图 5.34　羰基铼的等叶片相似的三个例子

(a) [Re$_3$(CO)$_{12}$Sn(CH$_3$)$_2$]$^-$；(b) Re$_2$(CO)$_8$(CRR′)$_2$；(c) [Re$_4$(CO)$_{16}$]$^{2-}$

Os$_5$(CO)$_{19}$ 和 Os(CO)$_3$(CH$_2$＝CH$_2$)$_2$ 相似，如图 5.35 所示。Os(CO)$_3$(CH$_2$＝CH$_2$)$_2$ 是 Os(CO)$_5$ 的衍生物，水平方向上的两个 CO 被乙烯所取代，因而也可以被相似于乙烯的 Os$_2$(CO)$_8$ 取代，形成 Os$_5$(CO)$_{19}$。

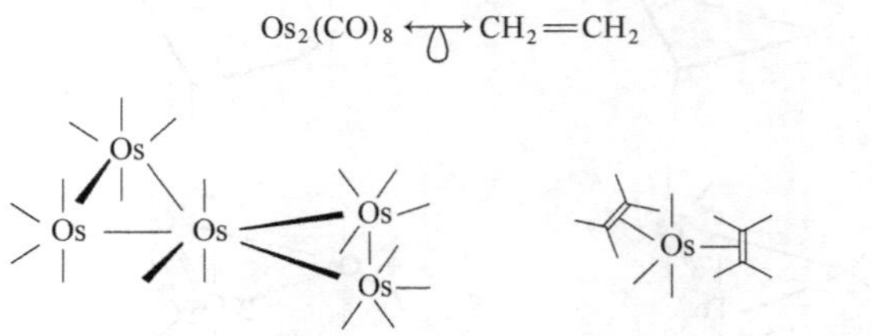

图 5.36 表示了 MnH$_5$$^{5-}$ 和 CH$_3$ 的前线轨道 a$_1$ 和 H$_{1s}$ 轨道在距 Mn 或 C 原子 R

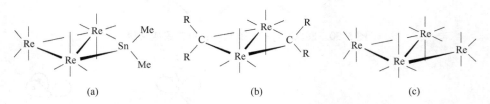

Os$_2$(CO)$_8$ $\longleftrightarrow$ CH$_2$＝CH$_2$

Os$_5$(CO)$_{19}$　　　　　Os(CO)$_3$(H$_2$C＝CH$_2$)$_2$

图 5.35　羰基合锇的等叶片相似

处的重叠积分，同样是等叶片相似。

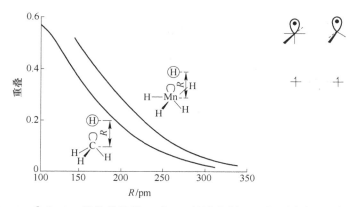

图 5.36　MnH_5^{5-} 和 CH_3 的前线轨道 a_1 和 H_{1s} 轨道在距 Mn 或 C 原子 R 处的重叠积分

由图 5.36 可见，虽然 $H—CH_3$ 的重叠在任何距离上都比 $H—MnL_5$ 小，但它们的变化趋势非常相似。

5.5　主族金属有机化合物

分子中 M—C 键是由主族元素与碳直接键合的金属有机化合物称为主族元素的金属有机化合物。主族金属有机化合物在 20 世纪初就引起了化学家的注意，对其的研究结果在许多重要的工业领域得到了应用（如烯烃聚合催化剂和聚硅酮）。近年来，对主族金属有机化合物的研究得到了很大发展，许多新型的主族金属有机化合物被不断地合成出来并投入实际应用，如主族金属有机化合物作为金属气相沉积的前驱体，被广泛用来生长各种金属材料、铁电材料、超导材料、半导体材料等高新薄膜材料。

5.5.1　主族金属有机化合物的结构和成键作用

主族元素的金属有机化合物根据其金属—碳键的性质，可分为以下三类：
（1）离子键化合物：碱金属。
（2）共价键化合物：3、4、5、6 族金属。
（3）缺电子化合物：Li、Be、Mg、B、Al 等。

氢与碳的电负性相差不多，许多主族金属的 M—C 键（M 代表主族金属元素）的极性和强度与 M—H 键相近，致使其烷基化合物和对应的氢化物之间在结构和化学性质上显示出相似性。类似于金属氢化物，s 区元素和 Al 的烷基化合物含有高极性 $M^{\delta+}—M^{\delta-}$ 键，第Ⅳ族的等电子化合物和第 V_A、VI_A 族富电子金属有机化合物中 M—C 键极性相对较低。但是，主族金属有机化合物与相应的金属氢化物之间也存在很大的差别，这些差别部分是由于烷基较难形成离子键而导致的。如三甲基铝和甲基锂的分子结构不同于固体 AlH_3 和 LiH，后两者结构有似盐特征，甚至离子性更强的甲基钾也是结晶为 NiAs 结构而不是 KCl 的岩盐结构。主族烷基化合物有似盐化合物（KCH_3）、等离子烷基化合物（如 $Si(CH_3)_4$）和一系列缺电子化合物（如 $Al_2(CH_3)_6$）等。

5.5.1.1 s 区和ⅡB 锌族金属有机化合物

甲基锂在固态或非极性溶剂中是以四聚体
$Li_4(CH_3)_4$ 形式存在的。经电子衍射实验证实，其结构
为：4 个 Li 原子和 4 个甲基上的 C 原子各以一套正面体
形式存在，其中 4 个 C 原子处于 Li 正面体的每个面的
上方中心位置，如图 5.37 所示。这个结构清楚地显示
出 Li 正面体面上的 3 个 Li 原子被一个甲基所桥联。与
量子化学从头计算法优化的结果完全一致。

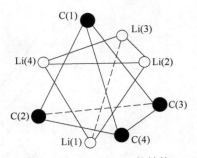

图 5.37 $Li_4(CH_3)_4$ 的结构

过去认为在四聚甲基锂中 Li 原子仅有一个 2s 成键
电子，甲基仅有 1 个 sp^3 成键电子，甲基上的 C 原子与
3 个 Li 原子之间形成的键是四中心两电子键（4c—2e 键）。计算发现，在四聚甲基锂中，
每个甲基 C 与 4 个 Li 原子都成键，与 3 个距离较近的 Li 原子成键的键级较弱（0.0880），
与位于对顶的、距离较远的一个 Li 原子成键的键级较强（0.1109），较弱键级为较强键级
的 80%。用多种基组重复了这一计算，除 STO-3G 外，较高级的基组都给出了一致的结
果。距离较远的 C—Li 键的键级比距离近的 C—Li 键的键级要强，这一计算结果似乎反
常，这可能是因为甲基上的 C 原子的 sp^3 杂化轨道的伸展方向更有利于与位于顶点的 Li
原子成键，而不利于与距离近的 3 个 Li 原子成键。根据这一计算结果，四聚甲基锂不是
四中心两电子键（4c—2e 键），而应是不对等的是五中心两电子键（5c—2e 键）。在甲基
锂中 C—Li 键的键级是 0.3610，在四聚甲基锂中平均每个 C—Li 键的键级是 0.1109 +
0.0880×3 = 0.3749，略高于甲基锂中的 C—Li 键，这可能是甲基锂生成四聚体的原因。

碱金属与环状或多环芳烃形成的某些化合物具有较高的离子型特征，例如萘化钠。萘
的离域反键 π^* 轨道接受一个电子形成阴离子自由基 $[C_{10}H_8]^-$，这种离域电荷导致阴离
子有效半径比较大，因而阴、阳离子之间的库仑作用较弱。含有这类芳基阴离子的固体盐
在极性非质子溶剂，如 THF、$[(CH_3)_2N]_3PO$ 中发生一定程度的离解。二甲基铍和二甲
基镁为多聚结构（图 5.38），每两个金属原子之间存在着两个 3c—2e 键的甲基桥。

与碱土金属铍和镁的甲基化合物的多聚结构不同，第ⅡB 锌族元素形成的 $Zn(CH_3)_2$、
$Cd(CH_3)_2$、$Hg(CH_3)_2$ 都是线性分子（图 5.39），在固态、液态、气态和烃类溶液中都不
发生缔合。它们不能通过烷基桥发生缔合从而完成其价层，而是通过使用两个价电子形成
含 2c—2e 定域键的分子。

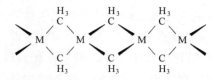

图 5.38 二甲基铍（或镁）多聚结构
          （M 为 Be 或 Mg）

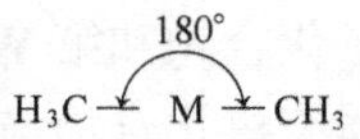

$$180°$$
$$H_3C \smile M \smile CH_3$$

图 5.39 $M(CH_3)_2$（M 为 Zn、Cd、Hg）
          线性分子结构

5.5.1.2 硼族有机化合物

在硼族元素中，电子构型 ns^2np^1，不常以单体存在，倾向形成含有多中心键的缺电子

性化合物。III$_A$族金属有机化合物中，金属常以 sp^2 杂化，可形成具有平面三角形的化合物，且具有聚合性（除三羟基硼以单体存在外），其中，硼和铝的金属有机化合物是最重要的。由于 B—C 键的极性很低，因此 R$_3$B 在水中是稳定的，但是它们很容易被氧化。与 BH$_3$ 不同，三甲基硼分子化合物是单体。

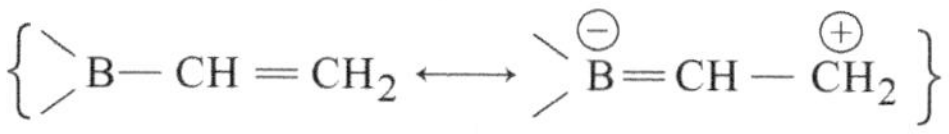

$$\left\{ \text{\textrangle}B\text{—}CH=CH_2 \longleftrightarrow \text{\textrangle}\overset{\ominus}{B}=CH\text{—}\overset{\oplus}{CH_2} \right\}$$

多硼烷是由 BH 和 BH$_2$ 单元组成的多面体结构，有机硼化合物由于硼元素的缺电性，为满足 8 电子结构，多硼烷中存在多个两电子三中心键（图 5.40）。

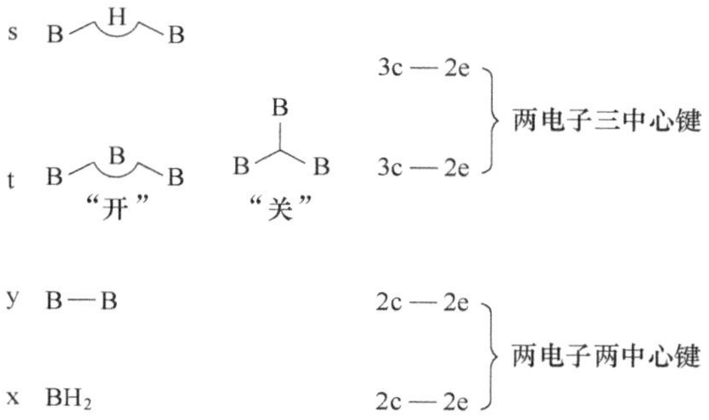

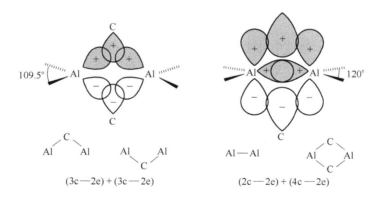

图 5.40　多硼烷中的两电子三中心键

有机铝化合物作为最便宜的活泼金属有机试剂，可能作为还原剂和烷基化试剂，在很大程度上取代有机锂和有机镁化合物。三烷基铝倾向于形成二聚体 Al$_2$R$_6$，大体积的烷基降低这种聚合。对三烷基铝的结构数据进行简单的考察，就可以发现 C 和 Al 原子都是 sp^3 杂化的。四个 Al—C 键都有"正常"的键长，而 Al 与桥碳的键长则略大一些，表明键级降低。与硼烷一样，桥状的 Al—C—Al 可以用三中心两电子键（3c—2e）来描述，这个键由一个 C(sp^3) 和两个 Al(sp^3) 组成（图 5.41）。

图 5.41　Al$_2$(CH$_3$)$_6$ 的三中心两电子键

与硼和铝相比，镓、铟和铊的金属有机化合物要少得多。镓、铟的有机物在半导体制造中可以作为添加剂。用金属有机气相沉积法气相热解三甲基镓和胂烷的混合物可以制备胂化镓薄膜。

$$(CH_3)_3Ga + AsH_3(g) \longrightarrow GaAs(s) + 3CH_4$$

5.5.1.3　碳族和氮族

第Ⅳ族的元素有碳、硅、锗、锡、铅，工业上最大规模生产的金属有机化合物产品中有两种是属于这一族的，即四乙基铅和有机硅高聚物（用作汽车引擎中汽油的添加剂，在汽油燃烧时具有抗震的作用）。碳族元素的等电子化合物和氮族元素的富电子化合物可用普通的 2c—2e 定域键描述，几何构型可用 VSEPR 理论说明。重元素（As 和 Sb）的三甲基化合物中的 C—M—C 键角接近 90°，与相应的氢化物的键角变化规律类似。

5.5.2　主族金属有机化合物的稳定性

由于不能得到可靠的金属有机化合物 Gibbs 自由能数据，所以一般通过其生成焓来大致判断其稳定性，这种稳定性的变化趋势也类似于 p 区元素的氢化物的稳定性变化趋势。一般轻元素的甲基化合物的形成过程是放热的，而几个重元素的化合物的形成是吸热的。重金属元素的有机化合物自上而下稳定性减弱，因为 M—C 键强度减小。与对应的氢化物一样，重元素形成的吸热金属有机化合物容易发生 M—C 键的均裂，如 $Pb(CH_3)_4$ 气体受热时发生均裂生成甲基自由基，二甲基镉则发生爆炸性分解。

5.5.3　主族金属有机化合物的合成

主族金属和碳键的形成可大致分类为：氧化加成、交换反应、插入反应、消除反应。

（1）直接合成法（金属+有机卤化物）。

$$2M + RX \longrightarrow MR + MX$$

如工业上生产甲基锂的反应：

$$8Li + 4CH_3Cl \longrightarrow 4Li(CH_3)_4 + LiCl$$

用其他活泼金属（Mg、Al、Zn）时得到相应的金属有机卤化物，如格氏剂的合成：

$$Mg + CH_3Br \longrightarrow CH_3MgBr$$

（2）金属转移法（金属+金属有机化合物）。

$$M + M'R \longrightarrow MR + M'$$

上述通式中与通常水溶液中的金属置换次序类似，一般可以从电极电势的高低来判断反应方向，电极电势较负（还原性强）的金属可将电极电势高的金属从其金属有机化合物中还原出来。有时候也可以电负性的高低作判断，电负性高的金属倾向于将电负性低的金属从其金属有机化合物中置换出来。如 I_A、II_A 和 III_A 族所有金属的电极电势都比 Hg 负，因而都能与二甲基汞发生金属替换反应。如：

$$2Ga+3H_3C-Hg-CH_3 \rightarrow 3Hg+2\ (H_3C)_2Ga-CH_3$$

（3）金属交换反应（金属有机化合物 + 金属有机化合物）。

$$RM + R'M' \longrightarrow R'M + RM'$$

例如：$4PhLi + (CH_2=CH)_4Sn \longrightarrow 4(CH_2=CH)Li + Ph_4Sn$

Ph_4Sn 沉淀使反应平衡移向右方，并得到 $(CH_2=CH)Li$ 的高收率，采用其他方法合成 $(CH_2=CH)Li$ 是困难的。

（4）复分解反应（金属有机化合物+金属卤化物）。

$$RM + M'X \longrightarrow RM' + MX$$

如果 M 比 M′的正电性更大，则平衡有利于生成产物，RM 为碱金属烷基，这一反应具有广泛的应用性，因为 MX 的生成对反应有推动作用。如复分解反应是制备许多金属有机化合物的有效方法，最常用的试剂是 Li、Mg 或 Al 的烷基化合物和 ⅢA、ⅣA、ⅤA 族元素的卤化物。

$$Li_4(CH_3)_4 + SiCl_4 \longrightarrow 4LiCl + Si(CH_3)_4$$

$$Al_2(CH_3)_6 + 2BF_3 \longrightarrow 2AlF_3 + 2B(CH_3)_3$$

（5）金属卤化物交换（金属有机化合物+芳基卤化物）。

$$RM + R'X \longrightarrow RX + R'M(M = Li)$$

$$n - BuLi + PhX \longrightarrow n - BuX + PhLi$$

如果 R′比 R 更能稳定负电荷，平衡向右方向移动，这一反应只对芳基卤化物（X=I、Br）可行，X=Cl 是可行性小的，X=F 是不可行的。C_6H_5F 中 F 对 Li 不能交换，消除 LiF 生成芳炔，并且 Li 对一碳碳三键加成偶联产物 R′–R。

5.5.4 主族金属有机化合物的化学性质

5.5.4.1 还原性

金属有机化合物都可能是还原剂，电正性元素的金属有机化合物实际上是强还原剂，可能是因为它们有低能级空轨道。电正性较高的元素形成的化合物与空气接触即自发燃烧，接触大量氧化剂时则可能发生爆炸，如 $Li_4(CH_3)_4$、$Zn(CH_3)_3$、$B(CH_3)_3$ 和 $Al_2(CH_3)_6$。

挥发性化合物（如烷基硼化物）应该在真空中操作，挥发性小的空气敏感化合物应在惰性气体氛围中操作，$Si(CH_3)_4$、$Sn(CH_3)_4$ 等没有低能级空轨道，提高温度才能引发燃烧，这类化合物可在空气中操作。

5.5.4.2 亲核性

连接于电正性金属之上的有机基团所带的部分负电荷使该基团成为强亲核试剂和 Lewis 碱，这种性质被称为该基团的亲核性。烷基锂、烷基铝和格氏试剂是实验室里常用的亲核试剂，而金属性弱的元素（如 B 和 Si）形成的化合物的亲核性则大大降低。这种性质在合成化学中有许多用途，如金属有机试剂中的 R 进攻酮中的羰基碳原子，再水解可得叔醇；而与醛反应再经水解可得仲醇；烷基锂或格氏试剂与 SO_2Cl_2 或 $SOCl_2$ 试剂反应可制备砜或亚砜。亲核性强的基团设置可与弱的酸发生质子转移反应，如 $Ga(CH_2CH_3)_3$ 与 CH_3OH 的反应（图 5.42），具有低级空轨道的有机化合物容易生成中间体配合物（动力学势垒低），正是这种中间体配合物发生质子转移。甲醇中氧原子的孤对电子配位于三乙镓原子，形成中间体配合物后，原来醇中的质子转移到乙基生成乙烷。

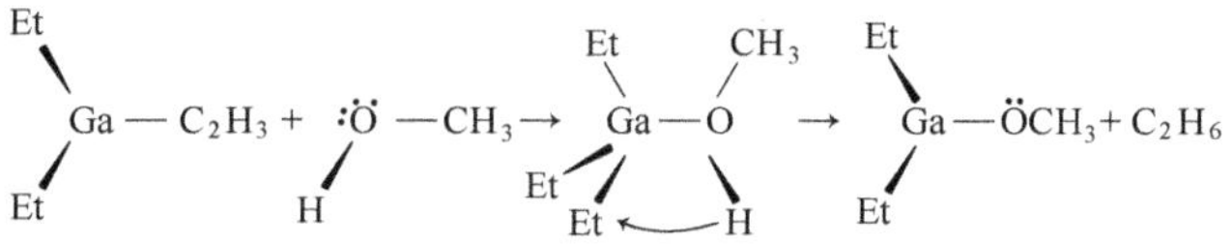

图 5.42　具有较强亲核性的 $Ga(CH_3)_3$ 与弱酸 CH_3OH 的反应

烷基铝化合物与过量的乙醇发生剧烈反应生成烷氧基铝化合物。

$$Al_2(CH_3)_6 + 6C_2H_6OH \longrightarrow 2Al(OC_2H_5)_3 + 6CH_4$$

这个质子转移反应也发生了预先配位：

由于质子转移反应生成烃，因而三烷基铝化合物和其他电正性元素金属有机化合物着火时都不能用水扑灭。空间位阻大的醇类（叔丁醇）和电正性元素的金属有机化合物反应温和，可用于处理反应活性高的金属有机化合物废料。

5.5.4.3　Lewis 酸性

由于金属存在未占轨道，缺电子的金属有机化合物都是 Lewis 酸。能够说明这种性质的一个实例是合成金属有机阴离子（如四苯基硼酸根阴离子）的反应：

$$B(C_6H_5)_3 + Li(C_6H_5) \longrightarrow Li[B(C_6H_5)_4]$$

反应可看作是强碱 $(C_6H_5)^-$ 由弱 Lewis 酸 Li^+ 转移至一个较强的酸 $B(C_6H_5)_3$ 的过程。被有机基团桥联起来的金属有机化合物反应中发生桥的断裂，也可起到 Lewis 酸的作用。例如：$Al_2(CH_3)_6$ 与叔胺反应时甲基桥断裂生成简单的 Lewis 酸碱配合物。

$$Al_2(CH_3)_6 + 2N(C_2H_5)_3 \longrightarrow 2(CH_3)_3AlN(C_2H_5)_3$$

该反应也说明了 Al—CH₃—Al 的 3c—2e 键是弱键。某些溶剂（如 THF）能与 $Li_4(CH_3)_4$ 中的锂原子配位，但这类碱性不大的溶剂不能破坏簇骨架。

5.5.4.4　β-氢消除反应

这类反应中金属原子从与之第二邻近的原子（β 原子）上抽取一个氢原子：

$$M—CH_2—CH_3 \longrightarrow M—H + CH_2 = CH_2$$

这是 M—H 键与烯烃之间加成反应的逆反应。这种反应的反应机理涉及 β-氢在金属原子上的配位形成氢桥（图 5.43）。

一般只有配位数较低的原子才能发生这种反应，如三烷基铝可发生 β—H 消除而四烷基锗化合物则不发生。近十年来，对主族金属（In、Sn、Bi、Sb）参加的水相有机反应研究有了很大的发展，成为目前绿色化学研究的一个重要领域。

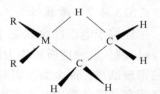

图 5.43　β-氢消除反应机理中金属原子上的氢桥

5.5.5　几种重要的主族金属有机化合物

5.5.5.1　碱金属有机化合物

所有第一主族金属化合物都已制备成功，简单的烷基化合物中以 Li 的化合物研究最为透彻，也是最有用的合成试剂。

A　有机锂化合物

有机锂化合物的通式为 RLi（R-烃基），如丁基锂 C_4H_9Li、苯基锂 C_6H_5Li 等，可溶于乙醚、苯、石油醚等非极性溶剂。其化学性质类似烷基卤化镁，但更活泼，可与金属卤化物、含羰基物质、卤代烃和含有活泼氢化合物反应，是重要的有机合成试剂，能与醛、酮（含有羰基）等反应生成相应的醇等。它可由卤代烃与金属锂在无水乙醚或苯中反应制得。自从 1958 年美国加州大学的一位研究生提出了锂、钠等活泼金属作电池负极的设想后，人类开始了对锂电池的研究。而从 1971 年日本松下公司的福田雅太郎发明锂氟化碳电池并使锂电池实现应用化、商品化开始，锂电池便以其比能量高、电池电压高、工作温度范围宽、储存寿命长等优点，广泛应用于军事和民用小型电器中，如移动电话、笔记本电脑、摄像机、照相机等。

甲基锂是一个有机锂试剂，化学式为 CH_3Li。这种 s 区的有机金属化合物在固体或溶液中都是低聚态。这种高活性的化合物经常用于合成醚，并用于有机合成和有机金属化学。甲基锂在固态和液态以四面体簇的形式存在，其他许多烃基锂化合物在溶液中是以六聚体或六聚体和各种低聚体的混合物形式存在。强 Lewis 碱（如螯合胺试剂）能破坏这种较大的聚集体。N，N，N′，N′-四甲基乙二胺与苯基锂作用生成苯基桥联两个锂原子的配合物，每个锂原子又被一个这类二胺螯合（图 5.44）。

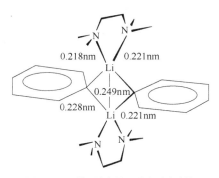

图 5.44　苯基桥联两个锂原子的
N，N，N′，N′-四甲基乙二胺配合物
（图中数字表示相应的键长）

除常见的有机锂化合物（锂原子与有机基团比为 1:1）外，还存在很多种聚锂有机分子或金属有机化合物。最简单的一个化合物是二锂甲烷 Li_2CH_2，可通过甲基锂的热分解反应制备，该化合物晶体为畸变的反萤石结构（阴阳离子的位置与正常的萤石结构相反），但 CH_2 精确的取向尚未确定。

B　萘化钠

萘化钠是一种有机盐，化学式为 $NaC_{10}H_8/C_{10}H_8Na$，离子化学式为 $Na^+C_{10}H_8^-$。在实验室研究中，它被用作有机化学、有机金属化学和无机化学合成中的还原剂，尚未制得固体，一般是现配现用。可以通过在醚溶剂（通常为四氢呋喃或二甲氧基乙烷）中搅拌碱金属与萘制得相应的萘基化合物。如溶解在 THF 中的萘与金属钠反应得到萘化钠的暗绿色溶液。

$$Na(s) + C_{10}H_8(THF) \longrightarrow Na[C_{10}H_8](THF)_6$$

萘化钠可以进一步和金属钠反应：

$$NaC_{10}H_8 + Na \longrightarrow Na_2C_{10}H_8$$

阴离子是强碱性的，与和水类似的质子源反应就是一种典型的降解途径。它们在反应中提供了两个氢原子：

$$2NaC_{10}H_8 + 2H_2O \longrightarrow C_{10}H_{10} + C_{10}H_8 + 2NaOH$$

实验表明，未成对电子离域分布在 $C_{10}H_8$ 的繁键轨道中。芳烃的 πLUMO 能级越低，越有利于形成自由基阴离子，从苯向更大的共轭烃过渡 LUMO 能量逐渐降低，因此苯在大多数溶剂中不形成自由基阴离子，而萘和更大的共轭芳烃则容易生成碱金属盐。萘化钠极其类似化合物是强还原剂，它们经常被用来代替是因为易溶于醚。钠作还原剂的反应为多相反应，钠块表面容易被不活泼的氧化物或难溶解的反应产物所覆盖，使用萘化钠等类似物则可以构成均相反应，不但反应快而且容易控制。这类芳烃阴离子还可根据选择适当的芳剂制备出具有特定还原点位的还原剂，以满足不同的合成需要。

5.5.5.2 碱土金属有机化合物

有机铍化合物和有机镁化合物具有显著的共价特征，而同族重元素的类似化合物具有较强的离子性。有机铍化合物和有机镁化合物的特征之一是倾向于形成四配位，三配位的铍化合物也存在。体积较大的有机基团能降低聚合度，如苯溶液中的二乙基铍是二聚体，而二烃基铍 $[Be('Bu)_2]$ 不聚合。由于镁的电正性比铍高得多，通过格氏剂的复分解反应可以制备醚合的二烷基铍化合物：

$$BeCl_2 + 2RMgX + (C_2H_5)_2O \longrightarrow BeR_2 \cdot O(C_2H_5)_2 + 2MgXCl$$

如果要制备非醚合产物，则用二烷基汞的金属替换反应，因为 Be 的电负性比 Hg 高。

如：$Be + H_3C-Hg-CH_3 \longrightarrow \cdots Be(CH_3)_2 \cdots$（以甲基为桥聚合成长链）$+Hg$

$Be(C_2H_5)_2$ 溶于醚及苯，对水极其敏感，在空气中自燃。由格氏试剂（C_2H_5MgBr）与 $BeCl_2$ 反应制得，是烯烃聚合反应的催化剂。烷基锌能自燃且容易水解，而烷基镉与空气的反应则较慢。由于温和的 Lewis 酸性，而二烷基锌能与胺（特别是螯合胺）形成稳定的配合物（图 5.45）。

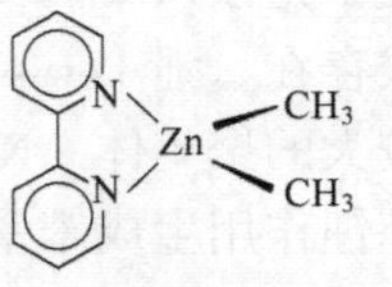

图 5.45　二烷基锌与
螯合胺形成的配合物

C—Zn 键的亲核性（负碳离子性）比 C—Cd 键强，如烷基锌能加成于酮（$R_2C = O$）羰基的两端，而 M—C 键极性较小的烷基镉和烷基汞都不发生相应的反应：

$$Zn(CH_3)_2 + (CH_3)_2C = O \longrightarrow (CH_3)_3C-O-ZnCH_3$$

有机锂、有机镁和有机铝的化合物也发生同样的反应，这三种化合物中金属的电负性都低于 Zn。锌族元素的环戊二烯基化合物结构比较特殊，甲基-环戊二烯基锌在气相不缔合，C_5H_5 为五齿配体（图 5.46a），在固态则缔合为"之"字链，每个 C_5H_5 与两个 Zn 原子五齿配位（图 5.46b）。有机汞化合物可由 Hg（Ⅱ）卤化物与强的负碳离子试剂（如格氏试剂）或三烷基铝之间的复分解反应制得：

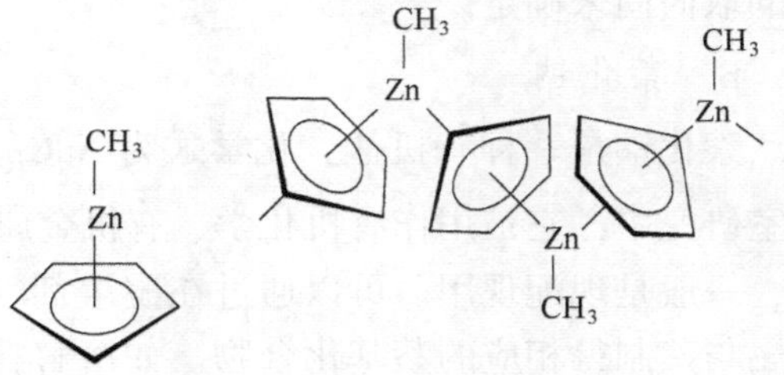

图 5.46　甲基-环戊二烯基锌
在气相和固相时的结构
（a）气相；（b）固相

$$2RMgX + HgX_2 \longrightarrow HgR_2 + 2MgX_2$$

此反应用电负性或软硬酸碱原理判断，结构都是一致的。二烷基汞是一类用途广泛的起始物，通过金属替换反应能够合成许多由电正性较强的金属形成的金属有机化合物。但是由于烷基汞化合物的毒性较高，一般不常使用。与二甲基锌对氧的高度敏感不同，二甲基汞可以暴露在空气中。汞的毒性主要是由于这个软原子对酶中基（—SH）具有较大的亲和力。甲基汞很容易透过细胞壁而进入到消化链中。

5.5.5.3　硼族元素的有机化合物

硼族元素的缺电子化合物都是分子化合物，在金属氧化态为+3的化合物中，只有有机铝的化合物通过3c—2e键有机桥而缔合。

A　有机硼化合物

三甲基硼别名甲基硼、三甲硼烷。三甲基硼（TMB）是一种易自燃、无色、有毒气体，被用作稳定的硼原料，用于硼及碳的沉积或用于BPSG沉积，通常以液化气的形式运输。它主要用于有机合成，应用在太阳能、半导体等行业中。烷基取代的硼烷类化合物可通过卤化硼与低电负性金属的金属有机化合物之间（如卤化硼和格氏剂之间）的复分解反应合成：

$$BF_3 + 3CH_3MgBr \xrightarrow{\text{二丁醚}} B(CH_3)_3 + 3MgBrF$$

这里选用二丁醚作溶剂是由于其蒸气压比三甲基硼低得多，从而有利于在真空箱中蒸馏分离，因为二丁醚与三甲基硼之间的缔合很弱。尽管三烷基硼和三芳基硼都是温和的Lewis酸，但却能和强的负碳离子试剂反应生成［BR_4］$^-$型阴离子。最著名的离子是四苯基硼酸根离子（R为C_6H_5），这个大体积的阴离子被用来沉淀大体积一价阳离子，它在中性和碱性的水溶液中水解非常缓慢。将Na［BPh_4］的水溶液中加进含有K^+的溶液生成不溶性的K［BPh_4］。该沉淀反应在重量法中用来测定钾，是大阳离子–大阴离子盐在水中溶解度的一个实例。有机卤化硼的反应活性高于简单的三烷基硼，一种制备方法是利用三氯化硼与化学计量的烷基铝在烃类溶剂中反应：

$$3BCl_3 + 6AlR_3 \longrightarrow 3R_2BCl + 6AlR_2Cl$$

另一种方法是利用三卤化硼与三烷基取代硼烷之间的再分配反应，以二硼烷为催化剂

$$2BCl_3 + BMe_3 \xrightarrow{\text{二硼烷}} 3BMeCl_2$$

反应产物既可以发生质子转移反应（遇到ROH、R_2NH等），也可发生复分解反应：

$$(CH_3)_2BCl + 2HNR_2 \longrightarrow B(CH_3)_2NR_2 + ［NR_2H_2］Cl$$

$$(CH_3)_2BCl + Li(C_4H_9) \longrightarrow (CH_3)_2B(C_4H_9) + LiCl$$

其他的有机硼烷中以含有B—N键的有机硼烷特别引起人们的兴趣，B—N碎片与C—C碎片互为等电子体，含B—N键的化合物与含C—C键的对应化合物结构通常也相同，但是化学和物理性质相差很大。

B　有机铝化合物

烷基铝化合物中的甲基桥键的显著特征之一是Al—C—Al键角小（约75°）。这种3c—2e桥比较弱，纯液态烷基铝容易离解而且离解程度随烷基体积增大而增加。

$$Al_2(CH_3)_6 \longleftrightarrow 2Al(CH_3)_3 \quad K = 1.52 \times 10^{-8}$$

$$Al_2(C_4H_9)_6 \longleftrightarrow 2Al(C_4H_9)_3 \quad K = 2.3 \times 10^{-4}$$

空间效应强烈影响烷基铝化合物的结构。在烷基体积很大的情况下烷基铝的离解接近完全。例如：三-2，4，6-三甲苯基铝是以单体存在的（图5.47）。

桥基为卤素原子、烷氧基或氨基时，Al—X—Al键角接近90°，见图5.48。与桥烷基不同，卤素原子可供使用的轨道和电子比较多，因而能通过2c—2e键成桥。三苯基铝为白色针状固体，在固体状态为二聚体，在气相以单体状态存在；在烃类溶液中单体和二聚

体同时存在；溶于苯，在乙醇、氯仿中分解。它与水剧烈反应，与醚、胺等生成 1∶1 加合物。它可由氯化铝与苯基锂反应制得（分离去氯化锂），也可由铝与二苯基汞在沸腾甲苯中反应制得。它用于有机合成，例如与苯基锂反应可制取四苯 $Li[Al(C_6H_5)_4]$，也为聚合反应催化剂。

烷基铝化合物广泛应用于烯烃的聚合催化剂和化学中间体，它们是相对廉价的负碳离子试剂，可以通过复分解反应以有机基团将卤素取代。例如，三甲基铝是一个化合物，化学式是 $Al_2(CH_3)_6$，可以缩写为 Al_2Me_6、$(AlMe_3)_2$ 或者 TMA。它是一种自

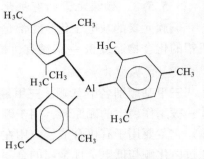

图 5.47　以单体存在的三-2，4，6-三甲苯基铝

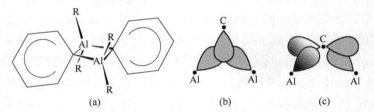

图 5.48　Ph_6Al_2 中苯基桥的结构和成键作用

（a）桥苯基垂直于 Al—C—Al—C；（b）C 和 Al 轨道的对称性组合形成 3c—2e 键；

（c）C 的 pπ 轨道和 Al 原子的轨道平面反对称组合产生附加相互作用

燃的无色液体，在工业上是很重要的有机铝化合物。Al_2Me_6 在常温常压下是二聚体，在结构上和乙硼烷相似。像乙硼烷一样，这个化合物同样有两个三中心两电子键：在两个铝原子之间有一个共用的甲基。端位的 Al—C 键和中间的 Al—C 键的距离分别是 0.197nm 和 0.214nm，中间甲基上的每个碳原子都被三个氢原子和两个铝原子包围。这些甲基在分子内和分子间可以自由转换。三中心两电子键是"缺少电子"的分子而且倾向于与路易斯碱反应，产物含有两中心两电子键。例如和氨反应生成加合物 $R_3N-AlMe_3$。Al_2Me_6 与氯化铝反应生成的 $(AlMe_2Cl)_2$ 是另一个遵守八隅体规则的反应产物。$AlMe_3$ 的单体含有一个铝原子和三个甲基，这种单体仅会在高温低压下存在。VSEPR 理论预言了它如同 BMe_3 一样是三角形平面（有一个三重轴）对称，后来电子衍射的结果也证实了这个预言。它可以通过两步反应制取，总反应式如下：

$$2Al + 6CH_3Cl + 6Na \longrightarrow Al_2(CH_3)_6 + 6NaCl$$

TMA 主要用来生产甲基铝氧烷，用于活化烯烃聚合的齐格勒-纳塔催化剂。TMA 也作为甲基化试剂，用于亚甲基酯和酮的 Tebbe 试剂就是由 TMA 制备的。TMA 也用在探空火箭上，用作研究上层大气风模式的示踪剂。通过化学气相沉积或原子层沉积过程，TMA 也可用于制造半导体的沉积高介电系数电介质薄膜，例如 Al_2O_3。TMA 与叔胺 DABCO 形成化合物，这比直接处理 TMA 本身更安全。三乙基铝或更高同系物的工业合成方法是用氢与适当的烯烃和金属铝在高温高压下反应：

$$2Al + 3H_2 + 6RHC = CH_2 \xrightarrow{60 \sim 110℃,\ 10 \sim 20MPa} Al_2(CH_2CH_2R)_6$$

反应中可能先在 Al 表面形成某种 Al—H 物种，然后加成于烯烃的 C = C 键的两端。

Al 的正电性较大，烷基铝化合物的负碳离子比烷基硼化合物强很多。因此，这类化合物对水和氧很敏感，而且多数能自燃，在液体或溶液中的操作必须使用惰性气氛技术或真空技术。由于 Al—R 键容易发生转移，因此可利用这种高的活性制备 Al 的烷氧基化合物和氨化物。

$$2AlR_3 + 2HOR' \rightarrow \quad\quad\quad +2RH$$

$$2AlR_3 + 2HNR'_2 \rightarrow \quad\quad\quad +2RH$$

烷基铝化合物是温和的 Lewis 酸，能与醚、胺和阴离子形成配合物。三乙基铝不仅能自身形成缔合物，而且还能与许多物质形成配合物，比如用非醚的格利雅试剂和三乙基铝反应得到双四乙基铝镁。

$$2C_2H_5MgCl + 2(C_2H_5)_3Al \longrightarrow Mg[Al(C_2H_5)_4]_2 + MgCl_2$$

也可和更高的同系物加热时能发生 β—H 消除反应，得到二烷基铝氢化物。三异丁基铝发生这种反应的趋势很强。

$$2Al(^iC_4H_9)_3 \rightarrow \quad\quad\quad +2H_2C{=}C(CH_3)_2$$

H 以桥基形式存在表明它比烷基形成了更强的 3c—2e 键，这可能是由于体积小的 H 原子更容易插在两个 Al 原子之间。三乙基铝的性质决定了其应用。三乙基铝与过渡金属衍生物是聚烯烃催化剂的主要组成部分，是聚烯烃生产不可缺少的物质，目前国内三乙基铝最大的用途就是用于聚烯烃的生产。在有机合成方面三乙基铝可以用来合成 α-烯烃、α-高级醇。另外三乙基铝的燃烧值较高，着火延迟时间短，在军工和航天方面也有十分广泛的应用。

C 镓、铟和铊的金属有机化合物

硼族元素中的硼、铝、镓的烷基化合物的结构各不相同，三甲基硼为单体，三甲基铝为二聚物，三甲基镓、铟、铊在气相和溶液中都为单体。它们的负碳离子性和水解趋势从铝到铊依次减小。烷基铝化合物容易发生完全水解：

$$Al_2(CH_3)_6 + 6H_2O \longrightarrow 2Al(OH)_3 + 6CH_4$$

镓、铟和铊化合物在温和的条件下发生水解产生 $[M(CH_3)_2]^+$，这种离子本身在酸性溶液中也水解，水解能力从镓到铊逐渐减弱。相比之下，三烷基硼的水解能力很小。三烷基镓可由烷基锂和 $GaCl_3$ 在烃类溶剂中反应制备得到：

$$3Li_4(C_2H_5)_4 + 4GaCl_3 \longrightarrow 12LiCl + 4Ga(C_2H_5)_3$$

三烷基镓是温和的 Lewis 酸，在醚中进行复分解反应得到配合物 $(C_2H_5)_2OGa(C_2H_5)_3$。与此类似，烷基锂过量时 Ga 原子可结合第四个烷基形成盐：

$$nGa(CH_3)_3 + nH_2O \longrightarrow [(CH_3)_2GaOH]_n + nCH_4 \quad (n=2、3 \text{ 或 } 4)$$

烷基铟和烷基铊都可以用类似于制备烷基镓的反应来制备。三甲基铟在常温常压下为无色透明具有特殊臭味的升华性无色结晶，遇冷水部分水解放出甲烷气体，在空气中自燃，与 AsH_3、PH_3、醚类、叔胺及其他路易士碱形成稳定的配合物。它与具有活性氢的醇类、酸类进行激烈反应；与甲基醚、三甲基磷烷、三甲基砷烷等作用形成配位化合物，但是其稳定性比镓差。光照易引起三甲基铟的分解，长期保存时需要存放在阴凉干燥之处。三甲基铟在气相为单体，固体键长数据表明即使存在缔合作用也是很弱的。$Tl(CH_3)_3$ 部分水解生成线形 $[CH_3TlCH_3]^+$ 离子，该物种是 CH_3HgCH_3 的等电子体并且结构相同。

惰性电子对效应导致可以形成稳定的 In(I) 和 Tl(I) 化合物。例如 $(\eta^5\text{-}C_5H_5)In$ 和 $(\eta^5\text{-}C_5H_5)Tl$，它们在气相都是单体，但在固态则发生缔合。$(\eta^5\text{-}C_5H_5)Tl$ 在金属有机化学中是非常有用的合成试剂，其还原能力比 $Na[C_5H_5]$ 弱，而且 $TlCl$ 的难溶性可促进复分解反应发生，但是铊的毒性较大。

5.5.5.4　碳族元素的金属有机化合物

由于碳的电负性与同族其他元素相近，相互间形成的化学键极性都不高。与硼族相比，碳族的金属有机化合物不易水解，这种状况可能与键的低极性、四配位中心原子的有效空间保护作用以及没有低能级 LUMO 等因素有关。

A　有机硅化合物

有机硅化合物简称"有机硅"，是有机化合物的重要类型之一。有机硅化合物是指含有 Si—C 键且至少有一个有机基是直接与硅原子相连的化合物，习惯上也常把那些通过氧、硫、氮等使有机基与硅原子相连接的化合物也当作有机硅化合物。它不仅内容丰富，而且具有广泛的用途，如有机硅化合物可以以单体化合物形式直接应用，也可经水解、聚合反应制成有机硅聚合物。作为单体，它可用作硅烷化试剂，也可用于材料表面覆盖、电绝缘材料的防潮、颗粒料的防粘接、有机合成及物料分离；用作偶联剂，用于改善树脂或橡胶与其他材料之间的黏附性、提高塑料及橡胶的力学性能、防水性能；用作油漆添加剂；其他方面还可用于毛发增长药物、抗癌药物等。它以聚合物的形式应用时，可制备硅油（聚甲基硅氧烷），用于化妆品、润滑剂、消泡剂、疏水剂、皮革柔软剂、脱模剂、传热介质、液压油等方面；以硅树脂的形式可用于绝缘漆、填料、无机纤维黏合剂、防水剂、抗腐蚀涂料等；以硅橡胶的形式用于耐老化弹性材料、室温硫化硅橡胶、灌封材料和压模制件；用作气体色层分析和质谱分析。工业上最重要的是甲基及苯基氯硅烷，例如一氯硅烷类，特别是三甲基氯硅烷在有机合成及生物化学中均具有重要地位；甲基聚硅氧烷是化妆品、护发剂的重要组分，也是消泡剂的重要组分。除上述用途外，有机硅化合物在有机合成方面还可用作还原剂、活泼基团的保护剂、选择性亲电取代反应底物及 Peterson 试剂。

a Si—C 键

与电正性较大的元素（如铝）等形成的 M—C 键不同，Si—C 键表现出很强的抗水解和抗氧化的能力。其中，以硅氧键（—Si—O—Si—）为骨架组成的聚硅氧烷，是有机硅化合物中为数最多、研究最深、应用最广的一类，约占总用量的90%以上。有许多含氧桥的有机硅化合物被合成出来，如六甲基二硅氧烷（CH_3）$_3$Si—O—Si（CH_3）$_3$，该化合物对湿气和空气都是稳定的，这与氧原子孤对电子成分离域到 Si 的空的 σ^* 或 d 轨道有关（图5.49）。有

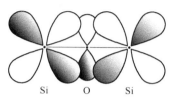

图5.49　含氧桥的有机硅化合物中氧原子上的孤对电子离域到 Si 的空 d 轨道

机硅化合物中的氧原子的 Lewis 碱性很弱，而且 Si—O—Si 键角容易变形，离域作用降低了 Si—O 单键的方向性，从而使结构变得有柔性，这正是聚硅酮在低温下仍保持类似于橡胶那种弹性的原因。同时，离域作用也导致了与 Si 结合的氧原子碱性较低。氮原子上的孤对电子的离域作用也是导致 N（$SiCH_3$）$_3$ 是平面分子而且碱性很弱的原因。

有机硅有如下独特的结构：

（1）Si 原子上充足的甲基将高能量的聚硅氧烷主链屏蔽起来。

（2）C—H 无极性，使分子间相互作用力十分微弱。

（3）Si—O 键键长较长，Si—O—Si 键键角大。

（4）Si—O 键是具有50%离子键特征的共价键。

这种结构使其兼备了无机材料与有机材料的性能，具有表面张力低、黏度系数小、压缩性高、气体渗透性高等基本性质，并具有耐高低温、电气绝缘、耐氧化稳定性、耐候性、难燃、憎水、耐腐蚀、无毒无味以及生理惰性等优异特性。有机硅材料按其形态的不同，可分为：硅烷偶联剂（有机硅化学试剂）、硅油（硅脂、硅乳液、硅表面活性剂）、高温硫化硅橡胶、液体硅橡胶、硅树脂、复合物等。例如，工业上合成聚硅酮橡胶和硅油需要大量的甲基氯硅烷，因为格氏剂价格太高，不能应用于工业生产，工业使用的甲基硅烷是通过元素硅和烷基卤（或芳基卤）直接反应而得到的，反应以铜作催化剂：

$$Si + RX \xrightarrow{250～550℃\ Cu} R_nSiX_{4-x}$$

控制反应条件可使反应有利于形成二甲基二氯硅烷，同时也产生其他有用的卤硅烷，这一方法使聚硅酮树脂由实验室里的贵重药品变成了广泛使用的材料。再分配反应也可用于合成多种碳族元素化合物，反应可在实验室进行，也可应用于工业制备卤硅烷。

$$2SiCl_4 + Si(CH_3)_4 \longrightarrow xSiCl(CH_3)_3 + ySiCl_2(CH_3)_2 + zSiCl_3(CH_3)$$

痕量的 Lewis 酸是该类反应有效的催化剂（如 $AlCl_3$ 等）。用有机卤硅烷、卤锗烷和卤硒烷进行的复分解反应对实验室规模的合成非常有用，特别适合于制备含混合有机取代基的化合物。

$$4SiCl_3(C_6H_5) + 3Li_4(CH_3)_4 \longrightarrow 4Si(CH_3)_3(C_6H_5) + 12LiCl$$

Si—X 间的质子转移反应是一种合成硅氧烷等含有 Si—O 键的化合物的方便有效地方法。极性的 Si—Cl 键遇到 H—O、H—N 和 H—S 键时容易发生质子转移反应，而极性较小的 Si—C 键则不然。水与三甲基氯硅烷反应可生成六甲基二硅氧烷。反应的第一步涉及 Si—Cl 键的水解：

$$(CH_3)_3SiCl + H_2O \longrightarrow (CH_3)_3SiOH + HCl$$

接着发生慢反应消除一个水分子形成 Si—O—Si 键：

$$2(CH_3)_3SiOH \longrightarrow (CH_3)_3Si—O—Si(CH_3)_3 + H_2O$$

Si-OH 化合物的缩合类似于金属羟基化合物转化为聚阳离子，也类似于水溶液中的 Si(OH)$_4$ 通过聚合作用形成硅胶的过程。这些反应都表明了 Si-OH 基消去水分子的倾向。二甲基二氯硅烷水解可得到环状和长链的化合物：

$$(CH_3)_2SiCl_2 + H_2O \longrightarrow HO[Si(CH_3)_2O]_nH + [(CH_3)_2SiO]_4 + \cdots$$

$[(CH_3)_2SiO]_4$ 结构如图 5.50 所示。以含大体积有机基团的 RSiCl$_3$ 作为起始物时可能得到更为复杂的结构，例如得到笼状化合物（图 5.51）；遇到 NH$_3$、伯胺和仲胺可发生类似反应，生成各种硅氮烷（含 Si—N 键的一类化合物）。例如，过量的 (CH$_3$)$_3$SiCl 与 NH$_3$ 反应生成 [(CH$_3$)$_3$Si]$_2$NH，由于 Si 原子周围被大体积的基团所包围，这一反应并不能进行完全。使用空间位阻较小的起始物 HSi(CH$_3$)$_2$Cl 则可得到 [(CH$_3$)$_2$HSi]$_3$N。硫酸作为催化剂时，硅氧烷发生再分配反应形成聚合物——聚硅酮：

$$n[环状-(CH_3)_2SiO]_4 + (CH_3)_3SiOSi(CH_3)_3 \xrightarrow{H_2SO_4} (CH_3)_3SiO[Si(CH_3)_2O]_{4n}Si(CH_3)_3$$

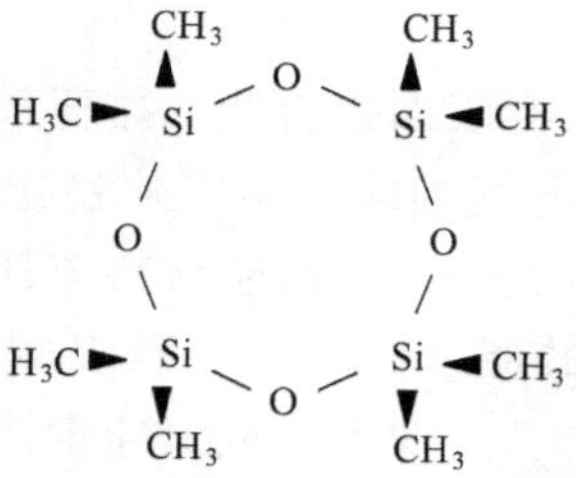

图 5.50 $[(CH_3)_2SiO]_4$ 的环状结构

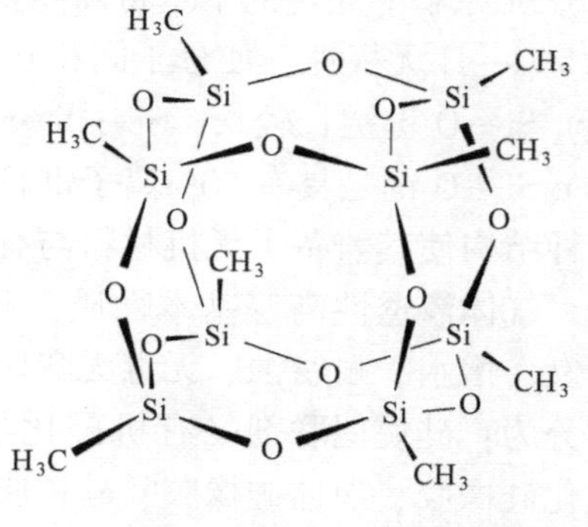

图 5.51 含氧桥的笼状有机硅化合物

六甲基二硅氧烷在反应中提供末端基团 Si(CH$_3$)$_3$，它的比例越高，生成聚合物的摩尔质量就越低。聚硅酮（包括聚二甲基硅氧烷）可以是液体、蜡状体或高弹性体（交联产物）。由于 Si—O—Si 键较易弯曲，聚硅酮在低温下仍能保持高柔性。聚硅酮还具有疏水性和抗空气氧化的能力，除此之外，由于毒性低还被用作医疗和整容材料。

虽然种类不像含 C—C 单键的有机化合物那么多，但是硅也可以形成许多连接型金属有机化合物，如 R$_3$Si—SiR$_3$ 和 R$_3$Si—SiR$_2$—SiR$_3$ 等。Si—Si 键稍弱于 C—C 键。含 Si—Si 键的开链、环状、双环和笼状烷基硅的化合物都已经被制备出来（图 5.52）。

它们主要通过卤化物的还原消除反应得到，如环状烷基硅化物 Si$_3$[(CH$_3$)$_2$C$_6$H$_4$]$_6$ 的制备：

$$3[(CH_3)_2C_6H_4]_2SiCl_2 + 6Li[C_{10}H_8] \xrightarrow{CH_3OC_2H_4OCH_3, -78℃} 2Si_3[(CH_3)_2C_6H_4]_6 + 6LiCl + 6C_{10}H_8$$

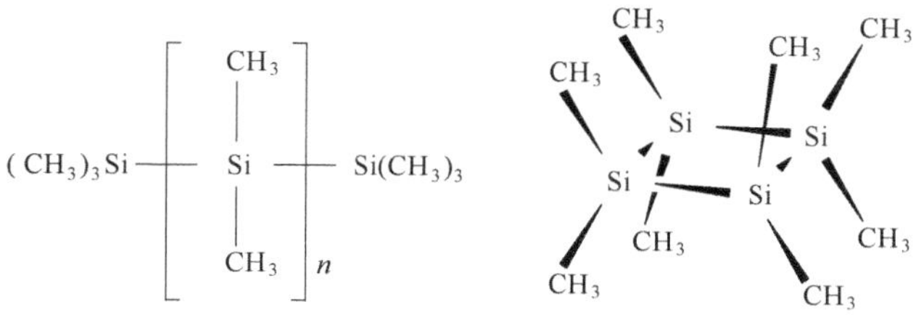

图 5.52 开链 (a) 和环状 (b) 烷基硅化合物

反应中，强还原剂萘化锂还原 Si—X 键形成 Si—Si 键。环状烷基硅化物 $Si_3[(CH_3)_2C_6H_4]_6$ 的结构见图 5.53。

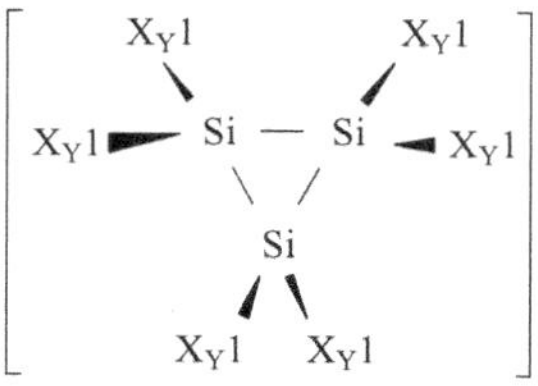

光谱和化学证据表明，Si 和 Ge 的连接型化合物含有能级相当低的，在链或环的范围内离域的空轨道，因而近紫外吸收带能量随链长的增加而降低。近紫外吸收带产生于 Si—Si 链或 Ge—Ge 链中 σ 成键分子轨道上一个电子向激发态 σ* 轨道的跃迁（后者也沿 Si—Si 键或 Ge—Ge 链离域）。硅烷链（如聚二甲基硅烷）在紫外光照射下发生光分解的机理也可按此解释。

图 5.53　$Si_3[(CH_3)_2C_6H_4]_6$
的结构
X_{Y1}—2,6-二甲基苯基
$[(CH_3)_2C_6H_4]$

饱和硅化合物可通过单电子还原形成自由基阴离子，未成对电子占据离域的 Si—Si σ* 轨道。像表示苯的结构那样这里也用环表示，但表示的是 σ 离域而不是 π 离域。

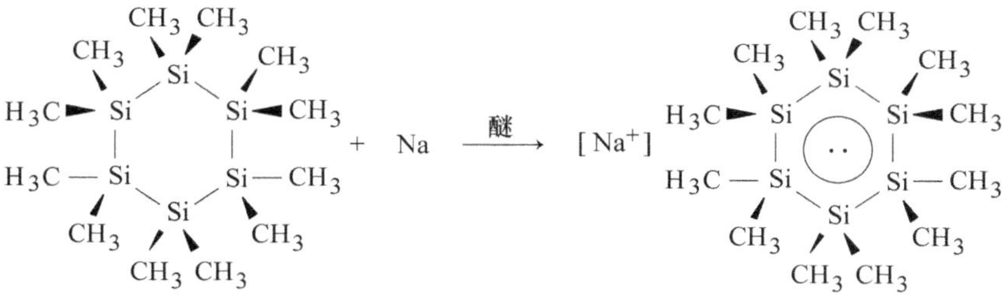

该阴离子的光谱表明，未成对电子在 6 个 Si 原子上出现的机会相等，这一事实说明电子是完全离域的。

b　Si≡Si 重键

像 C—C 键与 C≡C 键的关系一样，两个 Si—Si 单键比 Si≡Si 双键的键能小，比 Si≡Si 双键中的一个大，因此 Si≡C 或 Si≡Si 偶联在能量上有利。C≡C 不易偶联是因为反应的活化能较高，但对 Si 或 Ge 的重键而言，这种动力学上的障碍要小得多。由于 Si≡Si 双键的键能（272kJ/mol）比 C≡C 双键的键能（698kJ/mol）小得多，故硅在通常情况下不倾向生成 Si≡Si 双键；又因为含有 Si≡Si 双键的化合物容易重排生成自由基 $H_2\dot{S}i$—$\dot{S}iH_2$ 或 $R_2\dot{S}i$—$\dot{S}iR_2$，因此人们在试图合成 Si≡Si 双键化合物时，很容易得到环状化合物，如 $\begin{matrix} R_2Si—SiR_2 \\ | \quad | \\ R_2Si—SiR_2 \end{matrix}$。随着实验条件的改善，化学家们终于找到了解决合成 Si≡Si

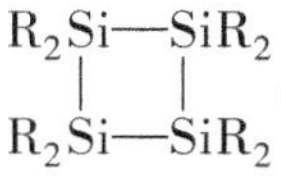

双键化合物的途径，通过引入立体位阻很大的基团连接在不饱和硅原子上，可以有效地阻止 Si＝Si 双键的二聚，从而合成出不饱和的硅化合物。含 Si＝C 键和含 Si＝Si 键的化合物都已经制备成功。将电子激发到 Si—Si 反键 σ 轨道后再使 Si—Si 键发生光化学裂解是合成乙硅烯的一条方便的途径。例如，带大体积取代基的环三硅烷的光解：

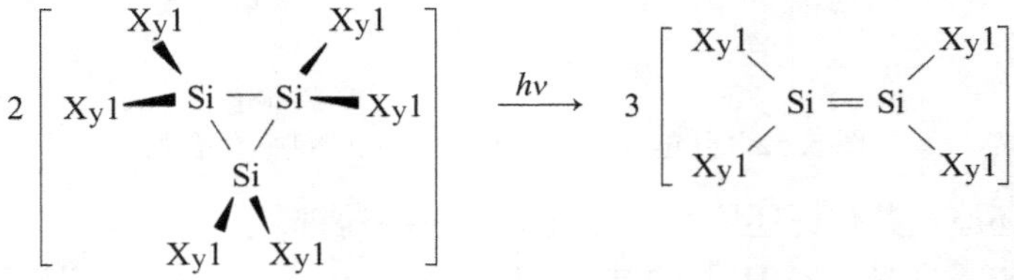

反应得到稳定的乙硅烯，硅原子上的大体积基团阻止了成环作用和聚合作用。X 射线结构测定证实，形成双键时 Si—Si 键缩短。例如：四（2，4，6-三甲苯基）乙硅烯中的 Si＝Si键长为 0.216nm，比典型的 Si—Si 单键短 0.02nm，比对应硅烷中的 Si—Si 单键的键长要短将近 5%～10%。这样的键长缩短程度与相应的烷烃和烯烃比较，少了大约 13%，但这并不影响它显著地表现出双键的性质。乙烯硅和烯烃的一个重要区别是 $R_2Si＝SiR_2$ 更容易被扭曲为非平面分子。

二硅烯的更深层特殊之处在于取代基的反式倾斜，这在烯烃中从未被发现。二硅烯的 R_2Si 平面与 Si＝Si 对应向量的反式倾斜角范围在 0°～33.8°之间，这为对应的硅宾的稳定性提供了合理化解释。硅的价层轨道是 3s 轨道和 3p 轨道，而碳的价轨道是 2s 轨道和 2p 轨道，因此硅原子的 ns 轨道和 np 轨道能量差要比碳原子更大。简单的二硅烯是非常活泼的化合物，容易发生聚合反应等多种反应，因此存在的时间很短。为了防止聚合等反应的发生，可使用庞大的取代基来有效地使二硅烯稳定，并且能在稀溶液甚至晶体中长期存在。

二硅烯通常由 1，2-二卤硅烷的还原、逆 Diels-Alder 反应分解、硅宾的双聚、环硅烷的光解或甲硅基硅宾（$RSiSiH_3$）的重排来制备。在一项研究中，用石墨化钾催化进行 1，1-二溴硅烷的分子内偶联制得了一种二硅烯。其中的硅硅双键键长为 22.7nm，是已知二硅烯中第二长的，X 射线衍射表明取代基倾斜角在 31°～33°之间。

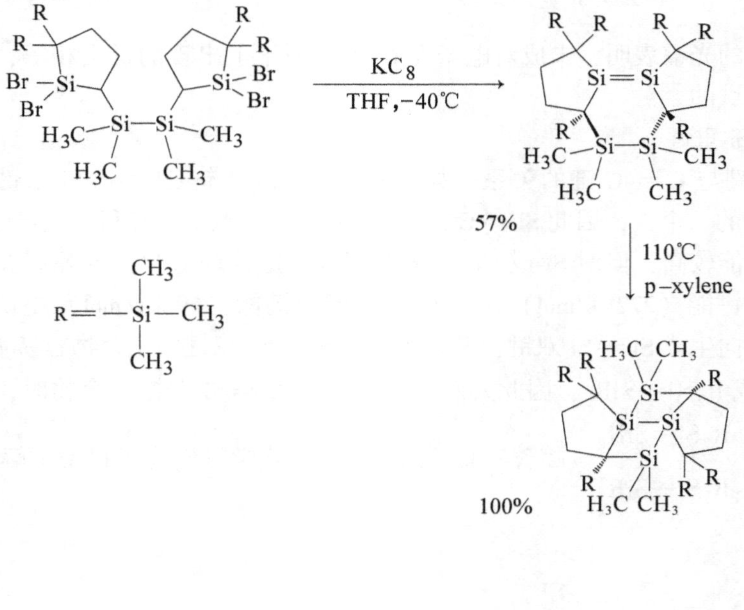

　　此外，Si—Si 键周围的取代基旋转了 43°。这种二硅烯于 110℃在二甲苯中加热发生异构化，生成四元环状化合物，并释放应变能。空间障碍小的分子容易接近乙硅烯的 Si＝Si键，因而某些反应与烯烃的反应极其相似。例如，卤化氢和卤素分子能加成到 Si＝Si双键的两端：

R—OH 也能加成到 Si＝Si 键两端：

乙硅烯也能与某些炔烃发生加成反应：

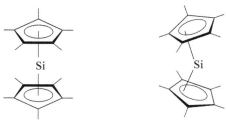

　　第一个硅的表观氧化态为+2 的金属有机化合物是二（环戊二烯基）硅。X 射线晶体结构测定表明该化合物存在两种结构（图 5.54）。

　　B　锗、锡、铅的金属有机化合物

　　碳族越下方的元素，C—X（X＝C、Si、Ge、Sn、Pb）的键越弱，而键长越长，在四甲基铅中的碳-铅键键长为 222pm，而其键离

图 5.54　固态二（环戊二烯基）硅的两种构象

解能为 49kcal/mol（204kJ/mol）。而四甲基锡中的碳-锡键键长为 214pm，键离解能为 71 kcal/mol（297kJ/mol）。在有机化学中铅主要以四价铅 Pb（Ⅳ）的形式出现，这点相当特别，因为无机铅化合物较常出现二价铅 Pb（Ⅱ）。其原因是因为无机铅化合物中，铅的电负性比氮、氧及卤素等低，铅原子上的部分正电荷对 6s 原子轨道的电子吸引力较 6p 轨道

强，因此 6s 轨道的电子没有活性，称为惰性电子对效应。

　　有机铅化合物可由格氏试剂与氯化铅合成。例如甲基氯化镁和氯化铅反应会形成四甲基铅，是类似水的透明液体，沸点 110℃，密度 1.995g/cm³。若将含二价铅的化合物和环戊二烯化钠反应，会产生铅的茂金属，二茂铅。有些芳香烃会和乙酸铅进行亲电芳香取代反应，形成含铅的芳香化合物。例如苯甲醚和乙酸铅在氯仿和二氯乙酸中反应会形成三乙酸 p 甲基苯基铅。

　　有机锡和有机铅化合物（烯烷和铅烷）的许多反应与有机硅和有机锗化合物的反应相类似，但锗、锡和铅能形成 Ge(Ⅱ)、Sn(Ⅱ) 和 Pb(Ⅱ) 的金属有机化合物（惰性电子对效应）。该族元素 M—C 键强度自上而下迅速减小，有机铅化合物通常当温度高于100℃时就开始分解。烷基铅在气相分解形成烷基自由基：

$$Pb(CH_3)_4(s\ 或\ g) \longrightarrow Pb(s) + 4CH_3(g)$$

　　在有机铅化合物中，C—Pb 键强度很弱，正因为如此，C—Pb 键很容易均裂而转化为自由基。在提升汽油抗爆震性能方面，它的作用体现在它是一个自由基引发剂。例如四乙基铅一度广泛使用作为汽油的抗震剂，在发动机气缸内气体压缩而火花塞未点火的这段时间内，四乙基铅所离解出的自由基能有效地捕获爆震初期所产生的自由基从而达到抗爆震效果。芳基和乙烯基的有机铅化合物通常发生转移金属化反应，比如和硼酸在酸催化下杂环的开环反应。有机铅化合物被发现在芳香烃的偶联反应中有应用。有机铅化合物被用于合成有位阻效应的芳烃，而且发现它比有机锡化合物催化时活性更高。然而铅的毒性相当高而且易使废气转化器中的催化剂失活，许多国家已经不再以有机铅作为汽油添加剂。

　　有机锡化合物具有多种不同的用途，如作为氯乙烯塑料的稳定剂、船体的杀菌剂和防污漆等，但是锡化合物可能伤害对人类有益的生物体。锗烯（$R_2Ge = CR_2$）、锡烯（$R_2Sn = CR_2$）、乙锗烯（$R_2Ge = GeR_2$）和乙锡烯（$R_2Sn = SnR_2$）都已经被成功制备出来。像 Si 的相应化合物一样，R 的体积必须足够大以防止聚合。乙锗烯和乙锡烯不是平面化合物，可认为是一个原子上的 sp^3 轨道与另外一个原子上的 $p\pi$ 轨道相重叠（图5.55）。

　　Ge—Ge 和 Sn—Sn 重键键长较长，在溶液中可发生离解形成二价化合物 GeR_2 和 SnR_2。与本族元素二价由上至下稳定性增大的规律相一致，SnR_2 物种较 GeR_2 更稳定。$Sn(\eta^5-C_5H_5)_2$ 和 $Pb(\eta^5-C_5H_5)_2$ 中的 Sn 和 Pb 也是二价，在气相时具有角形结构，金属原子上可能存在具有立体化学活性的孤对电子（图5.56）。

　　除简单的有机锗和有机锡化合物单体外，连接型化合物（图5.57）和环状化合物（图5.58）也都已制备成功。这些化合物的合成方法类似于相应的硅化合物，但反应却更易进行。本族较重的元素更容易参与自由基反应。

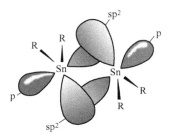

图 5.55 乙锡烯的结构

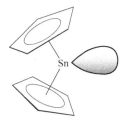

图 5.56 气相 $Sn(\eta^5-C_5H_5)_2$ 的角形结构

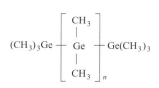

图 5.57 连接型有机锗化合物

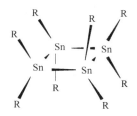

图 5.58 环状有机锡化合物

与碳类似，锗、锡、铅也形成了一系列的多面体化合物，如三棱柱的 Ge_6R_6、四方棱柱的 Si_8R_8、五角棱柱体 $Sn_{10}R_{10}$（图 5.59）。

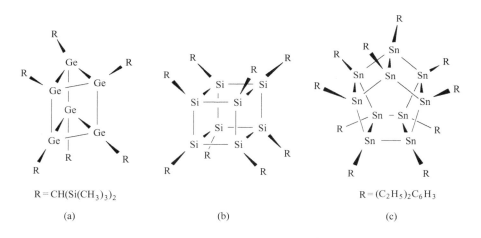

图 5.59 若干封闭多面体金属有机化合物
（a）三棱柱 Ge_6R_6；（b）四方棱柱 Si_8R_8；（c）五角棱柱 $Sn_{10}R_{10}$

5.5.5.5 氮族元素的富电子化合物

氮族元素的金属有机化合物显示出某些新特征，如中心原子上的孤对电子（如 AsR_3）导致的 Lewis 碱性以及中心原子可存在+3 和+5 两种氧化态。砷、锑、铋在许多金属有机化合物中的氧化态为+3 或+5，如 $As(CH_3)_3$ 和 $As(C_6H_5)_5$。氧化态为+3 的化合物中含有孤对电子，因而可被看作是富电子化合物；而氧化态为+5 的化合物则是等电子化合物。

砷（As）本身毒性不大，但其化合物、盐类和有机化合物都有毒性。尤以三氧化二砷（As_2O_3）又名砒霜、信石，毒性最强。药物中含砷的有：新砷凡钠明（914）、雄黄、雌黄、白砒、亚砷酸钾、卡巴砷等。少量可治疗有关疾病，多次反复使用也可引起中毒。砷化合物一度曾广泛用于处理细菌感染并用作除草剂和杀菌剂，但是砷、锑、铋的金属有机化合物由于毒性太强而鲜有其他重要的工业用途。

A   +3 价氧化态

在三氯化铝或氯化汞存在下，将乙炔通入三氯化砷时，可得到下列的三种三价氯胂的混合物：$ClCH=CHAsCl_2$、$(ClCH=CH)_2AsCl$、$(ClCH=CH)_3As$。它们是糜烂性毒剂，用于化学战争中，前者糜烂性最剧烈。砷也可生成一系列五价砷的有机化合物：$RAsX_4$、R_2AsX_3、R_3AsX_2。格氏剂或有机锂与 MX_3（M 为 As、Sb、Bi；X 为 Cl、Br）之间的复分解反应可方便地用于制备三烷基和三芳基化合物。

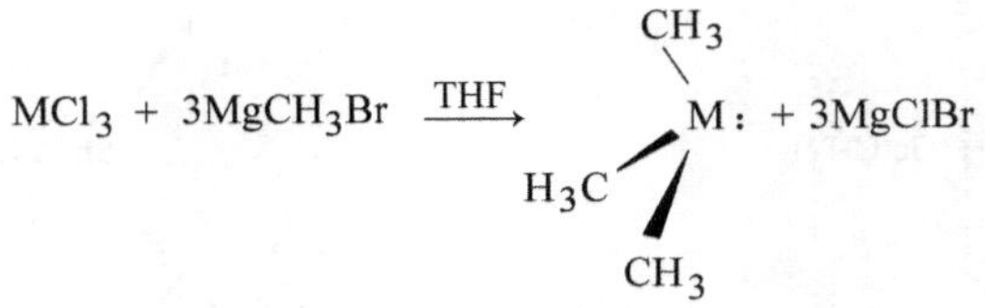

$$MCl_3 + 3MgCH_3Br \xrightarrow{THF} \quad (CH_3)_3M: + 3MgClBr$$

$M(CH_3)_3$ 及其同类物为三角锥结构。烷基取代的砷烷（如三甲基胂）是恶臭、有毒的挥发性物质，而芳基取代的砷烷对空气较稳定，挥发性也较低。烷基和芳基砷烷（如三甲基胂烷）都以配体形式出现在 d 区金属配合物中，这些软 Lewis 碱对 d 区离子的亲和力通常按下类顺序减弱：

$$PR_3 > AsR_3 > SbR_3 > BiR_3$$

许多烷基或芳基砷烷的配合物已经被成功制备出来，但相应的砷烷配合物却很少。

图 5.60 所示为一种双齿的双砷化合物，这类配体含有软给予原子，可用于合成软物种 Rh（Ⅰ）、Ir（Ⅰ）、Pd（Ⅱ）和 Pt（Ⅱ）的许多种烷基砷和芳基砷配合物。由于软硬判据只是一种近似判据，对某些高氧化态金属的膦或胂配合物的形成并不适用，例如，Pd（Ⅳ）氧化态可被双砷配体所稳定（图 5.61）。

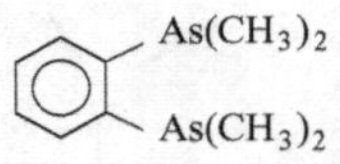

图 5.60 双齿的双砷化合物

双砷化合物可通过以下步骤制取。用卤代烷 CH_3I 直接与砷的金属型同素异形体反应：

$$4As + 6CH_3I \longrightarrow 3(CH_3)_2AsI + AsI_3$$

接着用金属钠与 $(CH_3)_2AsI$ 反应得到 $[(CH_3)_2As]^-$：

$$[(CH_3)_2As]I + 2Na \longrightarrow Na[(CH_3)_2As] + NaI$$

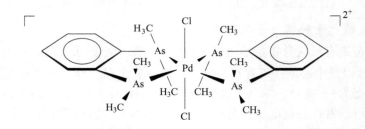

图 5.61 被双砷配体所稳定的 Pd（Ⅳ）化合物

最后用制得的强亲核试剂取代邻二氯苯中的氯：

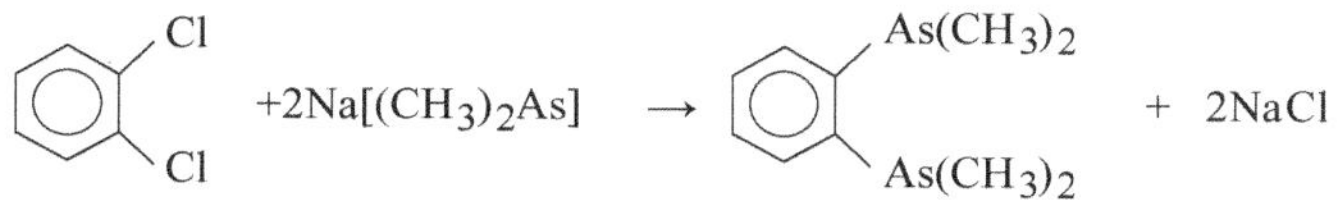

砷（Ⅲ）杂苯的结构（图5.62）与吡啶类似，该化合物不具有吡啶的 σ 给予能力，但能与 d 区金属形成类似于苯所形成的 π 配合物（图5.63）。

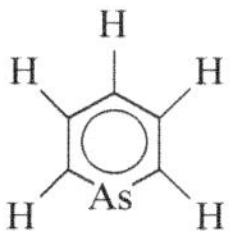

图 5.62 砷（Ⅲ）杂苯的结构

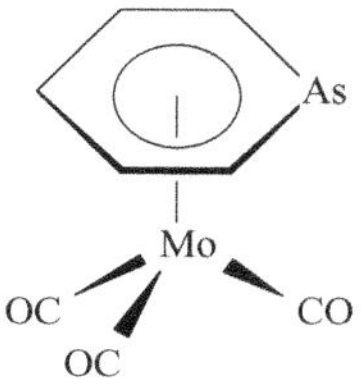

图 5.63 砷（Ⅲ）杂苯与 Mo 形成的 π 配合物

B +5 氧化态

亲核试剂三烷基砷与卤代烷反应得到四烷基砷阳离子的盐，其中砷的氧化态为+5：

$$As(CH_3)_3 + CH_3Br \longrightarrow [As(CH_3)_4]Br$$

这类反应不能用来制备四苯基砷阳离子 $[AsPh_4]^+$，因为三苯基胂的亲核性比三甲基胂弱得多。$[AsPh_4]^+$ 应用下述方法制备：

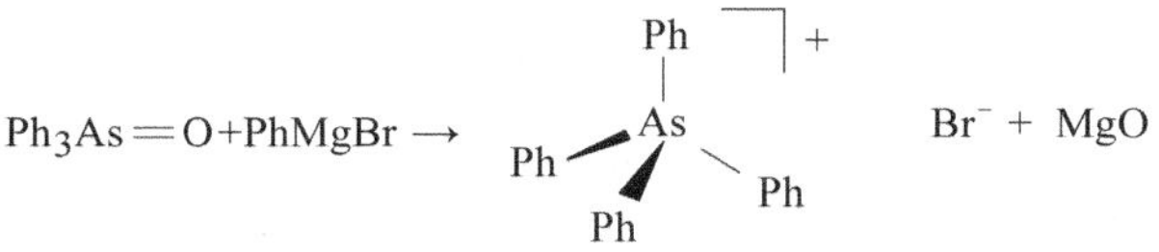

$$Ph_3As=O+PhMgBr \longrightarrow [Ph_4As]^+ \quad Br^- + MgO$$

这是个复分解反应，Ph^- 取代了结合于砷原子上的 O^{2-} 阴离子，得到的化合价中砷仍保持+5 氧化态，反应中还得到高放热化合物 MgO。MgO 的生成有利于反应的 Gibbs 自由能降低，从而驱动反应进行。四苯基砷、四苯基胺、四苯基膦这类阳离子在无机化学合成中用来稳定大体积的阴离子，四苯基砷离子也是制备其他 As(Ⅴ) 金属有机化合物的起始物。苯基锂与四苯基砷盐反应得到电中性化合物五苯基砷，其中的砷在形式上是 As(Ⅴ)：

$$[AsPh_4]Br + LiPh \longrightarrow AsPh_5 + LiBr$$

根据 VSEPR 理论判断，五苯砷是三角双锥体。四方锥体的能量与三角双锥体相近，锑的对应化合物 $SbPh_5$ 是四方锥形结构。仔细控制实验条件可通过相似的反应得到不稳定的化合物 $As(CH_3)_5$。连接型化合物四甲基二胂 $(CH_3)_2As—As(CH_3)_2$ 是最早制备成功的金属有化合物之一，它可由 $As(CH_3)_2Br$ 与金属锌反应来合成。

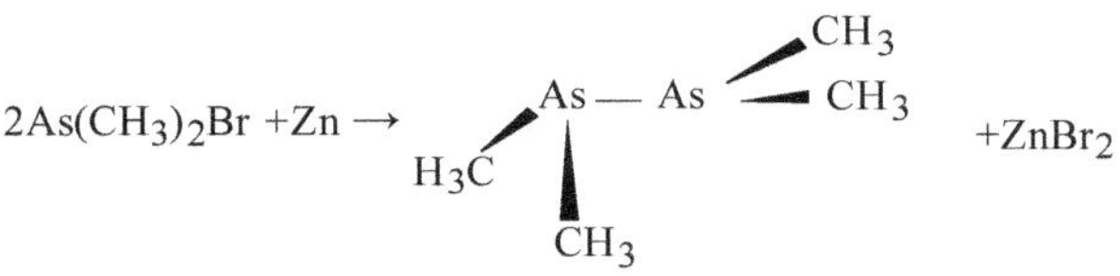

$$2As(CH_3)_2Br + Zn \longrightarrow (CH_3)_2As—As(CH_3)_2 + ZnBr_2$$

如（PhAs）$_6$这样的环状化合物也已经制备成功，汞可从二碘苯基砷夺取碘：

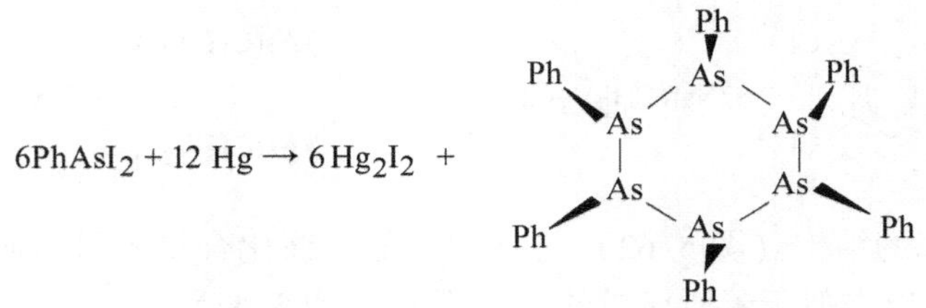

$$6PhAsI_2 + 12\,Hg \rightarrow 6Hg_2I_2 +$$

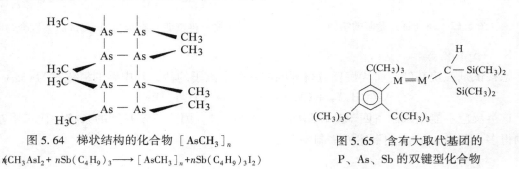

用 $Sb(C_4H_9)_3$ 还原 CH_3AsI_2 可得到一种具有梯状结构的含 As—As 键化合物（图5.64）。

与乙硅烷的情况相似，大取代基也可阻止 M—M 基团的簇合和成环作用。这种性质使形式上的双键体系 RM ═ MR（M 为 P、As 或 Sb）型化合物得以存在，其中包括 P ═ As 键和 P ═ Sb 键的化合物（图5.65）。

图 5.64　梯状结构的化合物 $[AsCH_3]_n$

$$n\,CH_3AsI_2 + n\,Sb(C_4H_9)_3 \longrightarrow [AsCH_3]_n + n\,Sb(C_4H_9)_3I_2)$$

图 5.65　含有大取代基团的 P、As、Sb 的双键型化合物

5.5.6　主族金属有机化合物在化学气相沉积制备薄膜材料中的应用

金属有机化学气相沉积系统（MOCVD）是利用金属有机化合物作为源物质的一种化学气相沉积（CVD）工艺。其原理为利用气相反应物，或是前驱物和Ⅲ族的有机金属和Ⅴ族的 NH_3，在基材表面进行反应，并在基材衬底表面进行固态沉积的工艺。

MOCVD 设备将Ⅱ或Ⅲ族金属有机化合物与Ⅳ或Ⅴ族元素的氢化物混合后通入反应腔，混合气体流经加热的衬底表面时，在衬底表面发生热分解反应，并外延生长成化合物单晶薄膜。与其他外延生长技术相比，MOCVD 技术有着如下优点：（1）用于生长化合物半导体材料的各组分和掺杂剂都是以气态的方式通入反应室，因此，可以通过精确控制气态源的流量和通断时间来控制外延层的组分、掺杂浓度、厚度等，可以用于生长薄层和超薄层材料。（2）反应室中气体流速较快。因此，在需要改变多元化合物的组分和掺杂浓度时，可以迅速进行改变，减小记忆效应发生的可能性，这有利于获得陡峭的界面，适于进行异质结构和超晶格、量子阱材料的生长。（3）晶体生长是以热解化学反应的方式进行的，是单温区外延生长。只要控制好反应源气流和温度分布的均匀性，就可以保证外延材料的均匀性。因此，适于多片和大片的外延生长，便于工业化大批量生产。（4）通常情况下，晶体生长速率与Ⅲ族源的流量成正比，因此，生长速率调节范围较广。较快的生长速率适用于批量生长。（5）使用较灵活。原则上只要能够选择合适的原材料就可以进行包含该元素的材料的 MOCVD 生长，而可供选择作为反应源的金属有机化合物种类较

多，性质也有一定的差别。（6）由于对真空度的要求较低，反应室的结构较简单。（7）随着检测技术的发展，可以对 MOCVD 的生长过程进行在位监测。

　　MOCVD 技术的主要缺点大部分均与其所采用的反应源有关。首先是所采用的金属有机化合物和氢化物源价格较为昂贵，其次是由于部分源易燃易爆或者有毒，因此有一定的危险性，并且反应后产物需要进行无害化处理，以避免造成环境污染。另外，由于所采用的源中包含其他元素（如 C、H 等），需要对反应过程进行仔细控制以避免引入非故意掺杂的杂质。

　　通常 MOCVD 生长的过程可以描述如下：被精确控制流量的反应源材料在载气（通常为 H_2，也有的系统采用 N_2）的携带下通入石英或者不锈钢的反应室，在衬底上发生表面反应后生长外延层，衬底是放置在被加热的基座上的。在反应后残留的尾气被扫出反应室，通过去除微粒和毒性的尾气处理装置后被排出系统。MOCVD 工作原理如图 5.66 所示。

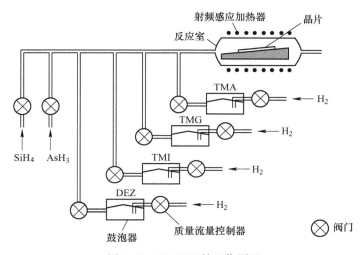

图 5.66　MOCVD 的工作原理

　　一台 MOCVD 生长设备可以简要地分为以下 4 个部分。

　　（1）气体操作系统：气体操作系统包括控制Ⅲ族金属有机源和Ⅴ族氢化物源的气流及其混合物所采用的所有的阀门、泵以及各种设备和管路。其中，最重要的是对通入反应室进行反应的原材料的量进行精确控制的部分，主要包括对流量进行控制的质量流量控制计（MFC）、对压力进行控制的压力控制器（PC）和对金属有机源实现温度控制的水浴恒温槽（Thor·mal Bath）。

　　（2）反应室：反应室是 MOCVD 生长系统的核心组成部分，反应室的设计对生长的效果有至关重要的影响。不同的 MOCVD 设备的生产厂家对反应室的设计也有所不同，但是，最终的目的是相同的，即避免在反应室中出现离壁射流和湍流，保证只存在层流，从而实现在反应室内的气流和温度的均匀分布，有利于大面积均匀生长。

　　（3）加热系统：MOCVD 系统中衬底的加热方式主要有三种：射频加热、红外辐射加热和电阻加热。在射频加热方式中，石墨的基座被射频线圈通过诱导耦合加热，这种加热形式在大型的反应室中经常采用，但是通常系统过于复杂。为了避免系统的复杂性，在稍小的反应室中，通常采用红外辐射加热方式。卤钨灯产生的热能被转化为红外辐射能，石墨的基座吸收这种辐射能并将其转化回热能。在电阻加热方式中，热能是由通过金属基座中的电流流动来提供的。

（4）尾气处理系统：由于 MOCVD 系统中所采用的大多数源均易燃易爆，其中的氢化物源又有剧毒，因此，必须对反应过后的尾气进行处理。通常采用的处理方式是将尾气先通过微粒过滤器去除其中的微粒（如 P 等）后，再将其通入气体洗涤器（scrubber）采用解毒溶液进行解毒。另外一种解毒的方式是采用燃烧室。在燃烧室中包括一个高温炉，可以在 $900\sim1000\,^{\circ}\mathrm{C}$ 下，将尾气中的物质进行热解和氧化，从而实现无害化。反应生成的产物被沉积在石英管的内壁上，可以很容易去除。

MOCVD 主要功能是沉积高介电常数薄膜，可随着前驱体的更换，而沉积出不同种类的薄膜。对于 LED 来说，LED 芯片由不同半导体材料的多层次架构构成。将这些材料放在一个装有金属有机化学气相沉积系统的圆形芯片上，这个过程称为晶体取向附生，决定 LED 的性能特征并因此影响白光。

MOCVD 应用的范围有：（1）钙钛矿氧化物，如 PZT、SBT、$CeMnO_2$ 等；（2）铁电薄膜；（3）ZnO 透明导电薄膜，用于蓝光 LED 的 n-ZnO 和 p-ZnO、用于 TFT 的 ZnO、ZnO 纳米线；（4）表面声波器件 SAW（如 $LiNbO_3$ 等）；（5）Ⅲ族、V 族化合物，如 GaN、GaAs 基发光二极管（LED）、雷射器（LD）和探测器；（6）MEMS 薄膜；（7）太阳能电池薄膜；（8）锑化物薄膜；（9）YBCO 高温超导带；（10）用于探测器的 SiC、Si_3N_4 等宽频隙光电器件。

MOCVD 对镀膜成分、晶相等品质容易控制，具有可在形状复杂的基材、衬底上形成均匀镀膜，结构致密、附着力良好的优点，因此 MOCVD 已经成为工业界主要的镀膜技术。MOCVD 制程依用途不同，制程设备也有不同的构造和形态。MOCVD 近来也有触媒制备及改质和其他方面的应用，如制造超细晶体和控制触媒的有效深度等。在可预见的未来里，MOCVD 工艺的应用与前景是十分光明的。

5.6　稀土金属有机化合物

5.6.1　概述

对稀土金属有机化合物的合成和研究已经取得了很大进展，特别是一系列的 σ 键化合物的合成开辟了金属有机化学的新领域。对稀土金属有机化合物的研究既具有重要的理论意义，也有很大的实际意义。

稀土金属有机化合物是一类含稀土金属—碳键的化合物。稀土金属有机化学是一门研究稀土有机化合物的合成、结构、性质及其反应性的学科。稀土金属有机化学的发展基于二茂铁的合成。早在 1954 年，英国化学家 Wilkinson 就首次合成得到三茂稀土金属有机配合物，但由于稀土金属有机化合物对空气和湿气非常敏感，合成操作较为困难，所以在 20 世纪 80 年代前发展得并不快。建立 Schlenk 操作之后，稀土有机化学才得以迅速的发展，现在已经成为当前金属有机化学研究的热点之一。

稀土金属（rare earth metals）又称稀土元素，是元素周期表Ⅲ$_B$ 族中钪、钇、镧系 17

种元素的总称，常用 R 或 RE 表示。稀土金属有机化合物具有不同于典型过渡金属有机化合物的性质，不能简单地作为过渡金属有机化学的一部分，更不同于主族金属有机化学，而是自成一体。

稀土元素独特的物理化学性质决定了它们具有极为广泛的用途。由于它们具有独特的 4f 电子结构，大的原子磁矩，很强的自旋轨道耦合等特性，在新材料领域，稀土元素与其他元素形成稀土配合物时，它丰富的光学、电学及磁学特性得到了广泛的应用。它们在稀土磁性材料方面的应用主要包括：稀土永磁材料、稀土磁致伸缩材料、稀土磁光材料、稀土磁致冷材料、稀土巨磁阻材料、稀土磁记录材料等。稀土金属离子具有较大的离子半径和较高的配位数（4~12），不容易达到配位饱和，因此稀土金属有机化合物容易发生歧化反应。

5.6.2 稀土金属有机化合物的合成

1954 年合成的第一个稀土金属有机化合物——三环戊二烯基稀土化合物标志着稀土金属有机化合物的诞生。直到 20 世纪 70 年代以后，随着合成技术和分析表征手段的进步，对稀土金属有机化合物的合成研究才获得了较快的发展。至今已经报道了各种类型的化合物，从配位体的中心价态来看，最多为三价化合物，还有 Sm、Yb、Eu 的二价化合物，以及夹心式的零价化合物。从配体性质来看，有配位饱和的三环戊二烯基、三茚基、芴基、环辛四烯基稀土化合物；配位数较少的二茂基、单茂基稀土卤化物、烷氧化合物、烷基化合物、胺基、烯丙基化合物等；配位数不饱和的均烷（芳）基、均胺基、均烯丙基化合物等；含中性 Π 配体的化合物等。

5.6.2.1 茂基稀土配合物

由于稀土金属有机化合物有对空气和湿气敏感，易于发生歧化反应等特征，为了获得稳定的稀土金属化合物，配体的选择一般遵循两个原则：

（1）分担中心金属离子的正电荷。

（2）同时满足中心金属离子的空间或电子配位要求，以阻止歧化反应发生。

尽管用于制备稀土金属有机配合物的支持配体多种多样，但多电子、大位阻且配位模式多样的环戊二烯基（Cp）及其衍生物（通称茂基）的应用最为广泛。茂基稀土金属有机化合物的合成、结构和反应特征也一直在稀土金属有机化合物中占主导地位，特别是在稳定含高活性的稀土金属—碳 σ 键（Ln—C）和稀土金属—氢键（Ln—H）的稀土金属有机配合物方面，尚没有可以和茂基配体相当的替代物。对茂基稀土金属有机配合物的研究在未来很长时间内都将是稀土金属有机化学的主要内容。

茂基稀土金属有机配合物主要分为三种类型：三茂（Cp_3Ln）稀土金属有机化合物、二茂（Cp_2LnX）稀土有机化合物和单茂［$CpLn(X)(Y)$］稀土金属有机化合物。三茂基配合物的结构简单，稳定性好，但反应活性低；单茂稀土配合物稳定性差，易于发生歧化反应。相比之下，二茂配合物结构稳定，反应化学丰富，因此一直是茂基稀土金属有机化学研究的中心，但是三类茂基稀土金属配合物的结构和反应性能都可以通过茂基配体的修饰加以调控，以获得具有特定功能的茂基稀土金属配合物，如高活性或高选择性的催化剂等。目前茂金属催化剂已经从二氯二茂钛和二氯二茂锆单组分催化剂逐步发展到双组分和多组分混配型催化剂体系，稀土茂金属催化剂为烯烃聚合开辟了新的领域。

A　三茂基稀土金属有机配合物

三茂基稀土金属有机配合物由 Wilkinson 等人首次合成得到。由于二茂基稀土金属有机配合物的结构简单，反应活性低，当时并没有引起有机化学家的重视，后继的研究表明三茂稀土金属有机化合物的结构和反应性能有许多独特之处，且可通过茂基修饰实现结构和反应性能的调控，如 Schumann 等人利用稳定的三茂基稀土金属配合物低温下与微量水在甲苯中反应，得到了第一个茂基稀土金属-水配合物（Me(C₅H₄)₃Ln(H₂O)）；将配体的位阻增大，可以得到低聚体或单体，如[(MeC₅H₄)₃La]₄ 是一种大环超分子结构。1991年，Evens 小组利用双（五甲基环戊二烯基）钐 [(C₅Me₅)₂Sm] 与环辛四烯的反应，合成了三茂型稀土金属配合物[(C₅Me₅)₃Sm]，它可以催化乙烯聚合，活化 CO、PhNCO 等小分子。

$$(C_5Me_5)_2Sm + \quad\bigcirc\quad \longrightarrow (C_5Me_5)_3Sm + Sm$$

B　二茂稀土金属有机配合物

二茂稀土金属有机配合物（Cp₂Ln—Y）由于含有轴向 σ 配体，其反应化学比相应的三茂稀土金属配合物丰富得多。由于大部分的稀土金属只有+3 稳定价态，经典的二茂稀土金属配合物参与计量或催化反应一般是通过不饱和键对 Ln—Yσ 键的插入、酸性氢的质解以及配体交换进行。对不饱和键的插入，以稀土金属—氢键（Ln—H）的反应活性最高，稀土金属—碳（Ln—C）次之。二茂基稀土卤化物和烷基碱金属盐的反应是合成二茂金属配合物的一种重要途径。

C　单茂稀土金属有机配合物

由于稳定性低，单茂稀土金属有机化学发展较晚。单茂结构中，中心金属离子配位空间大部分是开放的，即使不发生歧化反应也很容易形成聚合物。为了稳定具有独立单茂结构的稀土金属有机配合物，必须对茂基进行修饰，如可以形成分子内螯合物的环戊二烯衍生物，含中性配位性侧链的茂基配体和含负离子侧链的茂基配体等。国内钱长涛研究组采用的 2-甲氧乙基（MeOCH₂CH₂）和 N，N-二甲氨基乙基（Me₂NCH₂CI₂）等含配位性侧链的茂基配体是最有效的获得单茂稀土金属有机配合物的支持配体如图 5.67 所示。

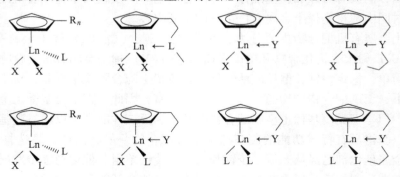

图 5.67　稳定的单茂稀土金属配合物的结构

D　茂基稀土氢化物

含 Ln—H 键的稀土有机化合物是均相反应中一类有意义的化合物，是烯烃氢化、异构化、聚合、齐聚等反应的活性中间体。茂基稀土氢化物使用最广，合成此类化合物的常用方法是茂基稀土烷基化合物的氢解：

$$2CpCp_2'LnR + 2H_2 \longrightarrow [Cp_2'LnH]_2 + 2RH$$

其中 Cp' 是环戊二烯、取代环戊二烯和桥联双环戊二烯基配体，R 为 Me、$CH(SiMe_3)_2$、^tBu 等。如 $(C_5Me_5)_2LnCH(SiMe_3)_2$ 在戊烷、常压条件下与氢反应，可高产率地合成 $[(C_5Me_5)_2Ln(\mu\text{-}H)]_2$，由于氢化物是不饱和的，它们往往以含氢桥的二聚体形式存在。

5.6.2.2　稀土金属有机胺化物

稀土金属（Ln）胺化物是一类含有 Ln—N 键的化合物，根据含氮配体的性质可分为无机胺化物和有机胺化物，前者的 N 配体中不含有机基团，如 $—N_3$、$—NH_2$ 或 $—NHNH_2$ 等，而后者是含有机基团的，如 $—NR_2$、$—N(SiR_3)_2$、$—N(C_5H_5)_2$ 等。

由于稀土金属离子的特点，如大的离子半径、高配位数不容易满足、f 轨道不易参与成键等，配体的电荷效应和空间位阻在决定配合物的稳定性、结构和反应性能方面的作用远比金属与配体轨道间的作用大。由于氮上有两个取代基团，与稀土烷氧基配合物相比，稀土金属有机胺化物的空间位阻可以方便地利用设计两个取代基团的大小得以调控。另外，从 Ln—N 键的强度来看，Ln—N 的断裂热焓值比 Ln—O 低，与 Ln—C 相近。因此，Ln—N 键的强度比 Ln—C 略强，比 Ln—O 键弱，介于两者之间。

1963 年第一个稀土有机胺化物的合成，开创了稀土金属有机胺化物化学的发展历史，后来三甲基硅氨基稀土金属配合物的发现，促进了稀土有机化学的发展。三甲基硅氨基稀土金属配合物不仅在有机溶剂中有良好的溶解性能，而且是一类理想的反应前身，通过它与各种试剂的反应可合成相应的稀土金属衍生物，特别是合成纯的烷氧基稀土金属化合物，以用于电子和陶瓷材料的制备。茂基稀土金属胺化物又是一类非常有效的催化剂，一些双齿、三齿含氮阴离子配体在电子结构上与环戊二烯基类似，通过氮上取代基的改变，可以方便地调整其空间位阻。其电荷效应和所得配合物的溶解性能，成为取代常用的环戊二烯基的一类理想的辅助配体，稀土有机胺化物化学已经成为稀土金属有机化学中的前沿领域之一。

以空间位阻很大的二（三甲基硅基）氨基或取代芳氨基为配体，可以高产率地合成中性三价稀土金属胺化物，而且通过高真空升华，可方便地得到非溶剂化的稀土金属胺化物。以空间位阻较小的二（异丙基-^iPr）氨基为配体可得到阴离子型稀土金属胺化物；以二苯氨基为配体和金属卤化物反应，可得到中性均配型稀土金属胺化物。

5.6.2.3　二价稀土有机化合物

二价稀土有机化合物具有很强的还原性，它们可作为单电子还原试剂，广泛应用于有机合成，常用的合成二价稀土有机化合物的方法是：三价稀土有机化合物的还原；二价稀土卤化物与有机碱金属盐的交换；稀土金属与有机配体的直接反应等。

5.6.2.4　稀土金属烷氧基化合物

稀土金属烷氧基配合物是一类很有效的催化剂。由于烷氧基负离子一般通过 η^1 模式与稀土金属离子配位，而两个烷氧基配体远远不能满足稀土金属离子的高电子配位数的要求，因此一般烷氧基稀土金属配合物都以复杂簇合物的形式存在。从这个方面说，烷氧基不是有效的稀土金属有机配合物的支持配体。目前报道的烷氧基稀土金属有机配合物仍然有限，而且一般使用大位阻的烷氧基配体以防止簇合物的形成。其中，最常用的异丙氧基（O^{i}Pr）、叔丁氧基（O^{t}Bu）和 2，6-二叔丁氧基苯酚（2，6-^{t}BuC$_6$H$_3$O），如：Schaverien 等使用大位阻联酚配体获得了中性酚氧基烷基镧配合物（TMS：三甲基硅烷）：

总体上说，对相比于其他配体的烷氧基稀土金属有机配合物的研究还很不够。

5.6.2.5　芳烃稀土金属配合物

芳香环的离域 π 电子与稀土金属离子的作用可能是中性烯烃配体中最强的，因此芳烃稀土金属有机配合物不仅可以稳定存在，而且是目前为止唯一一类可以分离鉴定的零价和一价等非经典低价稀土金属有机配合物，在稀土金属有机化学中占有重要地位。1986 年 Cotton 首次报道了用傅-克反应合成了稀土金属芳基配合物。

在这类配合物中芳烃的电子密度越高，配合物越稳定。

习　　题

5-1　如何制备二茂铁，二茂铁的结构是什么？
5-2　金属有机化合物共分哪几类？
5-3　如何制备环戊二烯基配合物？
5-4　举例说明什么是等叶片相似。

6   固体的结构和性质

固体化学是研究固体物质的制备、组成、结构和性质的化学分支学科。虽然早在20世纪20年代就已经开始研究有固态物质参加的化学反应，但是由于缺少探测固相内部微观结构的实验手段，所以发展缓慢。到了60年代，一些新的科学技术兴起，要求越来越多的具有特殊性质的固体材料，因此对固体材料的制备、结构和性质等方面提出许多需要探索和急待解决的问题。现代科学技术提供了各种实验手段（如各种光谱、波谱、能谱和质谱等），从而能够深入认识固体的体相和表面的组成和结构，测试各种物理和化学性质，固体化学才进入蓬勃发展的新阶段。

固体化学和固体物理、材料工程学等学科互相交叉渗透、互相补充配合，形成了现代固体科学和技术。固体化学着重研究实际固体物质的化学反应、合成方法、晶体生长、化学组成和结构，特别是固体中的缺陷及其对物质的物理及化学性质的影响，探索固体物质作为材料实际应用的可能性。

6.1 固体分子轨道理论

6.1.1 分子轨道能带

所有固体物质都是由原子组成的，而原子则由原子核和电子组成。原子核外的电子在以原子核为中心的圆形轨道上运动，距离原子核越远的轨道其能级（电位能的级别）越高，电子也就越容易脱离原子的束缚，变成可以运动的自由电子。这有点像手上的风筝，放得越高，其运动能量越大，挣脱线的束缚的可能性越大。所以，最外层的电子最活跃，决定了与其他原子结合的方式（化学键），决定了该元素的化学性质，也就决定了该原子的价值，因此被称为"价电子"。以硅原子为例（图6.1），其原子核外有14个电子，以"2、8、4"的数量分布在三个轨道上，里面2个和8个电子是稳定的，而外

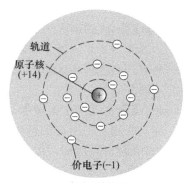

硅原子结构图

图 6.1   硅原子结构图

部的4个电子状态容易发生变化，因此其物理、化学特性就与它的4个价电子强相关。原子的电子状态决定了物质的导电特性，而能带就是在半导体物理中用来表征电子状态的一个概念。在固体电子学中有一套能带理论，便于研究固体（包括半导体）物质内部微观世界的规律。

当原子处于孤立状态时，其电子能级可以用一根线来表示；当若干原子相互靠近时，

能级组成一束线；当大量原子共存于符合内部结构规律的晶体中时，密集的能级就变成了带状，即能带。能带中的电子按能量从低到高的顺序依次占据能级。图 6.2 是绝缘体、半导体和金属导体的能带结构示意图。最下面的是价带，是存在电子的能带中能量最高的带；最上面是导带，一般是空着的；价带与导带之间不存在能级的能量范围就称为禁带，禁带的宽度称为带隙（能隙）。绝缘体的带隙很宽，电子很难跃迁到导带形成电流，因此绝缘体不导电。金属导体只是价带的下部能级被电子填满，上部可能未满，或者跟导带有一定的重叠区域，电子可以自由运动，即使没有重叠，其带隙也是非常窄的，因此很容易导电。而半导体的带隙宽度介于绝缘体和导体之间，其价带是填满的，导带是空的，如果受热或受到光线、电子射线的照射获得能量，就很容易跃迁到导带中，这就是半导体导电并且其导电性能可被改变的原理。

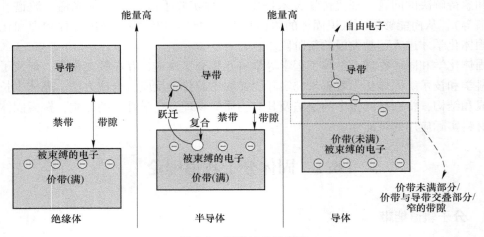

图 6.2　能带结构示意图

　　由 s 轨道形成的带称为 s 带，由此有 p 带、d 带等。从理论上说，s 带和 p 带之间出现带隙，然而由于 s 带和 p 带能量相差很小，相互作用较强，以至于两个带重叠在一起而成为一个带。在能带中未填充电子的带称为空带，部分充满电子的带称为导带，全部充满电子的带称为满带。

　　Fermi 能级。就一个由费米子组成的微观体系而言，每个费米子都处在各自的量子能态上。现在假想：把所有的费米子从这些量子态上移开，之后再把这些费米子按照一定的规则（例如泡利原理等）填充在各个可供占据的量子能态上，并且这种填充过程中每个费米子都占据最低的可供占据的量子态，最后一个费米子占据着的量子态即可粗略理解为费米能级。严格地说，费米能级等于费米子系统在趋于绝对零度时的化学势。

　　如图 6.3 所示。温度高于绝对零度时电子容易分布在较高能级上，这是因为这些能级本来与最高被占能级接近。轨道布局（p）由 Femi-Dirac 分布函数确定，它是 Boltzmann 分布的一种形式，但考虑了热激发的影响和 Pauli 不相容原理的限制，其形式为：

$$p = \frac{1}{e^{(E-E_F)/kT} + 1}$$

式中　T——绝对温度；

　　　　k——玻耳兹曼常数；

E_F——该 Femi-Dirac 分布函数的一个参量（称为化学势）。

在绝对零度下，所有能量小于 E_F 的量子态都被电子占据，而所有大于 E_F 的量子态都是空着的，则作为化学势的参量 E_F 就是电子所占据的最高量子态的能量，因此这时系统的化学势也就与费米能量一致。从而，往往就形象地把费米能量和化学势统称为 Fermi能级。

费米能级的物理意义表示能量为 E_F 的能级上的一个状态被电子占据的几率等于 1/2。那么比费米能级高的状态，未被电子占据的几率大，即空出的状态多（占据几率近似为0）；相反，比费米能级低的状态，被电子占据的几率大，即可近似认为基本上被电子所占据（占据几率近似为1）。费米分布反映了 Pauli 不相容原理，故是一种量子分布函数，即是简并载流子必须遵从的统计分布函数。当能量 E 比 E_F 大于 $3kT$ 时，上式分母中的 1可以忽略，Femi-Dirac 分布则退化为经典的 Boltzmann 分布，即随温度升高呈指数型衰减，如图 6.4 所示。

$$p \approx e^{-(E-E_F)/kT}$$

对于掺杂浓度不是很高的非简并半导体，载流子浓度不是很大，则载流子仅占据能带极值附近的一些状态，故往往满足 $E-E_F>3kT$ 条件，从而可以采用简单的 Boltzmann 分布，而不必采用复杂的 Fermi 分布来进行讨论。

由于费米能级不是一条真正的能级，所以它可以处在能带的任何位置，既可以在禁带中，也可以在能带中。在本征半导体或者绝缘体中，费米能级基本上是处在禁带中央，这即意味着如果存在载流子的话，那么必定"电子浓度＝空穴浓度"。在 n 型半导体中，因为导带电子较多，则费米能级处在导带底附近；在 p 型半导体中，因为价带空穴较多，则费米能级处在价带顶附近。假若费米能级进入到了导带，即表明自由电子特别多，则为简并的 n 型半导体；假若费米能级进入到了价带，即表明自由空穴特别多，则为简并的 p 型半导体。

Fermi 能与温度有关，T 为 0K 时最高被占有轨道的能级称为 Fermi 能级，温度上升，电子开始占据较高的能态，$p=1/2$ 的能级的能量也升高，Fermi 能上升到 Fermi 能级之上。Femi-Dirac 分布图形如图 6.4 所示。

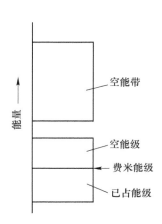

图 6.3　Fermi 能级的位置接近能带中部

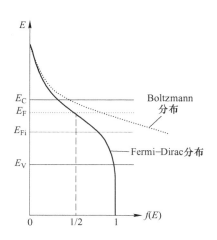

图 6.4　F-D 分布和 Boltzmann 分布

6.1.2 态密度

能带中的能级是非常密集的，形成连续分布，此时标记能带中的每个能级已没有多大意义。我们常用能态密度，即单位能量间隔内的量子态数（或能级数）来描述晶格能带中能级的连续分布情况。设某能带中的能量在 $E \sim E+\Delta E$ 内的量子态数为 Δz，则能态密度 $N(E)$ 为

$$N(E) = \lim_{\Delta E \to 0} \frac{\Delta z}{\Delta E}$$

能带中各处的态密度不均匀，即某些能值的能级较另一些能值的能级更密集，甚至在一维固体中，这种情况也是明显的，能带中心部位的轨道较之边缘部位稀。三维固体中态密度的变化如图 6.5 所示，能带中心部位态密度最大，而边缘部位则比较稀疏。这种现象与原子轨道形成特定线性组合时有多少种方式有关，完全以成键方式组合的分子轨道（能带下缘）和完全以反键方式组合的分子轨道（能带上缘）都只有一种方式，而形成能带中部的那些分子轨道（原子沿三维方向排列）的组合方式却有很多种。

带隙中不存在能级，态密度为零。某些特殊情况下，满带与空带可能正好相接，但结合处的态密度仍为零，这一类固体称为半金属。半金属中只有少量的充当载流子的电子，因而金属性导电能力比较低（图 6.6）。

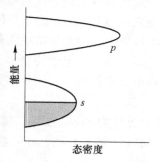

图 6.5 金属中典型的态密度

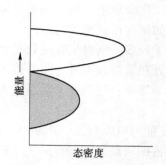

图 6.6 半金属典型的态密度

6.1.3 绝缘体、半导体、导体、超导性

6.1.3.1 绝缘体、导体

绝缘体是不存在电导的物质。电子能带理论指出，固体中的电子仅允许存在于一定的能量状态，这些能量状态形成彼此分离的能带。电子趋向于先占据能量最低的能带。在绝对零度以上，价带电子部分被激发而跃迁至导带，成为导带电子，并在价带留下空穴。根据能带理论，被电子填满的能带或空的能带对电导没有贡献，电导仅来源于半满的能带，导带电子和价带空穴合称载流子。因此，导带全空、价带全满的物质即为绝缘体。导带底和价带顶的能量差（带隙）很大时，在通常的电场下不导电（图 6.7）。

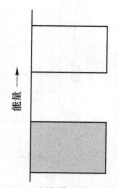

图 6.7 绝缘体的典型结构

绝缘体和导体，没有绝对的界限。绝缘体在某些条件下可以转化为导体。无论固体还是液体，内部如果有能够自由移动的电子或者离子，那么它就可以导电。没有自由移动的电荷，在某些条件下，可以产生导电粒子，那么它也可以成为导体。因此，对于绝缘体，总存在一个击穿电压，这个电压能给予价带电子足够的能量，将其激发到导带，一旦超过了击穿电压，这种材料就不再绝缘了。然而，击穿通常伴随着破坏材料绝缘性的物理或化学变化。

6.1.3.2 半导体

半导体（semiconductor）指常温下导电性能介于导体与绝缘体之间的材料。如图 6.8 所示，半导体的电导率随着温度升高而迅速增大，室温下的数值（10^3 s/cm）介于金属与绝缘体之间。给定物质的电导率随着温度升高而改变，因而电导率本身不能作为区分绝缘体和半导体的可靠依据。绝缘体和半导体的界限在于带隙的宽度，用带隙和电导率作为判据要根据实际的用途。

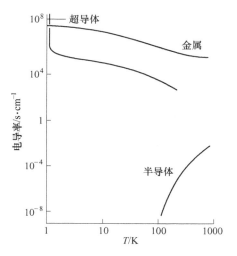

图 6.8　金属导体、半导体和
超导体的电导率随温度变化关系

A　本征半导体

完全不含杂质且无晶格缺陷的纯净半导体称为本征半导体（intrinsic semiconductor）。本征半导体一般是指其导电能力主要由材料的本征激发决定的纯净半导体。更通俗地讲，完全纯净的、不含杂质的半导体称为本征半导体或 I 型半导体。主要常见具有代表性的有硅、锗这两种元素的单晶体结构。

在绝对零度温度下，半导体的价带是满带，受到光电注入或热激发后，价带中的部分电子会越过禁带进入能量较高的空带，空带中存在电子后成为导带，价带中缺少一个电子后形成一个带正电的空位，称为空穴，导带中的电子和价带中的空穴合称为电子-空穴对。上述产生的电子和空穴均能自由移动，成为自由载流子，它们在外电场作用下产生定向运动而形成宏观电流，分别称为电子导电和空穴导电。在本征半导体中，这两种载流子的浓度是相等的。随着温度的升高，其浓度基本上是按指数规律增长。

导带中的电子会落入空穴，使电子-空穴对消失，称为复合。复合时产生的能量以电磁辐射（发射光子 photon）或晶格热振动（发射声子 phonon）的形式释放。在一定温度下，电子-空穴对的产生和复合同时存在并达到动态平衡，此时本征半导体具有一定的载流子浓度，从而具有一定的电导率。加热或光照会使半导体发生热激发或光激发，从而产生更多的电子-空穴对，这时载流子浓度增加，电导率增加。半导体热敏电阻和光敏电阻等半导体器件就是根据此原理制成的。常温下本征半导体的电导率较小，载流子浓度对温度变化敏感，所以很难对半导体特性进行控制，因此实际应用不多。

B　杂质半导体

在本征半导体中掺入某些微量元素作为杂质，可使半导体的导电性发生显著变化。掺入的杂质主要是三价或五价元素。掺入杂质的本征半导体称为杂质半导体。制备杂质半导体时一般按百万分之一数量级的比例在本征半导体中掺杂，也称掺杂半导体。半导体中的杂质对电导率的影响非常大，本征半导体经过掺杂就形成杂质半导体，一般可分为 n 型半导体和 p 型半导体。

半导体中掺入微量杂质时，杂质原子附近的周期势场受到干扰并形成附加的束缚状态，在禁带中产生附加的杂质能级。能提供电子载流子的杂质称为施主（donor）杂质，相应能级称为施主能级，位于禁带上方靠近导带底附近。例如四价元素锗或硅晶体中掺入五价元素磷、砷、锑等杂质原子时，杂质原子作为晶格的一分子，其五个价电子中有四个与周围的锗（或硅）原子形成共价键，多余的一个电子被束缚于杂质原子附近，产生类氢浅能级——施主能级。施主能级上的电子跃迁到导带所需能量比从价带激发到导带所需能量小得多，很易激发到导带成为电子载流子，因此对于掺入施主杂质的半导体，导电载流子主要是被激发到导带中的电子，属电子导电型，称为 n 型半导体。由于半导体中总是存在本征激发的电子空穴对，所以在 n 型半导体中电子是多数载流子，空穴是少数载流子。

相应地，能提供空穴载流子的杂质称为受主（acceptor）杂质，相应能级称为受主能级，位于禁带下方靠近价带顶附近。例如在锗或硅晶体中掺入微量三价元素硼、铝、镓等杂质原子时，杂质原子与周围四个锗（或硅）原子形成共价结合时尚缺少一个电子，因而存在一个空位，与此空位相应的能量状态就是受主能级。由于受主能级靠近价带顶，价带中的电子很容易激发到受主能级上填补这个空位，使受主杂质原子成为负电中心。同时价带中由于电离出一个电子而留下一个空位，形成自由的空穴载流子，这一过程所需电离能比本征半导体情形下产生电子空穴对要小得多。因此这时空穴是多数载流子，杂质半导体主要靠空穴导电，即空穴导电型，称为 p 型半导体。在 p 型半导体中空穴是多数载流子，电子是少数载流子。在半导体器件的各种效应中，少数载流子常扮演重要角色。

n 型半导体与 p 型半导体能带结构见图 6.9。

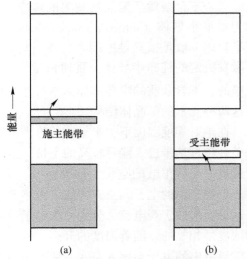

图 6.9　n 型半导体和 p 型半导体的能带结构
（a）n 型半导体；（b）p 型半导体

6.1.3.3　低温超导性

超导材料（超导体）是指具有在一定的低温条件下呈现出电阻等于零以及排斥磁力线的性质的材料。现已发现有 28 种元素和几千种合金及化合物可以成为超导体。零电阻和抗磁性是超导体的两个重要特性。人类最初发现物体的超导现象是在 1911 年，当时荷兰科学家卡·翁纳斯等人发现，某些材料在极低的温度下，其电阻完全消失，呈超导状态。

低温超导性的核心在于超导体中的库珀（Cooper）对：电子在晶格中移动时会吸引邻

近格点上的正电荷，导致格点的局部畸变，形成一个局域的高正电荷区。这个局域的高正电荷区会吸引自旋相反的电子，和原来的电子以一定的结合能相结合配对。在很低的温度下，这个结合能可能高于晶格原子振动的能量，这样，电子对将不会和晶格发生能量交换，也就没有电阻，形成所谓的"超导"，见图6.10。

库珀对是作为整体与晶格作用的，库珀对的行为就像一个松散结合的大分子，它们在空间延伸的范围远大于晶格常数。成千上万个库珀对相互交叠，使电子系统获得某种"整体刚性"，它们能克服个别散射事件造成的阻力，而产生零电阻现象。当温度低于临界温度时，

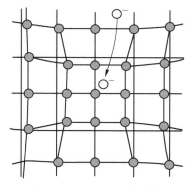

图 6.10　Cooper 对的形成

会有更多的库珀对形成，当温度逐渐升高，这些库珀对会逐渐解体，直至大于临界温度时，所有的库珀对都会解体。因此，只有在非常低的温度下才会出现超导性。

6.2　固体的结构

在大学化学及其相关的课程中总是将某些典型的无机固体结构描述为原子或其他一些基本质点的有规律排列的无限重复，应该说这是理想的模型，实际情况则需要在理想的基础上进行修正。

6.2.1　固体的缺陷

所有的实际晶体，无论是天然的或人工合成的都不是理想的完整晶体，它们总会有一定密度的缺陷和不完整，这些缺陷和不完整会影响它们的物理、化学、机械和电子特性。同时，缺陷的存在对各种科学工艺和现象都起到了重要的作用，比如退火、沉淀、扩散、烧结和氧化等。需要指出的是缺陷并不一定危害材料的性质。很多情况下，通过合适的工艺过程，正确地控制缺陷的类型和数量可以为一个体系带来某一期望的具体性质。实际上，"缺陷工程"作为一个重要的领域正在快速地发展。

按照缺陷的三维尺寸可分为零维缺陷或点缺陷、电子缺陷、一维缺陷或线缺陷、二维缺陷或面缺陷、三维缺陷或体缺陷五部分。按照缺陷产生的原因可分为固有缺陷（热缺陷）、杂质缺陷和非化学计量结构缺陷（电荷缺陷）。所有固体都有产生点缺陷的热力学倾向，这是因为缺陷使固体由有序结构变为无序结构，从而使熵值增加。有缺陷的固体样品的 Gibbs 自由能来自熵和焓两方面的贡献（$G = H - TS$），由于熵是体系无序度的量度，因而任何实际固体（其中总有一些原子不处在它们应该出现的位置）的熵值总是高于完整晶体，这就是说缺陷对固体 Gibbs 自由能的贡献是负的。缺陷的形成通常是吸热过程（因而缺陷固体的 H 值较高），但只要 $T > 0K$，Gibbs 自由能在缺陷的某一非零浓度将会出现极小值，即缺陷会自发形成（图6.11a）。而且，当温度升高时，G 的极小值向缺陷浓度较高的方向移动，因此高温下平衡体系的缺陷多于低温条件下（图6.11b）。

6.2.1.1　热缺陷

热缺陷是离子晶体的主要缺陷，它是指当晶体的温度高于绝对温度 0K 时，由于晶格

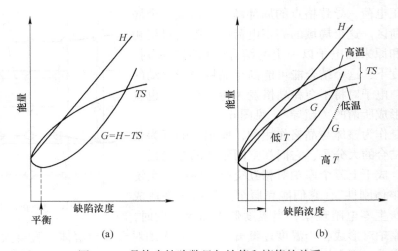

图 6.11 晶体中缺陷数目与焓值和熵值的关系

（a）晶体中缺陷数目增加时焓值和熵值的变化，缺陷在某一非零浓度时 Gibbs 自由能
（$G=H-TS$）具有极小值，缺陷自发形成；（b）随着温度的升高，
Gibbs 自由能的极小值向缺陷浓度较大的方向移动，因此高温下平衡体系的缺陷多于低温

内原子热运动，一部分能量较大的原子离开平衡位置造成的缺陷，从几何图形上看是一种点缺陷或零维缺陷。热缺陷的数量与温度有关，随着温度升高，缺陷浓度呈指数上升。对于特定材料，在一定温度下，热缺陷的产生和湮灭将达到动态平衡，热缺陷浓度是恒定的。晶体中热缺陷有两种形态：一种是肖脱基（Schottky）缺陷；另一种是弗仑克尔（Frenkel）缺陷。

A   肖脱基（Schottky）缺陷

由于热运动，晶体中阳离子及阴离子脱离平衡位置，跑到晶体表面或晶界位置上，构成一层新的界面，而产生阳离子空位及阴离子空位，不过，这些阳离子空位与阴离子空位是符合晶体化学计量比的。如：MgO 晶体中，形成 Mg^{2+} 和 O^{2-} 空位数相等。而在 TiO_2 中，每形成一个 Ti^{4+} 离子空位，就形成两个 O^{2-} 离子空位。肖脱基缺陷实际产生过程是：由于靠近表面层的离子热运动到新的晶面后产生空位，然后，内部邻近的离子再进入这个空位，这样逐步进行而造成缺陷。

一般来说，随着温度的升高，缺陷的浓度会增大。对于典型的离子晶体碱金属卤化物，其肖特基缺陷形成能较低，所以，肖特基缺陷主要存在于碱金属卤化物中，但只有高温时才明显，尚只有个别例外。对于氧化物而言，其离子性显然小于碱金属卤化物，所以它的肖特基缺陷形成能较高，只有在较高的温度下，它的肖特基缺陷才变得重要。

特点：

（1）肖脱基缺陷的生成需要一个像晶界或表面之类的晶格排列混乱的区域。

（2）对于离子晶体，为保持电中性，正离子空位和负离子空位按照分子式同时成对产生，晶体体积增大。

B   弗仑克尔（Frenkel）缺陷

弗仑克尔缺陷形成过程为：一种离子脱离平衡位置挤入晶体的间隙位置中去，形成所谓间隙（或称填隙）离子，而原来位置形成了阳离子或阴离子空位。这种缺陷的特点是间隙离子和空位是成对出现的。弗仑克尔缺陷除与温度有关外，与晶体本身结构也有很大关系，若晶体中间隙位置较大，则易形成弗仑克尔缺陷。如 AgBr 比 NaCl 易形成这种缺陷。图 6.12 是氯化钠（NaCl）晶体结构中的弗仑克尔缺陷示意图，图中示出的是二维情况。

图 6.12　氯化钠晶体结构中的弗仑克尔缺陷示意图

特点：

（1）空位和间隙同时产生。

（2）晶体密度不变。

弗仑克尔缺陷的能量分析。一个完整的晶体，在温度高于 0K 时，晶体中的原子在其平衡位置附近做热运动。温度升高时，原子的平均动能随之增加，振动幅度增大。当某些原子的平均动能足够大时，可能离开平衡位置而挤入晶格的间隙中，成为间隙原子，而原来的晶格位置变成空位（图 6.13）。

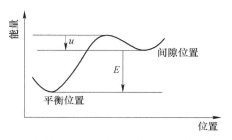

图 6.13　弗仑克尔缺陷的能量分析图

例如：纤锌矿结构 ZnO 晶体，Zn^{2+} 可以离开原位进入间隙，从而形成 Frenkel 缺陷。

$$Zn_{Zn} \Longleftrightarrow Zn_i^{**} + V''_{Zn}$$

6.2.1.2　杂质缺陷

杂质缺陷是由于杂质原子进入晶体而产生的缺陷，因为杂质质点和原有的质点的尺寸、性质不同，进入晶体后无论位于何处，不仅破坏了质点的有规则的排列，而且引起杂质质点周围的周期势场改变，因而形成缺陷。杂质原子进入晶体的数量一般小于 0.1%，杂质一般为间隙杂质和置换杂质两种。杂质缺陷的浓度与温度无关，只取决于溶解度。

固体中引入杂质缺陷应注意以下几点：

（1）一种杂质原子或离子能否进入晶体，取代晶体中的某个原子或离子，主要取决于取代时从能量角度看是否有利。如在离子型晶体中，从能量最低要求考虑，杂质原子只能进入与其电负性相近的离子位置。

（2）当化合物晶体中各元素的电负性彼此相差不大时，并且当杂质元素的电负性介于形成化合物的两元素的电负性之间时，则原子大小的几何因素往往是形成某种杂质缺陷的决定因素。如：在各种金属化合物间，原子半径相近的元素可以互相取代，形成取代固溶体。

（3）杂质原子取代晶格中的原子或进入间隙位置时，通常情况下并不改变基质晶体的结构。

(4) 只有那些半径较小的原子或离子才有可能成为间隙杂质缺陷,如 F 和 H 等。

(5) 如果杂质离子的电荷与它所取代的基质晶体中离子的电荷不同时,为了使整个晶体保持电中性,必然会在晶体中同时引入带相反电荷的其他缺陷作为电荷补偿。如:$BaTiO_3$ 晶体中,若有少量的 Ba^{2+} 离子被 La^{3+} 离子取代,则必然同时有相等数量的 Ti^{4+} 被还原为 Ti^{3+} 离子,生成一种 n 型半导体材料 $La_x^{3+}Ba_{1-x}^{2+}Ti_x^{3+}Ti_{1-x}^{4+}$。

6.2.1.3 电荷缺陷与非化学计量化合物

实际的化合物中,有一些化合物不符合定比规律,负离子与正离子的比例并不是一个简单的固定的比例关系,这些化合物称为非化学计量化合物。一些化合物的化学组成会明显地随着周围气氛性质和压力大小的变化而发生组成偏离化学计量的现象,由此产生的晶体缺陷称为非化学计量缺陷,又称电荷缺陷。

(1) 非化学计量化合物的特点:

1) 非化学计量化合物的产生和缺陷浓度与气氛性质、压力有关;

2) 可以看作是高价化合物与低价化合物的固溶体;

3) 缺陷浓度与温度有关,这点可以从平衡常数看出。

非化学计量化合物都是半导体。半导体材料分为两大类:一是掺杂半导体,如 Si、Ge 中掺杂 B、P,Si 中掺杂 P 为 n 型半导体;二是非化学计量化合物半导体,又分为金属离子过剩(n 型)(包括负离子缺位和间隙正离子)和负离子过剩(p 型)(包括正离子缺位和间隙负离子)。

(2) 几种非化学计量缺陷类型:

1) 负离子缺位,使金属离子过剩。TiO_2、ZrO_2 会产生这种缺陷,分子式可写为 TiO_{2-x}、ZrO_{2-x},产生原因是环境中缺氧,晶格中的氧逸出到大气中,使晶体中出现了氧空位。缺陷反应方程如下:

$$2Ti_{Ti} + 4O_O \Longleftrightarrow 2Ti'_{Ti} + V_O^{\cdot\cdot} + 3O_O + \frac{1}{2}O_2$$

$$O_O \Longleftrightarrow V_O^{\cdot\cdot} + 2e + \frac{1}{2}O_2 \ (g)$$

$$[e'] = [Ti'_{Ti}], \ K = \frac{[V_O^{\cdot\cdot}] \ p_{O_2}^{1/2} n^2}{[O_O]}$$

$$n = 2 \ [V_O^{\cdot\cdot}], \ \propto p_{O_2}^{-1/6}$$

$$\begin{matrix} Ti^{4+} & O^{2-} & Ti^{4+} & O^{2-} & Ti^{4+} & O^{2-} \\ O^{2-} & Ti^{4+} & \boxed{\ } e' & Ti^{4+} & O^{2-} & Ti^{4+} \\ Ti^{4+} & O^{2-} & Ti^{4+} & O^{2-} & Ti^{4+} & O^{2-} \end{matrix}$$

F′色心

氧分压较低时得到灰黑色非化学计量化合物,产生色心。色心的产生及恢复。"色心"是由于电子补偿而引起的一种缺陷。某些晶体,如果有 X 射线、γ 射线、中子或电子辐射,往往会产生颜色。由于辐射破坏晶格,产生了各种类型的点缺陷。为在缺陷区域保持电中性，过剩的电子或过剩正电荷（电子空穴）就处在缺陷的位置上。在点缺陷上的电荷，具有一些列的分离的允许能级。这些允许能级相当于在可见光谱区域的光子能级，能吸收一定波长的光，使材料呈现某种颜色。把这种经过辐射而变色的晶体加热，能使缺陷扩散掉，使辐射破坏得到修复，晶体失去颜色。

2）间隙正离子，使金属离子过剩（图 6.14）。$Zn_{1+x}O$ 和 $Cd_{1+x}O$ 属于这种类型。过剩的金属离子进入间隙位置，带正电，为了保持电中性，等价的电子被束缚在间隙位置金属离子的周围，这也是一种色心。例如 ZnO 在锌蒸气中加热，颜色会逐渐加深，就是形成这种缺陷的缘故。

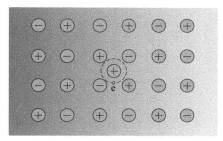

图 6.14　间隙正离子，使金属离子过剩型结构图

假设锌蒸气进入晶体后，Zn 原子充分离解成 2 价的 Zn^{2+}：

$$Zn(g) \rightleftharpoons Zn_i^{\cdot\cdot} + 2e', K = \frac{[Zn_i^{\cdot\cdot}]n^2}{p_{Zn}}$$

$$[Zn_i^{\cdot\cdot}] \propto p_{Zn}^{1/3}$$

$$Zn(g) + \frac{1}{2}O_2(g) \rightleftharpoons ZnO(s)$$

$$p_{Zn} \propto p_{O_2}^{-1/2}$$

$$[Zn_i^{\cdot\cdot}] \propto p_{O_2}^{-1/6}$$

假设 Zn 原子的离子化程度不足，形成 Zn^+

$$Zn(g) \rightleftharpoons Zn_i^{\cdot} + e'$$

$$[Zn_i^{\cdot}] \propto p_{O_2}^{-1/4}$$

$$[Zn_i^{\cdot}] = n, \ \sigma \propto n$$

$$\sigma \propto p_{O_2}^{-1/4}$$

图 6.15 表明随着氧分压的提高，ZnO 电导率逐渐下降。

3）存在间隙负离子，使负离子过剩。目前只发现 UO_{2+x}（图 6.16），可以看作是 U_2O_8 在 UO_2 中的固溶体。当在晶格中存在间隙负离子时，为了保持电中性，结构中引入电子空穴，相应的正离子升价，电子空穴在电场下会运动。因此，这种材料为 p 型半导体。

$$\frac{1}{2}O_2(g) \rightleftharpoons O_i$$

$$O_i \rightleftharpoons O_i' + h^{\cdot}$$

$$O_i' \rightleftharpoons O_i'' + h^{\cdot}$$

$$\frac{1}{2}O_2(g) \rightleftharpoons O_i'' + 2h^{\cdot}$$

$$K = \frac{[O_i''][h^{\cdot}]^2}{p_{O_2}^{1/2}}, \ [O_i''] = \frac{1}{2}[h^{\cdot}] \propto p_{O_2}^{1/6}$$

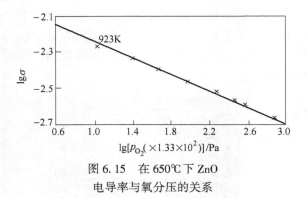

图 6.15 在 650℃ 下 ZnO
电导率与氧分压的关系

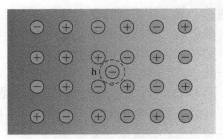

图 6.16 存在间隙负离子,
使负离子过剩型结构图

4)正离子空位的存在,引起负离子过剩（图 6.17）。Cu_2O、FeO 属于这种类型的缺陷。以 FeO 为例,缺陷的生成反应如下:

$$Fe_2O_3 \xrightarrow{FeO} 2Fe_{Fe}^{\cdot} + 3O_O + V_{Fe}''$$

$$2Fe_{Fe} + \frac{3}{2}O_2(g) \xrightarrow{FeO} 2Fe_{Fe}^{\cdot} + 2h^{\cdot} + 3O_O + V_{Fe}''$$

等价于:

$$\frac{1}{2}O_2(g) \Longleftrightarrow O_O + 2h^{\cdot} + V_{Fe}''$$

从中可见,铁离子空位本身带负电,为了保持电中性,两个电子空穴被吸引到空位的周围,形成一种 V-色心（正离子空位+电子空穴）。

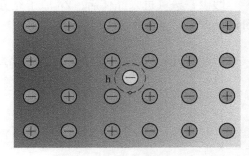

图 6.17 正离子空位的存在,
引起负离子过剩型结构图

根据质量作用定律:

$$K = \frac{[O_O][h^{\cdot}]^2[V_{Fe}'']}{p_{O_2}^{1/2}}$$

$$[O_O] \approx 1, \quad [h^{\cdot}] = 2[V_{Fe}'']$$

由此可得:$[h^{\cdot}] \propto p_{O_2}^{1/6}$。随着氧压力的增大,电子空穴浓度增大,电导率也相应增大。

非化学计量缺陷的浓度与气氛性质及大小有关,这是它和其他缺陷的最大的不同之处。此外,这种缺陷的浓度也与温度有关,这从平衡常数 K 与温度的关系中反映出来。以非化学计量的观点来看问题,世界上所有的化合物,都是非化学计量的,只是非化学计量的程度不同而已,见表 6.1。

表 6.1 典型的非化学计量的二元化合物

类 型	半导体	化 合 物
I	n	KCl、NaCl、KBr、TiO_2、CeO_2、PbS
II	n	ZnO、CdO
III	p	UO_2
IV	p	Cu_2O、FeO、NiO、CuI、FeS、CrS

6.2.2 固体中的扩散

扩散是物质中原子（分子或离子）热运动产生的迁移现象,是物质传输的一种方式。

扩散是一种普遍的现象，固态扩散不像气态和液态扩散那样直观和明显，速度也非常慢。然而，研究固体的扩散现象仍具有重要的意义，扩散不仅对于固相反应、烧结、析晶、分相以及熔化等动力学过程十分重要，而且与材料的性质密切相关。

6.2.2.1 扩散定律

扩散定律是由 A. Fick 提出的，故又称菲克（Fick）定律，包括 Fick 第一定律和 Fick 第二定律。第一定律用于稳态扩散，即扩散过程中各处的浓度及浓度梯度不随时间变化；第二定律用于非稳态扩散，即扩散过程中，各处的浓度和浓度梯度随时间发生变化。

A Fick 第一定律

Fick 第一定律是 A. Fick 于 1855 年通过实验导出的。Fick 第一定律指出，在稳态扩散过程中，扩散流量 J 与浓度梯度成正比：

$$J = -D \frac{\mathrm{d}c}{\mathrm{d}x}$$

式中 D——扩散系数，是描述扩散速度的重要物理量，它表示单位浓度梯度条件下，单位时间单位截面上通过的物质流量，cm^2/s；

      x——距离。

式中的负号表示物质沿着浓度降低的方向扩散。

在 $t=0$ 条件下，只要存在浓度梯度就有扩散，扩散通量与浓度梯度成正比，扩散流动方向是高浓度向低浓度。前面已经提到，Fick 第一定律仅适用于稳态扩散，即 $t=0$，但实际上稳态扩散的情况是很少的，大部分属于非稳态扩散。这就要应用 Fick 第二定律。

B Fick 第二定律

当浓度梯度与扩散通量 J 均随时间和距离而变化的条件下进行扩散时，就需要用到 Fick 第二定律，数学表达式为：

$$\frac{\partial c}{\partial t} = D \frac{\partial^2 c}{\partial^2 x}$$

Fick 第二定律表达了扩散元素浓度与时间及位置的一般关系，但方程不能直接应用，必须结合具体的初始条件和边界条件，才能获得相应的解。

6.2.2.2 扩散的本质

固态物质中的原子在其平衡位置并不是静止不动的，而是不停地以其结点为中心以极高的频率进行着热振动。原子振动的能量大小与温度有关，温度越高，则原子的热振动越激烈。当温度不变时，尽管原子的平均能量是一定的，但每个原子的热振动还是有差异的，有的振动能量可能高些，有的可能低些，这种现象称为能量起伏。而在固态金属中，原子按一定的规律呈周期性地重复排列着，其所处的晶格间的位能也呈周期性规律变化着的，如图 6.18 所示。原子的每个平衡位置都对应着一个势能谷，在相邻的平衡位置之间都隔着一个势垒（energy barrier），原子要由一个位置跳到另一个位置，必须越过中间的势垒才行，而原子的平均能量总是低于势垒，所以原子在晶格中要改变位置是非常困难的。但是，由于原子的热振动存在着能量起伏，所以总

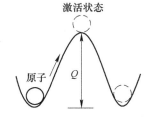

图 6.18 固态金属
中的周期势场

会有部分原子具有足够高的能量，能够跨越势垒 Q，从原来的平衡位置跃迁到相邻的平衡位置上去。原子克服势垒所必需的能量称为激活能（activation energy），它在数值上等于势垒高度 Q。因此，固态扩散是原子热激活的过程。

固态中原子的移动没有方向性，即向各个方向跃迁的几率都是相等的。但在浓度梯度或应力梯度等扩散推动力的作用下，金属中的特定原子向特定方向跃迁的数量增大，产生该种原子的宏观定向移动。

6.2.2.3 扩散机制

所谓扩散机制，就是扩散原子在晶体点阵中移动的具体方式。目前人们还不能直接观察到原子的移动方式，但提出了几种扩散模型。

A 间隙机制

小的间隙原子，如钢铁中的碳、氮原子，存在于晶格的空隙中，扩散时就由一个空隙位置跳到另一个空隙位置。如图 6.19a 所示，间隙原子换位时，必须从金属原子之间挤过去，这就是势垒的成因。扩散激活能就用于克服这一势垒。

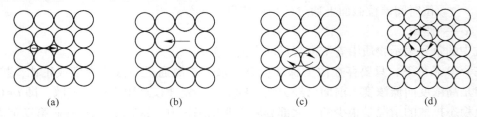

(a)   (b)   (c)   (d)

图 6.19　固体扩散示意图

（a）间隙扩散；（b）空位扩散；（c）直接换位；（d）环形换位

B 空位机制

在固态金属中，每一温度下都存在一定浓度的空位。由于空位的存在，给原子的迁移提供了一个方便的途径，可以使空位旁边的原子很容易地迁移到空位上去，同时使空位在新的结点上出现，如图 6.19b 所示。在空位扩散时，扩散原子跳入空位，此时所需的能量不大，但每次跳动必须有空位移动与之配合，即原子进入相邻空位实现一次跳动之后，必须等到一个新的空位移动到它的邻位，才能实现第二次跳动。因此实现空位扩散，扩散原子近旁必须存在空位并且邻近空位的扩散原子具有可以超过能垒的自由能。可见，空位扩散机制的扩散主要是通过空位的迁移来实现扩散，它的扩散激活能由原子跳动激活能与空位形成能两部分组成。

C 换位机制

有人设想，扩散是以相邻原子交换位置的机理进行的。一种是直接换位机制，即相邻两原子直接交换位置，如图 6.19c 所示。但是这种换位方式伴随发生很大的晶格畸变，所需克服的能障很大，因此这种方式的扩散很难实现。还有一种是环形换位机制，即同一平面上的数个原子同时进行环形旋转式交换位置，如图 6.19d 所示。显然这种换位方式所引起的晶格畸变要小得多，因此这种扩散机制还是可能的。

6.2.2.4 影响扩散的因素

A 温度

温度是影响扩散系数的最主要因素。在一定条件下，扩散系数可用下式表示：

$$D = D_0 \exp(-\frac{Q}{RT})$$

式中　　D_0——扩散常数；

　　　　Q——扩散激活能；

　　　　R——气体常数；

　　　　T——热力学温度。

D_0 和 Q 与温度无关，决定于金属的成分和结构，因此由此式可知，扩散系数 D 与温度 T 呈指数关系，随着温度的升高，扩散系数急剧增大。这是由于温度越高，原子的振动能就越大，因此借助于能量起伏而越过势垒进行迁移的原子几率越大。此外，温度升高，金属内部的空位浓度提高，这也有利于扩散。

B　固溶体类型

在不同类型的固溶体中，由于扩散机制及其所决定的溶质原子扩散激活能不同，因而扩散能力存在很大差别。间隙固溶体中溶质原子的扩散激活能一般都比置换固溶体的溶质原子小，扩散速度比置换型溶质原子快得多。

C　晶体结构

（1）不同的晶体结构具有不同的扩散系数。在致密度大的晶体结构中的扩散系数，都比致密度小的晶体结构中的扩散系数要小的多，致密度越小，原子越易迁移。

（2）结构不同的固溶体由于对扩散元素的固溶度不同以及由此所引起的浓度梯度差别，也将影响扩散速度。

（3）另外，晶体的各向异性也影响到扩散的进行，尤其是对一些对称性较低的晶体结构，扩散的各向异性相当明显。

D　晶体缺陷

金属晶体中的空位、位错、晶界和表面等晶体缺陷，在扩散过程中起着极重要的作用。增加缺陷密度会加速金属原子和置换原子的扩散，而对于间隙原子则不然，一方面会加速其扩散，另一方面会促使其偏聚，反而阻碍其扩散，所以情况较复杂。

E　浓度

无论是置换或是间隙固溶体，其组元的扩散系数都会随浓度变化而改变。

F　合金元素

在二元合金中加入第三元素时，扩散系数也发生变化，其影响较为复杂。

6.2.2.5　固体电解质

应用在冶金中的具有离子导电性的固态物质就是固体电解质。这些物质或因其晶体中的点缺陷或因其特殊结构而为离子提供快速迁移的通道，在某些温度下具有高的电导率（$1 \sim 10^{-6}$ s/cm），故又称为快离子导体。目前，已经发现几十种快离子导体材料，如卤化物中的 $RbAg_4I_5$、α-AgI 是银离子导体，氧化物中的 ZrO_2（掺杂 CaO）、ThO_2（掺杂 Y_2O_3）是氧离子导体，β-Al_2O_3 是钠离子导体等，广泛应用于新型固体电池、高温氧化物燃料电池、电致变色器件和离子传导型传感器件等，也用在记忆装置、显示装置、化学传感器中，以及在电池中用作电极、电解质等。在冶金生产和高温冶金物理化学研究中应用最广的固体电解质是以氧化锆为基体，掺杂以 7%~20%（摩尔分数）的二价或三价氧化物（如 CaO、MgO、Y_2O_3 和其他稀土氧化物）烧结制成的代位固溶体高温陶瓷。

　　纯 ZrO_2 在常温中是单斜晶型，加热至 1150℃ 会发生相变，转变为四方晶型，同时体积收缩大约 7%。加入 CaO 并经过高温煅烧后，形成了 CaO 与 ZrO_2 的代位固溶体，ZrO_2 的晶型变为 CaF_2 型的立方晶体，并且不随温度的变化而改变，因而改善其抗热震性。另外，一个 Ca^{2+} 置换一个 Zr^{4+}，为保持电中性就要出现一个 O^{2-} 的空位。掺杂后的固溶体里有大量的氧离子空位。在高温下，氧离子通过空位可以快速迁移，形成氧离子导电固体电解质。1600℃ 时，掺杂 15%（摩尔分数）CaO 的 ZrO_2 的电导率约为 1.0s/cm，高于同温度中高炉渣的电导率（0.24 ~ 0.82s/cm），也大大高于 25℃ 下 1N KCl 水溶液的电导率（0.1117s/cm，25℃）。这种 ZrO_2 高温陶瓷具有高的熔点（2700℃）与极稳定的化学性质。在此固溶体里氧离子空位大量存在，因之氧离子的电导率比钙离子与锆离子的电导率约大 1010 倍，所以，由它作为电解质而组成的电化学电池电极反应是氧的还原反应：

$$O_2(g) + 4e \longrightarrow 2O^{2-} \qquad\qquad (6.1)$$

和氧离子的氧化反应：

$$2O^{2-} \longrightarrow O_2(g) + 4e \qquad\qquad (6.2)$$

6.3　有代表性的氧化物、氟化物和硫化物

　　研究 O^{2-} 和 F^- 这两个阴离子与金属形成的化合物，可以从化学的角度了解固体缺陷、固体的非化学计量学、固体中离子的扩散以及这些特性对固体物理化学性质的影响。

6.3.1　高氧化态的氧化物

6.3.1.1　CaF_2（萤石）型结构

　　萤石晶体属于立方晶系。图 6.20a 所示是萤石晶体结构，可以看到，Ca^{2+} 位于立方面心的结点位置上，F^- 位于立方体内八个小立方体的中心。Ca^{2+} 的配位数为 8，而 F^- 的配位数是 4。如果用紧密堆积排列方式考虑，可以看作由 Ca^{2+} 按立方紧密堆积排列，而 F^- 充填于全部四面体空隙之中。此外，图 6.20c 还给出了 CaF_2 晶体结构以配位多面体相连的方式。图中立方体是 Ca-F 立方体，Ca^{2+} 位于立方体中心，F^- 位于立方体的顶角，立方体之间以共棱关系相连。在 CaF_2 晶体结构中，由于以 Ca^{2+} 形成的紧密堆积中，八面体空隙全部空着，因此，在结构中，八个 F^- 之间就有一个较大的"空洞"，这些"空洞"为 F^- 的扩散提供了条件。所以，在萤石结构之中，往往存在着负离子扩散机制。

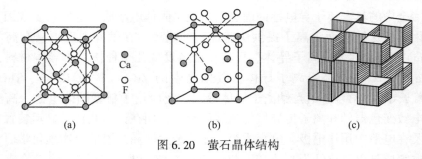

　　　　(a)　　　　　　　　　(b)　　　　　　　　　(c)

图 6.20　萤石晶体结构

属于萤石型结构的晶体有 BaF_2、PbF_2、SnF_2、CeO_2、ThO_2、UO_2 等。低温型 ZrO_2（单斜晶系）的结构也类似于萤石结构。在 ZrO_2 结构中，Zr^{4+} 的配位数为 8，是不稳定的。实验证明，ZrO_2 中 Zr^{4+} 的配位数为 7。因而，低温型 ZrO_2 的结构，相当于是扭曲和变形的萤石结构。此外，还存在着一种结构与萤石完全相同，只是阴、阳离子的位置完全互换的晶体，如 Li_2O、Na_2O、K_2O 等。其中 Li^+、Na^+、K^+ 离子占有萤石结构中 F^- 的位置，而 O^{2-} 离子占据 Ca^{2+} 的位置，这种结构称为反萤石结构。

6.3.1.2 α-Al_2O_3（刚玉）型结构（A_2B_3 型）

刚玉结构属于三方晶系（图 6.21）。α-Al_2O_3 的结构可以看成 O^{2-} 按六方紧密堆积排列，即 ABAB…二层重复型，而 Al^{3+} 填充于三分之二的八面体空隙。因此，Al^{3+} 的分布必须有一定的规律，其原则就是在同一层和层与层之间，Al^{3+} 之间的距离应保持最远，这样才能符合鲍林规则。否则，由于 Al^{3+} 位置的分布不当，出现过多的 Al-O 八面体共面的情况，将对结构的稳定性不利。图 6.22 给出了 Al^{3+} 分布的三种形式。Al^{3+} 在 O^{2-} 离子的八面体空隙中，只有按 Al_D、Al_E、Al_F…这样的次序排列才能满足 Al^{3+} 之间的距离最远的条件。氧化铝是刚玉-莫来石瓷及氧化铝瓷中的主晶相。纯度在 99% 以上的半透明氧化铝瓷，可以作高压钠灯的灯管及微波窗口。掺入不同的微量杂质可使 Al_2O_3 着色，如掺铬的氧化铝单晶即红宝石，可作仪表、钟表轴承，也是一种优良的固体激光基质材料。

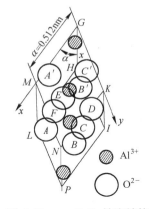

图 6.21 α-Al_2O_3 晶胞结构

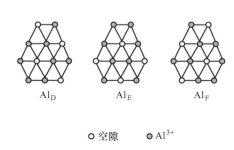

图 6.22 α-Al_2O_3 中 Al^{3+} 的三种不同排列法

属于刚玉型结构的有 α-Fe_2O_3、Cr_2O_3、Ti_2O_3、V_2O_3 等。此外，$FeTiO_3$、$MgTiO_3$ 等也具有刚玉结构，只是刚玉结构中的两个铝离子，分别被两个不同的金属离子所代替。

6.3.1.3 金红石结构

金红石是 TiO_2 的一种通常的晶体结构类型，TiO_2 还有板钛矿及锐钛矿结构，但金红石是稳定型的结构。

金红石结构属于四方晶系。金红石为四方原始格子，Ti^{4+} 位于四方原始格子的结点位置，体中心的 Ti^{4+} 不属于这个四方原始格子，而自成另一套四方原始格子，因为这两个 Ti^{4+} 周围的环境是不相同的，所以，不能成为一个四方体心格子（见图 6.23），O^{2-} 在晶胞中处于一些特定位置上。

从图 6.24 中可以看出，Ti^{4+} 的配位数是 6，O^{2-} 的配位数是 3。如果以 Ti–O 八面体的排列看，金红石结构有 Ti–O 八面体以共棱的方式排列成链状，晶胞中心的八面体共棱方向和四角的 Ti–O 八面体共棱方向相差 90°。链与链之间是 Ti–O 八面体共顶相连（图 6.24）。此外，还可以把 O^{2-} 看成近似于六方紧密堆积，而 Ti^{4+} 位于二分之一的八面体空隙中。属于金红石型结构的晶体有 GeO_2、SnO_2、PbO_2、MnO_2、MO_2、NbO_2、WO_2、CoO_2、MnF_2、MgF_2 等。

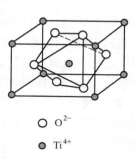

$\bigcirc$ O^{2-}
$\bullet$ Ti^{4+}

图 6.23　金红石晶体结构

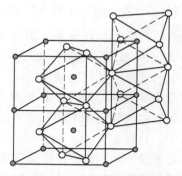

图 6.24　金红石晶体结构中 Ti–O 八面体的排列

6.3.2　复合氧化物

6.3.2.1　AB_2O_4(尖晶石)型结构

AB_2O_4 型化合物中最重要的一种结构就是尖晶石结构，属于尖晶石结构的化合物有一百多种，其中 A 可以是 Mg^{2+}、Mn^{2+}、Fe^{2+}、Co^{2+}、Zn^{2+}、Cd^{2+}、Ni^{2+} 等二价金属离子；B 可以是 Al^{3+}、Cr^{3+}、Ga^{3+}、Fe^{3+}、Co^{3+} 等三价金属离子。正离子 A 与 B 的总电价为 8，氧离子做立方密堆，A 与 B 则填充在氧离子的间隙中。

图 6.25 是典型的尖晶石结构 $MgAlO_4$ 晶胞图，属于立方晶系。每个晶胞中包含 8 个分子，共 56 个离子。将尖晶石晶胞分为八个小立方体，如图 6.25a 所示，共面的小立方体是不同类型的（M 区与 N 区），而共棱的小立方体是相同类型。图中示出了两类小立方体中的离子排列情况（图 b 为 M 区，图 c 为 N 区）。尖晶石晶胞中 32 个氧离子作立方密堆时有 64 个四面体间隙和 32 个八面体间隙，但是正离子占据的间隙只有 24 个，所以空位很多。

尖晶石结构可分为正型和反型，在正型尖晶石结构中 A^{2+} 都占据氧的四面体间隙，共 8 个（图 6.25b）；B^{3+} 则占据八面体间隙位置，共 16 个（图 6.25c）。在反尖晶石结构中，A^{2+} 占据八面体间隙位置，而 B^{3+} 则占据 8 个八面体间隙和 8 个四面体间隙。属于这种反型尖晶石结构的著名材料就是铁氧体，如磁铁矿 Fe_3O_4 也可看成是 $Fe^{2+}Fe_2^{3+}O_4$。

6.3.2.2　ABO_3(钙钛矿)型结构

这类型的晶体结构在电子材料中十分重要，因为一系列具有铁电性质的晶体都属于这类结构，如 $BaTiO_3$、$PbTiO_3$、$SrTiO_3$ 等。钙钛矿结构通式 ABO_3 中的 A 代表二价金属离子，如 Ca^{2+}、Pb^{2+}、Ba^{2+} 等；B 代表四价正离子，如 Ti^{4+}、Zr^{4+} 等。也可以 A 代表一价的

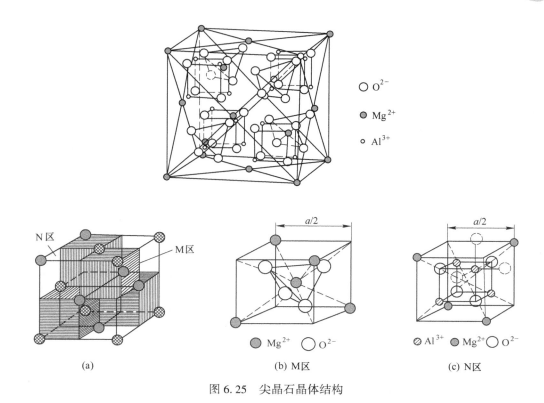

图 6.25 尖晶石晶体结构

正离子如 K^+，而 B 代表五价正离子如 Nb^{5+} 等。现以 120℃ 以上的 $BaTiO_3$ 为例来说明这种结构的特点。

图 6.26 是钙钛矿的晶胞图，图 6.26a、b 是两种不同的绘制法，实际上是一样的。这个结构可以这样来看，氧离子与较大的正离子（如 Ba^{2+}）一起按立方密堆排列，而较小的正离子 B（如 Ti^{4+}）在八面体间隙中。理想的钙钛矿结构属于立方晶系，简单立方点阵，每个晶胞包含一个分子即五个离子。Ba^{2+} 的配位数为 12，Ti^{4+} 的配位数为 6，Ti^{4+} 在氧八面体中心，这些氧八面体共顶点，而 Ba^{2+} 在八个八面体的空隙中，如图 6.26c 所示。从几何关系可以知道，这种结构的三种离子的半径应有如下关系：

$$r_A + r_O = r_B + r_O$$

式中，r_A、r_B、r_O 分别代表 A、B 和氧离子的半径。

事实上，A 离子可比氧离子稍大或稍小，B 离子的尺寸也有一个波动范围，只要满足以下关系即可：

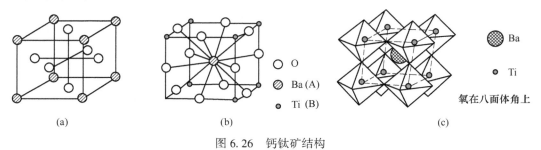

图 6.26 钙钛矿结构

$$r_A + r_O = \sqrt{2}(r_B + r_O)t$$

式中，t 为容差因子，其值在 0.77~1.1 之间。

由于钙钛矿结构中存在这个容差因子，加上 A、B 离子的价数不一定局限于二价和四价，因此，钙钛矿结构所包含的晶体种类十分丰富。钙钛矿型结构材料大多存在着晶型转变，一般说来其高温型是立方对称的，在经过某临界温度后发生畸变使对称性降低，但离子排列的这种八面体关系仍然保持着。这种畸变在原胞的一个轴向发生就变成四方晶系；若在两个轴向发生不同程度的伸缩就畸变成正交晶系；在体对角线方向的伸缩畸变会使某些晶体变成有自发偶极矩的铁电相或反铁电相。

6.3.2.3　高温超导体

超导是指导电材料在温度接近绝对零度的时候，物体分子热运动下材料的电阻趋近于 0 的性质。"超导体"是指能进行超导传输的导电材料。零电阻和抗磁性是超导体的两个重要特性。1911 年，荷兰科学家卡末林—昂内斯（Heike Kamerlingh-Onnes）用液氦冷却汞，当温度下降到 4.2K（-268.95℃）时，水银的电阻完全消失，这种现象称为超导电性，此温度称为临界温度。根据临界温度的不同，超导材料可以被分为：高温超导材料和低温超导材料。1933 年，迈斯纳和奥克森菲尔德两位科学家发现，如果把超导体放在磁场中冷却，则在材料电阻消失的同时，磁感应线将从超导体中排出，不能通过超导体，这种现象称为抗磁性。

高温超导体具有更高的超导转变温度（通常高于氮气液化的温度），有利于超导现象在工业界的广泛利用。高温超导体的发现迄今已有十几年，而对其不同于常规超导体的许多特点及其微观机制的研究，却仍处于相当"初级"的阶段。这一点不仅反映在没有一个单一的理论能够完全描述和解释高温超导体特性，更反映在缺乏统一的、在各个不同体系上普遍存在的"本征"实验现象。

早在 1991 年，法国物理学家利用中子散射技术在双铜氧层 $YBa_2Cu_3O_{6+\delta}$ 超导体单晶中发现了一个微弱的磁性信号。随后的实验证明，这种信号仅在超导体处于超导状态时才显著增强并被称为磁共振模式。这个发现表明电子的自旋以某种合作的方式产生一种集体的有序运动，而这是常规超导体所不具有的。这种集体运动有可能参与了电子的配对，并对超导机制负责，其作用类似于常规超导体内引起电子配对的晶格振动。但是，在另一个超导体 $La_{2-x}Sr_xCuO_{4+\delta}$（单铜氧层）中，却无法观察到同样的现象。这使物理学家怀疑这种磁共振模式并非铜氧化物超导体的普遍现象。1999 年，在 $Bi_2Sr_2CaCu_2O_{8+\delta}$ 单晶上也观察到了这种磁共振信号。但由于 $Bi_2Sr_2CaCu_2O_{8+\delta}$ 与 $YBa_2Cu_3O_{6+\delta}$ 一样，也具有双铜氧层结构，关于磁共振模式是双铜氧层的特殊表征还是"普遍"现象的困惑并未得到彻底解决。

理想的候选者应该是典型的高温超导晶体，结构尽可能简单，只具有单铜氧层。困难在于，由于中子与物质的相互作用很弱，只有足够大的晶体才可能进行中子散射实验。随着中子散射技术的成熟，对晶体尺寸的要求已降低到 0.1cm 微量级。晶体生长技术的进步，也使 $Tl_2Ba_2CuO_{6+\delta}$ 单晶体的尺寸进入毫米量级，而它正是一个理想的候选者。科学家把 300 个毫米量级的 $Tl_2Ba_2CuO_{6+\delta}$ 单晶以同一标准按晶体学取向排列在一起，构成一个"人造"单晶，"提前"达到了中子散射的要求。经过近两个月散射谱的搜集与反复验证，终于以确凿的实验数据显示在这样一个近乎理想的高温超导单晶上也存在磁共振模式。这一结果说明磁共振模式是高温超导的一个普遍现象。而 $La_{2-x}Sr_xCuO_{4+\delta}$ 体系上磁共振模式的缺席只是"普遍"现象的例外，这可能与其结构的特殊性有关。

关于磁共振模式及其与电子间相互作用的理论和实验研究一直是高温超导领域的热点之一，上述结果将引起许多物理学家的关注与兴趣。20世纪80年代是超导电性的探索与研究的黄金年代。1981年合成了有机超导体，1986年缪勒和柏诺兹发现了一种成分为钡、镧、铜、氧的陶瓷性金属氧化物 $LaBaCuO_4$，其临界温度约为35K。由于陶瓷性金属氧化物通常是绝缘物质，因此这个发现的意义非常重大，缪勒和柏诺兹因此而荣获了1987年度诺贝尔物理学奖。1987年在超导材料的探索中又有新的突破，美国休斯顿大学物理学家朱经武小组与中国科学院物理研究所赵忠贤等人先后研制成临界温度约为90K的超导材料 YBCO（钇钡铜氧）。

直到1988年初日本研制成临界温度达110K的 Bi-Sr-Ca-Cu-O 超导体。至此，人类终于实现了液氮温区超导体的梦想，实现了科学史上的重大突破。这类超导体由于其临界温度在液氮温度（77K）以上，因此被称为高温超导体。

6.3.3 有代表性的硫化物及相关化合物

硫族软元素（S、Se、Te）与金属形成的二元化合物的结构往往不同于相应的氧化物，这种差异是由于硫及其下方的同族元素化合物较大的共价性引起的。例如 MO 型化合物一般采用岩盐结构，而 ZnS 和 CdS 则采用闪锌矿或纤锌矿结构。同样，d 区金属的一硫化物一般采用共价性更明显的 NiAs 结构而不采取碱土金属氧化物（如 MgO）的岩盐结构。许多 d 区元素的二硫化物具有层状结构而不是二氧化物的萤石结构或金红石结构。d 区元素的二硫化物分为两大类：左部的金属形成层状物，中部和右部的金属形成形式上含有 S_2^{2-} 离子的化合物（如黄铁矿）。

6.3.3.1 立方 ZnS（闪锌矿）型结构

立方 ZnS（闪锌矿）型结构如图6.27所示，属于立方晶系，面心立方点阵。硫位于面心点阵的结点位置上，锌位于另一套这样的点阵位置上，两者在体对角线相上对位移 1/4。Zn^{2+} 离子的配位数是4，S^{2-} 离子的配位数也是4。若把 S^{2-} 离子看成立方最紧密堆积，则 Zn^{2+} 离子充填于二分之一四面体空隙之中。图6.27b是立方 ZnS 结构的投影图，相当于图6.27a 的俯视图。图中数字为标高。0为晶胞的底面位置，50为晶胞二分之一标高，

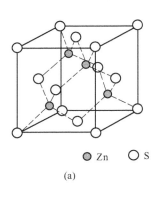

● Zn ○ S

(a)

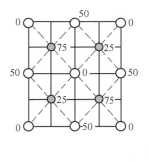

(b)

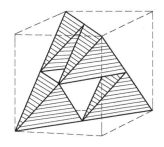

(c)

图6.27 闪锌矿晶体结构

25 和 75 分别为四分之一和四分之三的标高。根据晶体结构中所具有的平移特性，0 和 100，25 和 125 等都是等效的。图 6.27c 则是按多面体连接方式表示的立方 ZnS 结构。它是由 Zn—S 四面体以共顶的方式相连而成。

属于闪锌矿结构的晶体有 β-SiC、GaAs、AlP、InSb 等。

6.3.3.2 α-ZnS（纤锌矿）型结构

纤锌矿晶体结构为六方晶系。图 6.28 是六方 ZnS 的晶胞，Zn^{2+} 离子的配位数是 4，S^{2-} 离子的配位数也是 4。在纤锌矿结构中，S^{2-} 离子按六方紧密堆积排列，Zn^{2+} 离 Zn^{2+} 离子充填于二分之一四面体空隙之中，属于纤锌矿结构的晶体有 BeO、ZnO 和 AlN 等。

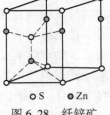

○ S   ● Zn

图 6.28 纤锌矿晶体结构

6.3.3.3 层状结构

典型的层状二硫化物有 NbS_2、TaS_2、TiS_2，以 TaS_2 为例，其中的金属元素位于密堆积的 AB 层之间的正八面体空穴中（图 6.29a），钽离子形成的密堆积层用 c 表示，金属层和与之毗邻的 S^{2-} 层可描述为 AcB 层状夹心，这种类似于夹心面包那样的 AcB 层内键合作用很强，AcB 和 AcB 之间则通过较弱的色散力结合。二硫化钼（MoS_2）是一种鳞片状结晶体，它的晶体结构为六方晶系的层状结构（图 6.29b），每一晶体是由很多的二硫化钼分子层组成，每一二硫化钼分子层又分为三个分子层，中间一层为钼原子层，上下两层为硫原子层。每个钼原子被六个硫原子所包围（这六个硫原子分布在空间为三棱柱的各顶端），只有硫原子暴露在分子层的表面。二硫化钼中的 S^{2-} 成 AA、BB、AA…堆积，Mo^{4+} 在三方柱形空隙中，采取 d^4sp 杂化，堆积方式按 AbA、CbC、AbA…方式堆积。MoS_2 型结构的化合物层间是范德华力，层内有金属键成分，其电阻比层间要小得多。

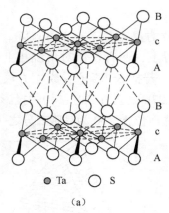

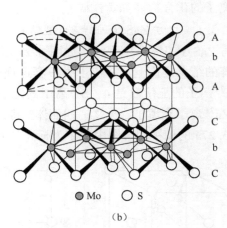

● Ta   ○ S   ● Mo   ○ S

(a)   (b)

图 6.29 TaS_2 和 MoS_2 的结构

(a) TaS_2 的结构（CdI_2 型）；(b) MoS_2 的结构

6.3.3.4 插入和嵌入

金属二硫化物层状化合物的插入反应一般包括氧化还原过程，其中金属硫化物层被还原，而插入的物种在反应中被氧化。因此，许多容易被氧化或容易给出电子的物种能够插入硫化物层间。这些插入物包括碱金属、胺和富电子过渡金属络合物。

A　过渡金属硫化物中插入碱金属

锂（Li）能在全部组成范围内插入 TaS_2 中，形成插入物 Li_xTaS_2，$0<x<1.0$，锂占据层间的八面体配位位置。当 x 增大时，垂直于层面的晶胞参数 c 也随之连续增大，从 57pm 增至 62pm。对于其他的碱金属，则某些组成的化合物为均相产物，例如 $K_{0.1}TaS_2$、$K_{0.18}TaS_2$ 和 K_xTaS_2（$0.3<x<1.0$），能作为单相被制备出来。其性质类似于层阶现象，或许是由于需要能量来克服层与层之间的范德华力相互作用的缘故。层阶化合物 $K_{0.1}TaS_2$ 来自于每隔四层填充钾原子。形成这种跨层的所谓层阶方式或许是由于能量的因素，全部层之间的部分填充可能具有能量优势，减弱了全部层之间的范德华力作用，而不是层阶材料中每四层中有一个减弱了作用。碱金属插入 TaS_2 形成的产物，暴置在空气中，可以水化形成诸如 $Na_{0.5}(H_2O)_nTaS_2$，其中水合阳离子存在于金属硫化物层间。其他的溶剂也可以用于生成材料，例如 $NaDMSOTaS_2$、$DMSO=(CH_3)_2SO$。

B　胺插入物

伯胺插入 TaS_2 中形成大范围内的长链，例如从甲基胺到 $C_{18}H_{37}NH_2$，形成的插入物例如为（$C_{18}H_{37}NH_2$）$_{0.66}TaS_2$。在这个化合物中，胺基团以双层方式存在于金属硫化物层平面间，如图 6.30 所示。随着胺中碳原子数增加，内层的分隔程度也随之连续增大。

C　金属有机插入物

图 6.31 所示，TaS_2 中插入二茂钴，TaS_2 中的插入反应发生时一般伴随氧化还原过程。当金属有机化合物被插入缔合进入金属硫化物的层间，金属硫化物容易被还原。二茂钴 $Co(\eta\text{-}C_5H_5)_2$ 是一个 19 电子化合物，很容易被氧化。二茂钴和金属硫化物在密闭管中直接反应，生成化学计量为 $TaS_2\cdot[Co(\eta\text{-}C_5H_5)_2]_{0.25}$ 的插入化合物。18 电子的二茂铁因其氧化较难，不能插入硫化钽中，而易于被氧化的其他化合物，例如 FeOCl 可以作为这个化合物的宿主。另一个能插入二硫化物层间的有机金属化合物是二茂铬 $Cr(\eta\text{-}C_5H_5)_2$。

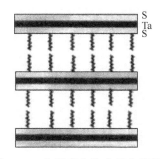

图 6.30　金属硫化物中插入长链胺

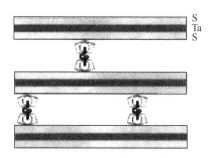

图 6.31　TaS_2 中插入二茂钴

习　题

6-1 什么是能带，如何根据能带区分导体、半导体和绝缘体？

6-2 什么是费米能级和态密度，有何意义？

6-3 什么是超导性，其原理是什么？

6-4 两种热缺陷的种类及原因是什么？

6-5 固体中扩散的本质及影响因素是什么？

6-6 典型固体氧化物的结构是什么？

6-7 典型硫化物的三种结构分别是什么？

7 生物无机化学与超分子化学

7.1 生物无机化学

生物无机化学，又称生物无机化学或生物配位化学，是无机化学、生物化学、医学等多种学科的交叉领域。生物无机化学酝酿于 20 世纪 50 年代，自 60 年代以来逐步形成的，主要研究生物体内存在的各种元素，尤其是微量金属元素与体内有机配体所形成的配位化合物的组成、结构、形成、转化，以及在一系列重要生命活动中的作用。生物体内存在有钠、钾、钙、镁、铁、铜、钼、锰、钴、锌等十几种元素，它们能与体内存在的糖、脂肪、蛋白质、核酸等大分子配体和氨基酸、多肽、核苷酸、有机酸根、O_2、Cl^- 等小分子配体形成化合物，主要是配位化合物。特别是痕量金属元素和生物大分子配体形成的生物配合物，如各种金属酶、金属蛋白等，侧重于研究它们的结构–性质–生物活性之间的关系以及在生命环境内参与反应的机理。为便于研究，常用人工模拟的方法合成具有一定生理功能的金属配位化合物。

7.1.1 金属离子在生命体中的作用

生命活动是一系列错综复杂的生物反应，包含着元素的获取、作用、代谢等生理过程。生命活动是许多具有生物活性的物质参与各种化学反应的总结果，金属离子就是其中很重要的一种。目前证明对人体有特殊生理功能的必需微量元素有 Mn、Fe、Co、Mo、I、Zn 等，以及微量必需元素 V、Cr、F、Si、Ni、Se、Sn 等，它们都是以配合物的形式存在于人体内的。有些必要的微量元素是酶和蛋白质的关键成分（如 Fe、Cu、Zn 等），有些参与激素的作用（如 Zn 参与促进性腺激素的作用，Ni 促进胰腺作用）；有些则影响核酸的代谢作用（如 V、Cr、Ni、Fe、Cu 等）。最近人们已普遍注意到各种金属元素在人体和动植物内部起着很重要的作用，如各种酶分子几乎都含有以配合物形态存在的金属元素，它们控制着生物体内极其重要的化学作用。

7.1.1.1 金属蛋白

蛋白质是由氨基酸以"脱水缩合"的方式组成的多肽链经过盘曲折叠形成的具有一定空间结构的物质。因此，蛋白质的结构特点是含有多肽链结构。蛋白质中存在 20 多种不同的 α–氨基酸，这些氨基酸侧链上含有各种不同的官能团，如烷基、羰基、氨基、羟基和硫醇基等。正是这些官能团赋予蛋白质多种多样的特性，如疏水性、亲水性、质子酸碱性和 Lewis 酸碱性等。

由蛋白质和金属离子结合形成的称为金属蛋白，其中多数金属离子仅和蛋白质连接；少数除和蛋白质相连外，还和一个较小的分子相连，如血红蛋白中的铁（Ⅱ）除和蛋白质相连外，还和卟啉相连。金属蛋白质有重要的生理功能，如血红蛋白为运送氧所必需；

铜蓝蛋白能催化铁（Ⅱ）的氧化，以利于铁（Ⅲ）和蛋白质结合形成运铁蛋白；运铁蛋白用于运送铁；铁蛋白则用于储存铁等。金属蛋白中具有催化生物体内化学反应的金属蛋白称为金属酶，常常金属离子位于活性中心，如锌酶（羧肽酶和碳酸酐酶）；金属酶之外的其他金属蛋白大体有含铁蛋白、蓝铜蛋白、铁硫蛋白三大类。

（1）含铁蛋白。如血红蛋白、肌红蛋白、细胞色素等，前二者具有载氧、贮氧功能，细胞色素 C 是电子传递体。

（2）蓝铜蛋白。蓝铜蛋白即含铜蛋白，如血浆蓝铜蛋白和质蓝体，前者参与机体内铜的调节，后者是生物过程中的电子传递体。

（3）铁硫蛋白。铁硫蛋白，是一类含铁、硫的天然原子簇金属化合物与蛋白质链上半胱氨酸结合的金属蛋白，如细菌铁氧还蛋白含 Fe_4S_4 原子簇，它是生物体中重要电子传递体。

7.1.1.2　金属酶与金属激活酶

金属酶是一种含有一种或几种金属离子作为辅基的结合酶。它具有独特的催化活性，是生物体中广泛存在的生物催化剂。生物体中各种复杂的生物化学反应能在温和条件（室温、常压、中性介质）下迅速进行，根本原因就在于生物体中存在各种具有高催化效率的酶。它的催化效率比一般普通的无机有机催化剂高 7~13 个数量级。例如：1mol Fe^{3+} 在 0℃、1s 内可以催化分解 10^{-5}mol H_2O_2，同样条件下，1mol H_2O_2 酶可催化分解 10^5mol H_2O_2。

酶的催化作用具有高度专一性，即一种酶只作用于某一类或某一种特定的物质，在现已知的 2000 多种酶中，约有 1/3 的酶在行使其催化活性时需要金属离子作辅助因子，这些金属离子或是直接参与了催化活性部位的构成，或是它的存在有利于底物和酶的结合，或是通过稳定的酶分子构象起到调控活性的作用。按照金属离子和酶蛋白结合的稳定程度又可分为金属酶和金属激活酶两类。金属酶中，它们牢固地结合在一起，金属离子通常为活性中心。在金属激活酶中，它们松散地结合，但金属离子却是酶活性的激活剂。金属酶种类很多，以含锌、铁、铜的酶最多，如铁金属酶-细胞色素 C；也有含钼、锰等其他金属离子的酶，例如细胞色素氧化酶除含有铁离子还含有铜离子。

A　金属酶

金属酶一般含有化学计量的金属离子作为辅助因子，它们与蛋白肽链之间的结合相当牢固，通常金属-酶蛋白配合物的结合常数达到 10^7~10^8 mol/L。金属激活酶虽然也需要金属离子的参与才能表现出活性，但金属离子与酶蛋白的结合并不牢固。参与金属酶组成的主要是过渡金属离子，如 Fe、Cu、Zn、Mn、Co、Mo、Ni 离子等，它们在氧化还原酶、转移酶、水解酶、聚合酶、异构酶和连接酶六大类酶中以金属酶的形式存在，并发挥着独特的作用。

a　Lewis 酸的作用

带正电荷的金属离子通过吸电子诱导效应使底物局部显正电性，从而使羧基或水分子易于对底物进行亲核攻击，导致底物分子水解，如在许多水解酶（羧肽酶、碳酸酐酶）中 Zn^{2+} 的作用。

b　桥联作用

底物与酶蛋白同时结合在金属离子上，以金属离子为桥梁使得底物分子与酶分子更容易接近，甚至处于同一配位球体内，便于各种酶促反应的进行，如羧肽酶中 Zn^{2+} 起底物肽链的锚柱作用，在它的桥联作用下，才开始一系列的构象变化，完成肽链上端氨基酸的水解反应。

c 模板作用

金属离子通过立体化学特性，对酶活底物的空间构象进行调整，促使酶与底物具有相互匹配的构象，从而激活或增强酶的活性。例如：某些金属离子对以磷酸吡哆醛为辅因子的酶的活性的增强作用，就是这种模板效应的具体体现。

d 结构固定作用

金属离子能固定酶蛋白的特定几何构象，以便于某一特定底物附着其上，这种结构固定作用在肝醇脱氢酶中十分明显。

e 电子传递作用

在许多氧化还原酶中，金属离子通过氧化态的变化起着电子传递的作用，如细胞色素酶中 Fe^{2+}/Fe^{3+} 中心和超氧化物歧化酶中 Cu^+/Cu^{2+} 中心等。

B 金属激活酶

在生物体的众多酶中，有一种需要由金属离子或金属配合物作为辅因子激活其生物活性，以实现其催化底物的生物反应的功能，这一类酶称为金属激活酶。辅因子若为金属离子，金属离子称为激活剂；若为金属配合物，配合物称为辅酶。

在金属激活酶中，金属离子或金属配合物与蛋白质肽链结合较弱，金属离子是作为此类酶的辅因子起作用的。它们在酶促反应中可以稳定底物的构型，使之适合于酶蛋白的结合；或使底物的构型有利于它在蛋白质上的取向和反应；也可因其结合，改变蛋白质的构象；或通过电荷作用，改变蛋白质分子的电荷分布，使离域底物与其他分子结合。例如：Mg^{2+} 可以激活许多酶，作用在像 ATP 这些核苷上的酶都需要 Mg^{2+} 作为辅酶，典型的 Mg^{2+} 激酶有己糖激酶、葡糖激酶、磷酸核糖激酶和吡哆醛激酶等。

7.1.1.3 宏量金属元素

A Na^+ 和 K^+

Na^+ 和 K^+ 是生物体中非常重要的阳离子，分布于生物体内的各个部位，参与许多重要的细胞功能，比如神经刺激的传输过程等。Na^+ 是体液中浓度最大和交换最快的阳离子，血浆中 Na^+ 浓度高达 1.45×10^{-3} mol/L，它的主要功能是调节渗透压，保持细胞中最适水位；通过钠泵作用，将葡萄糖、氨基酸等营养物质输入细胞，参与神经信息的传递；另外还可以保持血液和肾中的酸碱平衡。

K^+ 的半径比 Na^+ 大，电荷密度较低，扩散通过脂质蛋白细胞膜时几乎与水一样容易。细胞液中含 K^+ 浓度为 1.54×10^{-3} mol/L，它是某些内部酶的辅基，起激活酶的作用。如葡萄糖的新陈代谢作用需要高浓度的 K^+，用核糖体进行蛋白质合成也需要高浓度的 K^+，此外，K^+ 还起着稳定细胞内部结构的作用。Na^+ 和 K^+ 在细胞内外浓度分布不均匀，细胞内部主要集中了 K^+，Na^+ 浓度很低；细胞外部主要分布着 Na^+，K^+ 浓度很低，形成这种浓度梯度分布的原因就是"离子泵"的机制（图 7.1）。

离子泵产生一种主动传递作用，可以使离子朝着与正常离子扩散相反的方向渗透，以维持细胞膜一定的电位差。细胞膜两边 Na^+ 和 K^+ 浓度梯度正是透膜电势差的主要来源，这种电势差在神经和肌肉细胞中主要负责神经脉冲的传递。如果神经"被刺激"，膜发生突变，允许更多的 Na^+ 进入膜内，从而改变了膜电位，膜电位的变化成为信号沿神经细胞传递，依赖"离子泵"机制排除 Na^+，以恢复原来的浓度梯度和透膜电势差。

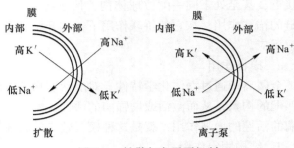

图 7.1 扩散与离子泵机制

B Ca^{2+}

钙离子是机体各项生理活动不可缺少的离子。它对于维持细胞膜两侧的生物电位，维持正常的神经传导功能，维持正常的肌肉伸缩与舒张功能以及神经-肌肉传导功能，还有一些激素的作用机制均通过钙离子表现出来。它的主要生理功能均是基于以上的基本细胞功能，主要有以下几点：钙离子是凝血因子，参与凝血过程；参与肌肉（包括骨骼肌、平滑肌）收缩过程；参与神经递质合成与释放、激素合成与分泌；是骨骼构成的重要物质。

其中几个重要作用的产生机制如下：

（1）传导神经信号。

机制：促进神经递质分泌。当第一个细胞兴奋时，产生了一个电冲动，此时，细胞外的钙离子流入该细胞内，促使该细胞分泌神经递质，神经递质与相邻的下一级神经细胞膜上的蛋白分子结合，促使这一级神经细胞产生新的电冲动。以此类推，神经信号便一级一级地传递下去，从而构成复杂的信号体系，乃至最终出现学习、记忆等大脑的高级功能。

当机体缺钙时，神经递质的释放受到阻隔，人体的兴奋机制和抑制机制遭到破坏。如果是儿童缺钙，会夜啼、夜惊、烦躁失眠，严重的导致大脑发育障碍，出现反应迟钝、多动、学习困难等症，影响大脑成熟和智力。

（2）让心脏跳动。

机制：带正电的钙离子，让细胞内外发生电位差。带正电的钙离子，穿过细胞膜，进入心肌细胞，因为细胞内外的钙浓度相差较大，形成较大电位差，产生了刺激细胞膜收缩的生理效应。心肌细胞收缩，又将钙离子给泵出了细胞膜外，形成反向的电位差，心肌细胞膜在这种反向电位差的作用下，开始舒张；舒张后，细胞膜的通透性增强，钙离子再次穿过细胞膜进入心肌细胞，再次引起心肌收缩，如此往复，心脏就有节律地跳动起来。

（3）传递御敌信号。

机制：外来抗原激活 T 细胞受体，启动了钙离子介导的信号通路，促使免疫细胞分化和生长。当病菌、细菌、毒物等外来入侵者侵入人体时，是钙离子首先发出预警信号；随后钙离子又发出入侵者有何特性的信号，免疫系统随之组织相应的免疫细胞，捕获和吞噬敌人。一旦钙缺乏，就会发生免疫系统功能下降、紊乱，引发疾病，如自身免疫性疾病红斑狼疮、风湿病；皮肤病：皮炎、痤疮等。补钙，对治疗这些病有重要作用，反证了钙的功能。

（4）调节酶的活性。

机制：细胞内的钙调节蛋白与钙离子结合，形成的一种复合物，可激活体内多种酶的活性。如果皮肤被割伤了，流血了，钙离子立刻发出信号，逐级激活凝血酶，启动凝血机制，以止血。食物中的营养要靠酶的分解，才能被人体吸收，而蛋白酶、脂肪酶、淀粉酶、ATP 酶等多种酶和激素，要靠钙离子的作用，才会充满活性，因此营养学有"补钙，是补充一切营养的根源"的说法。

（5）调控生殖细胞的成熟和受精。

机制：精子 DNA 的最前端，是一个由钙组成的顶体，正是这个钙顶体使精子在到达卵细胞边缘时，破坏和穿透卵细胞的内层膜，受精的一瞬间就这样发生了。同时由钙组成的波状物环绕着卵细胞，这被称为钙振荡。钙振荡起到了激活卵子的作用，使卵子获得受精能力，一个生命的孕育从此开始了。因此，钙若不充足，直接影响人的性功能和精子的活力，导致不育。近期研究发现，钙参与着更广泛的生理过程，如细胞兴奋性的控制、细胞代谢、细胞形态的维持、细胞周期的调控等。

C　Mg^{2+}

镁离子对生命体的重要性，恐怕要算它与酶的关系了。镁离子是许多酶的激活剂，没有镁，这些酶将失去生命力。生物体内最大的一类酶是专门促进多聚磷酸酯的水解和裂解反应的。例如碱性磷酸酯酶，它对于人体内保持钠和钾离子的平衡是很重要的，这一类酶的种类虽然多种多样，但有一个共同的特点，就是必须要有镁离子的存在，才能表现出酶的活性。在各种酶里，镁离子起的作用是一样的，即镁离子先与磷酸基结合，然后镁离子把磷酸基上的电子往自己这边拉，结果使磷酸基上最后一个磷原子带正电，水分子把这个带正电的磷原子拉下来，使多聚磷酸酯发生水解和裂解反应。

钙离子在镁离子激活酶的过程中具有拮抗作用。由于钙、镁离子结构相同，钙离子容易把镁离子从某些酶中排挤出来，可是钙离子非但对酶不能起激活作用，反而对酶的活性会起抑制作用。像这样两种金属离子间互相排挤、阻碍和削弱的作用就称为拮抗。因此，在人体内钙和镁离子之间保持一定的比例关系，也是非常重要的。

7.1.1.4 痕量金属元素

习惯上把含量高于 0.01% 的元素，称为常量元素，低于此值的元素，称为微量元素。人体若缺乏某种主要元素，会引起人体机能失调，但是这种情况很少发生，一般的饮食都会含有绰绰有余的宏量元素。微量元素虽然在人体内含量很少，但它们在生命过程中的作用不可低估。没有这些必要的微量元素，酶的活性就会降低或完全丧失，激素、蛋白质、维生素的合成和代谢也就会发生障碍，人类生命过程就难以继续进行。

A　Fe

铁是一种基本的金属，或者说是一种矿物。但对于人类的身体构成来说，它是一种不可或缺的元素。最重要的是，负责给身体器官和组织输送氧气的红血球里，铁元素是必不可少的组成。成人体内铁的总量约为 4 ~ 5g，其中 72% 以血红蛋白，3% 以肌红蛋白，0.2% 以其他化合物形式存在，其余则为储备铁，以铁红蛋白的形式储存于肝脏、脾脏和骨髓的网状内皮系统中，约占总铁量的 25%。食物中的铁主要以 $Fe(OH)_3$ 配合物的形式存在，在胃酸作用下，还原成亚铁离子，再与肠内容物中的维生素 C、某些糖及氨基酸形成配合物，在十二指肠及空肠吸收。铁在体内代谢中可反复被身体利用。一般情况下，除肠道分泌和皮肤、消化道及尿道上皮脱落可损失一定数量外，几乎不存在其他途径损失。

a 血红蛋白

血红蛋白是高等生物体内负责运载氧的一种蛋白质（缩写为 Hb 或 HGB），是使血液呈红色的蛋白。血红蛋白由四条链组成，两条 α 链和两条 β 链，每一条链有一个包含一个铁原子的环状血红素。氧气结合在铁原子上，被血液运输。血红蛋白的特性是：在氧含量高的地方，容易与氧结合；在氧含量低的地方，又容易与氧分离。血红蛋白的这一特性，使红细胞具有运输氧的功能。

血红蛋白是高等生物体内负责运载氧的一种蛋白质。也是红细胞中唯一一种非膜蛋白。人体内的血红蛋白由四个亚基构成，分别为两个 α 亚基和两个 β 亚基，在与人体环境相似的电解质溶液中血红蛋白的四个亚基可以自动组装成 $\alpha_2\beta_2$ 的形态。血红蛋白的每个亚基由一条肽链和一个血红素分子构成，肽链在生理条件下会盘绕折叠成球形，把血红素分子抱在里面，这条肽链盘绕成的球形结构又被称为珠蛋白。血红素分子是一个具有卟啉结构的小分子，在卟啉分子中心，由卟啉中四个吡咯环上的氮原子与一个亚铁离子配位结合，珠蛋白肽链中第 8 位的一个组氨酸残基中的吲哚侧链上的氮原子从卟啉分子平面的上方与亚铁离子配位结合，当血红蛋白不与氧结合的时候，有一个水分子从卟啉环下方与亚铁离子配位结合，而当血红蛋白载氧的时候，就由氧分子顶替水的位置。

血红蛋白是脊椎动物红血细胞的一种含铁的复合变构蛋白，由血红素和珠蛋白结合而成。其功能是运输氧和二氧化碳，维持血液酸碱平衡，也存在于某些低等动物和豆科植物根瘤中，相对分子质量约 67000，含有四条多肽链，每个多肽链含有一个血红素基团，血红素中铁为二价，与氧结合时，其化学价不变，形成氧合血红蛋白。血红蛋白呈鲜红色，与氧解离后带有淡蓝色，有多种类型：血红蛋白 A（HbA），$\alpha_2\beta_2$，占成人血红蛋白的 98%；血红蛋白 A_2（HbA_2），$\alpha_2\delta_2$，占成人血红蛋白的 2%；血红蛋白 F（HbF），$\alpha_2\gamma_2$，仅存在于胎儿血中；血红蛋白 H（HbH），β_4，四个相同 β 链组成的四聚体血红蛋白；血红蛋白 C（HbC），β 链中 Lys 被 Glu 取代的血红蛋白；血红蛋白 S（HbS），镰刀状细胞红蛋白；血红蛋白 O_2（HbO_2，$HHbO_2$），氧合血红蛋白；血红蛋白 CO（HbCO），一氧化碳结合血红蛋白。在没有氧存在的情况下，四个亚基之间相互作用的力很强，氧分子越多，与血红蛋白结合力越强。中心离子铁（Ⅱ）进一步和蛋白质链中的组氨酸结合，成为五配位，既是配位中心，又是活性中心。血红蛋白中铁（Ⅱ）能可逆地结合氧分子，取决于氧分压。它能从氧分压较高的肺泡中摄取氧，并随着血液循环把氧气释放到氧分压较低的组织中去，从而起到输氧作用。一氧化碳与血红蛋白的结合较氧强，即使浓度很低也能优先和血红蛋白结合，致使通往组织的氧气流中断，造成一氧化碳中毒（使氧气与血红蛋白的结合能力下降，使人窒息而死亡）。

血红蛋白与氧结合的过程是一个非常神奇的过程。首先一个氧分子与血红蛋白四个亚基中的一个结合，与氧结合之后的珠蛋白结构发生变化，造成整个血红蛋白结构的变化，这种变化使得第二个氧分子相比于第一个氧分子更容易寻找血红蛋白的另一个亚基结合，而它的结合会进一步促进第三个氧分子的结合，以此类推直到构成血红蛋白的四个亚基分别与四个氧分子结合。而在组织内释放氧的过程也是这样，一个氧分子的离去会刺激另一个的离去，直到完全释放所有的氧分子，这种有趣的现象称为协同效应。

血红素分子结构由于协同效应，血红蛋白与氧气的结合曲线呈 S 形（图 7.2），在特定范围内随着环境中氧含量的变化，血红蛋白与氧分子的结合率有一个剧烈变化的过程，生物体内组织中的氧浓度和肺组织中的氧浓度恰好位于这一突变的两侧，因而在肺组织，血红蛋白可以充分地与氧结合，在体内其他部分则可以充分地释放所携带的氧分子。可是当环境中的氧气含量很高或者很低的时候，血红蛋白的氧结合曲线非常平缓，氧气浓度巨大的波动也很难使血红蛋白与氧气的结合率发生显著变化，因此健康人即使呼吸纯氧，血液运载氧的能力也不会有显著的提高，从这个角度讲，对健康人而言吸氧的所产生心理暗示要远远大于其生理作用。

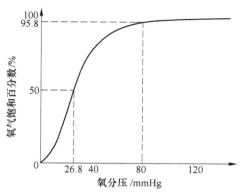

图 7.2　血红蛋白与氧气结合曲线呈 S 形
（注：1mmHg＝133.32Pa）

除了运载氧，血红蛋白还可以与二氧化碳、一氧化碳、氰离子结合，结合的方式也与氧完全一样，所不同的只是结合的牢固程度，一氧化碳、氰离子一旦和血红蛋白结合就很难离开，这就是煤气中毒的原理，遇到这种情况可以使用其他与这些物质结合能力更强的物质来解毒，比如一氧化碳中毒可以用静脉注射亚甲基蓝的方法来救治。

b　肌红蛋白

肌红蛋白（myoglobin，Mb）是一种氧结合血红素蛋白，主要分布于心肌和骨骼肌组织。肌红蛋白是由一条肽链和一个血红素辅基组成的结合蛋白，是肌肉内储存氧的蛋白质，它的氧饱和曲线为双曲线形。多肽链中氨基酸残基上的疏水侧链大都在分子内部，亲水侧链多位于分子表面，因此其水溶性较好。

肌红蛋白有 8 段 α-螺旋区，每个 α-螺旋区含 7~24 个氨基酸残基，分别称为 A、B、C…，G 及 H 肽段，有 1~8 个螺旋间区，肽链拐角处为非螺旋区（亦称螺旋间区），包括 N 端有 2 个氨基酸残基，C 端有 5 个氨基酸残基的非螺旋区，处在拐点上的氨基酸残基 Pro、Ile、Ser、Thr、Asn 等。极性氨基酸分布在分子表面，内部存在一口袋形空穴，血红素居于此空穴中。血红素是铁卟啉化合物，它由 4 个吡咯通过 4 个甲炔基相连成一个大环，Fe^{2+} 居于环中。铁与卟啉环及多肽链氨基酸残基的连接：铁卟啉上的两个丙酸侧链以离子键形式与肽链中的两个碱性氨基酸侧链上的正电荷相连。血红素的 Fe^{2+} 与 4 个咯环的氮原子形成配位键，另 2 个配位键 1 个与氨基酸结合，1 个与 O_2 结合，故血红素在此空穴中保持稳定位置。这种构象非常有利于运氧和储氧功能，同时也使血红素在多肽链中保持稳定。但是过量运动、劳累、阳光辐射、空气污染、吸烟、农药等会产生过量的自由基。自由基，化学上也称为"游离基"，是含有一个不成对电子的原子团。由于原子形成分子时，化学键中电子必须成对出现，因此自由基就到处夺取其他物质的一个电子，使自己形成稳定的物质，在化学中，这种现象称为"氧化"。体内活性氧自由基具有一定的功能，如免疫和信号传导过程。但过多的活性氧自由基就会有破坏行为，导致人体正常细胞和组织的损坏，而肌红蛋白是富氧链蛋白，更容易遭到自由基的攻击。多种疾病，如心脏病、老年痴呆症、帕金森病和肿瘤，与肌红蛋白被氧化存在着密切的关系。此外，更多活性氧自由基，使核酸突变，这是人类衰老和患病的根源。

c　细胞色素 c

细胞色素是一类以铁卟啉（或血红素）作为辅基的电子传递蛋白，广泛参与动、植物，酵母以及好氧菌、厌氧光合菌等的氧化还原反应。细胞色素可按其吸收的光的波长分为 3 类，细胞色素 c 在最短的波长处有吸收，它是一种含血红素辅基的单链蛋白质，是唯一可溶的细胞色素。细胞色素 c（图 7.3）的相对分子质量约为 13000，蛋白质部分由 104 个左右的氨基酸残基组成，其中赖氨酸含量较高，为碱性蛋白。它在生物体中的功能就是在呼吸链的细胞色素还原酶和细胞色素氧化酶之间传递电子，通过其血红素辅基中铁原子的还原态（Fe^{2+}）和氧化态之间的可逆变化进行传递。细胞色素 c 是呼吸链中极重要的电子传递

图 7.3　细胞色素 c

体，它主要存在于线粒体中，需氧最多的组织如心肌及酵母细胞中，细胞色素 c 含量丰富。

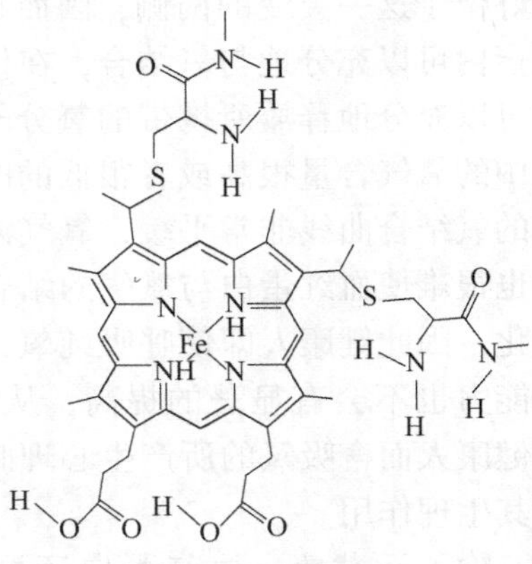

细胞色素 c 是一种细胞呼吸激活剂。在临床上可以纠正由于细胞呼吸障碍引起的一系列缺氧症状，使其物质代谢、细胞呼吸恢复正常，病情得到缓解和痊愈。例如：一氧化碳中毒、催眠药中毒、新生儿窒息、麻醉及肺部疾病引起的呼吸困难、高山缺氧、脑缺氧、心脏疾病引起的缺氧等。

B　Zn^{2+}

Zn 在人体中的含量为 2~3g，仅次于铁，比 Cu 高六倍。人体中的 Zn，大约 1/3~1/4 存在于皮肤和骨骼中；存在于血液中的 Zn 有 12%~20% 在血浆里，75%~80% 在红细胞中，约 3% 在白细胞中，其余分布在胰和眼等器官中。尽管白细胞的总量比红细胞少得多，但每个白细胞中的锌含量远比红细胞中多。Zn^{2+} 的很多功能都与酶密切相关，下面介绍主要的两种含锌酶：碳酸酐酶和羧肽酶。

a　碳酸酐酶

碳酸酐酶广泛分布于人体内的肾小管上皮细胞、胃黏膜、胰腺、红细胞、中枢神经细胞和睫状体上皮细胞等组织中。碳酸酐酶是红细胞的主要蛋白质成分之一，在红细胞中的地位仅次于血红蛋白。碳酸酐酶的相对分子质量约为 30000，由单一肽链组成，包含约 260 个氨基酸残基，每个酶分子含一个 Zn^{2+} 离子。人体内的碳酸酐酶呈椭球形，分子中部有一个袋形空腔，深约 1.5nm，腔口宽约 2.0nm，Zn^{2+} 就结合在这个空腔底部。

碳酸酐酶对于人和动物的呼吸作用极为重要。在人与动物体内，由碳酸酐酶催化 CO_2 和 H_2O 合成 HCO_3^-，当 HCO_3^- 随血液循环到肺泡后，又由碳酸酐酶催化使它解离为 CO_2 排出体外。

$$CO_2 + H_2O \longrightarrow HCO_3^- + H^+$$

碳酸酐酶是已知金属酶中催化转换数最高的酶之一，它可以在 2ms 内使 95% 的 CO_2 转换为 HCO_3^-。碳酸酐酶是锌蛋白质（动物原性），存在于脊椎动物的红血球和许多动物的各种组织以及植物的叶中。它在红血球中具有对碳酸和重碳酸离子的迅速转换的作用，在胃中对盐酸的分泌起作用，一般来说，具有调节体液 pH 值的作用。另外认为碳酸酐酶与

植物的光合作用也有关系。

b 羧肽酶

羧肽酶是催化水解多肽链含羧基末端氨基酸的酶，是一种消化酶，可专一性地从肽链的 C 端开始逐个降解，释放出游离氨基酸的一类肽链外切酶，以酶原形式存在于生物体内，常用的有 A、B、C 及 Y 4 种羧肽酶。羧肽酶 A 能水解蛋白质和多肽底物 C 端芳香族或中性脂肪族氨基酸残基，释放除脯氨酸、羟脯氨酸、精氨酸和赖氨酸之外的所有 C 末端氨基酸，更易于水解具有芳香族侧链和大脂肪侧链的羧基端氨基酸，比如酪氨酸，苯丙氨酸，丙氨酸等。羧肽酶 A（carboxypeptidase A，CPA）因其底物的首位字 "A" 而得名羧肽酶 A。

羧肽酶 A 存在于哺乳动物胰脏中，相对分子质量 34600，每个酶分子含有一个 Zn^{2+} 作为辅基，酶蛋白为单一的多肽链，约有 300 个氨基酸残基。经分辨率为 0.2nm 的 X 射线结构测定，羧肽酶分子呈椭圆球形，大小为 5.0nm×4.2nm×3.8nm。在酶蛋白的单一多肽链的 307 个氨基酸残基中，大约一半的氨基酸残基形成 α 螺旋结构或 β 折叠结构（包括平行式和反平行式）；其余的氨基酸残基形成的肽链段的空间结构在这些容易变形的部分发生。

在酶分子中部有一条狭长的空腔，这是底物的结合位置。底物的 C-末端沿这条沟槽伸入到酶分子内的活性部位，空腔内还有一定数量的水分子。Zn^{2+} 就处于这条空腔的内表面，它是维持羧肽酶 A 活性所必需的组分。Zn^{2+} 与多肽链的 iangge 组氨酸（69 和 196）的咪唑基氮原子，以及谷氨酸（72）的羧基氧原子以配位键结合，第四个配位位置则与一个水分子松弛地连接。Zn^{2+} 处于畸变四面体配位状态。最近几年，X 射线结构测定的分辨率提高到 0.175nm，对羧肽酶 A 的结构研究又有新的变化。有人提出 Zn^{2+} 处于五配位状态，除了上述四个配体外，第五个配位原子是谷氨酸-72 的第二个氧原子。羧肽酶 A 可催化蛋白质或多肽的羧基末端肽键的水解反应。除了脯氨酸之外，羧肽酶 A 能不同程度地催化具有各种 C-末端氨基酸的肽链水解。当底物的 C-末端氨基酸侧链 R 为芳基或分枝较大的脂基时，羧肽酶 A 显示出很强的活性。对应的水解反应如下式所示：

$$—NH—CH—CO—NH—CH—CHOO^- + H_2O$$
$$\quad\quad\quad R_2 \quad\quad\quad\quad\quad R_1$$

$$\xrightarrow{\text{羧肽酶A}} \quad —NH—CH—COOH + H_2N—CH\ COO^-$$
$$\quad\quad\quad\quad\quad R_2 \quad\quad\quad\quad\quad\quad R_1$$

此外，羧肽酶 A 还能催化脂类水解。

C Cu

铜是一种很重要的痕量元素，正常成人体内含铜 100～200mg，其主要功能是参与造血过程；增强抗病能力；参与色素的形成等。铜存在于 12 种酶中，如血蓝蛋白、超氧化物歧化酶及铜蓝蛋白等。

a 血蓝蛋白

血蓝蛋白又称血蓝素，是一种多功能蛋白，过去被称为呼吸蛋白，但最新研究表明，该蛋白与能量的贮存、渗透压的维持及蜕皮过程的调节有关。它是在某些软体动物、节肢动物（蜘蛛和甲壳虫）的血淋巴中发现的一种游离的蓝色呼吸色素。血蓝蛋白含两个直接连接多肽链的铜离子，与含铁的血红蛋白类似，它易于氧结合，也易与氧解离，是已知的唯一可与氧可逆结合的铜蛋白，氧化时呈青绿色，还原时呈白色，其相对分子质量为450000～130000。节肢动物的血蓝蛋白一条多肽链与 1 分子氧结合，含铜量 0.17%；软体动物的血蓝蛋白一条多肽链则与 6 分子氧结合，含铜量 0.025%。铜以二价形式与蛋白直接结合。血蓝蛋白有多种催化作用，特别是变性后，在特定条件下具有多酚氧化酶、过氧化氢酶和脂氧化酶等活性。

b　超氧化物歧化酶

超氧化物歧化酶（superoxide dismutase，SOD）是一种广泛存在于动植物、微生物中的金属酶。它能催化生物体内超氧自由基(O^{2-}) 发生歧化反应，是机体内 O^{2-} 的天然消除剂，从而清除 O^{2-}，在生物体的自我保护系统中起着极为重要的作用，在免疫系统中也有极为重要的作用。

SOD 是一种金属酶，含有铜和锌两种离子，需氧。生物中，SOD 催化使对抗体有关的超氧阴离子变成双氧水，随后被双氧水分解，保护机体免受超氧阴离子的影响，是一种新型的抗氧化酶。反应机理如下：

$$2O^{2-} + 2H^+ \longrightarrow H_2O_2 + O_2$$

O^{2-} 称为超氧阴离子自由基，是生物体多种生理反应中自然生成的中间产物。它是活性氧的一种，具有极强的氧化能力，是生物氧毒害的重要因素之一。SOD 是机体内天然存在的超氧自由基清除因子，它通过上述反应可以把有害的超氧自由基转化为过氧化氢。尽管过氧化氢仍是对机体有害的活性氧，但体内的过氧化氢酶（CAT）和过氧化物酶（POD）会立即将其分解为完全无害的水。这样，三种酶便组成了一个完整的防氧化链条。SOD 属于金属蛋白酶，按照结合金属离子种类不同，该酶有以下三种：含铜与锌超氧化物歧化酶（Cu-ZnSOD）、含锰超氧化物歧化酶（Mn-SOD）和含铁超氧化物歧化酶（Fe-SOD）。三种 SOD 都催化超氧化物阴离子自由基，将之歧化为过氧化氢与氧气。

目前，人们认为自由基（也称游离基）与绝大部分疾病以及人体的衰老有关。所谓的自由基就是当机体进行代谢时，能夺去氧的一个电子，这样这个氧原子就变成自由基。自由基很不稳定，它要在身体组织细胞的分子中再夺取电子来使自己配对，当细胞分子推陈出新动一个电子后，它也变成自由基，又要去抢夺细胞膜或细胞核分子中的电子，这样又称会产生新的自由基，如超氧化物阴离子自由基、羟自由基、氢自由基和甲基自由基等。在细胞由于自由基非常活泼，化学反应性极强，参与一系列的连锁反应，能引起细胞生物膜上的脂质过氧化，破坏了膜的结构和功能。它能引起蛋白质变性和交联，使体内的许多酶及激素失去生物活性，机体的免疫能力、神经反射能力、运动能力等系统活力降低，同时还能破坏核酸结构和导致整个机体代谢失常等，最终使机体发生病变。因此，自由基作为人体垃圾，能够促使某些疾病的发生和机体的衰老。虽然自由基会对机体产生诸多危害，但是在一般的条件下人体细胞内也存在着清除自由基、抑制自由基反应的体系，它们有的属于抗氧化酶类，有的属于抗氧化剂。像 SOD 就是一种主要的抗氧化酶，能清除超氧化物自由基，在防御氧的毒性、抑制老年疾病以及预防衰老等方面起着重要作用。

c　铜蓝蛋白

铜蓝蛋白（ceruloplasmin，CER）又称铜氧化酶，是一种含铜的 α_2 糖蛋白，相对分子质量约为 12 万~16 万，不易纯化，目前所知为一个单链多肽，每分子含 6~7 个铜原子，由于含铜而呈蓝色，含糖约 10%，末端唾液酸与多肽链连接，具有遗传上的基因多形性。铜蓝蛋白的作用为调节铜在机体各个部位的分布、合成含铜的酶蛋白，有着抗氧化剂的作用，并具有氧化酶活性，对多酚及多胺类底物有催化其氧化的能力。一般认为铜蓝蛋白由肝脏合成，一部分由胆道排泄，尿中含量甚微。铜蓝蛋白测定对某些肝、胆、肾等疾病的诊断有一定意义。

D　Co

微量元素钴与维生素 B_{12}（维生素 B_{12} 又称钴胺素，是唯一含金属元素的维生素）有重要关系，因为它是维生素 B_{12} 的组成部分，其生理功能也是通过维生素 B_{12} 的作用来显示的，且钴元素并不能直接被人体所吸收。维生素 B_{12} 要经过肠道进入胃，钴能够防止维生素 B_{12} 被肠道内的微生物破坏，没有了钴的参与，维生素 B_{12} 的功效也会降低甚至是消失。图 7.4 所示为维生素 B_{12} 的结构。

钴是维生素 B_{12} 的组成部分，因此，其生理功能的发挥也离不开维生素 B_{12} 的支持，首先它需要合成维生素 B_{12}，然后发挥其造血功能，并对蛋白质的新陈代谢

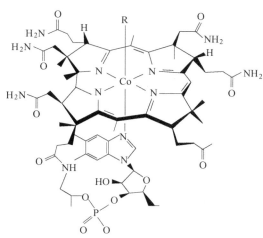

图 7.4　维生素 B_{12} 的结构

有一定作用；还可促进部分酶的合成，并有助于增强其活性。此外，它还有助于铁在人体内的储存以及肠道对铁和锌的吸收，促进肠胃和骨髓的健康等。

水中重金属离子钴浓度超标时会引起很多严重的健康问题，如低血压、瘫痪、腹泻和骨缺陷等，也会导致活细胞的基因突变。微量元素钴的缺乏会直接影响到维生素 B_{12} 生理功能的发挥，易导致贫血症、老年痴呆症、性功能障碍等疾病的生成，并会出现气喘、眼压异常、身体消瘦等症状，易患上脊髓炎、青光眼以及心血管疾病。

7.1.2　金属中毒与解毒

7.1.2.1　金属中毒

金属中毒是指人体因某种金属的含量过多而引起的慢性或急性中毒。金属过量摄入的途径有呼吸道、口腔等。值得一提的是，并非只是过量摄入有害金属才会导致金属中毒，即使是人体所需的金属如果摄入量过大也会导致中毒。

一般重金属进入体内会与人体的某些酶结合，抑制人体必需的蛋白质的合成，使蛋白质的结构发生不可逆的变化。蛋白质的结构改变导致功能丧失，体内的酶就不能够催化化学反应，细胞膜表面的载体就不能运入营养物质、排出代谢废物，肌球蛋白和肌动蛋白就无法完成肌肉收缩，体内细胞就无法获得营养，排出废物，无法产生能量，细胞结构就会崩溃和丧失功能，危害人体的健康。

金属离子中毒主要有以下几种：

（1）汞中毒。人体食入汞后直接沉入肝脏，对大脑视力神经破坏极大。天然水每升水中含 0.01mg，就会使人强烈中毒。含有微量的汞饮用水，长期食用会引起蓄积性中毒，主要危害人体的神经系统，使脑部受损，造成汞中毒脑症引起的四肢麻痹，运动失调、视野变窄、听力困难等症状，重者心力衰竭而死亡。汞中毒较重者可以出现口腔病变、恶心、呕吐、腹痛、腹泻等症状，也可对皮肤黏膜及泌尿、生殖等系统造成损害。在微生物作用下，甲基化后毒性更大。

汞进入人体后，与体内大分子发生共价结合。Hg^{2+} 由于具有高度亲电子性，对体内含有硫、氧、氮等电子供体的基团，如巯基、羰基、羧基、羟基、氨基、磷酰基等均具有很强的攻击力。上述基团均是体内最重要的活性基团，与 Hg^{2+} 共价结合后即失去活性，而对机体生理生化功能产生巨大影响。Hg^{2+} 尤对巯基有高度亲和力，这也是汞的毒性机制的核心，因巯基不仅是氧化还原酶类、转移酶类最重要的功能基团，也是膜结构蛋白中最主要基团，是许多受体结构的重要成分，且处于膜结构的最表层，最易受到攻击。Hg^{2+} 除与酶、结构蛋白等大分子物质发生共价结合，造成功能和结构损伤外，它的亲电子性还取决它对 DNA 也有明显攻击性，可造成 DNA 单链断裂，其效果颇似 X 线照射，这可能与其能在体内产生超氧阴离子自由基（superoxide radical）有关，但尚无证据表明汞具有致突变性及致癌性。

（2）镉中毒。镉中毒主要是由于吸入镉烟尘或镉化合物粉尘引起的，一次大量吸入可引起急性肺炎和肺水肿，慢性中毒引起肺纤维化和肾脏病变。接触镉的行业有镉的冶炼、喷镀、焊接和浇铸轴承表面，制造核反应堆的镉棒或覆盖镉的石墨棒，镉蓄电池和其他镉化合物制造等。

镉慢性中毒的机制尚未完全清楚，目前有如下假说：

1）肾小管内不能与金属硫蛋白结合的镉与细胞膜相互作用，产生脂质过氧化，同时含锌酶中的锌被镉替代，使酶的活性受到限制，干扰了肾脏对蛋白质的分解和重吸收功能，导致肾小管功能异常。

2）镉对肾小球有直接的毒性作用，造成肾小球通透性增高，因此，肾小球性蛋白尿可早期单独出现。

3）由于肾小管损害引起钙、磷、维生素 D_3 代谢障碍，引起骨质疏松，骨质软化。

4）体内的镉可使肠道吸收铁减少，并使红细胞脆性增加，从而出现贫血。

（3）铅中毒。铅和其化合物对人体各组织均有毒性，中毒途径可由呼吸道吸入其蒸气或粉尘，然后呼吸道中吞噬细胞将其迅速带至血液；或经消化道吸收，进入血循环而发生中毒。铅对血红素合成的影响主要抑制含巯基的 δ-氨基-γ-酮戊酸脱水酶（ALAD）和血红素合成酶，也可抑制 δ-氨基-γ-酮戊酸合成酶（δ-ALAS）。ALAD 受抑制后，使血 ALAD 增加，由尿排出。血红素合成酶受抑制后，体内的锌离子被络合于原卟啉 IX，形成锌原叶啉（ZPP），从而出现红细胞游离原卟啉（FEP）或 ZPP 增高，导致血红素合成障碍。

铅对红细胞的毒性作用是抑制红细胞膜上的 Na^+、K^+-ATP 酶的活性，引起红细胞内的大量 K^+ 逸出，导致细胞膜崩解而溶血。此外，铅可与红细胞表面的磷酸盐结合形成不溶性的磷酸铅，使红细胞表面的物理特性发生改变，脆性增加，导致溶血。

（4）硒中毒。硒中毒是由于人因食用含硒量高的食物和水，或从事某些常常接触到硒的工作，可出现不同程度的硒中毒。动物在摄入含硒量高的牧草或其他含硒量高的饲料时，也可发生中毒。急性中毒时出现一种被称作"蹒跚盲"的综合症，其特征是失明、腹痛、流涎，最后因肌肉麻痹而死于呼吸困难。慢性硒中毒时出现脱毛、脱蹄、角变形、长骨关节糜烂、四肢僵硬、跛行、心脏萎缩、肝硬化和贫血，即所谓家畜硒中毒或碱毒（质）病。

（5）铍中毒。铍已经成为环境污染的严重问题，铍的毒性机制就在于铍能够和 Mg（Ⅱ）竞争，而且由于它具有更大的电荷/半径比值，结合能力强于 Mg(Ⅱ)。有好几种酶的活性可被 Be(Ⅱ)抑制，而且这种抑制一旦产生，即使使用 Mg(Ⅱ)置换也难于使其再生。Be(Ⅱ)也能破坏 DNA 的合成，Be(Ⅱ)特别容易在细胞核内积累，抑制细胞核的分裂能力。

（6）铝中毒。铝的毒性主要来自它的高电荷半径比值，因此它与硬的氧配体（磷酸盐）能形成比 Ca^{2+}、Mg^{2+} 离子更稳定的配合物，如果让 Al^{3+} 穿透生物细胞，它将是一个很强的毒素，因为它会干扰磷酸根离子正常的生理功能。然而，在正常生理 pH 值下，几乎所有溶解的 Al^{3+} 都是以 $[Al(OH)_4]^-$ 形式存在的，作为一个带负电荷的物种，不容易穿透生物膜，也不像 Al^{3+} 那样结合成磷酸根离子。但是如果消化系统和排泄系统的正常保护机制遭到破坏，则可能造成 Al^{3+} 在体内积累，使骨骼败坏（骨骼软化症）和大脑受损（导致痴呆症）。

7.1.2.2　解毒

某些金属元素的离子（如锌、铜、锰、镁、钙、钾、钴等）在浓度低至毫微克分子时，作为营养性阳离子，是微生物生长必需的微量元素，当浓度高至微克分子或毫克分子离子浓度时，对微生物细胞生长、发育造成毒害；此外，某些金属元素的离子（如镉、银、铍、汞等），即使在很低的浓度，也会微生物细胞产生很强的毒性。在上述两种情况下，只靠单纯调节阳、阴离子转运系统的转运蛋白的合成和活性，是不能降低这些有毒金属离子在细胞内的浓度而达到解毒效果的，微生物细胞对重金属离子的拮抗，只有通过调节和限制细胞内自由金属离子浓度来实现。

通常微生物拮抗高浓度重金属离子的毒害，采用三种解毒机制，即：（1）通过酶促或化学反应，将有毒的物质还原成无毒或微毒物质，如汞；（2）通过阳离子外流系统促进阳离子排放，如金黄色葡萄球菌和真养产碱杆菌对镉、锌、钴等离子的抗性；（3）通过合成某种螯合剂或结合因子将有毒金属离子螯合成复合物，避免对细胞的毒害，如蓝细菌、酵母菌、粗糙脉孢菌中的金属硫蛋白（MT）、光滑球拟酵母中的重金属螯合肽（PCs）。一般认为，原核微生物对重金属离子的抗性机制以建立阳离子、阴离子外流系统为主，真核微生物对重金属离子的抗性机制以诱导合成金属硫蛋白或重金属螯合肽为主。但上述规律也有例外，酿酒酵母对重金属离子的解毒作用除诱导合成铜或镉的金属硫蛋白外，也有结合铜或镉、锌的跨膜或膜结合蛋白的阳离子外流系统；蓝细菌对重金属离子的解毒机制以外流蛋白系统为主，细胞内也可诱导合成螯合铜、镉、锌金属离子的金属硫蛋白，作为拮抗重金属离子毒害的第二道防御线。

然而，微生物细胞对重金属离子的拮抗作用也是有限的，一旦金属离子的量超过了生命机体的承受能力，仍然要出现中毒现象。此时，就需要摄入药物进行解毒，使用解毒剂就成为必要的手段。常用的金属中毒解毒剂有以下几种：

（1）2，3-二巯基丙醇。2，3-二巯基丙醇，分子式为 $C_3H_8OS_2$，相对分子质量为124.22，其用途主要是用于含砷或含汞毒物的解毒，也可用于某些重金属（如铋、锑、镉等）的表面处理。如对盐酸二氯萘砷等的解毒，但对铅、钒、铀与钛等无解毒作用。

（2）二巯基丁二酸钠。二巯基丁二酸钠的作用大致同二巯基丙醇，对酒石酸锑钾的解毒效力比之强 10 倍，而且毒性较小，从血液中消失快，4h 排出 80%，用于治疗锑、铅、汞、砷的中毒（治疗汞中毒的效果不如二巯丙磺钠）及预防镉、钴、镍中毒，对肝豆状核变性病有驱铜及减轻症状的效果。

（3）D-青霉胺和 N-乙酰-D-青霉胺。D-青霉胺是青霉素水解生成的水溶性物质，其结构是在半胱氨酸上附加两个甲基。D-青霉胺与 N-乙酰-D-青霉胺分子中也含有形成螯合物的供体 S、N、O，能牢固地螯合 Cu^{2+}、Cr^{3+}、Au^+、Pb^{2+}、Hg^{2+} 等重金属离子，形成稳定而可溶的配合物。

（4）金精三羧酸。它能和 Be^{2+} 形成稳定的配合物，是治疗铍中毒的有效解毒剂，水杨酰胺也具有同样的作用。

（5）氨羧螯合剂。以 EDTA 为代表的氨羧螯合剂是成员最多的解毒剂系列，包括有乙二胺四乙酸（EDTA）、环己烷二胺四乙酸（CDTA）、二乙三胺五乙酸（DTPA）、三乙四胺六乙酸（TTHA）、双乙氨基硫醚四乙酸（BADS）等，均用于治疗重金属中毒。氨羧螯合剂因对多种金属离子具有强的螯合能力而著称，但这同时也带来了副作用，长期使用会导致人体内必需的金属离子的正常浓度下降，影响诸多金属酶的活性，造成严重的后果。

7.1.3　生物固氮

生物固氮是指固氮微生物将大气中的氮气还原成氨的过程。固氮生物都属于个体微小的原核生物，所以，固氮生物又称为固氮微生物。根据固氮微生物的固氮特点以及与植物的关系，可以将它们分为自生固氮微生物、共生固氮微生物和联合固氮微生物三类。

7.1.3.1　固氮的生物化学与生理学

生物固氮总是在固氮酶的催化作用下进行的，其最大的特点是能够在常温、常压的温和条件下实现 N_2 和 NH_3 的转化。生物固氮的总反应式如下：

$$N_2 + 8e^- + 16MgATP + 16H_2O \longrightarrow 2NH_3 + H_2 + 16MgADP + 16Pi + 8H^+$$

催化此反应的酶是固氮酶。固氮酶是多功能的氧化还原酶，除了还原 N_2 以外，还能还原多种类型的底物，如乙炔、氰化物、氧化亚氮、联氨、叠氮化物和 H^+ 等。用气相色谱仪能很容易测定乙炔还原成乙烯的产生量，这为研究固氮酶活性提供了极为简单的方法。该法对生物固氮研究取得重大进展发挥了作用。

固氮酶由铁钼蛋白（Fe-Moprotein）和铁蛋白（Fe-protein）组成。这两个蛋白单独存在时都不呈现固氮酶活性，只有两者聚合构成复合体时才有催化氮还原的功能。铁钼蛋白为由相对分子质量分别为 51kD（在生物化学、分子生物学和蛋白组学中经常用 D 或 kD，定义为碳 12 相对原子质量的 1/12，1D = 1 g/mol。）和 60kD 的 2 个 α 亚基和 2 个 β 亚基组成的四聚体（$\alpha_2\beta_2$），相对分子质量约为 220~245kD。每分子铁钼蛋白含有两个钼原子，28 个铁原子。铁蛋白的相对分子质量在 59~73kD 之间，由两个相对分子质量同为 30kD 的亚基组成（γ_2）。铁蛋白含有 4 个铁原子。在氮还原为 NH^{4+} 的过程中，固氮酶中的 Fe 和 Mo 都发生氧化还原反应。类菌体利用碳水化合物进行呼吸作用产生 NADH 或

NADPH 和 ATP。已经查明，固氮的天然电子传递体（供体）有铁氧还原蛋白、黄素氧还原蛋白等。固氮生物体内存在着 ATP 和二价的金属离子（如 Mg^{2+}）是固氮不可缺少的条件。只有在 Mg^{2+} 的作用下，ATP 才可以与 Fe 蛋白结合，而且必须有 Fe-Mo 蛋白的参与才发生 ATP 水解反应。Fe 蛋白将电子传递给 Fe-Mo 蛋白的同时伴随着 ATP 水解产生 ADP。Fe-Mo 蛋白最后将电子传递给 N_2 和质子，产生 2 分子 NH_3 和 1 分子 H_2。

固氮酶对氧敏感，其催化反应需在厌氧下进行。除了专性厌氧的生物外，氧对其他固氮生物的固氮酶有损伤作用，但这些生物通过呼吸作用产生固氮必需的 ATP 又需要氧，所以高效率的固氮作用一般是在微氧下进行的。不同固氮生物避免氧对固氮酶伤害的机制各异，如具有异形胞的蓝藻的固氮功能主要在异形胞中进行，这种细胞外有一层防氧进入的糖脂组成的外膜，缺少水光解放氧的 PS II，其中戊糖磷酸途径的两种酶活性较低，而超氧物歧化酶和脱氢酶活性都比较强，使异形胞保持了一个微氧环境。豆科植物的根瘤中类菌体有一层类菌体周膜，瘤内皮层内侧细胞排列紧密并形成间隙，两者对于保持类菌体的低氧环境十分重要。此外，根瘤细胞内的豆血红蛋白也部分地控制着类菌体氧气的需求。在非豆科植物共生固氮体系中，在与放线菌共生的瘤中有囊泡存在，这种囊泡可能与蓝藻的异形胞一样具有防氧功能。很明显，共生体系中的根瘤本身就是一个良好的氧保护系统。

在类菌体内合成的 NH_3（很可能是 NH_4^+）要从类菌体内运出来，才能参与寄主植物中的代谢。在含类菌体细胞的细胞质中，NH_4^+ 转化成谷酰胺、谷氨酸、天冬酰胺和酰脲。这些物质由转移细胞分泌到木质部，运输到植物的其他部分。

由于生物固氮的重要性，有关控制生物固氮的环境与遗传因素的研究受到重视。研究表明，凡是能增加植物光合作用能力的因素，如合适的水分、温度、强光照和高 CO_2 水平等都可以促进固氮作用。豆科植物与固氮生物的遗传因素也影响固氮作用的速率和产量。例如其中一个遗传因素是豆科植物的结瘤能力，它依赖于根瘤菌与寄主植物之间的由遗传控制的识别过程。为提高结瘤能力，科学工作者正在进行改造根瘤菌基因以及选择合适的寄主品种的研究工作。另外一个遗传因素是固氮酶在还原 N_2 的同时还原 H^+。由总反应式可见，固氮酶催化的反应中有 1/4 的电子用于还原 H^+ 产生 H_2，而 H_2 被还原后逸出进入大气，这个过程使能量白白浪费。不过，大多数根瘤菌和自生固氮细菌均含有氢化酶，该酶将 H_2 氧化成 H_2O，这一过程推动由 ADP 和 Pi 合成 ATP 的反应。有研究表明，与具有较高氢化酶活性的根瘤菌共生的豆科植物（如大豆）的产量比与无氢化酶活性的根瘤菌共生的大豆产量稍高。可能是前者减少了能量的浪费。基于这种认识，通过基因工程技术可能会获得具有更高活性的氢化酶的根瘤菌并增加豆类产量。此外，用基因工程技术将固氮基因导入非豆科植物根，促使这些植物固氮的工作也获得了一定的进展。

植物的不同生长阶段会影响生物固氮作用，如大豆、花生、木豆，通过生物固氮固定的氮素中 90% 在生殖阶段中进行，而 10% 在营养生长过程中进行。奇怪的是，几种豆类的生物固氮提供的氮素仅为其一生所需总氮量的 1/4 至 1/2，其余主要在营养生长阶段从土壤中吸收 NO_3^- 或 NH_4^+。不过，多施氮肥并不能增产，原因是植物对氮肥吸收增加反而使生物固氮能力下降。硝酸盐肥料的影响有几个方面：抑制根瘤菌与根毛的接触，中止侵染丝的形成；根瘤生长缓慢，抑制已成熟根瘤的固氮作用；当增施 NO_3^- 和 NH_4^+ 时，加速根瘤的衰老。

7.1.3.2 化学模拟生物固氮

自然界里多种多样的固氮酶微生物能在常温常压下固氮成氨，比人工合成氨具有更高的固氮效率。所谓化学模拟生物固氮就是用化学手段去模拟固氮酶的结构，开辟常温常压下合成氨的新途径。一旦成功，将不止是一场化学工业革命，而且也将是第二次绿色革命的一个胜利，对农业生产将产生巨大影响。

然而，化学模拟生物固氮除了模拟合成固氮酶活性中心原子簇外，还必须提供质子、电子和 ATP，才能实现在常温常压下固氮，而提供大量的 ATP 用于化学合成氨是不现实的。因此，目前通过化学模拟法尚未获得实用的固氮催化剂。

7.2   超分子化学

超分子化学（supramolecular chemistry）根源于配位化学，有人称之为广义配位化学，是三十多年来迅猛发展起来的一门交叉学科，它与材料科学、信息科学、生命科学等学科紧密相关，是当代化学领域的前沿课题之一。这个领域起源于碱金属阳离子被天然和人工合成的大环和多环配体，即冠醚和穴醚的选择性结合。1967 年 C. J. Pederson 报道了冠醚配位性能的发现，揭开了超分子化学发展的序幕；随后，J. M. Lehn 报道了穴醚的合成和配位性能，这种由双环或三环构成的立体结构比平面冠醚具有更好的对金属离子配位能力；1973 年，D. J. Cram 报道了一系列具有光学活性的冠醚，可以识别伯胺盐形成的配合物；分析识别的出现为这新一的化学领域注入了强大的生命力，之后它进一步延伸到分子间相互识别和作用，并广泛扩展到其他领域，从此诞生了超分子化学。超分子化学的概念和术语是在 1978 年引入的，作为对前人工作的总结和发展。1987 年，Nobel 化学奖授予了 C. J. Pederson、D. J. Cram 和 J. M. Lehn，标志着超分子化学的发展进入了一个新的时代，超分子化学的重要意义也因此被人们更多地理解，见图 7.5。

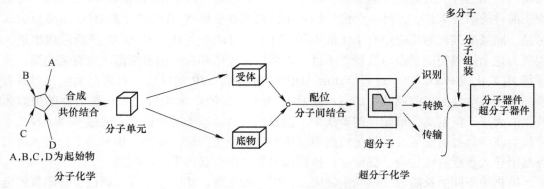

图 7.5   从分子化学到超分子化学的基本特征

7.2.1   超分子化学的理论基础

超分子体系的微观单元是由若干乃至许许多多个不同化合物的分子或离子或其他可单独存在的具有一定化学性质的微粒聚集而成。聚集数可确定或不确定，这与一分子中原子个数严格确定具有本质区别。超分子形成不必输入高能量，不必破坏原来分子结构及价键，主客体间无强化学键，这就要求主客体之间应有高度的匹配性和适应性，不仅要求分子在空间几何构型和电荷，甚至亲疏水性的互相适应，还要求在对称性和能量上匹配。这种高度的选择性导致了超分子形成的高度识别能力。如果客体分子有所缺陷，就无法与主体形成超分子体系。

由此可见，从简单分子的识别组装到复杂的生命超分子体系，尽管超分子体系千差万别，功能各异，但形成基础是相同的，这就是分子间作用力的协同和空间的互补。这些作用力的实质是永久多极矩、瞬间多极矩、诱导多极矩三者之间的相互作用，相应的能量项可分别称为库仑能、色散能和诱导能。这些弱相互作用还包括疏水亲脂作用力、氢键力、作用的协同性、方向性和选择性，决定着分子与位点的识别。经过精心设计的人工超分子体系也可具备分子识别、能量转换、选择催化及物质传输等功能，其中分子识别功能是其他超分子功能的基础。

7.2.2　超分子化合物的分类

7.2.2.1　杂多酸类超分子化合物

杂多酸是一类金属—氧簇合物，一般呈笼形结构，是一类优良的受体分子，它可以与无机分子、离子等底物结合形成超分子化合物，作为一类新型电、磁、非线性光学材料极具开发价值。有关新型 Keggin 和 Dawson 型结构的多酸超分子化合物的合成及功能开发日益受到研究者的关注。杜丹等合成了 Dawson 型磷钼杂多酸对苯二酚超分子膜及吡啶 Dawson 型磷钼多酸超分子膜修饰电极，发现该电极对抗坏血酸的催化峰电流与其浓度在 0.35~0.50mol/L 范围内呈良好的线性关系。毕丽华等合成了多酸超分子化合物，首次发现了杂多酸超分子化合物溶于适当有机溶剂中可表现出近晶相液晶行为。

7.2.2.2　多胺类超分子化合物

由于二氧四胺体系可有效地稳定如 Cu(Ⅱ) 和 Ni(Ⅱ) 等过渡金属离子的高价氧化态，若二氧四胺与荧光基团相连，则光敏物质荧光的猝灭或增强就与相连的二氧四胺配合物和光敏物质间是否发生电子转移密切相关，即通过金属离子可以调节荧光的猝灭或开启，起到光开关的作用。大环冠醚由于其自组装性能及分子识别能力而引起人们广泛的重视，近来，冠醚又成为在超分子体系中用于建构主体分子的一种重要的建造单元。

7.2.2.3　卟啉类超分子化合物

卟啉及其金属配合物、类似物的超分子功能已应用于生物相关物质分析，展示了更加诱人的前景，并将推动超分子配合物在分析化学中应用的深入开展。

7.2.2.4　树状超分子化合物

树状超分子（dendrimer）是 20 世纪 80 年代中期出现的一类新的合成高分子。薄志山等首次合成以阴离子卟啉作为树状分子的核，树状阳离子为外层，基于卟啉阴离子与树状阳离子之间静电作用力来组装树状超分子复合物。镧系金属离子（Ln^{3+}）如 Tb^{3+} 和 Eu^{3+} 的发光具有长寿命（微秒级）、窄波长、对环境超灵敏性等特点，是一种优良的发光材料，但镧系金属离子在水溶液中只有很弱的发光。

7.2.2.5　液晶类超分子化合物

侧链液晶聚合物具有小分子液晶和高分子材料的双重特性，晏华在《超分子液晶》

中详细讨论了超分子和液晶的内在联系，探讨了超分子液晶分子工程和超分子液晶热力学。李敏等从分子设计的角度出发，合成了以对硝基偶氮苯为介晶基团的丙烯酸类液晶聚合物，液晶基元上作为电子受体的硝基和作为电子给体的烷氧基可与苯环、N–N 之间形成一个离域的 π 电子体系。初步的研究表明，电晕极化制备的该类聚合物的取向膜具有二阶非线性光学性质。

7.2.2.6　酞菁类超分子化合物

田宏健等合成了带负电荷取代基的中位四（4′-磺酸基苯基）卟啉及锌配合物和带正电荷取代基 2，9，16，23 四［（4′-N，N，N 三甲基）苯氧基］酞菁季铵碘盐及锌配合物，并用 Job 氏光度滴定的方法确定了它们的组成，为面对面的杂二聚体或三明治式的杂三聚体超分子排列。发现在超分子体系中卟啉与酞菁能互相猝灭各自的荧光，用纳秒级的激光闪光光解技术观察到卟啉的正离子在 600~650nm 和酞菁负离子自由基在 550~600nm 的瞬态吸收光谱。结果表明在超分子体系中存在分子间的光诱导电子转移过程。

7.2.3　分子识别

超分子化学研究包括分子识别（molecular）、分子自主装（self assembly）、分子自组织（self organization）和超分子器件（supramolecular deVice）等。

分子识别是超分子化学的一个核心研究内容之一。所谓分子识别即是指主体（受体）对客体（底物）选择结合并产生某种特定功能的过程。它是不同分子间的一种特殊的、专一的相互作用，既满足相互结合的分子间的空间要求，也满足分子间各种次级键力的匹配，体现出锁和钥匙原理。在超分子中，一种接受体分子的特殊部位具有某些基团，正适合与另一种底物分子的基团相结合。当接受体分子和底物分子相遇时，相互选择对方，一起形成次级键；或者接受体分子按底物分子的大小，通过次级键构筑起适合底物分子居留的孔穴的结构。所以分子识别的本质就是使接受体和底物分子间有着形成次级键的最佳条件，互相选择对方结合在一起，使体系趋于稳定。

在生物体系中存在着广泛的分子识别。酶和底物之间、基因密码的转录和翻译、细胞膜的选择性吸收等都涉及分子识别。分子识别中的主体主要有冠醚、穴醚、环糊精、杯芳烃、卟啉等大环主体化合物。对以非共价键弱相互作用力键合起来的复杂有序且具有特定功能的分子集合体，即超分子化学的研究，可以说是共价键分子化学的一次升华、一次质的超越，被称为是"超出分子范围的化学"。分子识别不是依赖于传统的共价键力，而是靠非共价键力，即分子间的作用力，如范德华力（包括离子-偶极，偶极-偶极和偶极-诱导偶极相互作用）、疏水作用和氢键等。

7.2.3.1　阳离子识别

具有特殊配位能力的大环配体，能选择性结合碱金属离子和碱土金属离子，三种主要类别可以区分为：（1）天然大环，显示抗生特性，例如缬氨霉素或恩镰孢菌素；（2）合成大环聚醚、冠醚和它们的大量接有球状物；（3）合成大多环配体、穴醚和其他类型的穴状球形物。例如图 7.6 分子 1，就是一个二苯-18-冠-6（分子 2）包合了一个 Rb^+ 离子。分子 1 又是 18-冠-6（或，18]－O_6，分子 3）的双-增环衍生物。人们通过一系列合成路线，其中包括采用有效的高压方法合成了许多大环聚醚化合物，并确定了它们配体和金属配合物的结构。配体的选择性及配合物的稳定性主要取决于多氧冠醚环、配位的阳离子和冠醚空穴的大小。

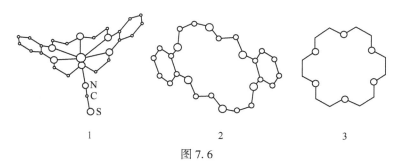

图 7.6

大双环配体化合物，如图 7.7 分子 4~6 形成穴状配合物［Mn^+-穴醚］，分子 7 就是一个金属离子包合配体于分子之中的穴状配合物。这类最佳穴状配合物比天然的或人工合成的大环配体的稳定性可高几个数量级。它们表现出显著的选择性，与阳离子和分子内空穴间的尺寸互补呈函数关系。当大双环配体化合物的桥从穴醚 4 到 6 而加长时，其空穴大小逐渐增大，与其结合最牢的离子依次为 Li^+、Na^+ 和 K^+。这样，这些配体就具有最高的选择性，利用它们可以选择性地鉴别比其空腔大或小的阳离子。更多柔顺的穴醚具有"高原"选择性，它们有更长的链，具有更大的可调节的空穴。

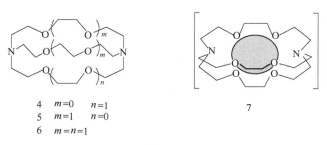

4   $m=0$ $n=1$
5   $m=1$ $n=0$
6   $m=n=1$

7

图 7.7

大双环穴醚与碱土金属离子的结合能力也很强。配体分子 6 与 Ca^{2+} 结合时，表现出比 Sr^{2+}、Ba^{2+} 强的独特的结合性能。通过适当的修饰分子结构，可以控制 M^{2+}/M^+ 选择性，使其与碱土金属离子的选择性结合性能不如碱金属离子。

由于溶液中可能发生配体作用和溶剂化效应，人们提出了在气相中研究阳离子识别过程以及大环和穴状配合物效应，并用计算机模拟计算的方法研究了它们在真空和某种溶剂中的作用。尤其重要的是，通过分子动力学计算表明离子在空穴中被限制了运动，这体现了离子与配体的互补性。

其他大环配体，如球形配体 8（图 7.8），穴状球形配体 9（图 7.8）也可以有效地影响碱金属离子和碱土金属离子的复合。其中的一些配合物，如球形配体，就具有极高的稳定性。其典型的例子就是富勒烯通过碳原子网状结构的内桥与其他阳离子（Sr^{2+}、Ba^{2+}、镧系离子）结合所形成的配合物就具有极高的稳定性。

形成碱金属离子、碱土金属离子冠醚复合物和穴状配合物可促进有机介质中盐的溶解性，进而影响三个方面：减少阳离子/阴离子的相互作用、阳离子保护和阴离子激活。这些特性对穴状配合物而言通常更显著些，在纯粹和应用化学中有很多用途。

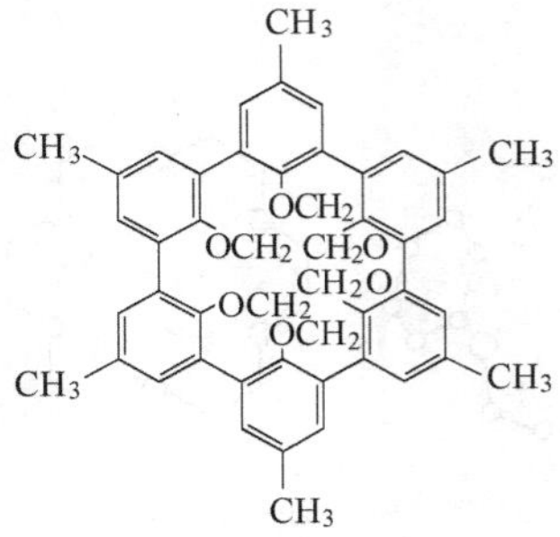

8

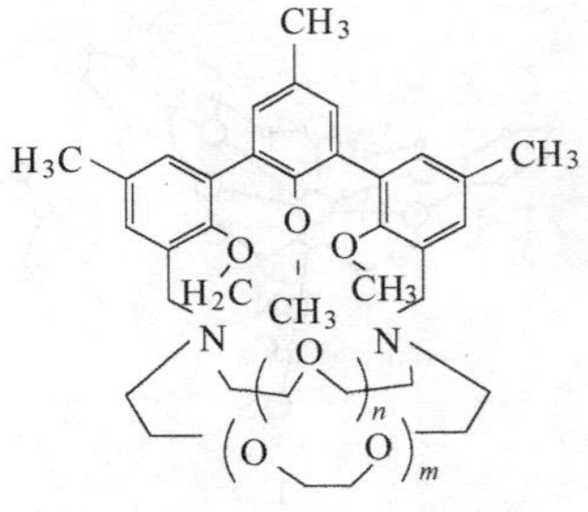

9

图 7.8

7.2.3.2 阴离子识别

阴离子底物有其独特的特征，对它的识别不同于阳离子。首先，阴离子的半径都很大，即使单原子的阴离子如 F⁻（0.136nm）、Cl⁻（0.18nm）、Br⁻（0.195nm）和 I⁻（0.216nm）也是如此，因此它们的电子云密度较低；其次，它们具有不同的几何构象，包括球形（如 F⁻、Cl⁻、Br⁻ 和 I⁻），直线形（如 N_3^-、CNSCH⁻）、平面形（如 NO_3^-、CO_3^{2-} 和 RCO_2^-）以及四面体形（如 PO_4^{3-}、SO_4^{2-} 和 ClO_4^-）；此外，它们有很强的溶剂化趋势，并且受酸度的影响很大，大多数阴离子只能存在于一定的 pH 值范围内，故在设计配体时，必须考虑全部的影响因素。含氮的穴状配体原子质子化后便可成为阴离子受体。

多铵大环作为阴离子受体分子，已得到了最广泛的研究。由于静电效应和结构效应，它们与一系列阴离子物种（无机阴离子、羧酸盐、磷酸盐等）的结合具有稳定性和选择性。

卤离子的球形识别在质子化的大的多环聚胺中得以体现。因此，大双环二胺产生渗位蕲合物。质子化的大双环 10-6H⁺（图 7.9）和大三环 11-4 H⁺（图 7.9）聚胺分别在八面体和四面体的氢键陈列中与 F⁻ 和 Cl⁻ 优先结合，从而产生阴离子穴配合物。

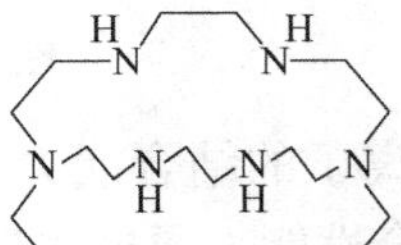

10

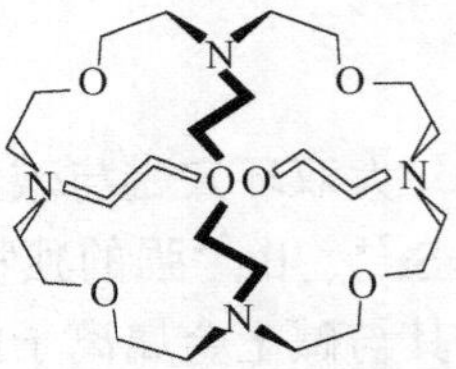

11

图 7.9

线性识别在椭球状的大状配体二一三氨乙基胺的六质子化形式中体现了出来，它与不同的单原子和多原子阴离子结合，将阴离子底物的识别扩展到球形卤化物之外。四种这样的阴离子穴状配合物的晶体结构提供了唯一的阴离子配位方式系列。线形的三原子阴离子 N_3^- 很强的选择性结合是由其尺寸、形状和对受体 12-6H⁺（图 7.10）的位点互补而产生的。在 [N_3^--12-6H⁺]（图 7.10）中，底物被两个锥形的 ⁺N—H···N⁻氢键陈列固定在空穴中，而这两个氢键分别与 N_3^- 末端氮之一结合。

椭球状的 12-6H⁺（图 7.10）和卤原子间的非互补使它们的结合要弱得多，而且配体发生显著的扭曲，这在穴状配合物 14（图 7.10）的晶体结构中可以看到，其中被束缚的离子是 F⁻、Cl⁻ 或 Br⁻，呈八面体配位，因此，12-6H⁺ 是识别尺寸与分子空穴尺寸匹配的线形原子物种的分子受体。

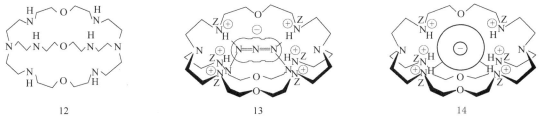

图 7.10

阴离子复合物的穴状配合物效应已被观察到，这与阳离子复合物的情况相似。一般地，环次序从非环增加到大环或大双环时，由多胺配体形成的阴离子复合物的稳定性和选择性显著增加。

不同的阴离子与其他类型的大环配体，尤其是环芳型化合物的复合已见报道。大的多环 15 和 16（图 7.11）的质子化形式代表了两个这样的配体。季多联二吡啶盐化合物与阴离子底物的结合，在发展阴离子受体分子方面也取得了进展。

理论研究对设计阴离子受体和结合特征的先期估计是有很大帮助的，对 11-4H⁺（图 7.9）与氯离子和溴离子相对亲和力的计算可说明这一点。近年来，阴离子配位化学已取得了重要进展。其他几何和结合特征确定的受体分子的发展使精选阴离子识别所需条件成为可能，因而会产生带有配位特征的有高度稳定性和选择性的阴离子复合物。

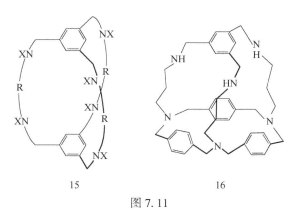

图 7.11

7.2.3.3　中性分子的识别

中性分子的结合和识别要利用到静电相互作用、给体-受体相互作用，特别是氢键相互作用。丙二酰二腈等极性有机分子可与冠醚和相关配体形成弱的复合物。

特别有趣的是使用极性位点与底物间的氢键。这样，底物识别来源于互补亚单元间特殊的氢键方式，这在某种程度上使人联想起核酸中的碱基配对。受体在与互补结构的底物结合中，这些基团相应定位于非环的缝隙或大环的空穴中。结构 17 和 18（图 7.12）分别阐明了腺嘌呤在一个缝隙中和巴比妥酸在一个大环受体通过氢键形成的复合作用。现在已经进一步开展关于对肽的结合的研究。在通过特别设计合成的分子或蛋白质识别核酸序列和通过蛋白质识别低聚糖的过程中，氢键结合起到了主要作用。

现已对这些分子聚集体进行了分析和定量评价。氢键结合单元的精确设计也可以从相互作用模式的理论研究中受益。

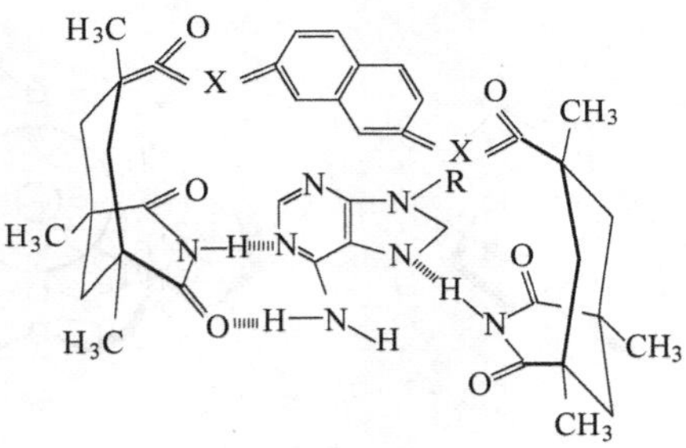

17	18
腺嘌呤的氢键作用	巴比妥酸的氢键作用

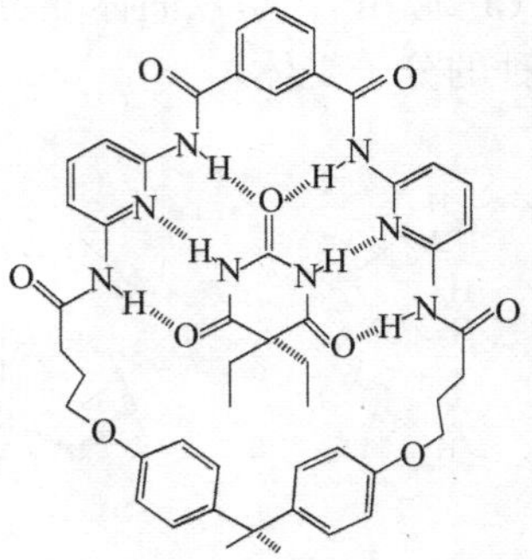

图 7.12

7.2.4　分子组装

通过分子组装形成超分子功能体系是超分子化学的目标之一，分子识别和分子组装普遍存在于生命体系中，诸如酶－底物、抗原－抗体、DNA、RNA、细胞等生物大分子与大分子的识别和超级结构的形成对维持生命过程起着重要的作用。分子识别是分子组装的基础。目前，分子组装一般是通过模板效应、自组装和自组织来实现的。目前，人工合成受体的分子识别和分子组装、生物大分子结构及其信息过程的化学模拟是超分子化学发展的重要研究方向。

7.2.4.1　冠醚的组装

Minoura 在苯并 15-冠-5 的苯环上连接多肽链，发现了 Na^+、K^+ 离子可以调控其 A 螺旋的多肽链结构。由于 Na^+ 与苯并 15-冠-5 尺寸匹配，可形成计量比 $1:B:1$ 的配合物，故在 Na^+ 存在下可得到单螺旋链；而尺寸较大的 K^+ 与苯并 15-冠-5 形成 $1:B:2$ 的夹心式结构，使两个冠醚环的多肽链相互接近并发生作用而形成双螺旋链。Kaifer 等在苯并 18-冠-6 的苯环上连接 C_{60} 衍生物，由于 18-冠-6 对通过硫原子吸附在金属表面上的铵离子的特殊配合作用，而形成 C_{60} 膜。Gibson 研究小组发现，二苯并大环化合物（24-冠-8 以上）或其衍生物能与二级铵离子自发地形成假奇聚和假多聚轮烷型的线性排列，它在材料科学中潜在着重要的应用前景。冠醚具有键合离子的特征，当并入一个基体后，尤其是当它们的环腔保持空的状态以便可以键合金属离子时，会使材料产生新的性质。Sharma 和 Clearfeild 等最近报道了带有磷酸根基团的冠醚衍生物能够在二价金属离子 Co^{2+} 和 Cd^{2+} 的存在下自组装成叶片结构（图 7.13）。

众所周知，在能够进行电荷传输的配合物中，一定含有 P—P 共轭的平面堆积结构，依靠分子间轨道重叠而形成离域大 P 键的材料还常具有超导性。Nakamura 等人制备的超分子组装体展现出电子导体和离子导体的双重特征：Ni 配合物的堆积提供了电子导体的路径；15-冠-5 的堆积提供了 Li^+ 传输的通道。正是由于冠醚柱里的 Li^+ 与 Ni（dimt）$_2$ 堆积里存在的电子的相互作用，导致这种材料所具有的在室温附近的金属状态和在低于 200K 时的磁绝缘体状态。Nolte 等合成的含有酞菁环的手性冠醚衍生物（图 7.14）单体能够在氯仿溶液中利用分子间 P—P 堆积相互作用力，首先自组装形成右手螺旋状的纤维

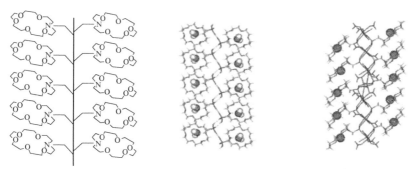

图 7.13　由氢键自组装形成的大环叶片结构图

（图 7.14b（Ⅱ）），然后由这种外部带槽的纤维进一步组装成左手螺旋性的线圈状分子聚集体（图 7.14c）。加入 K^+ 可以阻碍单体间手性的传递，结果将导致螺旋性的消失。这一由手性分子通过自组装逐渐放大形成超分子聚集体的过程类似于自然界中生物合成系统，因此，这类研究不仅具有作为非线性光学材料和传感器载体的潜在应用前景，而且还为研究生命科学提供了重要提示。

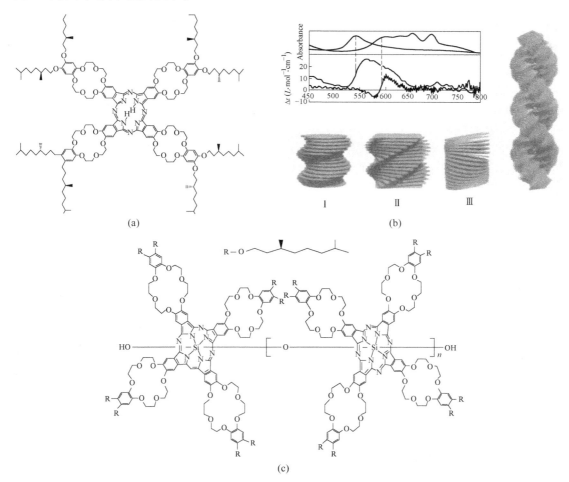

图 7.14　通过 P—P 堆积相互作用力组装的线圈状超分子聚集体

7.2.4.2　环糊精的组装

环糊精可以共价形式或非共价形式专一地与修饰基团或客体成键，α-、β-、γ-环糊精分子可以分别有 18、21、24 个取代基团，同时环糊精疏水的内腔使它可以作为有机主体分子，包结一个或两个客体分子，适宜的客体分子又可以把一个、两个或多个环糊精像穿珠子一样穿起来，形成索烃、轮烷、聚轮烷以及管道等，因此环糊精和各种修饰环糊精被广泛用作有序高级结构的分子建筑块。例如：由脂肪长链环糊精衍生物构筑的 LB 膜、由 β-、γ-环糊精与全反式-1，6-二苯基-1，3，5-己三烯构筑的纳米管道、由四苯基硼与联苯或卟啉形成的索烃、聚乙二醇胺高分子链与环糊精形成的准轮烷以及聚乙二醇高分子链与环糊精构筑的分子管道等。

make-donopoulou 等以长链脂肪酸作为客体分子，将 β-环糊精组装成管道状分子，多个这种准轮烷在晶格中可以进一步形成具有有序高级结构的超分子聚集体。而 Kamitori 等利用 4，4' - 联苯二甲酸可以与 α-环糊精形成化学计量 2∶1 的配合物，并通过客体间的氢键作用制备了以联苯二甲酸为桥的管道状分子聚集体。这些分子组装体在膜萃取、选择性传感器、分子导线或光开关器件以及可生物降解的药物传输载体等领域具有重要的应用前景。分子索烃是一类内锁超分子配合物。Stoddart 等研究了以 2，6-位全甲基化的 β-环糊精与具有一个疏水芳香环和两个亲水性聚醚侧链并以胺基为终端的长链分子可以形成准轮烷，在氢氧化钠的水溶液中用对二苯甲酰氯对胺基封端，制备出几种索烃。而轮烷是由环状和线状分子由非共价键形成的超分子体系。Ueno 等报道了一种由 6-位萘磺酸修饰 α-环糊精和聚醚链构筑的轮烷，由轮烷进一步发展出现了多轮烷。在多轮烷中，组成环不仅可以环绕运动，还可以沿线性骨架移动，这一点与传统的共聚物或类似的混合物不同，有望在材料表面结合性能、可加工性能、分子排序等控制方面得到应用。例如，Ooya 等采用胺型 PEG-BA 作为模板，以苯丙氨酸作为封端剂，制备了可生物降解的含有 α-环糊精的多轮烷。另外，Matsui 等制备了一种层状的 α-磷酸锆与单-（6-β-氨基乙胺-6-脱氧）-β-环糊精形成的配合物，由于其空腔具有沸石的特征，可适用于小分子如水、氢，同时可以作为有效的气相或液相色谱的固相载体，还可以作为药物等物质的微囊包封剂，这一主体化合物的环糊精内表面的质子被终端 NH_3^+ 阳离子取代，从而使 α-ZnP 嵌入环糊精中，其嵌入层厚度为 2.82nm。环糊精分子排列成两层，其空腔的轴线平行于无机盐层，若在环糊精的小口端连有几个疏水链较长的取代基后增加了与金属离子的结合部位，能特别地运输 Co^{2+}，被人们称作半通道人工类脂体。在环糊精上下缘进行化学修饰可以提高识别能力。穴醚环糊精和冠醚环糊精对特定的碱金属离子有较高的选择性，能渗入薄膜中与场效应的敏感部位结合，可望发展为碱金属离子的敏感器件。羧基丙基 β-环糊精与卟啉四羧酸通过卟啉环上的酸和环糊精上缘的羟基之间的氢键形成简单的自组装受体，这种卟啉-环糊精聚集体用于五氯苯酚（一种环境污染物）的水传感器。从上述例子可以看出，有序组装体不仅可以作为某些有趣分子的传感器，同时还可以作为催化剂、药物转移剂等。事实上，一切功能存在于组装之中。

近来，还合成了有机硒桥联 β-环糊精与铂的配合物，将其与 PPG 线性高分子反应后，封端，再通过 3-氯-1，2-环氧丙烷交联以及醚键水解除去高分子链制备成双分子管道，在模拟酶和纳米材料等方面具有应用前景。最近人们系统考察了苯胺修饰 β-环糊精在水溶液和固态中的构象，结果表明，在水溶液中，苯胺修饰 β-环糊精形成分子内自包结配合物；而在晶体状态时，苯胺取代基从第二面深入到邻近环糊精的空腔中，形成一种链状的有序高级结构，这种有序组装体具有类螺旋结构，在其自组织结构中，苯胺取代基通过疏水相互作用将邻近环糊精组装起来，而水分子和环糊精边缘羟基间的氢键网络则对有序聚集体起稳定作用。苯胺修饰 β-环糊精衍生物在固态的组装体，使人们进一步探讨环糊精衍生物在固相的化学反应成为可能。

7.2.4.3 杯芳烃的组装

杯芳烃作为一类有独特结构的大环化合物，在进行高级有序的功能体系的开发中有重要作用。杯芳烃的自组装涉及氢键自组装、分子识别自组装以及胶束和囊泡的形成等众多因素。杯芳烃的边缘引入脲或硫脲基团以后，可以通过脲基之间的相互作用构筑成二聚体，如 2 个四脲基取代的杯 [4] 芳烃通过氢键给体与受体之间的作用，可以形成 16 个分子间的 C＝O⋯H—N 氢键，组装成"头碰头"式具有中空结构的二聚体，形如分子胶囊，组装这种空腔为进一步结合底物提供了可能。图 7.15 中所示的是两种典型的分子胶囊。图 7.15a 分子具有直径约为 0.7nm 的球形空腔，内部容积约为 $0.2nm^3$，可与苯、氯仿以及樟脑等客体分子结合；图 7.15b 分子具有容积约为 $0.4nm^3$ 的椭球形空腔，可与双苯环客体分子结合，如联苯、联吡啶等。

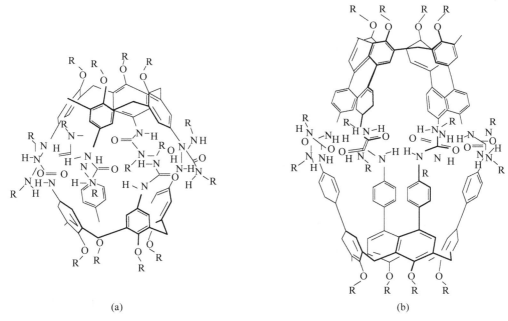

(a)　　　　　　　　　　(b)

图 7.15　杯芳烃二聚体胶囊

（a）具有球形空腔的杯芳烃二聚体胶囊；（b）具有椭球形空腔的杯芳烃二聚体胶囊

在杯 [6] 芳烃上缘修饰有—S—S—基团后，下缘修饰长脂肪链，在气水表面可以自组装成单层膜。在紫外光的照射下，—S—S—基团可发生断裂和交联，稳定膜的存在。这种膜表面由于杯芳烃空洞的存在而拥有均匀的孔隙，可作为分子筛而在分子分离中具有潜在的应用价值（图 7.16）。

两亲性的芳烃在水溶液中可以形成囊泡聚集体，带有丹酰基团的桥联环糊精-杯芳烃

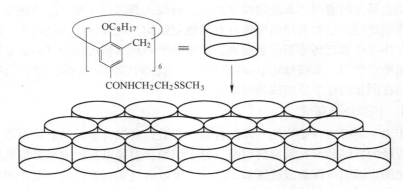

图 7.16　杯芳烃组装的单层膜

衍生物,可在水溶液中形成自包结(图 7.17a),然后通过分子间力形成双囊泡(图 7.17b)。这些特性不仅对研究生物膜的结构和功能有重要作用,而且对化学传感技术和药物分子的捕获与释放均有重要意义。

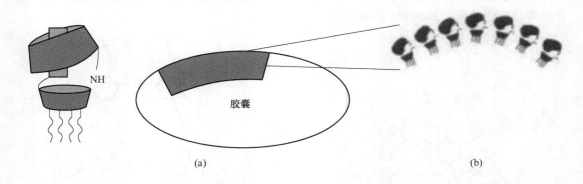

图 7.17　环糊精的组装

(a) 环糊精-杯芳烃衍生物;(b) 组装而成的双层膜胶囊

　　深入研究组装和自组装的超分子体系所表现出的自组织协同性、应答性、再生性,为开拓自组装化学在生命科学、信息科学、高技术结构材料和功能材料等方面的应用,提供了基础材质和理论依据。

7.2.5　分子器件

　　日常所说的"器件"是指由各种具有不同功能的元件经组装后用来完成特定复杂功能的组合件,若将宏观器件的概念延伸到分子水平,就形成分子器件。一个分子器件主要包括两种可区分的组分,即活性组分和结构组分。活性组分可完成某一特定的操作,即接受、给出或转移光子、电子、离子等;结构组分参与组成超分子结构体,特别是通过识别过程使活性组分定位。一个超分子器件应该具备如下条件:

　　(1) 元件分子必须含有光、电或离子活性功能基团。

　　(2) 元件分子必须能按照特定需要组装成组件,大量组件有序排列能形成信息处理的超分子体系。

　　(3) 输出信号易于检测。

根据组分是否具有光子、电子、离子活性，即是否接受或给出光子、电子、离子，可将器件分为光子、电子、离子器件。

7.2.6　超分子与配位聚合物

近年来，越来越多的研究结果证明，实际上超分子、配位聚合物与纳米粒子（分子聚集体）之间并无本质的区别，只是一个量变导致质变的过程，三者之间的界限有时是非常模糊的。两种以上的化合物种通过分子间力相互作用缔结（弱相互作用）而形成的化合物被称为超分子化合物。当这种分子间相互作用的性质是配位作用（金属离子或有机阳离子与配位原子之间的作用）并具有一定的链接长度时（向一维或多维空间伸展），则称为配位聚合物。而当超分子化合物或配位聚合物（包括簇合物）的尺寸控制在 1~100nm 尺度范围内时则形成纳米粒子。

配位聚合物是有机配体与金属离子以配位键方式结合而成的一维、二维或三维结构的聚合物或零维的寡聚物。配位聚合物的概念首次由 Robson 于 1989 年在美国化学会志上发表的一篇文章中提出。该文报道了一个由铜（Ⅰ）离子与有机配体 4，4′，4″，4‴-四氰基苯基甲烷构筑的三维聚合物，铜（Ⅰ）离子以四面体的方式与配体中四个氮原子配位形成类似金刚石的结构。

对配位聚合物的研究是从配位化学研究发展而来的，同时它又属于超分子化学的一个分支。对于一般的分子，原子间通过共价键结合；而配位聚合物中既有共价键、配位键又包含分子间弱相互作用力。在合成方法上富于设计性，研究内容上具有高度的学科交叉性。研究内容涉及化合物的化学、物理、生物特性，其根枝深入到有机化学（通过有机合成方法构造配体）、配位化学（有机配体与金属结合成配合物）、物理化学（对非共价键作用力的实验和理论研究）和生物化学（分子识别过程）。因此配位聚合物常表现出一些独特的化学、物理性质。对配位聚合物研究已是当今超分子化学研究领域的热门话题之一，法国、美国、澳大利亚、日本等不少知名学者在各自不同领域开展了大量研究，我国研究工作者在该研究领域也做了大量卓有成效的工作。十几年来，配位聚合物的研究在拓扑学、吸附、催化、光电及磁性方面取得了重要进展。

7.2.7　超分子化学的应用

7.2.7.1　在高科技涂料中的应用

非共价作用力相对于共价键是弱的，这使其具有动态力学特征，蕴藏着丰富的信息内容，这种结构的动态可逆特点，使其对外部环境的刺激具有独特的响应性，呈现动态功能材料的特点。目前报道的主要是以配位键和氢键形成的超分子组装体在涂料中应用的可能。配位键超分子组装体系是接到聚合物键上的三联吡啶配位体与金属离子形成的超分子组装体。三联吡啶是已知的能与多种金属（Fe、Zn、Cu、Ni、Co、Cd 等）生成配位化合物的配位体，用作制备含三联吡啶的聚合物的起始化合物已可大规模合成，可进一步制备含三联吡啶的聚合物。此三元共聚物的特点是它可以作为常规聚合物进行加工与应用，同时还保有超分子非共价作用的潜在转换器。U. S. Schubert 称非共价反应与常规的热或 UV 交联相结合，可以导致一类新的薄膜，它具有可控黏度和循环的可能性，或者是通向多层系统的新途径。此例中的非共价键（如配位键或离子反应等），已经可以在低温下于水、溶液或 100% 纯度体系（包括粉末）中形成，构成一种部分交联的材料，具有可调控黏度特性，直接由非共价交联单元的数目、配置与性质来调控。

利用氢键非共价相互作用将相对比较简单的分子亚单元组装成二维或三维长程有序的超分子聚集体是设计新颖功能材料的一条新途径。由于弱相互作用具有动态可逆的特点，有望对外部环境刺激具有独特的响应性，呈现动态功能材料的特点。22 氨基嘧啶酮较容易获得，它可由烷基酰基乙酸乙酯与胍合成，再与烷基二异氰酸酯反应生成 2-脲基-4-嘧啶酮，其分子间由四重氢键形成线性超分子聚合物。这种线性超分子聚合物的溶液黏性具有很大的温度依赖性，当温度升高时，使连接在两个不同链上的脲基嘧啶酮之间的氢键强度先是变弱直至最后断开，因此在较高温度时材料表现出单体的性质，黏性降低，容易流动与使用。

7.2.7.2　在手性药物识别中的应用

众所周知，药物的手性不同，进入体内后所产生的药理、毒理和药代动力学可能发生很大偏差，甚至会出现相反特征。因此，选择一种合适的手性药物分离方法非常重要。传统的手性拆分方法有：手工挑选法、播种法、动力学方法、化学法及生物化学法等，但这些方法都因为分离效果较差，耗时长，自动化程度低，成本高而难以满足实际生产的需要。自从确立了超分子概念，创建和发展了主/客化学理论，发现并合成了冠醚分子，超分子以其特殊的结构和高选择性，迅速应用到手性化合物的识别与分离，显示出不可替代的优越性。

超分子的这种应用主要体现在与各种色谱连用上，通过对应体和超分子作用后的色谱行为差异来进行分离。例如，毛细管电泳色谱（CE）的应用。李晓海等用 CE 的方法测定了一叶萩碱的生物样品对应体含量，得出了 L 型优先吸收，并优先在肝脏代谢，D 型优先排泄的结论，显示出比 HPLC 法更快速、准确和分离效果好的优点。反式曲马朵 I 相代谢产物（+）- 去甲基曲马多为活性代谢物，（-）型无活性。研究者用磺丁基-β-CD 为添加剂，测定了大鼠生物样品中对应体含量。

7.2.7.3　在油田化学中的应用

在油田化学中主要利用的是超分子的疏水作用、配位作用、氢键作用和静电作用。疏水缔合水溶性聚合物通过疏水缔合作用形成暂时的三维立体网络结构。疏水缔合聚合物溶液的表观黏度由本体黏度和结构黏度两部分组成，当聚合物浓度高于某一临界缔合浓度后，大分子链通过疏水缔合作用以及静电、氢链或范德华力作用聚焦，形成以分子间缔合为主的超分子结构——动态物理交联网络，流体力学体积增大，溶液结构黏度增加使其表观黏度大幅度升高。这种结构的形成受外界条件的影响，如温度、矿化度和剪切速率等。其因优良的增黏、抗温、抗盐和剪切稀释性能而用于聚合物驱油剂的研究。它除用作驱油剂之外，还可用于流体输送的减阻剂、钻井液与完井液添加剂、阻垢分散剂、油田堵水剂等。

徐赋海等对超分子驱油剂 WMM-100 的性能进行了实验室研究。由于超分子 WMM-100 中阳离子酞菁铜的分子环上有不定域的大共轭体系，环上未曾和氢结合的氮原子可以接受两个质子，形成正二价离子；已和氢结合的氮原子可以给出两个质子，与正价的金属铜离子形成配合物。这种分子结构的驱油剂与带负电的岩石表面有较强的超分子化学作用，而且分子之间可以通过共享一个或多个苯环聚集起来吸附在岩石表面形成超共轭体系。实验结果表明，该驱油剂在多孔介质中有较大的附加流动阻力。

7.2.7.4　超分子催化及模拟酶的分析应用

超分子的反应性和催化性，与酶对底物的识别和催化底物参加反应极相似。以模仿天然酶对底物的分子识别和高效催化活性为目的的模拟酶（或称人工酶）是近十多年来生物化学和有机化学研究的重要课题。

7.2.7.5　在分析化学上的应用

超分子在研究硼酸衍生化卟啉的分子组装行为，并用于测定糖分子构型方面取得了许多成果。目前，超分子化学的理论和方法正发挥着越来越重要的作用，该学科的研究将更加紧密地与各化学分支相结合。可以预见，作为超分子化学起源的主客体化学将与有机合成化学、配位化学和生物化学互相促进，为生命科学、能源科学等共同做出巨大贡献；物理化学则要改变当前超分子化学的定性科学现状，在微观和宏观上把选择性分子间力、分子识别、分子自组装等过程用适当的变量进行定量描述，从而提高人们对超分子化学的认识和预测、控制能力，最终要寻求解释超分子体系内在运动规律和预言此类体系整体功能的理论工具。在与其他学科的交叉融合中，超分子化学已发展成了超分子科学。由于超分子科学具有广阔的应用前景和重要的理论意义，对超分子化学的研究近十多年来在国际上非常活跃，我国也积极开展这方面的研究工作。超分子科学涉及的领域极其广泛，不仅包括了传统的化学，如无机化学、有机化学、物理化学、分析化学等，而且还涉及材料科学、信息科学和生命科学等学科。超分子化学的兴起与发展促进了许多相关学科的发展，也为它们提供了新的机遇。基于超分子化学中的分子识别。通过分子组装等方法构筑的有序超分子体系已展示了电子转移、能量传递、物质传输、化学转换以及光、电、磁和机械运动等多种新颖特征，超分子功能材料及智能器件、分子器件与机器、DNA 芯片、导向及程控药物释放与催化抗体、高选择催化剂等将逐一成为现实。科学界有人预言，分子计算机和生物计算机的实现也将指日可待。在信息科学方面，超分子材料正向传统材料挑战，一旦突破，将带动信息及相关领域的产业技术革命，将对世界经济产生深远的影响。可以确信，超分子科学已成为 21 世纪新思想、新概念和高新技术的重要源头。

习　题

7-1　什么是生物无机化学？

7-2　金属离子在生命体中的作用是什么？

7-3　宏量元素 Na、K、Ca、Mg 在人体中的作用是什么？

7-4　痕量金属元素 Fe、Cu、Zn、Co 在人体中的作用是什么？

7-5　简述金属元素的中毒与解毒。

7-6　超分子化合物主要分哪些类？

7-7　分子识别的种类及方式是什么？

7-8　分子组装的种类及方式是什么？

参 考 文 献

[1] 郑化桂，倪小敏. 高等无机化学［M］. 合肥：中国科技大学出版社，2006.

[2] 陈慧兰. 高等无机化学［M］. 北京：高等教育出版社，2005.

[3] 杨频，高飞. 生物无机化学原理［M］. 北京：科学出版社，2002.

[4] Shriver D F，Atkins P W，Langford C H. 无机化学［M］. 2版. 高忆慈，等译. 北京：高等教育出版社，1997.

[5] 游效曾，孟庆金，韩万书. 配位化学进展［M］. 北京：高等教育出版社，2000.

[6] 钱长涛，杜灿屏. 稀土金属有机化学［M］. 北京：化学工业出版社，2004.

[7] 麦松威，周公度，李伟基. 高等无机结构化学［M］. 北京：北京大学出版社；香港：香港中文大学出版社，2001.

[8] 朱文祥. 中级无机化学［M］. 北京：高等教育出版社，2004.